大地を受け継ぐ

土地なし農民運動と
新しいブラジルをめざす苦闘

アンガス・ライト，ウェンディー・ウォルフォード 著
山本正三 訳

二宮書店

大地を受け継ぐ

To Inherit the Earth The Landless Movement and the Struggle for a New Brazil
by Angus Wright and Wendy Wolford
Copyright 2003 by Angus Wright, Wendy Wolford, and Food First /
Institute for Food and Development Policy. All rights reserved.
Japanese translation rights arranged with
Institute for Food and Development Policy, California, Oakland
through Tuttle-Mori Agency, Inc., Tokyo

日本語版への序文

　私たちは，本書『大地を受け継ぐ　土地なし農民運動と新しいブラジルをめざす苦闘』の日本語版が出版されて非常に嬉しく思っています。これはさまざまな国で農地改革について国際的な関心が広まり，深まりつつあることを示しています。第2次世界大戦後，日本は直ちに大規模な農地改革を開始し，その農業経済状態を改善し，経済の全体的成長のために平等主義の基盤と政治的参加を確立しました。その経験はブラジルの限定的な改革とは全く異なっておりますが，日本は農地改革が経済的見地からみても積極的な効果をあげることを多くの人々に実証してみせた国です。

　ブラジルの土地なし農業労働者（MST）の運動は，ラテンアメリカで最大の社会運動の一つです。この運動はいまだにごく限られているけれども，ブラジルにおける大きな意味のある農地改革を達成しつつある最も重要な政治勢力になってきました。それは大規模な運動参加者への呼び掛け，組織形成，および動員で革新的でした。MSTは固有の教育様式を創出し，農村地域の幼児から成人までの大衆的・公共的な教育で意義の深い大きな変化を生じてきたことでも大きな成果をあげてきました。また，それは環境破壊に対処する積極的で大きな役割を果たしてきましたし，農業生産を環境条件になじませる技法の普及を促進することでもその果たす役割は大きなものがありました。それは農村地域ばかりではなく，都市地域においても広範囲にわたって環境事情の改善に関連して提携するきっかけになってきました。

　MSTはこれらのすべての理由で世界中の人々の関心をひきつけてきました。農地改革を経験してきた国々や将来それを実施することになる国々に住む人々にとって，MSTの経験は特に関心があることと思われます。諸々の国々における農地改革の経験を一層深く考察することが必要ですが，それがとりわけそうであるのは，多くの国々の人々は今でも将来の農地改革計画のために，可能な方法を考察することで有益であるばかりか，自国の歴史的経験を反省し続けているからでもあります。本書はMSTの運動についての控えめな考察でしかありませんが，私たちは，ラテンアメリカばかりかアフリカとアジアにおける諸国の人々と関係機関にとっても役立つところがあると信じています。本書が日本の読者に接することになって，私たちは農地改革に関する国際的対話が広く行われ，一層実り多いものになることを期待しています。本書の訳者と読者に深く感謝いたします。

アンガス・ライト
ウェンディー・ウォルフォード

大地を受け継ぐ

はしがき

　本書は現代のラテンアメリカで最も重要な新しい社会運動の一つであるブラジルの土地なし農民運動MSTを分析する。この運動の分析は，一つの組織よりはるかに大きな組織に関与することになるが，それはMSTの急速な発展が政治の新しい体制を見出すことが急務であること，すなわち「諸々の権利を要求する権利のための闘争」に対する新しい対策が真に迫っていることを示唆しているからである。ブラジル人のこのような新しい体制探求と所信も本書の主題である。

　本書の著者，アンガス・ライトとウェンディー・ウォルフォードは2000年夏にリオデジャネイロで開かれた農村社会学の国際会議に出席した際，ブラジルの土地なし農民の農地改革運動について話し合い，共同研究しようと云うことになった。私たちはともにブラジルを愛しており，この草の根農地改革運動が注目すべき事件であり，ラテンアメリカに関心がある人々に対して，飢餓や社会変化や貧困や環境保全などとともに詳しく報告すべき情報であると考えたからであった。

　ウェンディーは1993年に初めてMSTに接した。この年大学を休学しセルジッペと云うブラジル北東部の州で，MSTの農地改革集落を建設する事業にボランティアとして1年間参加した。初めは言葉で苦労したが，次第にMSTがブラジルにおける社会の改革のために苦闘していることが理解できるようになった。1995年にカリフォルニア大学バークレー校の地理学教室の博士課程に進み，MSTの研究を進展させることを目指した。1997年にはサンパウロ大学でSocial Science Research Council Pre-Dissertation Fellowshipによって7カ月間，ヴェイガJosé Eli da Veiga教授（経済学）とウンベリノAriovaldo Umbelino教授（地理学）のもとで研究し，週の3日をサンパウロ市にあったMSTの全国本部で過ごした。この期間にMSTの文献資料を検討することができ，MSTの重要な会員と指導者に面接することができた。1998年にブラジルを再訪し，14カ月間野外調査で，サンタカタリナ州とペルナンブコ州で200回の面接調査を行った。2001年にPh.D.の学位を得，その年にノース・カロライナ大学チャペルヒル校の地理学科の助教授に就任し，MSTに関する研究を続けるばかりか，抵抗resistanceの地理学の研究にも研究

領域を広げている。

　アンガスはカンザス大学の学部でブラジルの歴史の研究を始め，コーネル大学とミシガン大学でそれを継続した。1976年にラテンアメリカ史に関する研究でPh.D.の学位を得た。1970〜1971年をブラジルで過ごし，バイア州南部におけるプランテーションの輸出農業によって生じた社会と環境の問題についての研究で学位論文を作成した。1991年と1992年には同じ地域で研究を続け，生物保護の問題を検討した。彼はバイア州で農地改革のために働く土地なし農民の組織にはじめて出会った。2000年に本書を書きはじめたが，そのため2年間にわたって4回の研究旅行を行った。アンガスは1972年以来，カリフォルニア州立大学サクラメント校で環境の研究を教えた。The Death of Ramón González: The Modern Agricultural Dilemma（University of Texas Press, 1990）と云う著書がある。

　本書のために行われた野外実地研究からの情報の大部分は3年の間の異なる時期に収集された。ウェンディーは南部のサンタカタリナ州と北東部のペルナンブコ州の農地改革集落でデータを収集した。MSTの農地改革集落の居住者，MSTのリーダー，大規模農場，農業労働者，都市居住者，行政の役人に対して面接調査を行ったが，面接した人々と交わした同意に従って，情報提供者の名称は知名度の高いMSTのリーダーは別として，匿名にされている。アンガスは最南部のリオ・グランデ・ド・スール州，北部のパラ州，北東部のバイア州とペルナンブコ州の農地改革集落で調査を行い，また集落民およびMSTのリーダーにも面接している。アンガスの場合には情報提供者の名称は変えられも，不明確にもされていない。いくつかの微妙な問題を含む場合は別である。本書の引用は人々の面接記録テープあるいはフィールド・ノートの記録から復元されたものである。

　私たちはこの本を書く際，多くの人々からの援助を得ていることに感謝しなければならない。誰よりもまず感謝しなければならないのは，私たちのために資料を見つけ，その経験を私たちに語ることに貴重な時間を提供して下さったMSTの人々の異常なくらい懇切な応対に対してである。本書はその賜物と云わないわけにはいかない。

　私たちはMSTとブラジルの状況や諸々の問題についてブラジルと合衆国の仲間から非常に多くのことを学んだ。とりわけMSTについてBernardo Fernandes

Mançanoの研究から，また，2001年に合衆国に来られた際に彼から得たコメントに特に感謝申し上げたい。Tamara Benakouche, Maria Ignez Silveira Paulilo, Mana, Valéria Gonçalvez, Peter May, John Wilkinsonおよびアラウジョ家は，ウェンディーにとってこのうえない情報と親善の源であった。José Augusto Pádua, Rosineide Bentes da Silva, Keith Alger, Cristina Alves, Salvador Trevizanのさまざまなご援助にも深く感謝しなければならない。

本書の構成と説明については，Carmen Diana Deere, Peter Evans, Julie Guthman, Gillian Hart, Michael Johns, Mary Mackey, Douglas Murray, Charles Postel, Jessica Teisch, Michael Wattsから貴重な批判と示唆を得た。この研究活動はFood First, the National Science Foundation, Social Science Research Council, the Institute for the Study of World Peace, the Institute of International Studies at the University of California at Berkeleyから研究費を支給された。

私たちはFood First社の編集者Clancy Drakeの原稿を改善し，印刷にあげるまでの超人的努力に感謝したい。Peter RossetとAnuradha MittalもFood First社で貴重なアドバイスと援助を下さった。

最後に，本書の著者はMary, Joe, Jessica, Johnのアドバイスと寛容と長く続いたご支援に対して深く感謝したいと思っている。

目　次

はしがき………………………………………………………………………………… Ⅲ
序章　大地を受け継ぐ……………………………………………………………… 1
　　1. 不平等から生じる欲求不満の罠 …………………………………………… 4
　　2. 不平等の罠を避ける方法 …………………………………………………… 9
　　3. 歴史の地理：本書の構成 …………………………………………………… 12
ブラジル史とMST（土地なし農民運動）史との関係（年表）………………… 16
略語集 ……………………………………………………………………………… 18
ポルトガル用語 …………………………………………………………………… 19
第1章　約束の履行 ………………………………………………………………… 21
　第1節　リオ・グランデ・ド・スール州におけるMST（土地なし農民運動）の起源 … 23
　第2節　20年間の独裁政権 …………………………………………………… 25
　　1. 抑圧と宗教と抵抗 ………………………………………………………… 25
　　2. 教会：抵抗の安全地帯 …………………………………………………… 28
　　3. 独裁政権の弱体化，民主主義体制への漸次的移行 …………………… 34
　第3節　リオ・グランデ・ド・スール州における農地改革の起源 ……… 36
　　1. ブラジルにおける土地と所有権の歴史に立ち向かう入植者たち …… 41
　　2. 入植者活動を始める ……………………………………………………… 49
　　3. "分裂させるな，買収させるな" …………………………………………… 56
　第4節　野営地の生活 ………………………………………………………… 70
　　1. 苦難と共同体 ……………………………………………………………… 70
　第5節　新しい考え方，新しい言動 …………………………………………… 79
　　1. 政治的変化の草の根 ……………………………………………………… 79
　　2. 労働組合と政党の期待はずれのパフォーマンス ……………………… 86
　　3. 雇用契約の原則の変化 …………………………………………………… 89
　第6節　教会は執行猶予を仲介する …………………………………………… 94
　第7節　入植者の勝利とMST（土地なし農民運動）の全国組織の成立 …… 96
　第8節　サランディ Sarandí：農地改革集落（アセンタメント）の挑戦 …… 100
　　1. 改革の継続：地方のMST集会の内幕 ……………………………………… 109
第2章　土地は第1歩でしかない：ペルナンブコ州と北東部ブラジル …… 125
　第1節　農地改革と新民主主義 ……………………………………………… 127
　第2節　ブラジル北東部 ……………………………………………………… 132
　　1. 貧困と刑事責任免除（法的不可罰性）の伝統 …………………………… 132
　　2. 不平等の種子まき（1500～1888年）……………………………………… 137

第3節　抵抗の歴史 …………………………………………………… 150
　　1. キロンボ, カヌードおよび小農民同盟 ……………………………… 150
　第4節　MST(土地なし農民運動)とペルナンブコ州における土地闘争 …… 158
　　1. アグア・プレータ Água Preta：サトウキビ地域における農地改革の実施 … 166
　　2. サトウキビ地域におけるMST(土地なし農民運動)と農村労働組合 ……… 177
　第5節　土地は第1歩でしかない ……………………………………… 182
　　1. 改革の持続を可能にするために障害に立ち向かう ………………… 182
　第6節　大規模経営地域における小規模農民 ………………………… 194
　　1. カタルーニャ Catalunha とオーロ・ベルデ Ouro Verde の挑戦 ……… 194
　第7節　北東部における農地改革：バランス・シート ………………… 206

第3章　アマゾンの魅惑を超えて …………………………………………… 211
　第1節　アマゾン ………………………………………………………… 215
　　1. 何が問題になっているのか？誰が解決するのか？ ………………… 215
　第2節　アマゾンの変貌 ………………………………………………… 221
　　1. 先住民の戦略 …………………………………………………………… 227
　　2. 小規模入植者の生き残りの戦略 ……………………………………… 229
　　3. 森林伐採は失敗を煽る ………………………………………………… 233
　第3節　MSTによる農地改革集落とカラジャス鉄山を訪ねる ………… 238
　　1. 小さい新しい農地改革集落(アセンタメント)：オナリシオ・バロス …… 242
　　2.「この土地は質がよい」：農地改革集落オナリシオ・バロスの生活 …… 254
　　3. カラジャスの鉄山見学 ………………………………………………… 261
　　4. 規模がより大きく, より古い農地改革集落：パルマレスⅡ ………… 265
　第4節　MSTはアマゾンのどこに存在するか, そして誰がそれを支えているか？ … 268
　　1. ゴム樹液採取業者 ……………………………………………………… 270
　　2. ガリンペイロ(砂金採集者)たち ……………………………………… 275
　第5節　パルマレスⅡの暮らし ………………………………………… 277
　第6節　アマゾン開発の弁証法 ………………………………………… 292

第4章　MST(土地なし農民運動)の評価 ………………………………… 297
　第1節　農地改革集落の生活状態は改善されているか？ …………… 299
　第2節　農地改革"ライト" ……………………………………………… 310
　　1. 政府のアプローチの評価 ……………………………………………… 310
　第3節　世界の農地改革：アメリカ合衆国の政策の伝統と影響 ……… 315
　第4節　従属の罠を避ける ……………………………………………… 323
　第5節　農地改革と刑事責任免除(法的不可罰性)と土地と森林の将来 … 326
　　1. 農地改革集落における農業生態学：可能な選択肢か？ …………… 329
　第6節　MSTと革命 ……………………………………………………… 343

第7節　市民権の醸成と「日常の政治」闘争……………………………351
第8節　ブラジルにおけるMSTと市民社会……………………………362
第9節　国際的関連におけるMST…………………………………………366
第10節　MSTの子供たちとその将来………………………………………369
第11節　補遺：ルーラ政権……………………………………………………372
　注……………………………………………………………………………377
　参考文献……………………………………………………………………389
　訳者あとがき………………………………………………………………391

# 序　章　大地を受け継ぐ

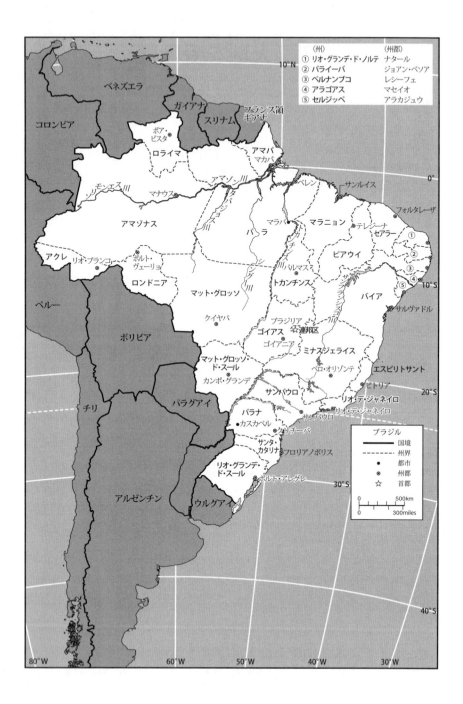

序　章　大地を受け継ぐ

　本書は100万人以上のブラジル人が，生活の改善をめざして奮闘してきた物語である。ブラジル人たちは穏やかな抗議組織を作り，政府に対して，35万の家族に2000万エーカーの農地を配分し，彼らの生活状態の改善を援助するよう強く要求してきた。これらの家族は，ブラジルの支配的な制度と最も有力な人々に挑戦することによって，1億7500万人以上の国民と世界の10大経済大国の1つにおける教育と保健の質の向上に大いに寄与してきた。

　土地なし農民運動MST(O Movimento dos Trabalhadores Rurais Sem-Terra)に参加した人々は男性も女性も子供も，警察と軍隊と雇われガンマンからなる暴力団と対決してきた。彼らは投獄されたり，殴りつけられたり，時には虐殺されたりした。MSTの構成員たちは，土地を配分するという積年の約定を政府が履行するのを待ちきれず，裕福な大土地所有者が，権利を主張し所有し続けている土地を不法占拠し，政府が彼らの土地要求に応じるまで占拠を続けた。彼らは，土地を配分される前にも後にも，政府が農地改革と社会変化に関連する広範な計画を実施するよう要求し続けた。MSTはその指導者と構成員を数100人も暗殺されたが，それにも関わらず，組織を堅持し，その要求を強く主張し続けてきた。MSTの構成員の多くは，長く困難な問題に関わる過程でこの変革に消極的であった人々から，大いに精力を注いだ推進者まで，全ての参加者が生きざまの変化を深く体験した。彼らは真の市民になってきた。彼らは，また，貧困と土地を利用して荒廃させる世界で最大の難問のいつくかを解決する方法を見つけることができることも実証してきた。

　MSTは集団指導体制で行動し，ただ1人のリーダーを頼りにすることを慎重に避けてきた。この運動は提携したり，さまざまな協同行動をしたりすることによって大いに効果をあげ，その独自性を維持してきた。本書を書いている時には，8万以上のMST家族が，土地配分の恩恵を受けておらず，土地を不法占拠し続け，ブラジル農業の現実を改革するために戦い続けていた。MSTは，土地のない人々をアマゾンの森林や他の環境的に脆弱な地域に農地を切り開くために誘致しようとした政府の計画の欺瞞ぶりを暴露し，それに従うべきではない，ということを明示してきた。多くのMSTによる農地改革集落(アセンタメント)の農民は農業のために長期的に利用が可能な土地で生態学的により合理的な生産方法を率先

して実施しつつある。

　MSTは、15万の子弟が小・中学校に通っているとみている。農地改革集落の小・中学校の教師の多くはMSTの教員養成機関で養成されており、政府が決めた規準を充足している。この教育組織は7つの国立大学が教員養成計画を策定し、ユネスコとユニセフとカトリック教会の協力による教育プロジェクトに従って運営されてきた。MSTは国立の高校と運動リーダー養成のための学校をもっており、サンパウロ近郊に土地大学（Universidade da Terra）という大学を建設しつつある。MSTはブラジル全域に散在する農地改革集落の貧しい農民に対して、保健と他の社会サービスを提供するよう政府に要求して圧力をかけたり、実現させたりしてきた。かつてはこれらの人々はこのようなサービスにほとんどアクセスできなかった。

　世界のいくつかの国の人々は、ブラジルの土地なし農民の運動に鼓舞され、自分たちの社会と環境の問題に対処するためにどんなことができるかを学ぶ実例として研究してきた。ヨーロッパのいくつかの政府と国連と他の国際機関は、MSTの農地改革の成果と革新的教育と農村の保健と生態学的農業に特別の褒賞を与えた。スウェーデンの国会はMSTにライト・ライブラリー賞（しばしば新しいノーベル賞とよばれる）を与えた。多くの批評家が、MSTを現代のラテンアメリカで最も重要な社会運動とみている。

1. 不平等から生じる欲求不満の罠

　MSTの情報がブラジルに広まりつつあることは、とりわけ心強いことである。ブラジルのことを真剣に考えてきた人はだれでも、この国の根本問題は不平等にあると結論づけてきた。たとえばブラジルのジャーナリスト、ウィルソン・ブラガWilson Bragaは1985年に次のように書いた。「ブラジルには、1つの国旗、1つの憲法、1つ言語のもとに2つの国がある。20世紀のブラジルには、高度な技術、コンピューター、人工衛星を打ち上げる国がある。そして、その隣には、人々が生きるためにトカゲを食料にしているもう1つの国がある」。たまたまブラジルを訪問した人でも、アルベール・カミュAlbert Camusが1949年にブラジルを旅行して感じたのと同じ印象を持ちがちである。カミュは「私はこれまで豪奢と貧困がごく

序章　大地を受け継ぐ

平然と混ざりあっているのをみたことがなかった」と書いている。

　過去500年の間にブラジル社会に根を深くおろした不平等は，時には克服することはほとんど不可能であると思われた。1888年まで，ブラジルは奴隷制に基礎をおく社会であった。歴史的にごく少数の大土地所有者が土地を支配し続けてきて，貧しい人々を搾取し，土壌と森林を組織的に貪欲に開発してきた。ブラジルの農地の50％以上はわずか4％の大土地所有者によって支配されている[1]。その不平等な土地所有のパターンは，所得や，社会的地位や教育，医療や社会的サービス，さらに地域社会の問題への参画や法廷へのアクセスにいちじるしい不平等が形成される基礎条件であった。人々と慣習を5世紀にわたって支配してきた大土地所有者たちは，しばしば自分自身が法として機能することを実感した。文字通り，生殺与奪の権を握り，改革の努力を度々圧殺してしまった。

　ブラジルの不平等に関連する奥の深い問題を要約することは難しいが，それはこの国の文化と生活に不平等が広く行き渡っているからである。不平等については統計で一般的な状況を知ることができる。1つの説得力のある測定法は，人口の20％を占める最も豊かな層の所得を，人口の20％を占める最も貧しい層の所得と比較することである。

- 西ヨーロッパでは，最も豊かな層（人口の5分の1）の所得は，最も貧しい層（人口の5分の1）の所得の4倍である。
- 合衆国では，この比率は8対1である。
- ブラジルの場合には，（人口の5分1を占める）最も豊かな階層の所得は，最も貧しい5分の1の層の34倍になる。

　国連の最近の研究によれば，ブラジル人のほぼ3分の1，約5,500万人は1日2ドル以下で暮らしている。ブラジル人はまた，1人当たり平均所得が同じ水準にある他の国々に比べて苦しい生活に耐えている。ブラジル人の3分の1は絶対的貧困の状態で生活しているが，メキシコ人はその15％がこのカテゴリーに属するだけである。ほとんどの測定値は，ブラジルが世界の大国の中で貧富の格差が最も大きな国であることを示している[2]。

　非常に多くのブラジル人が貧困にあえいでいるが，この国は多くの点で豊かなのである。ブラジルは人口に比べて生産力の高い農地に非常に恵まれており，食

料生産能力でアメリカ合衆国に匹敵する最も恵まれた国である．ブラジルは多くの農産物，とくに大豆，家禽，砂糖，コーヒー，カカオ，オレンジ濃縮ジュース，トウモロコシ，綿花などの生産で世界のトップクラスであり，大輸出国である．世界最大の鉄鉱石埋蔵国であり，ボーキサイト（アルミニウム原鉱）の最大埋蔵国でもある．金，銀，マンガン，銅にも恵まれている．化石燃料資源にはあまり恵まれていないが，この国はその巨大な包蔵水力を既に大規模に開発してきた．ブラジルは世界有数の経済大国の1つに発展しており，製鉄，自動車，船舶，航空機，農機具，工業用と農業用の化学製品，軽軍用装備品，コンピューター，多種類の基本的な消費財を生産している．

　20世紀中頃には，ブラジル人と外国人はこの豊かで多様性に富む国を異口同音に興奮をこめて「未来の国」と語っていた．その未来は巨大な新しい工場や高速道路や摩天楼の形でやってきたが，成長の恩恵を受けた人は非常に少なく，そのために非常に高い犠牲を強いられた人々が圧倒的に多かったので，「未来の国」という夢は，意地の悪いジョークと解されることになった．

　経済成長と技術の進歩が多くの点でほとんどのブラジル人の生活を改善してきたことは疑いないが，不平等は持続してきたばかりか，不平等を示すほとんどの指標が同じ時期に上昇さえしたことを示している．経済成長と技術の変化は，不平等状態を改善させるよりむしろ悪化させる傾向があり，豊かな人々を一層豊かにし，貧しい人々を少なくとも相対的に一層貧しくさえしてきた．社会の不平等が経済と技術の向上を促進させる潜在力を蝕んできたことは，新しい搾取の機会を作り出したばかりか，はるかに幸せな社会を創出できる数えきれないほどの機会を無駄にしてしまったことと並んで疑いないことである．

　ブラジルには良きにつけ悪しきにつけ，不平等の影響をこうむっていない階級はない．途方もなく貧しい非常に多くの人々に混じって，信じられないほどの特権をもって生活している豊かな人々は，まわりの市民から隔離することがますます必要になると考えてきた．不平等の冷酷な例の1つは，2002年1月1日のワシントン・ポスト紙の記事から引用できる．それは，景気が後退した時期にブラジル最大の都市，サンパウロではヘリコプター通勤が盛んになっていることを報じた記事である．貧困と社会不安は都市の犯罪率を記録的に上昇させた．サンパウロで

は10万人当たりの年殺人率が60人であったが、ニューヨーク市では7人にすぎなかった(リオデジャネイロにおける殺人率はニューヨーク市の約9倍も高かった)。サンパウロ周辺でのはげしい交通渋滞と危険な道路状態を含む日常的な混乱に結びつく暴力と誘拐の恐怖は、ブラジルのエリート層に空路を選ぶよう促してきた。ヘリコプターが推定240ある発着所(ニューヨークには10しかない)から、政治家や企業経営者や、まさに金持ちを彼らが住む比較的安全と考えられている地区からオフィスまで運ぶ。彼らが住む地区の周辺では武装したガードマンがパトロールしている。ブラジルの富裕な人々の多くは、地上を行かざるをえない時には、防弾ガラスを装備した乗り物を利用し、待ち伏せや誘拐を避けるために特別のルートを通過する。

　豊かな人々は貧しい人々の自暴自棄と怒りを恐れる。貧しい人々はファヴェーラfavelasとよばれる世界で最も混乱した厄介な都市のスラム街で生活している。ブラジルは3分の2が農村民であった国から40年の間に3分の2が都市民である国に移行した。産業化の進展と持続する農村の貧困は大量の農村民を都市へ流入させた。ブラジルの多数の大都市、とくにリオデジャネイロとサンパウロは、非常に急速に拡大したので、流入した人々を収容する施設が不足しており、彼らが流入した地区では乗合バス路線が非常に少なく、飲料水が適切に供給されておらず、下水道はほとんど敷設されていない。需要に比べて雇用機会が不足しており、賃金が低く、しばしば臨時の仕事しかない。人々は手に入るものならなんでも使って住居を造る。金属の羽目板、厚紙の箱、木の柱、泥と日干し煉瓦など、手近でえられる使えるものなら何でも利用している。ファヴェーラ住居は、しばしば、むちゃくちゃに詰めこまれた掘っ立て小屋群をなしており、新しい開発を規制するために適切なゾーニング(土地利用地帯規制)やコミュニティー組織は存在しない。このような住居はしばしば不法に建てられ、居住者は電力や他の公共施設を盗用する。ゴミはほとんど、あるいは全く収集されず、積みあげられるだけなので、伝染病の流行や有毒物汚染の源になったりする。あるファヴェーラでは、人々は食べ物や物資をごみの中から拾い出すのに便利なゴミ捨て場のまわりに小屋を建てている。こうしたものは居住者の絶望の姿であって、彼らは危険なゴミ捨て場からほかの場所へ強制移動させようとした警察や軍隊と激しい争いさえしてき

た。ある低湿地では，スラム街の住民集会にゴミの収集業者を招き，酒で買収してゴミをその湿地へ捨てさせて埋め立て地をひろげ，もっと多くの掘っ立て小屋を建てようとしてきた。

　貧困と絶望と搾取は，犯罪の理想的な温床を作り出す。大多数の人々は暮らしやすい場所や家族と一緒に生活できるよい場所を確保するよう努力しているが，泥棒や麻薬のディーラーもその中に混じって生活している。多くのファヴェーラ住民は彼らの住居と生活を改善する方法を探すことで驚くほど活発であり，すぐれた才能を示してきたが，たいていの貧しい人々にとって，都市の生活は失望と屈辱感に満たされている。最近では，スラム街を管理してきた行政機関の多くは，十分に武装した麻薬ギャング団に譲歩してしまった。麻薬ギャング団は独特の方法で治安を維持しており，麻薬を資金源として社会計画さえ麻薬ギャング団のボスに服従することと交換に実施している。政治家たちと犯罪組織のボスたちは，親切と義理のネットワークを作って，人々の要望をかなえつつ，自分たちの生き残りのために超法規的戦略を巧妙に利用する。政治家と政治運動は非常に多くの約束をしてきたが，依然として貧困にあえぐ大多数の人々に対して他の真に有効な手段を提供しなければならない状況が続いている。

　農村地域に留まっている貧しい人々の状況は依然として悪いどころか最悪である。農村の貧困状態は本書の主題の大きな割合をしめているので，ここではごく簡単に説明するにとどめる。20世紀の後半期には，飢餓と栄養不良がブラジル農村の貧しい人々の間に広がり続けていた。(この飢餓に苦しむ同じ人々が数千万のブラジル人と外国人に食料と衣料の原材料を提供する作物を栽培し，収穫する作業に従事してきたのは合理的ではない)。文盲率は依然として高かった。医療と保健の状態はほんのわずか改善されたが，いくつかの重要な点で低下さえしていた。専門家の中には，ブラジルの北東部の貧しい人々を，しばしば，ひどい栄養不良と病気に悩まされる西半球で最大の集団と分類している人がいる。

　20世紀の後半期におけるブラジル政府の経済の「近代化」計画は，農業に資本集約的(大規模)機械化方式と化学(肥料・農薬)への依存をゆきわたらせた。農民の大きな集団は，かつては小規模な土地を保有し，その経営や，有利な労働契約を結ぶことによって運を開こうとしていたが，大規模な機械化経営のために土地と仕

事を奪われた。貧困が当たり前なブラジル農村では自分たちを例外的な成功者だと考えていたらしい人々も、失業と土地から追い出される悪夢が現実になったのを悟った。20年の間、軍事政権は、農村地域で悲惨な状況が拡大するのを阻止しようとした人々に対して厳しく、暴力的な弾圧を加えた。非常に多くの人々が、彼らを待っている都市におけるスラム街での生活の恐ろしさをますますよく知るようになってきたにもかかわらず、やむなく都市へ流れこんでいったことは、農村地域における状況がいかに深刻であったかを示す強力な証拠である。

　ブラジルの豊かな国土は、3,500万人から4,000万人の堅実な中間層をかかえるに十分な広さがある。この比較的裕福な人口の20％から25％を占める人々でさえ、社会の大きな不平等の影響に苦しめられている。権力のある富裕層に課税することは政治的に非常に困難であり、貧しい多数派は所得が少なくて課税の対象にすることができない。結果として、健康保険と教育を含むあらゆる種類の社会サービスは慢性的な財源不足となり、それは次には専門職と準専門職の増加を限定することになっている。大多数のブラジル人が貧困であるため財とサービスの国内市場の規模は期待されるものよりはるかに小さい。国内市場の規模の小ささは経済成長と投資の機会を制限する。厳しい不平等はまた企業と政府に大小さまざまな不正と欲求不満を頻繁に生み出し、腐敗の機会をも作り出す。この種の不公正はあらゆる人々に害を及ぼす。

2. 不平等の罠を避ける方法

　最も厳しい影響をこうむっている貧困層から、誘拐を恐れ、安定した経済成長の大きなチャンスを期待している富裕な投資家層まで、さらに経済的に圧迫されている中間層まで、ほとんどのブラジル人はさまざまな点で不平等という国家の大問題のために罠に陥入っていると感じている。多くの人々はまた、この深刻な問題を解消しようとした試みが不成功に終わった長く痛ましい悪夢のために、心の奥底から意気阻喪させられる。さまざまな政治運動と企画が20世紀を通じて行われたが、不平等の罠からブラジルを救い出すことはできなかった。不平等を解消させるための鍵は、農地改革を通じて農村の貧しい人々の要求に取り組むことであるということは、ずっと以前からブラジル人の間では大体承認されていた

が，この目標は強大な権力をもつ少数派の大土地所有層の頑強な反対に直面して実現不可能と思われてきた。

　MST（土地なし農民運動）が非常に多くの関心と熱意を注いできたのは，その背後にこの挫折感があった。土地を所有しない人々，土地を取りあげられてしまった人々，失業者，出稼ぎ労働者，日雇い労働者，要するにブラジル社会における貧しい人々と一緒に活動して，MSTにできることとは思われなかったことが実現された。MSTは最も貧しく，希望をほとんど失った人々の生活を劇的に変化させるために，これまで農地改革に着手すると約束しただけであった政府に，約束通り農地改革を実行するようせまった。MSTはその運動を支持者と自認している人々と意見が合わない時にも精力的にねばり強く続けてきた。その結果，それほど精力的でもねばり強くもないし，とくに自尊心が強いわけでもない人々の運動が，ついにブラジルにおける農地改革を軌道にのせることができたのを見て，それが本当のこととは思えないのである。

　MSTは農地改革を推進する手がかりを，ブラジルの最も深い法の矛盾，土地を有効に利用することを命じる法律と大土地所有者の現実の非効率的な利用との齟齬に見いだした。ブラジルにおけるヨーロッパ人の歴史の初期に，ポルトガルの国王は，広大な土地をその寵臣に与えたが，そのことがこのような土地の非効率的な利用の根源になった。国王は，ポルトガルからの移民が実際に土地を開拓する能力が大きくなかった時代だったので，広大な領域の権利を与えることによって定着させようとしたのであった。同じ地域をめぐってイギリス人，フランス人，オランダ人，スペイン人に対抗するために，ポルトガル国王はその寵臣に土地ばかりか，その防衛と統治の責任の多くを負わせた。ポルトガル人の支配者たちは，この慣習が土地の乱用と尊大な態度を招き，国王の威厳と土地の健全な利用の両方を損ねることを国王の行政官から報告されていたが，この警告を無視して，国王たちはブラジルに偉大なポルトガルを実現しようとした。

　この伝統は以下の諸章で詳しく掘り下げられる。王の行政官が恐れていた土地と人々の乱用がもたらされることになった。土地所有者たちは，広大な土地を管理し，健全に利用することを誇りにするわけではなく，所有することそのことを誇りにしていた。彼らはプランテーションの利益を奴隷と雇い人と召使いにほんの

わずかしか分け与えなかった。彼らは生産に利用した土地が荒れてしまっても，新しい土地を利用できた。

　植民地時代のポルトガルの役人とその後のブラジル政府は，不平等と貧弱な土地利用などの諸問題を解決するためにさまざまな方法を試みたが，ほとんど効果がなかった。本来は，このような諸問題を処理することを意図した法律の1つのアイディアは，土地の有効利用という原理であった。すなわち，土地はその所有者が健全に利用しなかったならば，その時には他の人々がその土地を自分たちのために当然の権利として要求でき，所有権を獲得できる，というものである。この原理は，アングロアメリカでは未知のものではなく，しばしば，「土地を適切に利用せよ。さもなくば，それを利用する権利を失う」，あるいは「そこは無断居住者が利用する権利がある土地」とみなされる。

　不幸なことに（これから見ていくように），権力のある大土地所有者は，法律の原理を自分たちの利益のために利用する仕方を学んだ。しかし，この原理はブラジルの法律の本質的なものとして存続し，時には強化さえされ，土地の所有者であるためには「土地は社会的機能を果たさなければならない」とブラジル憲法は規定している。ブラジル政府はどの政権も，この原理を貧しい人々に土地を配分することによって有意義なものにすると約束してきたが，さまざまな理由のために，政府は常にこの約束を履行することができなかった。この矛盾は明らかであった。土地には建設的な社会的機能を果たすという法律上の要件が規定されていたが，土地所有者たちは，一般に土地に潜在する生産力を常習的に乱用し，社会の繁栄にマイナスの影響を与えた。

　MSTは「土地の社会的機能」という原理に真の農地改革を主張する強力な根拠を見いだした。以下の諸章で取り上げるように，MSTはこの有効利用原理に抽象的な理論や，計画によって取り組んだだけではなかった。土地がないことがもたらす恐るべき窮状を解決する方法を探ることによって，土地法の古い矛盾がどのように彼らの利益のために解消できるものであるかをも明らかにした。

　ブラジルの歴史では，絶望した人々が，いつでも他の人々が所有権を取得した土地を小規模に利用して定着していた。このような人々は孤立状態だったので，常に挫折し，土地を追い出されて土地のない労働者として働き場所を探さざるを

えなかった。ブラジルの軍部独裁政権に抵抗するさまざまな運動が盛り上がった時，はじめて，土地のない人々は彼ら自身の主張を支えにして組織をつくる可能性をみた。本書の最初の章にみられるように土地のない人々は，土地の不法占拠を自分たちの勝利とし，さらに農地改革のため，広範な社会変革のために長続きのする運動にする仕方を学んだ。彼らは矛盾を解消する過程で，彼ら自身と故郷に新しい未来をもたらす可能性を作り出した。

3. 歴史の地理：本書の構成

　本書は3つの主章でMST（土地なし農民運動）の実態を記述し，次に第4章で，この運動の最初の数10年間の成功と失敗と挑戦を検証することになっている。全体にわたって実地調査の結果を説明するが，それらはMSTの重要な部分に当たると思っている。私たちは多くの魅力的で価値のある話題を省略せざるをえなかったが，この国全域で農村民が直面している多種多様な問題のいくつかについて検証したことになったと思っている。人々は，私たちにその体験を惜しみなく披歴してくれたので，彼らの行動に対して批判的であった場合にも，私たちは彼らの立場を理解しようとしてきた。

　最初の3つの章は地理と歴史の両面から構成されている。MSTの成果と欠点は，その歴史的ルーツと，土地と農村地域の平等のための苦闘の地理的状況を理解せずには，適切に評価されえない。MSTはブラジル人の運動であり，ブラジルの社会と政治の歴史やMSTの正しい理解や評価についての知識がなければ偏った不完全なものになるであろう。私たちは読者に一緒にブラジルの歴史の歩みをある程度たどることを求めるが，それはそうすることによってはじめてMSTの注目すべき進展を適切に理解することができるからである。

　ブラジルの最も明瞭であるが，奥の深い実態の1つは，その広大さと多様さである。この国はアメリカ合衆国の48州にテキサス州を加えたほどの広さがある。ブラジルの支配者たちは，この国には意味のある単一の統合を確立することが必要であるという大きな関心を常にいだいてきた。ブラジルの歴史では，しばしばブラジルは性質が非常に異なるいくつかの地域の集まりで，ほとんど1つの国とは思われなかった。MSTは，遠く離れた地域の地理の影響と，多様な歴史と文化と

経済活動の影響をまぬがれなかった。各地域はそれぞれ異なる難問に直面し, 異なる方法で対処しなければならなかったし, 成功の程度に差があった。このような地理的現実を認識しないではMSTを適切に理解することは不可能である。

　第1章は, リオ・グランデ・ド・スールという最南の州の人々が, ブラジルが軍事政権下で最も抑圧的な時期から脱しはじめた頃に, どのように土地のための戦いを組織し, 運動の地域的基礎を作り, 次に国家的運動に発展させていったかを説明する。この章の一部は政府の圧迫とそれに対する抵抗のストーリーで, この運動のルーツが解放神学にあることと, 独裁政権下でブラジルの左翼が変質したことが詳しく説明される。この章ではまた, ブラジルの最南部では, 小規模家族農場の伝統がどのように農地改革の特殊な背景を作り出したかも説明される。この地域では農家家族は, 機械化と政府の政策が彼らを土地から追い出した時, その小土地所有の伝統が破壊される状況に直面した。私たちは家族農場の1つ, プラコトニク夫妻の農場がこのような事件でどのように一掃されてしまったか, そして彼らの生活がどのように変わったかを見る。この章の結びは, 非常に困難な経済状態と, 政治と環境の変化に直面し続けている一方で, 勝利の成果を享受しつつあった成功したMST農地改革集落民の考察でしめくくる。

　第2章は, 軍部独裁の消滅後, 政権を握った新しい市民政府が, 農地改革についての熱のこもった国民的議論をどのように取り上げたかを検証することで始まる。私たちは, この議論をブラジルにおける5世紀にわたる農村の不平等についての歴史を批判的にまとめ, 次ぎにブラジルで最も貧しい地域, 北東部における農地改革の難しさを考える。北東部はポルトガル人の植民の最も早い時期から, 奴隷制と輸出のために活動するプランテーションの長い歴史を通じて, 不平等の基盤が築かれたところである。北東部の歴史は, さまざまな点で現代まで持続してきているブラジルの文化と政治を形づくってきた。第2章はその歴史がブラジルのイメージと国家の諸問題にどのような影響を及ぼしてきたかを論じる。そして次にMSTが北東部における農地改革のためにどのように働いてきたかをみて, この運動の最も難しい問題点と短所のいくつかを, とくにこの厄介な地域の歴史のレンズを通して検討する。

　第3章では, アマゾンにおける土地のない人々と森林の関係が考察される。こ

の章ではアマゾンの開発の歴史，とくに最近40年間の歴史が検討され，土地のない人々が彼らの要求をごくわずかしか満たさない事業に惑わされ，搾取されてきたことがあきらかにされる。入植者たちが，どうして1人では逃れられない罠にはまるのかを示す。私たちは，入植者がMSTに参加し，この種の罠から逃れる道を見出すことができた農地改革集落を訪ねる。私たちは，また，世界最大の鉄山を訪ねる。この鉄山は森林と入植者の将来を形づくる躍動的な役割を演じている。私たちが訪ねた地域にMSTが来たのは比較的最近のことで，森林の保護と土地なし農民の土地要求との板挟みというジレンマを解決するもう1つの策を考案し始めている。

　これら3つの章に続くテーマは，MSTの運動と農地改革は，土地のない人々が自分たちのために決めてきた目標を全て達成することは本来できないことを，その関係者の大部分が認めているということである。本書のこの部分全体を通じて，MSTの他の社会運動や政治政党や市民の組織との結びつきや提携がどんなに重要であるかが示される。話題に人権問題，環境保護，労働組合連合，政党，政府の政策の役割が織り込まれる。私たちは，この章でMSTの他の社会運動や政治勢力との提携というテーマに絶えず立ちかえることによって，現代ブラジルの難題について歴史を通して見るという1つの見方を提示したいと思っている。

　第4章はMSTの運動の形成と活動の歴史と意義を全般的に検証するため，一連の問題にとり組む。MSTの運動は農地改革集落民の生活の改善に役立ったか？農地改革における政府の政策の役割は何であったか？何が将来の政策課題であるか？世界の農地改革ではアメリカ合衆国はどんな役割を果たしてきたか？ブラジルにおける農地改革は将来に対してどんな意義があるのだろうか？農地改革は国家の発展という広範な問題にどのように関連しているのか？MSTは権力のある大土地所有者の法的不可罰性（刑事責任免除）を縮小することでどんな役割を果たしてきたか？森林と野生動物と土壌の保護のために新しい対策案を作成するうえで，大土地所有者が土地を所有することにはどんな意味があるだろうか？MSTとブラジル国との間にはどんな関係があるのだろうか？MSTは人々を活動的な市民に変えることでどの程度成功してきたか？この運動は軍部の独裁が終息して以後，ブラジルの市民社会が全体的に復活するうえで，どんな意義があったのだろ

うか？

　私たちはMSTとその子弟の将来についての感想と，最近以前の政府よりもMSTに好意的な新しいブラジル政府が選出されたことについての意見で議論をしめくくる。

　MSTやMSTによく似た運動は，ブラジルで農地改革が始まるために必要不可欠なものであったと考えられる。MSTはまた，ブラジルで起こりつつあった広範な社会的変化で非常に建設的な役割を果たしてきたものであり，さらに人間の生活と，人間と自然との関係に関心があるあらゆる人々が真剣に研究するに値する運動であるとも考えられる。本書はこの運動とそれに関与した人々の短所とみなされるものを率直に指摘してきた。MSTは，公正な批判がこの運動の精神を健全に保つ源であることを長い間支持してきたが，私たちも同意見である。批判的な考え方と市民活動を結びつける課題と，MSTの参加者が絶えずなし遂げてきた任務に熱心に参加するのと同じ精神で，本書が読まれることを期待している。

　このMSTのストーリーは，いちじるしく錯綜しており，勝利と敗北や，輝かしい解決と進行するジレンマの両方を含んでいる。このストーリーが語る事象の多くは，ブラジル以外で全く同じように起こることはまずないであろう。その組織がそれ自身で達成できることには固有の限界もある。農業と農民と農業労働者に基礎をおく組織であるMSTに，都市と工業が卓越する現代のブラジル社会と同じ変革を期待することはほとんどできない。しかし，MSTのストーリーはブラジル人の特異な性格とその弱点と成功で，明確な社会的変化が可能なことに思い至らせる。このことは，とくに多くの貧しい人々が，自分たちの利益のために効果的な組織をつくることができることを疑っており，まして身近な諸問題にMSTの人々がしてきたような真に新鮮なアプローチをすることには疑問をもっている時代には重要である。MSTの参加者は，その組織の限界の多くを認識しているが，あえて，社会の全てが関与することになるはるかに広範な変化を加速させることができると信じている。

　本書はMSTの歴史であるが，この組織が農地改革の領域で達成してきたことと，土地そのものの境界をこえて社会変革を徹底させようとするその野望を達成する機会の考察でもある。

ブラジル史とMST（土地なし農民運動）史との関係（年表）

1500年 ペドロ・アルヴァレス・カブラルPedro Alvares Cabralはヨーロッパ人で初めてブラジルの土地と風景に接した。

1530年 ポルトガル最初の探検隊をブラジル植民のために派遣。

1534～1536年 ポルトガル国王12名のカピタンにブラジルの土地を下付。大土地所有とプランテーションの伝統のはじまり。

1549年 バイアのサルヴァドールにトメ・デ・ソーザがブラジル最初の中央集権政府を設立。

1697年 植民地のプランテーション経営者と軍隊が，約68年前に建設し，大規模に要塞化された逃亡奴隷の集落（キロンボ），パルマレスを破壊。

1763年 ブラジルの植民地首都はバイアのサルヴァドールからリオデジャネイロへ移転。

1808年 ポルトガル国王と宮廷がナポレオンを逃れてブラジルに移転。ナポレオン，ポルトガルを占領。

1822年 ポルトガルのペドロ王子はブラジルに留まり，ブラジルの帝国独立を宣言し，ペドロⅠ世に就任。

1823年 ブラジル最初の憲法を発布。

1850年 新土地法のために小規模農家の土地取得が一層困難となる。

1888年 奴隷制廃止。

1889年 ペドロⅡ世（1840～1889年），軍隊によって退位させられ，ブラジル初の共和国創立。

1891年 新憲法が諸州に独自の土地法を作成する権力を与える。

1897年 農村の貧しい人々の集落，カヌードスに4度目に送られた軍隊によって破壊され，指導者アントニオ・コンセレイロ死亡。

1912～15年 リオ・グランデ・ド・スール州におけるコンテスタドの反乱。修道僧ジョアン・マリアは合衆国の投資家に譲渡された土地から小農民と農村の貧民を排除したことに対する抗議を指導。

1924～1927年 軍隊の若い将校ルイス・カルロス・プレステスは後にブラジル共産党の党首になり，ブラジル農村地域の革命軍を指揮するも，プラン

テーション経営者たちが組織した軍隊に敗退。

1930年　動乱でジェツリオ・ヴァルガスが権力を握り，1945年に罷免されるまで権力を保持（1950～54年に再び権力掌握）。

1955年　最初の小農民同盟ペルナンブコ州で創立。

1961年　首都，新都市ブラジリアに移転。選挙の結果，ジャニオ・クァドロス大統領に就任，しかし罷免。副大統領ジョアン・グラール大統領になる。

1962年　農村労働組合公認。

1963年　グラール大統領農地改革を提議したが，国会で必要な3分の2の投票がえられず失敗。1964年により穏当な議案を提出。

1964年　ブラジル軍部グラールを罷免。政権掌握。

1968年　軍政令5号公布。独裁者の権力の大拡張を制定。

1974年　経済急成長（「ブラジルの奇跡」）がゆらぎ，下向し始める。

1975年　ブラジル全国司教協議会，土地司牧委員会を設立。主としてアマゾン地域における土地闘争に対応。

1975年　ジャーナリスト，ウラジミール・エルゾークの死に対する広範な抗議。

1977年　学生のストライキと，著名な実業家と工業経営者による政治的自由の回復要求。

1978年　サンパウロ州の自動車工業と関連工業の金属工業労働者のストライキ。軍事政権への最初の大きな挑戦。

1978～79年　さまざまな州での最初の土地占拠。MST（土地なし農民運動）の形成を導く。ブリリャンテ，マカディ，およびエンクルジリャーダ・ナタリーノにおける土地占拠。

1983年　労働者党（PT）結成。

1984年　エンクルジリャーダ・ナタリーノの家族，土地取得。MST最初の全国組織の会合，パラナ州カスカヴェルで開催。

1985年　MSTの最初の全国会議，パラナ州クリチーバで。軍部政権から離れる。一般市民のタンクレード・ネヴェス大統領に就任。死亡。副大統領ジョゼ・サルネイ大統領となる。

1985～1988年　新憲法草案国会に上程。農地改革議案は無視。

1988年　新憲法成立。シコ・メンデス暗殺。

1990年　第2次MST全国会議。500人以上の代表者出席。

1990〜1992年　フェルナンド・コロール大統領就任。

1992年　MST, 農地改革の全国連合, 生産問題に関する協同組合結成。

1992〜1994年　コロールが弾劾裁判にかかり辞任した後, 前副大統領イタマール・フランコ, 大統領就任。

1994〜2002年　フェルナンド・エンリケ・カルドーゾ大統領。

1995年　第3次MST全国会議。MSTは新しい標語"農地改革:「皆の闘い」"を採択。そしてそのメッセージを諸都市に送る。

1996年　4月17日, 19人のMSTの構成員がパラ州知事のオフィスに平和的に行進中, 殺される。

1997年　2カ月間の行進後, 1000人のMSTの構成員, 4月17日にブラジリアに入り, 数万の支持者の歓迎をうける。

2000年　MST第4次全国会議。1万1000人以上の人々出席。

2002年　ルイス・イナシオ・ダ・シルヴァ, 通称「ルーラ」, 労働者層からブラジル最初の大統領に選出される。

略語集

CEB　キリスト教基礎共同体 Comunidade Eclesiais de Base

CNBB　ブラジル全国司教協議会 Conferência Nacional dos Bispos do Brasil

CNS　セリンゲイロ全国協議会；全国ゴム樹液採集業者同盟 Conselho Nacional de Seringueiros

CPT　土地司牧委員会 Comissão Pastoral das Terras

FAO　国連食糧農業機関

FETAPE　ペルナンブコ州農業労働組合 Federação de Trabalhadores na Agricultura de Pernambuco

FUNAI　国立インディオ保護財団 Fundação Nacional do Índio

INCRA　国立植民農地改革院 Instituto Nacional de Colonização e Reforma Agrária

IMF 国際通貨基金
MST 土地なし農民運動 Movimento dos Trabalhadores Rurais Sem-Terra
PNRA 農地改革国家計画 Plano Nacional de Reforma Agrária; National Plan for Agrarian Reform
PT 労働者党 Partido dos Trabalhadores
UDR 農民民主連合 União Democrática Rural; Rural Democratic Union

ポルトガル用語

abertura: 政策の開始
acampado: 野営地居住者
agreste: アグレステ(ブラジル北東部の漸移地帯)
agrovila: アグロビラ(農家小団地)
animação: アニマソン(動画, アニメーション)
assentamento: アセンタメント(農地改革集落)
bolsa escola: 奨学金制度
caboclo: カボクロ(白人とインディオの混血人)
chimarrão: シマロン(マテ茶を入れる装飾されたヒョウタン)
despachante: 手続き代行人
distensão: 軍部独裁の民主主義への漸新的移行
erva mate: マテ茶(マイルドにカフェインを含む)
favela: ファヴェーラ(都市のスラム街, 貧民窟)
fazenda: ファゼンダ(農村の大農場, 大所有地)
fazendeiro: ファゼンデイロ(農村の大土地所有者)
garimpeiro: ガリンペイロ(砂金採集者, 金探し)
gaúcho: cowboy; ガウショ(リオ・グランデ・ド・スールのカウボーイ)
grilagem: グリラジェン(土地横領)・グリラード(新しい土地証書を箱に飼ったコオロギに汚させて古めかしくする手法を用いて不法に入手した土地).
jagunço: ジャグンソ(雇われガンマン)
latifúndio: ラティフンディオ(大土地所有制)

morador: モラドール［プランテーション居住（労働）者］

mística: ミスチカ（MSTの集団神秘劇・演芸場）

município: ムニシピオ（郡・市・町村を含む）

queimando o arquivo: 公文書の焼却（土地をだまし取る技術で、土地権利証を消滅させる。殺人も広くやられる）。

quilombo: キンロボ（逃亡奴隷集落）

ribeirinho: リベイリーニョ（河畔住民）

saque: サキ（強奪事件）

sem-terra: センテーラ。土地なし農民（個人あるいは集団）

sertão: セルトン（北東部の乾燥した内陸地域）

zona da mata: ゾナ・ダ・マタ（北東部の大西洋沿岸の森林地帯）

第1章　約束の履行

プラコトニク夫妻(ジョゼとアニル)。MSTで最初期から活躍してきた。この写真の中央にブラジルの国民的守護聖人・聖母アパレシーダの小彫像がかざられており、その上にルーラ選挙広告がみえる。ジョゼはシマロンをもっている。

第1章　約束の履行

第1節　リオ・グランデ・ド・スール州におけるMST(土地なし農民運動)の起源

　祝祭の1週間前頃から，プラコトニク夫妻(ジョゼとアニル)(José and Anir Placotnik)と3人の娘たちはその準備にとりかかる。彼らはまず屠殺する牛を2頭選ぶ。祝祭の日が近づくと，プラコトニク家の近所の人々が野外パーティーで必要な薪を集めるのを手伝い始める。10代の少年少女たちは自家製の梯子を使って野外パーティー場の周りに色とりどりの細長い三角小旗を取り付ける。女性たちは，2,3カ月前に作ったソーセージやチーズから出来のよいものを選んで祝祭の会場に運び込む。果物やジャムや酢漬け野菜も持って行く。パーティーの日には，ポテトサラダを山のように作る。この祝祭は聖母アパレシーダNossa Senhora da Aparecida(ブラジル国民の守護聖人)の祭りである。この守護聖人は18世紀に漁師が現在のサンパウロ州のある湖から聖母の小さな彫像を引きあげた時にその存在が知られることになった。

　10月は，ここブラジル最南部のリオ・グランデ・ド・スール州では春である。この高原の温暖な午後は，南半球の寒冷で多雨な冬の日々から逃れる救いになっている。ブラジルの南部では，冬には粉雪が舞うことが時たまある。全国テレビの番組は小さい池の表面に薄氷が張ると，その光景を厳しい冬の奇跡として必ず放送するが，それは大多数のブラジル人には，このような寒い天気はほとんど想像できないものだからである。冬が去った10月12日の聖母の日は，復活祭に少し似ている。植物は再び繁り始め，動物は繁殖を始める季節なので，明らかに復活の祭典なのである。土壌は温度が上昇し，豆類や穀物を数カ月後に収穫するために種子を播く準備が整っている。

　ここは素晴らしい地方で，世界のどんな農民も即座に欲しがるほどの土地である。水の豊かな河川によって浸食された丘陵の緩やかな円味を帯びた丘の斜面には作物が列状に栽培されており，川ぞいの低地には樹木が密に植えられている。そこここに森林が残っており，いくつかの丘陵の頂をおおっている。長い針葉をもち，まっすぐに張り出した大きな枝と，頂部に最も長い枝をもつアラウカリア松が，南アメリカの南部地域を印象づける特異な景観を展開している。土壌は質がよく，肥沃な表層土壌が6～12インチもあり，川沿いの低地ではもっと深く，基盤岩まで20～30インチの深さがある。春は作物の植えつけと牛の繁殖期で，農民

にとっては忙繁期であるが,蓄えてきた前期の収穫物で祝宴を開くことが次期の豊作を招くという信仰が表出される時でもある。このゆたかな土地における生命と季節の永遠の回帰の契約が成就されることを示すものとして歌と踊りがくりひろげられる。

ジョゼ・プラコトニクはこの祝祭の準備をすることで聖母・アパレシーダとのもう一つの契約を履行することになる。それは,もし,聖母・アパレシーダが彼の祈祷に答えてくれたならば,彼女の栄誉をたたえて毎年祝祭を行うという契約である。彼の契約とその履行は,家族に関わるストーリーであるが,それはやがてブラジルの農村生活を変化させるはるかに壮大なストーリーになる。

ポルトガル語を話すジョゼの隣人たちには,彼のロシア系ポーランド人名前は発音ができない。そこで彼らは音が似ているニックネイムで,彼をパコーテPacoteと呼ぶようになった。彼がこの名前(小包を意味する)で呼ばれるようになったことにはとりたてて深いわけがあったわけではなかったけれども,人々は彼の褐色の目は情熱とエネルギーで輝いており,いつでもジョギングに近い速さで歩いているとみている。彼は小柄で頑健で,その自信のある行動には気品がある。パコーテの父方の祖父はロシアからブラジルにやって来た。それは多分1917年のロシア革命の2,3年後,ポーランドに接する地域からであった。他の多くのヨーロッパ系移民と同じように,彼は,ブラジル政府が当時ヨーロッパ人の開拓前線と考えられていたところに,移民を誘致するためにちらつかせた小規模な農地の1つを求めたのであった[1]。

パコーテの祖父は一片の土地に定着し,この地域の先住民の共同体と強いつながりがある地方の女性と結婚した。その土地は子供たちや孫たちに分け与えるには十分な広さがなかったので,パコーテの両親は日雇い労働者として働いたり,土地を借りたり,分益小作をしたりしなければならなかった。生活は貧しく不安定であった。地主たちは頻繁に分益小作に退去を強要したが,それは小作人たちが,土地に対する権利を主張しないようにするためであった。土地に投資することは分益小作にとって馬鹿げたことであったが,それは,建てた納屋は放棄しなければならなかったし,果樹を植えて育てても,家族はその果実を収穫できないことになっていたからである。このような状況下では,農民には,土壌の保護に投資する

刺激がほとんどなかった。

　分益小作には土地を休耕する余裕がないし,常に地主が最も有利と考えるものを栽培しなければならず,土壌への影響を考慮することがない。ブラジルの南部でも数十年,数世代にわたる土地の乱用で地力が低下し,環境の劣化が広がった。アメリカ合衆国南部の分益小作農村と全く同じで,分益小作が収穫するものでは,しばしば家族の食料を充足することはできなかった。凶作は飢餓を,生活を破滅させる負債を意味した。というのは,作物の播種,栽培,収穫の費用を全て負担するのは分益小作だったからである。収穫物の大きな部分（一般に半分）は地主のものになった。

　事態をさらに悪化させたのはブラジル政府が日本,ヨーロッパ,アメリカ合衆国から大規模な企業の投資を誘致しつつあったことであった。彼らは高度に機械化され,肥料・農薬に依存した小麦とトウモロコシと大豆を南部諸州で生産することに関心をもっていた。このような大企業は土地を買収し,利用可能な農業金融を活用し,地方の生産を過剰に増大させて農作物の価格を下落させ,かくして,土地から小規模農家を無理やり追い出していた[2]。そのため,分益小作人は土地を入手することが二重に困難になった。既に土地を所有していた農民でさえ土地を失うという状況であった。パコーテはほとんどの友人たちと同様に,分益小作制の悲惨な懲罰的構造から逃れる方法をさがした。彼が聖母・アパレシーダと契約を結び,その履行を約束することになったのは,何よりもこの恐るべき状況のためであり,その模索の結果であった。

第2節　20年間の独裁政権

1. 抑圧と宗教と抵抗

　パコーテは軍部独裁政権の抑圧的雰囲気の中で成長したが,この政権はブラジルがまれにしか経験したことがなかった残酷なものであった[3]。軍部は1964年に政権を奪取したが,それは,ブラジルの貧民が農地改革の要求をついに組織化し始めたことと,都市労働者の権利が拡大されたことにブラジル・エリート層が対処

したものであった。小農民と労働者の組織のいくつかは，社会主義と共産主義の美辞麗句を用いた。ブラジル共産党は労働組合と小農民との提携で（一般に小さなものであったが），一定の役割を演じた。

　ふりかえって考えてみると，これらの貧しい人々の運動の要求はつつましやかなものであったし，その組織は明らかに弱体であった。共産党の役割はごく小さなもので，多くの場合，のんびりしたものであって，急進的な組織と活動を温和なものにしていたが，それは，この党はのんびりしていて，しかも官僚的な組織になっていたからであった。共産党のビジョンは非常に遠大で，差し迫った革命の可能性には無関心であった。しかし，この時代の冷たい戦争の雰囲気やキューバにおけるフィデール・カストロの勢力の隆盛振りに目を覚まされた保守的なブラジルの大土地所有者と企業家と軍部将校の目には貧しい人々の遠慮がちな活動さえ，大いに恐怖と感じられた。彼らと恐怖をわかちあったアメリカ合衆国政府は，軍部と共謀して，大統領ジョアン・グラール政権を転覆させるクーデターを計画した。ジャニオ・クアドロス大統領に圧力をかけて辞任させ，副大統領グラールに大統領の地位を譲らせた。グラールは優柔不断で，時に愚かな言動が前任者クアドロスに似ていてブラジル人の不安と混乱を一層かきたてた。それがクーデターを容易にした。グラール大統領はブラジルの国会に適度の農地改革計画を導入させたが，軍部はストライキに入り，グラール大統領を追放してしまった。

　このクーデターの後，ブラジルの新しい軍部支配者たちはただちに小農民集団と労働組合と学生組織を攻撃し解体させ始め，組織のリーダーの多くを投獄したり，追放し，他の多くのリーダーを拷問にかけたり，死刑に処したりした。1968年に軍事政権に対する抗議行動に火がついた時，政府は軍政令5号を公布し，さらに一層抑圧的になり，政府に対するあらゆる批判と反対を実際に禁止し，ブラジルの市民に残されたわずかな自由を取りあげた。発刊する前の新聞の検閲は厳重で，徹底的であった。警察と軍部の情報組織は個人と組織に対して激しい攻撃を加えた。官憲が行った追放や投獄や拷問のために行方不明は最高潮に達した。在来型の会議による政治はほとんど行われなかった。政府公認の政党を設立するばかりか，政府が支配する反対党さえ立ち上げて，説得力のない民主主義のうわべを繕っていた。ブラジル人は用心して話をすることを学んだ。10年以上の間，一種の集

団的沈黙がブラジルの都市住民の生活を支配した。政府は大衆の集会を特別に許可をした場合に限り認めた。許可はまれにしか認められなかった。政治的集会やデモンストレーションは禁じられた。軍部は，身の毛もよだつような手段を平気で用いて情報を集めた。たとえば，警察は子供を拷問にかけて両親から情報を吐き出させるようなこともしていた[4]。

　この体制に反対する人々の中には，都市のゲリラ戦争に参加したり，彼らの活動資金を銀行から強奪したり，政治犯を監獄から釈放させるためにスイスとアメリカの大使を含む外交官を誘拐したりした。このような活動は，都市ゲリラの勇気と情熱と機転に感動した多くのブラジル人の関心をひきつけ賞賛されたが，体制に対する反対を支持する広い基盤を築くことにはほとんどならなかった。しかし，体制の手で殺される可能性のある政治的活動家を監獄から救い出した事件がいくつか起きたが，それは否定できない功績であった。救出された何人かは軍事体制が1980年代にこの国の統治能力を失い始めてから，ブラジルの左翼政治家として再び活躍することになった[5]。

　都市ゲリラは，とくに体制への抵抗をもりあげるためにデモを指揮することで活動していたが，ゲリラ活動が多数の人々を参加するよう説得に成功したことはかつてなかったし，体制の安定性を深くおびやかすものになったこともなかった。他のグループは農村地域からゲリラ闘争を進展させようとした。その最も重要なものはアマゾンの奥地，パラ州とマット・グロッソ州にまたがるアラグアイア地域で行われた。この反乱は当時ラテンアメリカの革命家の間で広く知られていた革命発生地（フォコ）理論にもとづいていた。この理論は少数の革命家が農村地域に拠点を確立し，支持者の集団を育成しながら勢力を充実して行くことによって徐々に国家の中央政府に挑戦することを主張していた。アラグアイア・ゲリラ計画は，この地域の大多数の小農民は政府や他の組織からわずかしか支援をうけていない政府の植民計画地への新来の入植者で，自分たちには彼らをゲリラに参加させる能力があると無邪気に信じていた。開拓地への入植者は不平不満分子ばかりであることが多いが，彼らは思いやりのない地方の政治ボスや，鉱山や製材所の所有者や裕福な大土地所有者に完全に頼っていることも多かった。彼らは共同体意識をほとんど持っておらず，社会との結び付きが薄く，集団的活動の足場がほ

とんどなかった。

　アラグアイア地域のゲリラ集団はほとんど若い都市出身者で構成されており，彼らの中にはキューバで訓練を受けてきたものもいるが，その多くはゲリラ活動をなしとげるにふさわしい強靭な精神と肉体をもっていなかった。リーダーの中には，キューバでゲリラ活動の初歩的な訓練をうけた人々がいたが，彼らにはゲリラ活動を拡大するほどの能力がないし，その気もないとみられている人もいた。このゲリラ集団にはこの地方的な反乱を全国的反乱に発展させなければならないわけがよくわっていなかった。それは，彼らが活動する地域は人口の少ない農業の開拓前線地帯で，最も近い大きな人口集中地域から数100マイルもはなれており，南東部の中心都市サンパウロ，ベロ・オリゾンテ，リオデジャネイロというブラジルの人口と経済と政治の中心地からは約2000マイル近くも隔たっていたからであった[6]。

　都市と農村でのゲリラ活動は激しい抑圧に抵抗したが，どんなことが行われたか，くわしいことは決して公表されなかった。ただ，当局によって逮捕された後，行方不明になった政治家の親族による懸命な調査は続けられた。地下の小規模な反対運動と「政府お抱え」の茶番めいた反対党の間にあって，ブラジル人には体制と一致しない考えや関心や希望を表明する道はきわめて狭かった。

2. 教会：抵抗の安全地帯

　独自の思想と議論のために並ぶものない安全地帯[7]の1つが，1960年代の中頃から1970年代を通じて形成された。1960年代には教皇ヨハネ13世の勧めにしたがってローマ・カトリック教会は反省と改革と再生の時期をむかえた。ラテンアメリカの司教たちは，西半球の多くの国々で教会が瀕死の状態にあるという事実と，教会がラテンアメリカ社会で最も反動的な勢力としばしば密接に結びついているという事実に直面し始めた。若い人々はますます霊感と慰めを他処に求めるようになり，聖職者の補給はますます困難になった。プロテスタント教会はカトリック教徒を非常に多数改宗させることができたし，長い間どんな宗教からも疎外されていた大勢の人々をひきつけることができた。カトリック教会は独裁体制の陰にあってその支持を静かに示しているだけで，活発な活動はほとんどしてい

第1章　約束の履行

なかったらしい。

　ブラジルでは,カトリック教会は多くの困難な問題に直面していた。世界の他の国々よりも多くのローマ・カトリック教徒がブラジルで生活しているけれども,自分をカトリック教徒と称している人の数は,教会の健全さも,この宗教の活気も示してはいない。16世紀には,ポルトガル国王はバチカンから教区の聖職者と教会裁判所判事を直接任命する特権を認められていた。独立したブラジル国の皇帝は植民地体制を継承し,1889年に共和国が創立するまで,同じ特権を保持していた。その結果,異常に世俗の権威と妥協する教会が発展し,教会は多くのブラジル人から信用されなくなった。

　20世紀が大いに進んでも,聖職者は大土地所有者に従属することが非常に多く,司祭は同じ大土地所有者たちの共同企業の補助者であることが非常に多かった。教会に対する信頼の危機と有能な聖職者の不足は非常に深刻な問題であって,19世紀後半期には,教会は平信徒の説教者の布教活動を支援した。平信徒の説教者の一人,アントニオ・コンセリェイロ Antônio Conselheiro は,ブラジル北東部における貧しい農村民の反乱の有名なリーダーになることになった(第2章で説明する)。

　先住民の宗教と,奴隷がもたらした様々なアフリカの宗教と,ヨーロッパの霊媒による死者の降霊に基礎をおく交霊術さえ,新教がブラジルのカトリック教を猛烈に攻撃し始める以前には,ブラジル人の宗教で驚くほどの力を示していた。

　20世紀を通じて,ブラジルのカトリック教会は,国民の生活における役割を活気づけ,強化する方法を探ってきた。1962年から1965年にかけてヴァチカン第2会議として知られる国際的集会で盛んに議論された教皇ヨハネ13世の改革主義に対応して,ブラジルのカトリック教会は国民生活において新しい地位を確立し,ブラジル人の間に新しい雰囲気を醸成するための道を歩み始めた。

　社会の実情に通じているカトリック教会の聖職者たちはキリスト教基礎共同体(Comunidades Eclesiais de Base あるいは CEBs)と名付けるものを組織し始めた。CEBsの目的は聖職者がいなくてもカトリック教徒が一緒になってミサを行うことができる場所を提供することであったり,カトリック教徒,とくに貧しい人々のために,彼らの生活と福音の意味を反省し,その意味を生きる仕方を探り始

める場所を用意することであった。

　ブラジルの軍部がその権力を強化した1960年代後期に「解放神学」liberation theologyという言葉がラテンアメリカ全域で広く聞かれ始めた。解放神学は，キリスト教はキリストの名において社会正義を要求するというわけで，潜在的に革命的であるというキリスト教の解放を提唱した。それに応じて，司祭と枢機卿が貧しい人々の「優先的選択」と称するものを教会が採用することを支持する集会を開くことになった。

　CEBsは，家族や親しい友人仲間以外で政治の議論が行える数少ない，おそらく最も重要な場所の1つになり始めた。CEBs内部には依然としてある限度があったが，解放神学はその限度を拡張し始めた。解放神学の社会的信条によれば，社会的平等と公正の重大な尺度はキリスト教徒の良心の命令であり，共産主義イデオロギーの所産では必ずしもないことを示した。解放神学の呼びかけの形式（その言葉と聖書のよりどころ）と，それが行われた場所（礼拝堂，修道院あるいは教会学校でのキリスト教基礎共同体の集会）は，保守的な軍事政権にとっては難しい攻撃目標であった。軍事政権は教会に支えられてきたし，無神論の共産主義から宗教を大いに擁護してきたからである。

　教区の聖職者と農地改革の原因に同情的な司祭の集団の教えと行動は，ブラジルのローマ・カトリック教会が公認したものでは決してなかった。軍事政権下では，ブラジルの首席司教（バチカンがブラジル教会を指揮するために選んだ枢機卿）と教会の上層部は何世紀にもわたって守ってきたものと全く違わない態度を，公然と表明していた。世俗的権威を尊重し，社会的信条よりむしろ個人の救済を重視し，私有財産の尊重，個人の財産所有の現状を承認していた。しかし，この教会の保守的な立場は，軍部体制を制度として支持すると同時に，抑圧政策も支持するという両刃を拡大させる効果があった。しかし，その結果，体制は聖職者個人に対する疑義を教会の権威に対する疑義にまで拡大することが難しくなった。教会の内部で保守派と進歩派が論争することはどんなに難しくても，進歩的な聖職者たちは，このような意見の不一致はあっても教会が制度的に保護されない場合にこうむることになる監獄や拷問や追放や殺害よりましだと思っていた。もちろん，何人かの聖職者は教会の保護にも関わらず，追放と暗殺の苦しみをあじわっ

た。たとえば,北東部,レシーフェの進歩的司祭ドン・ヘルダー・イ・カマラDom Helder e Camaraの助手であった聖職者はレシーフェ郊外の交通量の多い街道の木に吊るされた。アマゾンでは土地のない人々のために戦っていた外国人聖職者がしばしば国外に退去させられた。教会による保護と,歯に衣をきせない聖職者が冒す危険とのバランスは微妙な難しい問題であった。

　農村のCEBsと聖職者たちは,キリスト教徒の神経を逆なでする不公正の源として,ブラジルの大土地所有制に次第に注目するようになった。土地所有の不平等はブラジルで富と福祉に非常に大きな格差を作り出す主要な要因であった[8]。その上深く腐敗し暴力的な政治文化は,土地所有の不平等の上に築かれた。権力のある大土地所有者による農村体制は,一方ではケチな家父長的温情主義,他方では銃で400年にわたって農村地域どころか国家をもしばしば支配した。大土地所有者は彼らの土地に貧しい農村民を日常的にしばりつけ,生殺与奪の権を握っていた。大土地所有者はまた地方の法廷と警察を支配し,常に州と国の政府をも支配していて,実際に刑罰を免除されていた。農村の大土地所有者はしばしば,彼らの権力を保持するために暗殺を行ったり,命じたりした。罰せられるどころか,彼らは裁判所で有利な判決を得て,警察によって報復から守られた。2001年に1人以上の大土地所有者が地域における主要な法律は「法律44号」,すなわち,44口径リボルバー(回転式連発拳銃)だと誇らしげに云っていた。

　1960年代と70年代にCEBsの集会に集まった人々は,旧約聖書の出エジプト記を読んで虐げられたユダヤの人々が解放への道を見いだしたことを知った。彼らはイエスの山上の垂訓とその不公正批判を読み,神殿の両替屋を攻撃するキリストの中に資本家の搾取に対する反抗の教えをみた。CEBsの集会で,聖職者が折り畳み椅子を円形にならべて,教区民と一緒にすわり,聖職者の服を着て目立つこともなく,教理問答や説教などはせず,互いに意見をたたかわしていたが,これも同じように重要なことである。聖職者たちは人々が自分たちを仲間だとみるように努め,教区民を牧夫に率いられる羊の群れのようにはあつかわなかった。

　ゼジーニョ Zeginhoというパコーテの友達ははじめてCEBsの集会に行った時,何の拘束もない自由な討議がされているのをみてびっくりした。しかし,集会が散会した時,ゼジーニョは,彼を招いた聖職者は出席していなかったので,集会

に聖職者がどうしていなかったのかと苦情を云った。

　彼の仲間は,「聖職者はわれわれの中にいたんだ。ブルーのジーンズを着ていたあの人がそうだ。かれは聖職者の服を着ていなかったのだ」と云った。

　ゼジーニョは,聖職者がこの集団の普通のメンバーとして議論に参加していたことでさらに大きな驚きを感じた。「私にとって,聖職者は説教壇にいる縁遠い人であり,気をつかい,崇敬しながら近づくべき人であり,単純に同じ考えをわかちあっている人とは思えなかった。聖職者が同じ考えで参加していると考えることはショッキングなことで,私は多くのことを非常に深く考えざるを得なくなった」[9]と彼は私たちに語った。

　CEBsは多くの人々にとってショッキングなものであったが,ブラジルにおける彼らの成功は不思議なことではなかった。会話好きと社交好きはブラジル人の特徴であり,CEBsはその伝統に非常に適合している。ここリオ・グランデ・ド・スール州で話し合いを特に楽しいものにするのはシマロン(Chimarrão)である。装飾が施された大きなヒョウタンの茶器,シマロンに入れてマテ茶(ひき茶)をあじわう。アルゼンチンのガウチョが用いる小型で個人向きのシマロンとは違って,ブラジルのシマロンは大きなものはアメリカンフットボールのボールほどのサイズがあり,人から人へわたすのには両手でもたなければならないくらいの大きさがある。シマロンが人々の間を回されると,各人それぞれ自前の金属製のストローでマテ茶を吸うが,マイルドなカフェインが皆を元気づける。この習慣をわかちあうことで人々は親密になる。

　リオ・グランデ・ド・スール州の高原では,シマロンがしばしば懇親会の主要な関心事になる。深刻な問題の議論で感情を抑えきれなくなりそうになる集会でさえそうである。用意しておいた2リットルと4リットルのプラスチック製の魔法瓶を回して,ヒョウタンに何度も熱い湯を継ぎ足す。魔法瓶には,近くにストーブや炉があるとそこで沸かされた湯が補充される。人々の中には特製の木製のシマロン台を自家用車やトラックに積んで行く人がいる。それはヒョウタンの底が円いので,茶がこぼれないように平らな面に安定よく置くことが難しいし,ヒョウタンが壊れる恐れもあるからである。

　ここでは人々にとって,シマロンは,無言で気持ちが深く通じ合えることの象

徴なのである。熱い茶を分け合うのを拒否することは,集団のメンバーは対等であり,ゆったりとした話し合いは集団のメンバーに求められる義務だという原則を破ることになる。ブラジル南部では市や町や村,つまり地方自治体やさらに商事会社が,しばしば,シマロンをシンボルマークに用いている。家庭では,シマロンは家の祭壇で最も重要な神聖な彫像のようにかざられる。リオ・グランデ・ド・スール州では,シマロンはCEBsの趣旨と組織のシンボルとなるのに十分なものなのである。シマロンは,CEBsの一部から発展した土地のない人々による運動の,州連合のシンボルにもなった。

シマロンだけが農地改革のために人々を組織するのに貢献した唯一の慣習であったわけではない。パコーテの共同体を構成するメンバーの1人は,長い不在の後,告解にいったことを報告した。懺悔室で,彼は犯してきた多くの罪について熱心に告白して重荷をおろそうとした。彼が罪を告白し続けると,聖職者は少しいらいらして彼の話の腰を折り,「わかった,わかった。それを処理しよう。ところで,今週,土地を皆で確保しようという話し合いをしたが,君はなぜ来なかったのか?」と云った。この男はそれに強いショックを受けた。それは,この聖職者がすすめた集会に出席して分かった聖職者の熱意と,役割を無視したことの申し訳なさが混ざったものであった。

CEBsが1970年代に信用と力をえて盛んになるにつれて,他の批判思想と活動も成長しつつあった。教会の内部では,カトリック系の学生運動が次第に解放神学と変わらない見地から態度を明確にしていった。ブラジルの神学者と学生は,キリスト教とマルクス主義と他の社会主義思想との共通性を一層公然と,率直に探り始めた。リオデジャネイロのポンティフィカル・カトリック大学などいくつかのカトリック系大学は,警察が捜査した近隣住区や労働組合の組織者を庇護した。急進的な聖職者たち(彼らの中にはスペイン人とイタリヤ人が何人もいた)は,アマゾンでは,僻遠の荒れ放題の農業開発前線地帯(フロンティアー)で,土地所有権闘争できわだった人物になっていた。この種の闘争への教会の関与で,1975年にはゴイアニア市で土地司牧委員会Comissão Pastoral das Terras (CPT)が結成された。CPTは以後全国の農地改革で重要な役割を演じると思われた。

3. 独裁政権の弱体化，民主主義体制への漸次的移行

　いくつかの都市では政府が行使する暴力的な抑圧は沈黙のカーテンさえ引き裂いてしまう恥ずべき段階に達してしまった。広く尊敬されていたジャーナリストのウラジミル・エルゾーク Vládimir Herzog が，1975年10月25日にサンパウロ市で訊問中に死んだことは，これまでジャーナリスト仲間の弁護に熱心でなかった報道関係者をも立ちあがらせた。ブラジルの大日刊新聞，オ・エスタード・デ・サンパウロ紙はエルゾーク事件ではじめて独裁政権の検閲に公然と異議を申し立てた。独裁政権はそのため検閲を強行することが次第に困難になった。新聞社が冷淡であった期間に，サンパウロでは数万人がエルゾーク殺しに抗議して，警察を無視してデモ行進した。この国の多くで，このようなデモンストレーションが可能であることを知って人々は驚き，興奮した。拷問や虐殺によって抑圧する政府の政策に対して公然たる抗議がにわかに開始されることになった。一度大衆の目にさらけだされると，この問題は処理が容易にできなくなった。

　政権内部における政治的対立と亀裂が剥き出しになり，政府を苦しめ始めた。1977年の学生ストライキは，伝統的なものであったが，長く沈黙してきた保守的権力に対する反対の源が復活したことを示す前兆であった。1977年に2000人の実業家の集会がリオデジャネイロで開かれた。この集会は政治的自由の復活に賛成する声明を発した。1978年の中頃には8人の卓越した実業家たちがデモクラシーを復活することによって社会正義を実現することを要望する文書にサインした。1978年には5万人の自動車組み立て労働者が労賃と労働条件の改善を要求してストライキに突入した。この労働組合はこの要求を15年あまり続けてきた真に唯一の労働組合であった。1974年にエルネスト・ガイゼル将軍が大統領に就任し，徐々に民主化を進めると約束したが，それは時たま実施されただけで，ガイゼルが約束した緩和政策は政府の自制方針から消えてしまい，新しい抑圧手段が展開された。政治の雰囲気が変化する中，一層の抑圧はより大きな反対を招いただけであった[10]。

　軍事政権下で，ブラジルは非常に急速な経済成長を経験し，その経済の規模は15年間に3倍になった。この成長が社会と環境に高い代償を要求し，既に大きかった富裕層と貧困層の格差をさらに大きくしたが，ブラジルは世界で第8位の

大工業国に発展することに成功した(1990年代にブラジルのこの順位は8位と10位の間を変動していた)。工業発展の中心は,多国籍の自動車製造工業で,サンパウロ市をとりまく工業都市に集中し,年に100万台近くを生産していた。自動車製造労働者がストライキに入った時,労働者の抑圧を基礎にした軍事政権の経済成長戦略は危機に直面した。このストライキに入った労働者の抵抗は人々が軍事政権の正当性を公然と疑問視し始めるきっかけとなった[11]。

　自動車製造労働者のストライキは,たちまち,大きく成長したブラジルの経済に対する貧しい人々の鬱積した要求を象徴するものとなった。同時に,このストライキは軍事政権ばかりか,それを支える実業家と大土地所有者に対して反対の声をあげる権利の勝利を象徴していた。ルーラLulaとして知られるルイス・イナシオ・ダ・シルバLuiz Inácio da Silvaの指導のもとにストライキを実施した自動車労働組合の労働者たちは,食料と資金の援助を行った数10万人の積極的な支持者とともにデモ行進を行った(ルーラは2002年10月にブラジルの大統領に選出された)。

　1970年代の中頃まで続いた経済の急成長については評論家も軍事政権の功績をある程度認めていたが,その後,経済は減速し,この政権が提示した戦略の深刻な弱点が目立ち始めた。労働力と資源の最高度の利用を基礎にした有利な投資の期待は,重大な障害と深刻な矛盾にぶつかった。教育に大きな投資が行われてこなかったので,労働力は質が劣り,生産活動は依然として低い水準にとどまっていた。医療が改善されてこないので,労働者はしばしば就労できなかったり,仕事で病気になったりしていた。国際市場の変化は,ブラジルに特に大きな打撃を与えた。それは,労働者に支払われる賃金が低かったので,少ししか商品を買うことができなかったからであった。そのため,国内市場は成長を抑えられた。

　自由奔放で,規制されない資源の開発は,鉱産物と木材と土壌の大規模な荒廃を招き,ブラジルはその潜在する生産力の多くを失った。この政権はアメリカの新聞に「ブラジル,あなたの公害からの避難所」という広告を出して,研究者がブラジルを訪問するよう招待した。環境規制の欠除は身の毛もよだつような悪夢を環境にもたらした。その例には「死の谷」としてしられるクバトンCubitãoの谷があり,そこには製鉄所と製油所があり,しばしば地球上で最も汚染された場所とよば

れる。ブラジル人たちはこのような問題にますます関心を深め,腹を立てるようになり,この問題を批判することを許さず,解決もしようとしなかった政権の方針に憤慨するようになった。

　経済成長は社会的抑圧をしばらく大目にみるように思われたが,もはや許せなくなった。エルネスト・ガイゼル大統領はリオ・グランデ・ド・スール州出身の将軍で,デモクラシー要求とある程度妥協し,社会的公正を徐々に計る方針であることを表明していた。1970年代後期にガイゼル政権は抑圧の緩和と政治の「開放」政策を取り入れ,政権の安定を確保する計画を策定した。限界はあったが,この開放政策は,かつて暴力で破壊した多種多様な組織と主張を認めようとした。

第3節　リオ・グランデ・ド・スール州における農地改革の起源[12]

　軍事政権の抑圧政策下で今にも爆発しそうになっていた運動の中に先住民の権利の要求運動があった。アメリカ合衆国の場合のように,ヨーロッパ人のブラジル開拓は西方に向かって進む過程で数百のインディオ文化を抹殺したり,数世紀以上にわたって容赦なく痛めつけたりしてきた。軍事政権のブラジル・アマゾン地域の急速な開発政策は,20世紀後期に,ブラジルの工業社会と国民文化からある程度孤立していた多くのインディオ集団の生活と文化を脅かす過程を加速した。インディオ集団の多くは,しばしばカトリック教の聖職者や教団から援助を受けたり,進展する世界的規模の先住民運動に激励されて,ブラジル人入植者のさらなる侵入に抵抗し始めた。

　アマゾンにおける先住民の諸権利要求運動はまた,他のブラジル人と植民地時代の初期以来戦ってきた先住民集団に勇気と支持を与えてきた。アマゾン以外の先住民の中に,南部諸州の部族がいた。それらのあるものは,17世紀と18世紀にイエズス会の伝道団がつれてきたものであって,その後ポルトガル王国がイエズス会をブラジルから追放した時,逃れてこの地域に残留したものであった。南部では,イエズス会の追放は,ポルトガル人とスペイン人の植民者が土地と資源を奪いあって遮二無二突進する引き金になった。

　インディオの南部集団の1つ,カインガング族Kaingangは,グアラニー語を話

第1章　約束の履行

していた。彼らの多くは、リオ・グランデ・ド・スール州の高地とパラナ川沿いの特別保留地に住んでいた。この部族は良きにつけ悪しきにつけ、ヨーロッパの文化を、イエズス会士から非常に多く学んでいたので、イエズス会はカインガング族の多くを伝道村に誘導することができた。彼らは1760年代にイエズス会士が追放された時、イエズス会の不在を利用して奴隷ハンター（インディオを奴隷にすることは禁止されていた）や探鉱者や冒険家は、伝道村の諸部族には当たり前のこととしてよく知られていたあらゆる残忍な行動ができることを知った。カインガング族は抵抗して、狂暴で独立心の強い人々だと評された。しかし20世紀になると、彼らは、特別保留地に非インディオ入植者が入ってきて土地を借りるのを容認し、招いたりもした。何人かの入植者とは条件のよい協定ができ、カインガング族も地代を現金でうけとることができることを喜んでいるようにみえた。しかし、非インディオの集団は特別保留地で次第に大きくなるにつれて、部族とこのような申し合わせをせず、土地の利用のために何も支払わないものが増加した。さまざまな機関と一緒になって行った政府の調査が明らかにしたところによれば、1976年には288家族は契約以下の地代しか払っていなかった。682家族はインディオ特別保留地における彼らの存在を正当と認める公式の関係書類をもっていなかった。

　時々、入植者が個人的に保留地から追い出された。それはカインガング族が、彼らは公式の、あるいは非公式の申し合わせにそむいていると判断した時である[13]。1970年代にシャングレXangrêという名前の企業家気風の首領が部族の首長に選ばれた。特別保留地のアラウカリア松などの豊かな森林資源を利用するために、彼は製材所を設立した。何人かのインディオが森の材木を商業的に開発し始めたが、他の人々は既に数年前から違法にそれを行っていた。そのため、カインガング族は、インディオでない借地人たちがインディオの整備した製材所に伐採した樹木を渡さずに売ってしまっていると告発した。インディオはまた、入植者たちはしばしば製材所にきて、重い柱や板の代金を支払い、木材をみな運び出していったと思っていた。他の人々は、入植者は殺虫剤を多すぎるほど使い始め、地方の川や湖を汚染させ、カインガング族の重要な食料であった魚や小鳥を死滅させてしまったと考えていた。

かつてインディオの土地に入植していたエレウ・シェップEleu Sheppは背が高く，白髪まじりで，続いて起こった事件に積極的に参加し，現在，サランディSarandíから少し離れたところにあるMST農地改革集落の代表者である(14)。彼はこのような摩擦をはっきりと記憶しており，カインガング族の敵意を刺激し，状況を悪化させたのは，入植者の悪行であったと信じている。彼は，インディオは自分たちの行動を正しいと考えていたが，他の入植者たちは，彼らに対する非難は，野心的な新しい首長の扇動の結果だと感じていた。

　いずれにしても入植者とカインガング族との間の緊張は高まった。伝道村落集団を支えてきたカトリック教会は，カインガング族がインディオでない人々を特別保留地から追い出すのを支援した。国立インディオ保護財団フナイ（Fundação National do Índio, FUNAI）は入植者を退去させようとして，一時しのぎの対策を実施した。カインガング族は自分たちで問題を処理しようとして，弓と矢とパチンコと少数のピストルと散弾銃を使って，入植者の農場に攻め込み，建物と作物に火を付け，家族を暴力でおどした。入植者の追い出しは，カインガング族が入植者の運営する7つの学校を燃やした時に始まった。カインガング族は入植者を全部特別保留地から追い出した。入植者もインディオもこの衝突で何人も負傷した。

　入植者のグループの1つが土砂降りの夜，ロンダ・アルタRonda Altaの教会近くのアルニルド・フリッツェン神父Arnild Fritzenの家に現れた。アルニルド神父にはこのような入植者難民を受け入れる理由が公式の司祭以上にあった。彼の祖父は19世紀の後期にドイツからリオ・グランデ・ド・スール州にやってきて，土地を入手し，男と女12名の子供たちのために小区画の土地を確保しょうとした。この地域の開拓は20世紀中期には終わりに近づき，1960年代中頃には状況が大いに悪化しはじめた。この地域の農業は小規模な家族農場にかわって高度に資本主義化された大経営者と外国の大企業に支配されはじめた。フリッツェンFritzen家ではアルニルド神父の代には自分の土地を確保できなかった。アルニルドの父親は慢性の病気にかかり，家族皆が生活費を稼ぐために畑で働いたが，「稼いだ金はみな医者と病院に行ってしまった」。彼は母親の援助で聖職の勉強をするためにいろんな神学校にかよったが，彼は，「私はどの神学校からも追い出された」と云っている。

第1章 約束の履行

　余談だが,アルニルド神父は,土地から家族農民の追い出しを招いた反民主主義的状況と,地方の病院を所有するファゼンデイロ(この用語は放牧業者,プランテーション経営者,大農場経営者,農村の大土地所有者を意味することができる)に,常に不快な思いをさせられたことを記憶している。ファゼンデイロは病院を利用して労働者を搾取し,そしてもっと多くの土地を買収するための資金をえようとしていた。貧しい土地のない家族の子息である若い彼の反抗的な態度は,彼が聖職者としての教育を終えるのを二重に難しくしていた。

　その雨降りの夜,アルニルド神父の家にざっと50人あまりの人が雨やどりの場所をさがしてやってきたが,この家のなかでさえ,彼らは寒さと湿り気を我慢し続けなければならなかった。リオ・グランデ・ド・スール州の高地では気温はしばしば結氷する温度を上下するほどであるにも関わらず,たいていの住居にはほとんどか全く暖房設備がないし,断熱材も使われていないので,人々は互に身を寄せあって暖をとっていた。アルニルド神父は,聖書の拾い読みをしてもよいかと尋ねた。

　「私は最も重大な危機に瀕した状況の記録である出エジプト記7章のうち3章を彼らのために読んだ」。主がモーセに,エジプトでの奴隷の身分からイスラエル人をつれ出すよう命じ,ためらうモーセに,そうすることができる力と説得力を与えて安心させたことが,これらの章の中に記されている。ファラオ(古代エジプト国王)が反抗的なイスラエル人に対して報復する時には,主はエジプト人に対して7つの疫病を送りはじめる。出エジプト記第3章からのこのような一節の力は容易に想像できる。「そして主は云った。私は,エジプトにいるわが民族の苦悩を確かに見てきたし,彼らの苛酷な主人に対して叫ぶ声を聞いてきた。それは,私が彼らの悲嘆の原因を知っているからだ。私はエジプト人の手から彼らを救い出すためにやってきたのだし,彼らをあの土地から豊かで広大な土地へ,乳と蜜の流れる土地へつれ出すためにやってきた…」。また第5章からは「かくしてイスラエルの国王である神は云う。わが国民よ,行こう。そして荒野で私のために祝祭を催そう」。

　これは四半世紀も前のことであるが,アルニルド神父は今もはっきり憶えている。「人々はこの朗読から大きな力を得た。私は彼らにダビデとゴリアテの話も

読み聞かせた。それは2つのきわめて重要な話題, すなわち出エジプト記のあれらの章とダビデとゴリアテの話である」(15)。

　しかし, 状況は依然として落ちつかず, 最善の活動方針は見いだせなかった。1979年に路傍のにわかづくりの野営地に集まった入植者たちの気分は荒れ模様で, インディオに対して逆襲を加える話し合いを始めた。政府はこの状況を危険だとみたが, 好機だともみていた。政府はこれをアマゾンへ入植者を送る自分たちの目的に役立てようとしていたからだ。しかし, 彼らをアマゾンへ送る準備をまだしていなかったし, 入植者たちはそこへ行くことを強く望んでもいなかった。カインガング族によって追い出された人々の失望と落ちつきのない様子を見て, 政府は州都ポルト・アレグレの近郊で家畜見本市に用いられていた場所に, 計画と準備ができるまでかなりの数の家族を移動させた。これらの家族の多くは棄てられたと感じ, 志気をなくした。ある人は次のように嘆いた。「牧場で放牧されている牛はわれわれよりましだ。われわれには夜, 納屋に入れてくれる人はだれもいないのだから」(16)。数カ月の審議の後, 政府は, カインガング族のためにその特別保留地を追い出された入植者の約半分は, マット・グロッソ州とロンドニア州とパラ州で政府が計画しているアマゾン植民地に移動すると確信した。

　入植者の他の半分はこの冒険に参加することをためらった。これからみるように, 彼らには尻ごみする正当な理由があった。このグループの中の幾人かはカインガング族の土地を再占拠する準備にとりかかっていた。しかし, 彼らが行動し始める前に, 地方の聖職者と政治的活動家たちがこの野営地に来て, 人々がこの問題をどのくらい深く考えているか尋ねた。

　この活動家の中に, ポルト・アレグレの連邦立大学の教授と, 農村の労働組合のリーダーとジョアン・ペドロ・ステディレJoão Pedro Stédileという名前の州政府の農業技師がいた。最初, 聖職者たちは, 既にこの地域の土地のない人々と提携していて, このような人々に疑問をもっていた。しかし, ステディレと他の人々はアルニルド神父と一緒に熱心に活動していたので, 既に入植者の間でよく知られていた。アルニルド神父は1977年以来, 土地司牧委員会(CPT)を通じて, この地域でいくつかの家族と一緒に活動していた。

　アルニルド神父が教会筋ともめていた時, ステディレもあぶない橋をわたって

いた。彼は，勤務時間中は州の農業技師として勤務し，勤務時間外に収用に適した土地を判定することと，土地のない人々を組織する活動をしていたからである。州は彼の活動を土地のない人々を支援するものと認めてはいなかったが，聖職者と入植者の多くは彼を州のために働くあやしげな人物らしいと疑っていた。ステディレとアルニルド神父は電話で話す時には，ある暗号を使っていた。たとえば「君に賛美歌集を2つ送る」という電話は，「君に手紙を2通送る」という意味であった。ステディレはアルニルド神父と話しに神父館に行く時には，用心のために州のマークがついた乗用車を神父館の車庫に入れた。それはみられたくなかったからである[17]。

　世俗の活動家たちと聖職者たちは互の疑惑を急速に克服し，問題をわかちあっていることを知った。彼らは，土地に対する要求が長く続いてきたことと，土地から排除された原因を入植者と討議し始め，自分たちの状況とインディオの状況は類似していると考え始めた。入植者とインディオはともに，ますます狭くなる土地で生きるよう一貫して強制されてきた。彼らはともに，豊かな大土地所有者は最良の土地の大部分を独占してきたと考えた。この運動について地方史家が書いたように，「この矛盾は次第に深まって，次には社会的，経済的，政治的に疎外された社会の2つの部分，つまりインディオと土地のない人々の対決をもたらした。このことから農地改革のためと市民（公民）権のための戦いが始まった」[18]。

1. ブラジルにおける土地と所有権の歴史に立ち向かう入植者たち [19]

　特別保留地から追い出された人々は，この地域の巨大な所有地と，大土地所有者がブラジルの国の歴史と社会問題にどのように関係しているかという点に注目し始めた。所有権を奪われた家族の問題の深刻さを理解するには，ブラジルにおける土地の歴史と法律と，土地の不法入手（横領）を考慮することが必要不可欠である。さらに重要なことは，この歴史の理解なしには，入植者がこの問題をどのように解決しようとするかを理解することも困難だということである。

　多くの大規模な所有地はさまざまな手段で獲得されたものであった。その獲得手段は怪しげなものから全く違法なものまでであった。ブラジルの歴史では，どの時代にもプロの文書偽造者と厚顔なアマチュアが所有権の主張を立証するため

に偽の文書を氾濫させていた。多種多様な用語が多くの土地を不法入手するために生まれていた。グリラジェンgrilagem（土地の不法入手，横領）という用語は，新しく作った偽の文書を，コウロギ（grilo）を閉じこめた箱に入れてその文書を齧らせたり，排泄物で汚させたりして古い文書のように見せかける手法から生まれたものであって，グリラジェンは詐欺によって土地を取得しようという企てを意味するようになった。2001年にブラジル政府はこの用語を用いて不正に所有権が主張された土地を確定する計画を実施した。この計画で，少なくとも9,200万ヘクタール，中央アメリカの総面積より50％広い土地が，さまざまな不法な入手手段によって要求されていたことが判明した[20]。たとえばマット・グロッソ州では，土地の所有権が認定された面積はこの州の面積より広かった。バイア州の西部では，法人組織の大農場経営者たちは，多くの先在する土地所有権が不正に入手されたものであるために，土地の買収が妨げられることを知った。ある土地には所有権を主張する人が4人いたが，彼らはみな自分には合法的な文書があると主張していた[21]。

　グリラジェンは土地不法入手の1種でしかない。特に20世紀の前半期における土地取得のもう1つの方法は，土地所有権が登録される政府土地管理事務所を焼いてしまうことであった。この種の有名な事件は1912年にバイア州の南部で，新しい少数の大土地所有者と輸出商が勢力を伸していた時期に発生したものであった。大土地所有者と輸出商はこのやり方で，急速に発展しつつあった地域で既存のエリートが主張する所有権の多くを抹消した。公文書保管所が焼失した後，血なまぐさい争いが，土地所有者の家族と，彼らが雇ったガンマンと小土地所有者を巻き込んで発生した。公文書保管所への放火は，人々の謀殺と文書の焼失という2重の意味を実際にもち，長く頑なに記憶されることになった。そこから，この語句は，裁判に提出される証拠を抹消するために，だれかを殺す行為に広く用いられるようになった[22]。

　小土地所有者や他のライバルにできる土地要求を法的に無効にするもっと一般的な方法は，役人の支配と煩雑な手続きを利用することや，適正な規則と手続きが欠けていることから生まれるチャンスを利用することであった。たとえば，植民地時代には，土地所有者はいちじるしく便利な土地所有証書を用いていた。この

第 1 章　約束の履行

証書には,所有地境界が実際に明記されていなかった。18世紀後期に国王は権利証書に境界確定が必要なことを明記するよう土地法を改正しようとした。歴史家ワレン・ディーン Warren Dean が書いているように,「土地所有権請願から境界と面積に関するあらゆる事項を省くことは慣例になっていた」。地方の行政を実際に支配していた大土地所有者たちはこの改革に抵抗し,「州は土地所有の境界を確定することをほんのわずかも望んではいなかった。彼らはむしろ不確定であることを好み,公有地と他人の土地を蚕食することの方をよしとした。不確定性は奥地(内陸部)の秩序を破壊し,国王の権威に挑戦するほどの混乱を招いた。…大土地所有者たちは,明確な所有権の安定よりも流血を選んだ」(23)。

　19世紀にブラジルは帝国となった。独立国ブラジルの政府は植民地時代から受け継いできたこの状況の危険性に気づいていたが,国会は秩序や公正を制度的に実現するためのどんな改革も成功させなかった。たしかに土地法は1850年に成立したが,権力者と不正な手段で利益を得ようとする人々のために,さらに有利なように計らっただけであった。1889年の共和国宣言で帝国政府にかわった連邦政府は,土地法を州に移管した。大土地所有者が組織した地方の政治機構は大土地所有者が土地を奪い,それによって権力を強化するチャンスを飛躍させた。バイア州における3,000以上の土地所有権の申請についての1976年の研究では,土地所有申請で小土地所有者に認められたものは全くなかった。申請書は,その要求が権力のある地方の大土地所有者や外国の貿易商社の手に渡るまで,土地管理事務所に放置された。たとえ小土地所有者が土地を実際に占有でき,法律がもとめるように経済的にそれを利用したとしても,また土地を測量し,必要な文書を作成する費用を負担でき,申請書を提出したとしても,彼らが土地所有権の取得に成功することは決してなかった。土地所有権を申請する人は,通常,ささいなことや繁雑な手続きを処理することを専門とする手続き代行人(デスパシャンテ)を雇うことになるが,小土地所有者はピストルなど不可欠な手段,火力を持ちあわせていなかった。土地所有権の申請には常にデスパシャンテが不可欠であった。権力と影響力のある人にとってはデスパシャンテを雇うことはたやすいことであった。しかし,時には,役人の繁雑な障壁をうち破ることができるピストルという火力が必要であったが,デスパシャンテの助けに頼らなくても賄賂や脅迫によって簡単

43

に目的は達成された⁽²⁴⁾。

　法律や繁雑な手段が強力な大土地所有者のやり方を順調に進ませないところではどこでも,本物のピストルやライフルが役立った。法廷が小土地所有者を土地から追い出すのにピストルの外に頼りになるものがない場合に,大土地所有者のために働く雇われガンマンがいた。ブラジルの辞書があげているこのような役割を果たす人々の名称の数に注目しよう。*jagunço, cabra, cabra-de-peia, cacundeiro, curimbaba, guarda-costas, mumbava, peito-largo, pistoleiro, quarto-paus, sombra, satelite*,などがそれである。グアルダ-コスタ guarda-costa つまりボディーガードなどの言葉のいくつかは,土地所有権申請者を威嚇することとは必ずしも関係がないが,多くのグアルダ-コスタはこのような役割を果たしてきた。カブラ *cabra* とジャグンソ *jagunço* はピストレイロ *pistoleiro* と並んで,より平凡なガンマンで,ブラジルの農村地域で最も頻繁に耳にする言葉である。ブラジルの農村地域ではこの種の人々のことがしきりに話題になる⁽²⁵⁾。

　リオ・グランデ・ド・スール州を追い出された人々に関して(パコーテとその家族を含めて),また,ブラジル国の土地のない人々の運動に関して,土地にアクセスするための戦いの本質的特徴を,アメリカのブラジル研究者ジェームズ・ホルストン James Holston は要約している。ホルストンはブラジルの土地法を研究して,「ブラジルの法律制度は,土地争いを公正に解決することも裁定を通じてそれらの曲直を正すことも目指してはいない」と結論づけた。ブラジルの土地法の絶望的とさえ思える混乱の背後には,法廷外での解決,その次には「必然的にあれやこれやの横領の合法化を促す解釈と適用に関する一群の意図」がある。ホルストンはブラジルの土地法の規準を,「政治と官僚機構と歴史的記録そのものをあやつる超法規的権力をもつ人々の特権を維持すること」と定義した。「この意味で無定見は,不当ではあるが,有効な原則なのである」⁽²⁶⁾。

　厳密に合法的とは云えない方法で土地を取得する広く行われる慣習は,多くの土地所有権が法律の異議申し立てを受けることを意味した。その上,植民地時代の当初から,ブラジル政府は,権力のある大土地所有者が土地を閉鎖してしまい,社会の富と繁栄に寄与させない問題を処理しようとしていた。これは既にモール人から取り戻した土地でポルトガルを苦しめていた問題であって,国王の行政官

にはよく知られていた。1546年にブラジルの初代の総督トメ・デ・ソーザTomé de Souzaは，土地を下付される人は，その土地で生活しなければならないと明記し，国王が御自身の考えで1人の人間がその能力で利用できる広さ以上の土地を払い下げないよう警告した[27]。彼は，さらに極端に広大な土地を払い下げると，必ず法を無視し，態度が傲慢になることも警告した[28]。不幸にも，彼の警告は，無視され，国王がその従者を喜ばせようとあせったことと，イギリス，フランス，オランダ，スペインが不当に要求し始めたこととも重なって，土地にポルトガル人の要望を定着させることになってしまった。この国王の気前のよさが法と道徳と慣習に関連する全く解決不能な問題を提出することになった。

　生産に関係のない広大な土地に対する所有権の主張は，土地所有権が法的に，また本来道徳的に正当化される根拠に反していたし，カトリック教会の伝統にも，17世紀と18世紀にヨーロッパで生まれた世俗の自由主義の所有権理論にも反していた。聖トマス・アクィナスからジョン・ロックまで，土地の所有権は，その労働によってその土地を生産的にした人に属するという原則にもとづいて正当化された。ブラジルの大土地所有者の多くは，いまだかつて見たことがないし，彼らの労働によって改変させたこともない広大な土地を所有していた。

　このような慣習を阻止しようとして，アメリカ合衆国を含む南北アメリカ全域の植民地政府と独立後の国の政府は，程度に差はあるが，「有効な利用」を要求する所有（権）原則を採用した。多くのバリエーションがある。たとえばカリフォルニアの水利用法は普通「利用か浪費か」という規準を用いており，それを実施しないと水利権を失うと指示している。もし土地あるいは土地資源が利用されない場合には，それを生産的に利用できる人と，利用したい人は，納得できる証拠を付けて，所有権を申請することができた。19世紀にブラジルでは，立法府国会議員と判事はともに有効利用の原理を主張した。その理由の一部は巨大土地所有によるブラジルの土地の荒廃を真に心配したことにあった。巨大土地所有はあまりにも大きすぎて，有効な利用と管理を促したり，補助したりすることができなかったからである。19世紀のブラジルでは，この国は非常に資源に恵まれているにもかかわらずアメリカ合衆国よりはるかに遅れている主な理由は，この事実にあると広く考えられていた。アメリカ合衆国の中西部では土地は均等に配分されており，そ

れが農業生産と経済発展の原動力になったが，それに対して南部ではプランテーション経済が，ブラジルを悩ませたものに似た多くの問題に苦しんだ。

　有効利用の原理と，それにもとづく所有権の法的認定の伝統は，1964年のクーデター後間もなく，軍事政権によって成立した土地法で全面的に再確認された。有効利用の原理はブラジルの国土の多くに土地所有権への挑戦の道を開いた。有効利用の条項は，立法府の善意の法律制定者には大土地所有者と，無節操な土地管理事務所の役人と，適法性を気楽にごまかす裁判官の跋扈を抑えることになると解されたが，残念ながらこの条項は，問題を解消させるための手段である以上に，問題の創出と維持の手段になった。土地法は有力者が小土地所有者を排除する手段であり続けるであろうが，それが法律と慣習の中に作った矛盾は，これから見るように激烈な新しい事態への道をも開くことになった。

　20世紀後半期におけるブラジル最高の土地法学者の1人，フェルナンド・ソデロ Fernando Sodero は，土地法のお役所的形式主義の解釈は無益であると結論することになった。ホルストンの見解によれば，「特権とよこしまな慣習」を助長しただけであった。ソデロは法学者として，法文の字義自体に公正な意味を見い出せなかったので，普遍的哲学的に公平な感覚で判断する開明的な裁判官だけが，事件をそれぞれの歴史的人間的事情を慎重に審査することによって土地所有の権利要求の穏当な解決に達することができると主張した。この法律には救いはほとんどないらしい。

　法律家でソデロの信奉者はこの問題への関心を前進させ，この制度に本質的に不合理な点があるとすれば，市民の反対運動だけが特定の土地抗争を解決できると主張し，もっと重大なことは，土地法のひねくれた仕組みの組織的不公正に対する異議申し立てが必ず高まると示唆した。土地法の入り組んだ混乱と矛盾は，それが本質において道徳に深くそむいているということを意味した。歴史と個人の経験から多くのブラジル人，多分ほとんどのブラジル人は，私的土地所有権は侵すべからざるものであることを原則的に指示した時でさえ，土地の私的所有権を保護する法律の詳細にほとんど関心を示さなくなってしまっていた。アメリカ合衆国における公民権運動の場合と同じように，多くの裁判官や国会議員の間でさえ，不公正を永続させるための見せかけであることが知られていた法律を破棄し

第1章　約束の履行

た人々に対して,相当大きな大衆の支持があることがわかった[29]。

　MSTになることになった土地のない人々の運動への参加者と支持者は,土地の所有権に合法的に挑戦できる主要な方法が3つあることを,苦しい実践を通して次第に学んでいった。1つの方法は,軍事政権が発布した憲法と1988年の憲法がともに採用したブラジルの慣用句を用いて「その土地は社会的機能」を果たしていない,つまりその土地は有効に利用されていないと主張することであった。第2の方法は,多くの土地の所有権と同じように一片の土地の所有権が負っている詐欺というカイガラ虫だらけの歴史に異議を申し立てることであった。第3の方法は,土地所有の分布とそれの原因である法律は重大な社会的不公正に当たり,市民の法律違反は正当な行為であるばかりか,現在も続いている重大な歴史的悪を正すための,まさに社会的義務でもあるという広範な主張を利用することであった[30]。

　農地改革運動は法律を混乱させるものであり,本質的に政治的な性格のものであったので,これらのアプローチの1つで処理できるような単純な状況ではなかった。それゆえ,3つのアプローチがとりまぜて用いられた。実際,土地のための反訴者たちは,フェンシングの選手が突いたり受け流したりするように議論を変化させた。私的土地所有権の尊厳を主張した純粋に大土地所有者側に立つ法律尊重主義者は,有効利用原理と多くの土地所有権のいかがわしさを利用する土地のない人々を招いて,問題になっている土地の所有権を要求するのを法廷で擁護することの難しさを示そうとした。土地所有者たちは,最初は政治的手段を用いて政治的運動として土地のない人々に本格的に立ち向かったが,土地なし農民は市民の法律違反に異議を申し立て,特定の土地への要求についてばかりか,不当な法的,政治的,経済的機構に対しても異議を申し立て,主張を段階的に拡大していったので,土地所有者たちは運を強力な大土地所有者の権力に賭けるまでになった。

　この状況はカインガング族の土地から追い出された人々にとっても,他の土地のない人々にとっても,その情況を処理する仕方を一緒に解明することが必要になったが,それはたやすいことではなかった。そのためには,理論的にも慣習的にも長年悪戦苦闘してきた煩雑な土地法を解読することが必要なことがわかった。

　1979年に,土地要求にチャレンジする仕方の問題が,土地なし農民の討論に戦

略的問題として具体的な形をとって現れた。土地法が漠然としていて融通がきき，有力者が無防備なものから土地を取得できるならば，貧しい人々は，どうしたら所有権の疑わしい土地をもつ豊かな大土地所有者を守勢に立たせる力をたくわえることができるだろうか？過去においては，土地を開拓した貧しい人々は，時には法的に認められたある形式の所有権（ポッセ posse とよばれる所有[占有]権）を受け取ることができた。この所有権は正式の土地所有権には力が及ばなかった。彼らはほとんど常に有効利用を根拠に土地の所有権を要求していた。しかし，その土地の質が良い場合には，より有力な土地所有者にそれを強奪する気を起こさせた。しばしば比較的富裕な土地所有者たちは，貧しい人々を招いて林地（南部では草原）を開墾するようすすめ，彼らにその土地の所有権が与えられると信じさせた。次に，貧しい人々の労働投入によって生産的になるとさらに有力な土地所有者がその土地を奪取するために法的策略や威嚇や暴力を用いるようになる。貧しい人々には，土地所有権の法的あいまいさは，土地は永遠に権力のある人々の意のままにされることを意味した。このような社会的背景の下で，土地を取得することは，どうしたら可能になるのだろうか？

　貧しさの原因について云われる答えは，例によって数と組織に関係がある。もし貧しい人々が困難な政治的問題を解決できるほど十分な数の土地を占拠できたならば，その時には多分，彼らはブラジルの大土地所有者の慣習と，大土地所有者が法律の柔軟性を自分たちの利益のために利用してきた慣行を転覆させることができたであろう。他処の同調者との交流手段と全国的な伝達手段が改善され，政府の検閲の緩和が並行して行われれば土地の不法占拠者たちはより広い地域から，おそらくは多数の国民からの支持をえられるようになるであろう。もし，貧しい入植者が，政府も大土地所有者も容易に拒否できなくなる状況を作り出すことができたならば，どんなことが起きただろうか？彼らは入植者の土地要求を認めざるをえなくなるのではないだろうか？

　このような諸々の問題を考えることに関わった人々は，その討議に多種多様な将来展望をもたらした。カトリックの土地司牧委員会CPTと，その聖職者，および平信徒の労働者たちは，この問題を時折検討しており，既に土地のない貧しい人々と提携してきたが，とくにアマゾンでは暴力で土地を奪い取る手法や，

その手法を育てた法律の操作に挑戦していた。ジョアン・ペドロ・ステディレはリオ・グランデ・ド・スール州の貧しい農家の息子で以前カトリック神学生であったが,国立メキシコ自治大学の大学院農業経済学を学び,そこでメキシコ人のロドルフォ・スタベンハーゲンRodolfo Stavenhagenやブラジル人テオトニオ・ドス・サントスTheotonio dos Santosなどの農村生活に関するすぐれた学者と接触することになった。ステディレの経験と学識は,彼に土地所有権への挑戦を成功させる方法についての特に優れた知見を与えた[31]。この運動に同情的な弁護士たちは法律の専門知識を強化した。アルタ・ウルグアイアAlta Uruguaia地域の人々の中には,1964年に軍部が独裁政権を成立させる以前に,リオ・グランデ・ド・スール州の農地改革闘争に参加していた人達がいた。他の人々は農村労働組合の妥協政策の中で活動しようとして挫折を経験し,新しい手がかりを探っていた。1979年にも,土地に対する要求をどのようにするかについての議論は素朴でも単純でもなかったが,十分進展してはいなかったし,特定の政治思想の流れの影響下にあって動揺していたわけでもなかった。

2. 入植者活動を始める

　この種の討議が行われた時,人々は何をなすべきか,まだはっきりしてはいなかった。暴力的抑圧は依然として現実の脅威であった。また,大抵の人々は保守的な宗教的慣習にひたっており,土地の私的所有権の主張は神聖不可侵なものであると教えられていた。ある人々は,金持ちのブラジルの大土地所有者による法律的,道徳的権利主張には根拠がないと認めるような批判的意見に疑問をもっていた。ブラジルにおける土地配分の不公正についての漠然とした議論を聖書からの比喩を通して明確な行動に移すことは多くの人々にはたやすいことではなかった。しかし,熱心に行動した人々がいた。

　約30の家族からなるある集団は,突然行動を起こし,州有森林保護区に侵入し,農業のために土地を開墾し始めた。州警察は早速反発し,断固とした態度で彼らをその土地から追い出してしまった。この集団には教会の会衆や聖職者からの支援がなかったし,他の集団からの支援もなかった。その理由の一部は彼らが支援を組織することも懇願することもしなかったことにあり,一部は彼らが,森林が

少ししか残っていない州有保護林を伐採することに対する大衆の否定的反応や環境保護を支持する世論の高まりを適切に判断しえなかったことにもあった[32]。

　人々がその状況を解決する仕方を話し合っている時，ステディレは州の職務を通して決定的に重要な事実を学んだ。州政府は1964年以前に農地改革計画の目的のために収用した2つの土地の法的地位を確立しようとしていた。この計画はその後軍部クーデターのために廃止されてしまった。ある悪名高い伐木兼製材会社はこの土地のある部分を，怪しげな法的協定のもとに悪用していた。多くの場で公開討議がされる時には，2つのファゼンダ，ブリリャンテBrilhanteとマカリMacaliは入植者に配分されるにふさわしい申し分のない候補地であった。確かに知事は土地のない人々に土地を配分することを約束した。しかし，ステディレは9月8日に，リオ・グランデ・ド・スール州がその土地を配分するのではなく，彼らから剥奪することを計画していることに気付いた。ステディレは農地改革計画にもとづいて土地を配分するよう要求するためには，州が裁判所へその請願を提出する前に土地を占拠することが不可欠であると気付いた。9月6日に彼はアルニルド神父と接触し，土地占拠が遅れないように組織を助けるよう督促した。アルニルド神父はこれは重要な日であったと記憶している。それはブラジル人にとって9月7日は記念すべき独立の日だからである。

　次の2日の間に，ステディレとアルニルド神父は，この地区に土地のない人々を召集すべく寝ないで活動した。彼らはあらゆる種類の大形トラックを43台集めることができた。それは，アルニルド神父が田舎のだれがトラックをもっているか，運転ができるか知っていたからである。彼らはまた，「ブリリャンテとマカリについてあらゆることをよく知っていたし，これらのファゼンダは土地のない人々に配分されるべきだという考えは既に大衆の大きな支持を得ていた」ことによっても助けられた。このことをジョアン・ペドロJoão Pedroも知っていた。明るい月光のもと，好天にめぐまれた9月7日の夜と9月8日の早朝，入植者はブリリャンテ・ファゼンダとマカリ・ファゼンダのあちらこちらを占拠した。州政府がこの不法占拠者を追い出すために軍隊を送り込んだ時，占拠者たちは将来数10年にわたってこの運動全体でくり返されることになる重大な決定を行った。それは土地闘争で全ての家族が果たすべききわめて重大な役割を決めたことであった。

女性たちは子供たちと一緒になって軍隊に立ち向うと主張した。彼女たちは云った。「もしあなたたちが男性を打ち負かそうとしたら,まず私たちを味方にすることから始めるべきだ」と。アルニルド神父はこの主張を撤回させた。多くの人々は,これでは男性を臆病者と呼ぶことになろうし,女性と子供たちを正しく遇することにもならないとして反対した。しかし,女性たちは,これから続く占拠の際にもこの戦法を続けた。兵隊も将校たちも女性や子供たちと戦うことをためらい,入植者が作った防御線を破ることはできないと考えた。その後,土地の配分についての論議がはかばかしく進まなくなると,女性たちは収穫機をとり囲んで,収穫物の一部をすぐ必要な食料として要求し,また土地の配分を約束するよう求めた。そして最後に州知事との間で,大豆とトウモロコシの収穫の半分を彼女らにわたせば,抵抗を終わらせることと,さらに土地を配分する交渉を進めることを話し合った。相応の駆け引きと遅れがあったが,これらのファゼンダは遂に入植者に配分されることになった。

　しかし,ブリリャンテとマカリの両ファゼンダの占拠とその後の入植者への分割では,多くの人々が土地のない地区に追い出されたままであった。次のステップははるかに思い切ったものであった。それは土地への侵入と分割要求に関わっていたし,土地所有者が既に州の収用に対して反訴中であったからである。これは大きな問題をはらんでいた。大衆の支持はブリリャンテとマカリの場合のように容易には,得られなかった。

　次に起こった事件は,農家家族の個人的活動が発端になっていた。1979年12月6日に,ナタリーノNatalinoというニックネームの入植者,アダルベルト・ナタリオ・ヴァルガスAdalberto Natálio Vargasが324号道路のロンダ・アルタRonda Altaとパソ・フンドPasso Fundoの間にある十字路に粗末な仮小屋を建てた。この十字路に接した土地では所有権と利用が長く争われた歴史があった。ナタリーノの友人,テオフィロ・ウラセルTeófilo Wrasserは彼の仲間になった。最初,彼らははっきり土地を求めてはいなかった。カインガング族の特別保留地から追い出されたために,彼らと他の人々に起こった諸問題を解決するために,政府は何かの行動を起こすべきだと主張しただけであった。次の数週間に他の土地のない人々がナタリーノの並びに徐々にテントを張っていった。この田舎の十字路に商店を

大地を受け継ぐ

経営していた商店主(彼の名前もナタリーノ)はそれらの家族を援助しはじめた。この野営地は「エンクルジリャーダ・ナタリーノ Encruzilhada Natalino」としてしられることになった。これは文字通り「ナタリーノ十字路」を意味するが,ナタリーノの人々は時がたつにつれて次第に,活動方針の変化や決断の時,苦難を共にするという考え方に共鳴するようになっていった。

今日では,アルニルド神父は,この話はナタリーノ十字路で起こったことを正確に伝えていないと次のように主張している。「いや,これははじめから非常によく計画され組織されていました。場所の選定,占拠の体制の全てがよく組織されていて,その取り組み方はたいへん立派なものでしたよ」。

いずれにせよ,この特異な場所は,この国の土地なし農民の運動MSTにとって最も重要な起源地の1つになったのであるが,この事実はいつくもの要因の結果であった。この場所を今日たずねて,MST運動の起源を示す慎ましやかな記念碑を見ても,人はどうしてこの運動がここで始まったのか,その理由を想像すること

第1章　約束の履行

はまずできないであろう。この地域はアメリカ合衆国のアイオワ州のゆるやかに起伏する丘陵地の農地と見間違えるかもしれない。この十字路は小さい谷に位置し，小川と小さい貯水池があり，トウモロコシと大豆の畑に囲まれている。最も近くにある小さい町から10マイル以上離れている。古い商店は放置されており，多国籍企業が所有する穀物と大豆の巨大な貯蔵施設がある。道路の反対側ではMSTによる入植者の最初の1人が，木の樽やブリキ罐入りのソフト・ドリンクを売っている。

　ナタリーノ十字路に集中したのは，この場所の性質のためだけではなく，周囲の地域で起こったいくつかの事件の結果であった。いくつかの事件はナタリーノの強い意志が触媒になって起こされたものであったらしい。ナタリーノはこのような事件の前にも後にもほとんど人々に知られなかったが，これで政府に対策を要求する決定的な第一歩がしるされたのである。ナタリーノの触媒が直ちに反応を誘う発酵釜に投げ入れられたことは明らかである。

　土地から厄介払いされた人々の多くは絶望状態から生き残ろうとして，小さい町に行ったり，その地域で分益小作や農業労働者になったりした。1970年代後期には，軍事政権下の好景気，いわゆる「ブラジル経済の奇跡」が失速して，都市の求人がほとんどなくなった。都市では雇用者は解雇しつづけていた。この状態は一時的なものではなかった。軍事政権の政策によって促進された投資計画の多くは思うようには進まず，過度に投機的で，労働と資源の過度の投入によって，持続が可能ではなかった。このような投資は公的と私的の負債の重荷をますます厳しくし，経済状態をさらに悪化させた。景気の後退と失業の進行は1980年代全体で続いた（それはブラジルとラテンアメリカの失われた10年といわれるものになった）。都市で仕事を探すことは貧しい人々にとってますます成果の期待できない戦略となった。都市のスラム街はますます拡大し，犯罪は多発した。

　人々が土地を所有したり，借地したりしていた地域では，貯えを失った人々に加えて，多くの家族とインディオ特別保留地に入植したことがなかった多くの家族は，土地を探している息子たちや娘たちをかかえていた。彼らはほとんど資金を持っていないうえに，土地を購入するために融資を受ける望みもほとんどなかった。ブラジル南部全体でこのような家族が，資金が豊かな大企業（その多くは日本

やヨーロッパやアメリカ合衆国に根拠をおいている）のために農場を失った。この種の企業は，軍事政権の「近代化」計画の一部としての補助や課税免除や他の形の政府援助によって強力に助成された。これらの助成制度はブラジルの主導的な学者が「痛ましい近代化」と評したことで悪名高いものになった。ナタリーノ十字路のまわりの地区には大企業が強く望んだ良質の土地が豊富であって，銀行の関心は貧しい農民に対してより，大企業への融資にはるかに大きいと思われていた。

　大企業が大豆と小麦を輸出向けに生産するために小規模生産者を排除したことから，1970年代の初期と中期にリオ・デ・ジャネイロやその他のブラジルの都市で暴動が発生したが，それは小農民がブラジルの貧しい人々の主要食糧であった黒豆を栽培していたからであった。都市の貧しい人々は黒豆がスーパーマーケットで手に入らなくなったり，非常に高値になったりしたのを見て暴動を起こした。手に入る食料ならなんでも略奪したこともあった。「黒豆暴動」はブラジルの歴史や他の第三世界に固有の象徴的な事件となった。食料を海外へ輸出する機会に乗ずるために投資家たちが地方で消費するために生産する小規模農民を排除することは，経済成長の過程に執拗につきまとう矛盾と，貧しい人々の手に入る食料を減少させる結果を招いた。これは農民にとって問題であっただけでなく，都市の貧民にとっても同じように深刻な問題であった。

　直接の追い出しに加えて，ブラジル南部には，少なくとも1950年代にさかのぼる農地改革闘争の歴史があった。1950年代後期と1960年代初期に，MST（土地なし農民運動）とよばれる組織が，リオ・グランデ・ド・スール州では農地改革のためにナタリーノ十字路周辺の高原で活動していた。リオ・グランデ・ド・スール州には農民のさらに長い急進主義の歴史があった。それは土地譲渡の約束でブラジル南部に誘致された家族がそれまでのさまざまな事情で挫折し，多くの人々が絶望状態に陥ったことが原因になっていた。この急進思想の伝統は1964年の軍事クーデターに続く数年の間に実を結ぼうとしていたらしい[33]。

　ナタリーノ十字路は軍事クーデター以前にさかのぼる複雑な歴史をもつ2つのファゼンダの領域にあった。1962年に，MSTの組織者の1人でもあった新進の政治家，レオネル・ブリゾーラLeonel Brizolaの州政府は，農地改革目的のためにファゼンダ・サランディSarandíを収用した。ブリゾーラはごく若い時からその政

治活動をアノニAnoniという名前の地方の富裕な農民に支持されていた。上院議員であったブリゾーラは軍事クーデターの後,追放されたが,アノニと共謀して彼の所有地に隠れていた。ファゼンダ・ブリリャンテとマカリと同じように,ファゼンダ・サランディと近くのファゼンダ・アノニは1962年に配分するために州政府が収用して以来,永いこと,結審しない法廷闘争に関わっていた。1963年に変わった政府はファゼンダ・サランディにおける土地のない人々の土地配分の希望を妨害したが,1964年の軍事クーデターは土地の利用と配分をほとんど全部完了させた。問題を複雑にしたのは,土地の一部が軍政期に伐木製材会社に詐欺まがいの主張で横領されたことであった。この政府はまたファゼンダ・サランディの一部を中規模のサイズに分割し,土地の大部分を土地所有規模の相当大きな高度に企業化された農業者に分譲した。さらに複雑になったのは,この地区における土地のあるものが,1970年代中期に,パラナ川の巨大なイタイプー水力発電所計画によって移転させられた家族を移住させるために,またその後パソ・フンドとよばれる小型のダムのためにも収用されたためである。ただ,ごく小規模な土地は実際に土地のない家族に引きわたされた。かくして,ファゼンダ・サランディとファゼンダ・アノニではどちらの場合にも,多くの土地について州と個人の所有権についての申請と反訴が錯綜した[34]。

　この土地の歴史が複雑なことはよく知られていたが,軍事政権が中断した農地改革は1960年代後期から1970年代には必ず再開されるとみていたので,土地に飢えていた入植の可能性に希望をつないできた人々はおおいにまごついた。政治的条件が整えばこの地区では土地を手に入れることは可能だろうと思われていたが,それは容易なことではなかったのである。民主化と政治の開放の過程が始まったにも関わらず,インディオの土地との関係を絶った人々や他の土地のない人々は依然として多難な前途に気力を殺がれたままであった。ナタリーノ十字路のプラスチックの布と厚紙で作ったにわか造りのテント小屋という哀れな野営地では,このように感じるのも当然すぎるほど当然であった。

　無情で暴力的なことを自認していた政府と,大土地所有者たちから土地を要求していたこれらの貧しい,ほとんど無防備な人々にどんなことが起こったのだろうか？その答えは,まもなく憲兵隊(ブラジルで州政府が統轄する特殊警察)の形

でやってきた。この憲兵隊は野営地をとりかこみ，暴力で不法占拠者，つまり野営者を追い出した。既に議論したように，ブラジルの過去は，大土地所有者と政府が貧民を暴力で追い出したあまり知られていない物語でいっぱいである。ブラジルのほとんどと同様に，リオ・グランデ・ド・スール州でも，豊かな大土地所有者は常に地方と州の裁判所を支配しており，裁判所ばかりか，地方と州の警察の援助を得て，しばしば所有権を主張する貧民を土地から追い出すことができた。

　大土地所有者は裁判所の指示を得ることができなかったり，そうすることのわずらわしさを好まなかったりした場合には，既に見たように，ガンマンを雇うことができた。兵隊や警察官と同様に，追い出しや拷問や虐殺のために彼らが頼ったのは，ジャグンソJagunços（用心棒）で，常に貧しい人々から雇われた。用心棒たちは一般に多くの時間を他の仕事についやしている。その時には，鍬やナタをもって農民として，また馬に乗り，投げ縄をもってカウボーイとして働かなければならなかった。彼らは普段は彼らの犠牲になるかもしれない人達と同じ農村の方言で話し，大土地所有者に対する畏敬と賞賛と恐怖と軽蔑と嫌悪が混ざった複雑な感情を共有していた。（世界の大小説の一つ，「奥地の恐ろしいたたり」，英語でThe Devil to Pay in the Backlandsという小説で作者，ジョアン・ギマランエス・ロザJoão Guimarães Rosaは用心棒の生活と恐ろしい道徳との板ばさみを同情的にではあるが，非常に皮肉をこめた言葉で描いている[35]。用心棒の他の農村民から明確に区別される1つの性質は，彼らが報償のために隣人にそむいて殺し屋や人殺しに喜んでなったことであった。しばしば用心棒は警察や憲兵に混じって働き，力がない役人にかわって制圧する責任を果たすことになった。ナタリーノ十字路では，野営した人々は，ほとんど裁判所の指令で行動する警察と兵隊，それに雇われガンマンも加わる数百人と対決した。

3. "分裂させるな，買収させるな"

　ナタリーノ十字路におけるこの対決は，絶大な権力があり，攻めるすきがないという軍事政権のイメージが崩壊しつつあり，政府自身が「圧政をやめ」，政治過程の「開放」を選んだ政治的に難しい時期に当たっていたので，この政権にとって特に厄介な問題がもちあがった。政府は十字路に野営する人々を力で圧倒し，分散

させようとする場合には，大きな流血の惨事になることを心配しなければならなかった。報道機関が大胆に検閲に異議を申し立てるようになるにつれて，この事件は国民的関心を呼ぶ大きなニュースになった。軍事政権は大混乱がさらに強硬な要求を提出する一層広範な運動に油を注ぐ事態を招く可能性が大いにありうることを考慮しなければならなかった。

　政府は全面的な対決をやめ，野営地を絶えず攻撃し，人々を留置したり，棒で叩いたり，銃剣で突いたり，バラックを焼き払ったり，人々を激しい暴力や死で怯えさせたりしたが，野営者の心を打ち砕くことには成功しなかった。それどころか，彼らの野営地づくりを一層加速させたようでさえあった。また，野営地を攻撃するごとにデモンストレーションの波と都市にある組織からの支援物資が殺到するようになった。2, 3の地域紙と全国紙は，検閲を緩和する政府の約束を熱心に検証するばかりか，社説をつかって，都市の支援組織を激励した。政府は一時ナタリーノ十字路の野営地を野営者の約2倍の数の兵隊で包囲したが，この野営地を本格的に粉砕することはできなかった。

　ナタリーノ十字路の人々はこの野営地の管理のために委員会組織を作った。この組織は，次ぎの20年以上にわたって他の数百の野営地で修正されながら用いられることになった。彼らは総会を設け，少数の家族のグループから代表者を選び，本部を組織した。さまざまな委員会が野営地の食料や住居，保健や教育や，風紀の責任を担った。中央委員会は野営地の全体と将来に関わる諸問題の処理部門で，その活動について総会に答申した。野営地の人々は，とりわけ，いかなる個人も単独行動をしたり，重要問題を政府や仲間でない人と交渉したりすることを禁じた。

　ナタリーノが最初の野営地を十字路に作ってから1年半後の1981年5月に，この野営地の代表者たちは数回INCRA（国立植民農地改革院Instituto National de Colonização e Reforma Agrária），と会合した。（INCRAは植民と農地改革を担当する連邦の機関で，その任務はこの時代には，ダムで移転させられる人々の再植民とアマゾンと他の開拓前線地帯における政府後援の植民計画で移住する人々の植民に限定されていて，真に農地改革を実施するわけではなかった）。ナタリーノ十字路の委員会は，1964年に軍事政権が布告した土地法を研究した。この法規

は,経済的価値のある財を生産し,適正な法の保護のもとで労働者に雇用を提供する社会的機能を果たさない土地は,農地改革の対象になると規定した。この法規は,特定の条件下での土地所有の最大規模と,保護基準を含むさまざまな基準を設けた。農地改革のための規定は長い軍政時代には,全く適用されなかった。ナタリーノ十字路の土地のない人々の代表者たちは5月の集合で,自分たちはリオ・グランデ・ド・スール州で土地を求めているが,無償で土地を求めているわけではないと明言した。彼らは一定の期間に政府の信用供与限度で土地代金を支払う準備をしていた。「われわれはそれを労働で支払うことを望んでいる」と彼らは申し立てた。州と連邦の役人との会合での激しい協議では,結論に達しなかったので,それに加えて,入植者たちは,自分たちの経歴と目的を地方の共同体と一般の人たちに徹底的に説明しようと努力した。

　このキャンペーンは,保守的な新聞と,政治家と大土地所有者の組織からくる攻撃の波に反撃するよう計画されていた。保守派は,その野営は外部のアジテーターに指導されており,土地のない人々自身が行ったものではないし,自称土地のない人々の多くは実際には既に土地を所有しているし,彼らの多くは受けとった土地を利用してはいない。野営地にいるのは土地を取得するだけのためであって,やがてそれを売って他の野営地に移ってしまうと主張していた。

　地方の権力のあるファゼンダ所有者は野営地を積極的に撤去する活動をし始めた。そうしたファゼンダ所有者の中にゲラ Guerra 兄弟がいた。彼らは野営地の近くに9,000ヘクタール(約21,000エーカー)の土地を所有していた。6月初旬,ゲラ・ファゼンダの現場主任は,野営地に電線を敷設しようとしていた農村配電会社の職員を銃で脅した。彼らはまた所有地を収用しようとするどんな試みにも力で抵抗すると脅した。

　6月初旬には,また,この野営地は内部分裂に悩まされた。テオフィロ・ウラセル Teófilo Wrasser は最初,ナタリーノの仲間になったが,今では地方の政治家や他の数人と一緒になって,野営地の総会と仲介委員会が食料や衣料や金銭など,この運動から受けた支援物資の分配で行った不正を糾弾した。彼らはさらに,この共同体が2つのグループに分裂しているときめつけた。カインガング族の特別保留地を追い出されたグループと,その後一緒になったグループがそれで,前のグルー

第1章　約束の履行

プから順番に土地を受けとることになっていた。総会はウラセルと彼に従っている人たちに対して，その告発をとりさげなければこの野営地から追い出すと脅した。この時，ウラセルと他の5家族は数マイル道路をくだったところにある他の野営地に移った。この野営地は警察から積極的な援助をうけていた。何日か後，重武装した兵隊がナタリーノ野営地に侵入し，人々を乱暴にあつかい，云うに云われない脅怖を与えた。人々は，考え方が違う人が何人か警官と一緒にいるのに気付いた。外部からの攻撃と内部の分裂は，野営地に危機的な雰囲気を醸し出し，敵を勇気づけた。この野営地は1年半耐えたが，多くの人々は疲れはてた。プラスチックと厚紙と荒い藁で作った住居にたてこもったので，冬の湿っぽい寒さと雨のために生活環境が大きく悪化したと感じた。どこもかしこも泥だらけで，毎日の仕事は2重にひどいものになった。

　1981年6月，新しい農業改革運動を支持した土地司牧委員会CPTと他の組織は，この野営地の委員会の指導者と協議して，6月25日に農民を支援する劇的な催し，農民祭を開かせた。リオ・グランデ・ド・スール州では，これからみていくように，農村の労働組合運動はブラジルの他の諸地域より常に弱体で，土地なし農民運動を支えることでは非力であったが，作物の価格支持と保健と土地改革という3つのテーマに光をあてることではCPTやさまざまな市民組織と協力していた。市民の組織の多くは政治の自由化の結果として，最近，形成されたものであった。6月25日には，ナタリーノ十字路の農民祭には全国から100以上の組織が支援していることを確認できた。この連帯の実現を指導したスペイン人神父カサルダリガCasaldaligaは，アマゾンで土地のない人々のために働いたために殺すぞと脅迫され，6月21日にこの国から追放されたが，野営地居住者と訪問者に次のように警告していた。「用心しなさい。マット・グロッソ州での13年間の経験から私が君たちに話すことができることは，政府と権力者が君たちを分裂させようとしているということです。気をつけて下さい。小人数でも労働組合は人々にとっての頼りになるものなのです。それを分裂させてはなりません。買収させてはなりません」。

　ドン・ビセンテ・シェレルDom Vicente Schererはリオ・グランデ・ド・スール州の保守派の大司教で，カサルダリガ神父が野営地の集団に話しかけることを禁

じ，彼とCPTを言葉で攻撃し始めた。シェレルは土地のない人々には土地を要求する権利はないし，州には土地を提供する義務はないと公言した。全く正確ではないが，彼はCPTはブラジル全国司教協議会(Conferência National dos Bispos do Brasil, CNBB)とは関係がないし，せいぜい1人か2人の司教の支持をうけているだけだと主張した。それに答えて，CPTの創立者の1人，ドン・バルドゥイノDom Balduinoは，シェレルの誤りを訂正し，野営地造成は，1978年から1979年にかけての自動車労働者ストライキの成功と並んで，この国にとって勇気を与える有意義なイベントだと叫んだ。

　州政府は，リオ・グランデ・ド・スール州の高地における土地闘争がますます加熱し，伝播するのを阻止することは不可能であり，好ましくないと認めた。他の野営地がリオ・グランデ・ド・スール州ばかりか他の南部諸州でも増加してきていた。危機意識はますます明瞭になった。ナタリーノ十字路で，土地のない人々の家族が冬の雨の中で寒さにちぢこまっている光景はますます厄介なものになり，国の不名誉の象徴になりつつあった。抑圧に屈従するどころか，土地のない人々の運動は，都市と農村地域に支持基盤をもつ農地改革を指向する真に国民的な運動になる前兆であった。ところが，1981年7月に入っても，農地改革院INCRAはほとんど成功していないアマゾンにおける植民計画へ，リオ・グランデ・ド・スール州の人々を誘致すべく説得しようとしていた。ブラジル政府はますます農地改革を警戒するようになり，結局，農地改革の運動を約20年前と同じ様に挫折させることになった。

　7月の終わりに，この野営地とその支持者たちは4台のバスで，アマラル・デ・ソーザAmaral de Souza知事を訪ねインタビューした。そして知事が彼らの要求に答えることを拒否すれば，州会議事堂前の広場に天幕を張る用意をしていると申し立てた。警官はバスを停止させて，この抗議を申し立てるものたちが議事堂のある地区に近づくのを阻止した。歩いて行くのはさまたげなかった。幸いにも州会議員たちの好意で知事と面接の場が設けられた。知事はこれまでの考えをくり返し，植民計画を受け入れる準備のためにアマゾンに議員団を派遣することを主張し，この州で開拓地を造成する可能性を否定した。知事はある程度の医療と食料を援助することで野営地を直接救済すると約束した。彼はまた，他の場合

第1章　約束の履行

にみられるように, 居住者が非妥協的なのは外部の人に政治的にあやつられているためであって, 彼ら自身の意思決定によるのではないという考えを表明した。1981年7月末には, 約600家族(2,500乃至3,000の人々)が十字路に野営していたが, 州政府がこの問題の解決をしようとしていなかったことはあきらかであった。

　一方, 連邦政府は, アメとムチを併用することを決め, 7月中旬にこのような事件に対する戦術を専門とする軍部の「スペシャリスト」にこの野営地をはじめて訪問させた。セバスチャン・ロドリゲス・デ・モウラ Sebastião Rodrigues de Moura (陸軍少佐)は国家情報局(SNI)のメンバーで, 国家情報局は政府の抑圧手段を策定し, しばしば直接行使する機関として恐れられていた。彼は「コロネル・クリオ Coronel Curió」のニックネームで広く知られていた。クリオはアマゾンの小鳥の一種で, 様々な魅力的なさえずりで高く評価されている。(彼のこの時の実際の階級は少佐であったが, コロネル・クリオ〔陸軍大佐クリオ〕とニックネームでよばれていた)。クリオはアマゾンのアラグアイア地域におけるゲリラの反乱を抑圧する責任者であった。この地域では彼は, ベトナムにおけるアメリカ人と, マレーシアにおけるイギリス人の情け容赦しない戦術をモデルに, ブラジルの伝統的手法をまじえて反乱に対処した。クリオは人々が, ゲリラの戦士と彼らがいる場所を確認することに協力した場合には, 政府の報奨金を与え, 半ば屯田様式の植民計画を策定し, それに協力する家族を町や村に定着させようとした。彼はアメリカ合衆国がベトナムで「戦略村落」と名づけた計画に似た役割をこの計画に果たさせるつもりであった。このような計画には, クリオの伝説めいた自己中心的性格が, 「思想伝達, 団結, 尊敬, 理想実現および組織づくり ― クリオ」という標語を染め付けたTシャツを入植者に着せて叱咤激励したことにあらわれていた。彼は農場を焼き払ったり, 人々を殺したりすることに躊躇しなかった。1981年に, 政府は彼がリオ・グランデ・ド・スール州に行く少し前に, セラ・ペラーダ Serra Peladaの悪名高い金採掘を管理する任務を与えた。この金鉱では鉱夫と鉱山会社が激しく争っていた。リオ・グランデ・ド・スール州で仕事をして2, 3年後, 彼はブラジリアのマンションからオレンジを盗んだ若者を殺害したことで有罪判決をうけたが, 実際に投獄されることはなく, 保護観察の短期刑を宣告されただけであった。2003年にこのことを書いている時, ブラジルではさまざまな組織が, アラグアイ

ア・キャンペーンの際,行ったと非難される市民の大虐殺について彼を告発しようとしていた。とかくするうち,彼はクリオナポリスCurionápolisという彼が名づけたアマゾンの自治体の長に任じ,特定の鉱夫集団だけがセラ・ペラーダに出入りできるように規制した。ライバルの鉱夫集団のリーダーは2002年12月に暗殺された。2001年に,私たちはセラ・ペラーダの争いの解決について,クリオの功績をしぶしぶ認めていた冷静なもと探鉱者に尋ねようとしたが,彼はクリオにインタビューするのは賢明ではないとアドバイスしていた。

1981年にコロネル・クリオはナタリーノ十字路に,政府の資金によるアマゾン植民計画への入植者の募集のために,約束された土地という飴をもってやってきた。アマゾンの植民地は権力の座についていた軍事政権の得意の計画の1つであった。1970年以来,軍事政権はアマゾン開発政策を特別の身の入れ方で続けてきた。海軍大将ガラスタズ・メディシGarrástazu Médiciは,当時,軍事政権下の大統領で,1970年にアマゾンは「土地のない人々のための人のいない土地である」と声明し,アマゾンの開拓を,植民によって活性化されうる農地改革政策の一部と発表した。

リオ・グランデ・ド・スール州にやってきて,クリオはナタリーノ十字路の問題は15日以内に解決し,その後,この野営地はとりこわされるだろうと声明した。この野営地で彼は,口ひげをひきぬく伝統的な仕草でその約束を示した。クリオはいくつかの新聞を喜ばせた。野営地の人々と冗談を交えながら気楽に話し合い,土地のない多くの人々を喜ばせた。敵さえ彼は「カリスマ的」だと認めた。アルニルド神父は,クリオは拷問と暗殺で告発されてもいるが,「非常に親しみやすい」人物だったと記憶している。

コロネル・クリオは1981年7月到着して間もなく,ナタリーノ十字路の野営地住民のためにフェスティバルを催した。彼は,ブラジルの南部諸州で高く評価されるバーベキューを気前よく用意し,他に欠かせないもの,すなわち音楽,ダンス,子供のためのゲームとご馳走を用意することも忘れなかった。居住者の大部分はいつも食物と娯楽があまりにも不足しすぎていたので,招待を拒否するどころではなかった。彼らは,価値のあるものを入手するのが必要な時には犠牲を払わなければならないが,必要な食物が提供される時にも,それを受けとらなければ

第1章　約束の履行

サランディの共同体は、ブラジル最南部のリオ・グランデ・ド・スール州のアルタ・ウルグアイア高原に立地しており、その地域の土壌と亜熱帯気候では多種類の作物が栽培される。

ならないし、当然必要と思われるその他のものも要求し続けなければならないと決めていた。人によって話すことはさまざまあるが、私たちに話したことは、クリオが子供たちに食物や菓子を差し出した時には、両親は子供たちに行儀よくいただくことと、「ありがとうございます。あなたは私たちの家族に土地も下さるのですね？」と聞けと教えるということであった。

　クリオには提供できる土地があった。それはパラダイスだ。この目でみてきたものだと、彼は云った。そこには質のよい処女地があり、水は豊かで、政府が建てた住居やすぐに使える無料の家具があり、新しい道路、利用することも売ることもできる木材、種子や肥料、農薬、農業機械を買うための政府の低利資金が用意されていると、彼はスライドと映画でバラ色の計画植民地の光景をスクリーンに映してみせた。その土地はパラ州、バイア州、マット・グロッソ州にあった。そこはクリオがゲリラとの戦いに勝ったところであって、そこにはよく組織された共同体と学校と医院があった。バイア州では、サンフランシスコ川に巨大なソブラディーニョ・ダムを建設したため移転させられた人々をうけ入れるために建設されたあるプロジェクトが既に稼動していた。もっと多くの土地があるようだ。クリオ

は，政府は人々の土地要求を喜んで受け入れたと云ったが，州政府は既にリオ・グランデ・ド・スール州や他の南部諸州には分配できる土地は存在しないと結論づけている。一方，パラ州とマット・グロッソ州は皆を受け入れる余地が十分以上に存在すると云った。クリオは，人々が自分で見にゆくために，特別仕立てのバスと軍用機による旅行さえ準備していたようだ。

　コロネル・クリオのこれらの賛歌には2つ理由で期待したほどの魅力はなかった。第1の理由は，連邦政府機関であるINCRAがリオ・グランデ・ド・スール州で土地の調査を行い，この州には80万ヘクタール（約200万エーカー）の農地改革に適した土地があると結論づけていて，このような土地は存在しないと主張した州政府の調査と対立していたことにある。ルーテル派教会が行った調査も同じ結論に達していた。（ルーテル派教会はリオ・グランデ・ド・スール州では中央ヨーロッパ系入植者の間で強力で，いくつかのルーテル派教会ではドイツ人が宗教儀式を担当していた）。野営者たちは，この地区ではファゼンダ・アノニとファゼンダ・サランディ，さらに他の大所有地が収用可能な土地であることを知っていた。彼らはこれらの土地の土壌と気候が農業に適していることを知っていた。道路と学校が既に存在しており，この地区の必要条件は充足されてはいなかったらしいが，医院と共同体の初期的なものは存在していた。国家と自治体が，土地を改良しており，もっと課税できるように活用できることは明らかであった。この親しみやすい穏やかな温帯地域では，大森林を開墾する必要はないし，アマゾンのような神秘的で非常に危険な災害を恐れる必要もない。

　コロネルの魅力的な魔女の歌に抵抗する第2の理由は，この地域の多くの人々が既にパラ州とマット・グロッソ州における植民計画に政府と私的プロモーターによる賛美に誘い出されてきていたことにあった。彼らはそこから新しい入植地へ移動していった。人々の中にはそこに留まるに値するものを見いだした人もいたが，多くの人々はひどい幻滅を感じてもどってきてしまった。アマゾナス州やマット・グロッソ州の多くの人々は，南部諸州では珍しいマラリアやデング熱にかかった。それらの体験記がリオ・グランデ・ド・スール州でもパソ・フンドの地方新聞，ゼロ・オラ Zero Hora 紙などでみられるようになっていた。

　ある人々は子供たちを病気で失なくした。ジデリオ・ビアズス Ziderio Biazus は

第1章　約束の履行

アマゾンのパラ州のテラノバTerranovaから帰ってきて, 次のように云った。「私がそこでみたものは, 想像もできないものだった。多くのガウショたち（リオ・グランデ・ド・スール州のカウボーイ）がマラリアで死んだ。とりわけ子供たちが」。マット・グロッソ州から帰ってきたフロレシ・デ・ファティマ・オリベイラFloreci de Fatima Oliveiraは, 20日のうちに子供を2人マラリアでなくした母親をみた。雨のためにフロレシがいた入植地は完全に孤立して, 10日の間食べる物がなくなってしまった。ダビ・アルベス・デ・モラDavi Alves de Mouraは特別保留地から追い出された入植者の1人で, テラノバに行った。テラノバは1978年に開かれた政府計画による植民地である。作物はよく育たなかった。そこでは彼は融資をほとんどうけられなかった。家族は多くの健康問題をかかえたが, 医療の援助はえられなかった。若い娘はチブスで死んだ。彼はマット・グロッソ州で金山の鉱夫になった。次ぎに有名なパラ州のセラ・ペラーダ金山に行った。そこの状態に絶望して, 彼はマット・グロッソ州の植民計画にもどり, 日雇い労働者になった。次ぎにパラ州に再びかえり, そこでファゼンダを所有する軍隊の将校のために働いた。彼はこの中尉から死ぬほどひどい目にあって, 1区画の土地の権利を売ってマット・グロッソ州に帰り, さらにリオ・グランデ・ド・スール州にもどった。そこで父親と一緒に働いた。そこから彼はナタリーノ十字路の野営仲間に加わった[36]。

　アマゾンの植民者たちは, 一度森林が開墾されると, この地域の土壌は急速に流亡してしまい, 地力は2, 3年でなくなってしまうのをしばしば見た。彼らは移動するか, 定着してみじめな暮らしをせざるをえないことになった。頼りになる市場向けの作物を栽培できたところでさえ, よい道路がなく, 都市から遠いため産物を売ることは不可能ではないが容易ではなかった。このような悪条件にくらべると, リオ・グランデ・ド・スール州における貧しい農村民の困難な状態は, ナタリーノ十字路でさえ, 開拓前線に挑戦するよりましであった。彼らはその隣人たちに家にしがみついているようアドバイスした。

　アマゾン植民計画で土地を受け取ったか, 受け取らなかったかは個人の選択をこえた問題であった。土地のない人々の運動の結成期以来の戦略は, アマゾンへの誘いを受けた人々の落胆によって, 決定的な影響をうけた。この運動はブラジルの土地所有構造を改革することを望んだものであって, 単に農業の開拓前線を

拡大することを望んだだけではなかった。ブラジルの歴史は,開拓前線の物語であった。どの開拓前線でも,開拓地の縁辺で安く土地を手に入れることが貧しい人々の最初の望みであったが,それはほとんど,あるいは完全に裏切られた。それは最後には富裕な大土地所有者がほとんど全ての良質の土地を集積してしまったからである。このストーリーがくりかえされるためだけに,長い危険な争いに関わることをだれも望まなかった。最初のアマゾン開拓から帰ってきた人たちから話を聞いてからは,ナタリーノ十字路やその他の野営地の人々は,「すべての人に自州の土地を」とか「農地改革は自州で」というスローガンを採用し,アマゾンの植民計画の目的に役立てるように農地改革運動を流用しようとする政府の御都合主義戦略をはっきり拒否した。

　リオ・グランデ・ド・スールとサンタカタリーナとパラナのブラジルの南部3州では,奴隷制と輸出向けプランテーション農業が強大な力を持ったことはなかったが,土地問題は異常に複雑であった。リオ・グランデ・ド・スール州では,巨大な牧牛場はこの州の南部と南西部の多くを占め,州の残りの地域には開放されている非常にみごとな農地が植民のために残されていた。19世紀の末期と20世紀の初期には,ブラジル政府は,これらの州でヨーロッパ人による植民を奨励したが,それは北アメリカの中西部の小規模農民によって開拓前線の開拓が成功した様子を模範にして,小規模農民による農業を発展させようと期待したのであった。比較的進歩的なブラジルの国会議員は,奴隷制と奴隷制の上に築かれた大プランテーションの悪を確信し,小規模農業は経済的により生産性が高く,政治的により民主主義的であり,文化的により平等主義的でたくましいと考えていた。奴隷制廃止のために働いていた小数派の大部分にとって,南部諸州の未開拓地は解放された奴隷の多くを収容できる代表的な開拓前線であったが,解放された奴隷がその土地をあまり利用しなかったことは,1888年に奴隷制が廃止されて後の数10年間にわたる大きな問題であった。これは非常に多くの社会と経済の問題を解決し,ある程度,奴隷たちに対する道徳的なあやまりをつぐなうことになるはずであった。しかし,ブラジルの国会議員の大多数は,奴隷制の不幸は奴隷の大多数を占めたアフリカ系の人々の欠陥からもたらされると考えていた。彼らの目からみて,必要なことは,ヨーロッパからの移民によってブラジルを「白くする」ことであった。多くの旧

第1章　約束の履行

奴隷廃止論者でさえ,この観点からこの問題をみていた。彼らにとって奴隷制の悪の1つは黒人の人口が増加したことであったのである。長い議論の後,政府は南部の肥沃な亜熱帯と温帯の土地を,白色のヨーロッパ人をひき入れてブラジルに居住地を作らせるための誘因として用いるべきであると決定した。奴隷出身のアフリカ系ブラジル人は自活していかなければならなくなった(37)。

　ブラジルのプランテーション経営者もプランテーション社会の典型的な問題に直面した。彼らはヨーロッパと北アメリカ向けに熱帯の嗜好食品(主としてコーヒー,砂糖,カカオ)の大規模生産に投資する傾向があった。貧しい人々に食料農産物を売るより,豊かな人々に嗜好農産物を売る方が,利益が多いと考えた。彼らはプランテーションの労働者と近くの都市の労働者に必要な食料を十分供給することは難しいと感じていた。プランテーション生産物の輸出熱が非常に高かったので,政府の政策とプランテーション経営者の輸出農業への傾倒はブラジルの歴史を通じて現在まで,輸出農業に適すると考えられる地帯では,小規模生産者が食料農産物を生産するのを非常に難しくした。地方の食料生産のために利用できる資金の融資はわずかか,全くなく,土地をプランテーションの独占からもぎとることは極度に困難であった。プランテーション所有者は,しばしば奴隷が,後には自由労働者が自分用の食料作物を栽培するのを禁止に近い状況まで圧迫したが,それはそれによって労働者がプランテーションにたよらなくなったり,土地の所有権を要求する契機になったりするのを恐れたからであった。結果として,プランテーション経営者はしばしば食料の輸入が大きな支出費目になっていることに気付いた。彼らが,もしヨーロッパ系移民が熱帯の輸出作物の栽培にひきつけられず,ブラジル南部の温帯土壌に定着できたならば,この問題は解決され,かくして生産費の圧縮が可能になったであろう。

　しかし,ヨーロッパ人入植者をひきつけるには実に大きな障害が存在していた。19世紀の後期の数10年間はリオ・デ・ジャネイロ州とサンパウロ州におけるコーヒー栽培の爆発的発展期で,プランテーション経営者と国家と州の政府はプランテーションで働かせるために有利な条件で土地が取得できることを約束してヨーロッパ人,主としてイタリア人を募集した。無情な移民会社は移民の船賃をだましたり,しはしば食物を与えず,やりもしないサービスの料金を不当に要求

したりした。プランテーション経営者は移民労働者を奴隷のように働かせ，彼らの流儀を変えなければならない理由はないと考えていた。プランテーションに応募してきた移民で，ヨーロッパを離れる前にプランテーションとかわした契約によって土地を取得できたものはほとんどなかった。この約束はごく日常的に破られ，移民の扱い方が奴隷より良いことはごく珍しいことであったので，イタリア政府は長年にわたってブラジルに向けて出国するために乗船するのを禁じていた。ブラジルの政府とプランテーション経営者は移民をあざむき，搾取する恥知らずという国際的な悪名をえた。政府がその後，南部諸州に農民として定着させるためにヨーロッパ人を誘致しようとした時には，疑惑を克服するための難問が山積していた。

　20世紀への転換期に植民会社と政府は，ヨーロッパ移民にブラジル南部のパラダイス像を提示した。そこには質のよい道路と鉄道と学校があり，行政が適切に行われているというのであった。移民たちは全くあてがはずれたとは思わなかった。多くの移民は質のよい土地をえた。この南部における生活は，ブラジルの居住地域の圧倒的な部分を占める輸出向けプランテーション農業の支配的な地域の生活より，ほとんど全ての点でめぐまれていた。これらの移民の生活は比較的順調であり，より安全で，地方と州の政府から新参者として歓迎されており，はるか北の旧奴隷やもとプランテーションに依存していた人々より尊敬されていた。ヨーロッパからの移民がさまざまな大陸で小規模な所有地で企てた農業と同様に，南部の入植者の場合には，経済はプランテーション卓越地域より多角的で健全であった。都市と農村地域は，ともに平均してブラジルの他地域のほとんどより繁栄していた。移民はこの成功に寄与し，その成果を享受していた[38]。

　残念ながら移民が全て期待通りに成果をあげたわけではなかった。彼らの中には急速にブラジル農村民並みのごく普通の生活になった人々がいた。多くの人々は土地を要求することにも取得することにも成功しなかった。不安定，貧困，土地劣化という，既に述べたように他の類似の地域がたどったパターンが，借地農や分益小作に再現し始めた。移民は家族が増え，開拓の余地が少なくなるにつれて，土地の所有権を取得した人々でさえ息子や孫が貧困や扶養家族にしらずしらずのうちに落ちぶれて行くのがわかりはじめた。1960年代には家族農場を押しつぶす

第1章　約束の履行

外国資本の大豆と小麦の大経営の到来に怒りをつのらせた。何人かは,世紀の転換期にヨーロッパから来た貧しい人々に影響のあった急進思想のいくつか,小農民ポヒュリズム,社会主義,無政府主義を思い出した。平等主義の社会哲学をもつ多くの移民家族は,移民に対する約束はごく部分的,あるいは一時的に果たされただけであったことを憶えていて,我慢できなくなった。公正で繁栄した社会の雰囲気や恵まれた生活は必ずしも十分実現したわけではなく,多くの他のブラジルの農村民衆が絶望してから久しいものであるが,品位のある生活に対する渇望感が南部の農民を満たしていた。南部の全般的な状態は確かに良好であったが,期待の高さがもたらす特別の絶望感は,一部和らげられたものの,今やますます深刻化し,ブラジル南部の貧しい人々をアマゾンにおける開拓前線拡大のために誘う新しい呼びかけを深く疑わせた。ブラジルの他の多くの地域とは違って,南部の農村の急進主義は,単に剥奪から生まれたものではなかった。それは当ての外れた期待によって油を注がれたものであった。

　人々は,コロネル・クリオが土地を約束したことが,過去のまやかしのくり返し以外の何物でもないどころか,もっと質の悪い企てであることをすぐ見抜いた。そのわけは,その狙いが,彼らがほとんど知らない,用心するのが当然の土地と気候と病気の環境に人々を送りこもうというものだったからである。政府の宣伝はアマゾンを手放しでほめちぎっていたが,数世紀の歴史にはアマゾンを緑の地獄と描いた強烈な話が混ざっていた。1970年代後期には,ブラジルの雑誌と新聞はアマゾンの植民者の苦悩と失望の話を多数掲載していた。将来の農民に対し注意を喚起するこの地域の危険性と弱点は,歪曲や誇張によって大げさに拡張されたものであるが,事実とフィクションは間もなくはるかに増幅されることになった。それはアマゾンの植民に対して先住民文化,果てしなく広がる森林,世界の偉大な生物多様性の宝庫が失われることを懸念して,ブラジル人と外国人が総力をあげて反対することになったからである(このテーマは第3章で詳しく検討される)。

　コロネル・クリオが出した飴はあまり魅力がなかった。同じ人間が早速こけ脅しを始めたからである。彼は野営地のまわりに人々を集め,手荒く責め立て,提供した食料をとりあげ,スパイとトラブルメーカーを野営地に入れた。彼らの多く

はたちまち正体を暴露された。クリオの兵隊たちは人々が調理のためや冬の湿気と寒さ除けの暖房のための薪集めをしないようにしようとした。この野営地の一部は木の下に設けられていた。兵隊たちは大枝をうち落とすよう命じられた。大枝はプラスチックの天幕や人々のうえに落ちた。

　この軍人の仕方は理詰めで, もっぱら効果狙いで, 嫌がらせや締めつけを絶やさず, 人々の意気を阻喪させるが, 他方でパラダイスの約束を含んでいた。多くの人々のこの問題についての評価はさまざまであった。苦痛ばかりを与えてきた人が, 夢のようなエデンの園をちらつかせても, 信用されることはまずありえなかった。ネガティブ強化とポジティブ強化という単純な概念だけでは, ごまかし屋の動機を解釈し, 理解し, かくしてその罠を避ける人々の能力を判断することはできなかった。

　コロネル・クリオは想像したよりはるかに深刻な問題群にぶつかった。彼は, ブラジルでは時代が変わりつつあり, さまざまな変化は軍事政権の弱体化とそれにともなう政治の開放が宣言されたことの真の意味を評価できなかった。野営地の困難な条件の中で生活している人々の決意と創造性は, 新しい社会的背景を形成しつつあった広範な政治と社会と文化の, 変化の一つの例にすぎなかったのであるが, クリオも軍事政権もそれに対する備えをしていなかった。

第4節　野営地の生活

1. 苦難と共同体

　野営地時代の思い出は人によって非常に違っている。人々が共有した最大の恐怖は, 彼らと仲違いして武装した人々の暴力と飢餓と疫病の3つであった。コロネル・クリオがやってくる以前にも, 居た時にも, 去った後にも, 人々は, 彼らをとりまく武装した人々に抵抗する仕方があったと云っていた。兵隊たちは, 野営者たちが直面した苦難な状況を多く味わわないわけにはいかなかった。彼らは, 寒い時にも, 熱い時にも野営地の外にいた。彼らにも顔を洗ってさっぱりする適当な場所がなかった。兵隊たちは時たま水浴のために池に降りて行った。池の向

第1章　約束の履行

MSTの野営地の特徴は,男性だけではなく,女性も子供も,家族のみんなが土地を取得しようと時間と精力を投入していることである。

う側にいた野営地の女性たちは,裸の男たちにむかって無礼な冗談をわめきたてた。兵隊たちの身体についてあてこすりを云い,彼らの男性自身を嘲笑い,ヒステリックに笑いとばした。耳障りな茶化しや,思わせぶりのいちゃつきで兵隊たちをまごつかせたりした。兵隊たちは直接向きあうことにならなかった時には,彼らが人々に苦痛を与えていることに気まずい思いをしていた。

　直接向かい合っている時には,野営地の女性と子供たちはしばしば正面に立ちはだかって,兵隊たちが暴力を振るうのを難しくした。女性たちは防衛の第一線にある時には,兵隊の耳の後ろや,小銃の銃身に花を挿した。さまざまな時,女性たちは野営地内へ警官や兵隊が侵入するのを防ぐことで,男性たちより積極的で決然としていることがわかった。ある時,自分は女性たちの防衛隊を攻撃するよう命令されたと叫んだ警官がいた。女性たちは彼に話しかけ,警官に野営地の人々と話し合うよう説得することに成功した。もう1人の警官はさまざまな野営地を地図に描くよう命じられ,見て回ったが,彼の説得で州は野営地の居住者と接触するようになった。ナタリーノ十字路の野営地とも話しあった。

　1人の大柄で,不格好で,シャイな男が2001年に彼の妻の隣に立って,野営地で起こった変化が自分の女性に対する態度を変えたと,私たちに次のように云っ

た.「ここでは女性は差別される傾向があって,私はいつでも女性を差別してきました.私は女性の意見を信用したことがなかったし,自分は常に女性のことをよく知っており,妻よりましだと思っていました.しかし,野営地でしばしば私たちを救ったのは女性たちでした.彼女たちはわれわれを敗北から救ってくれました.彼女らは強力です.今日まで農業をやってきて,農場を経営する際に学んできたことは,確かに妻の意見を信用することです.私は今も女性を差別していると思われているでしょうが,私はこのことを妻から学んだのです」(39)。

　もう1人の男性ネNeは懺悔室で元気になった仲間であったが,男たちはしばしば希望を失うと感じたことを思い出した.「彼らは水を遮断した.皆喉が渇いたが,幼児はそのために何時間も泣き叫んだ.女性たちは悲鳴をあげたが,それは子供たちが泣き叫んでいたからでした.男たちは失望して座りこんでしまったが,それは女たちが泣き叫んだからで,男たちには,どうしたらよいかわからなかったからでした」(40)。

　この野営地に住んでいた人々の中には,かなり恵まれた生活ができる人もいた.食料を多く手に入れていた.ある家族では,要求すると食料を送ってくれる近親者が野営地の外部に住んでいたが,外部に知人がいなかった人々は飢餓に多く苦しんだ.彼らは食物を子供たちに十分与えるために,何日間も食物を見ただけで過ごしたことがあったことを憶えている.プラコトニク家は他の人たちより恵まれていた.それはパコーテPacoteの祖父の農場に時々足を運んでいたからで,時には2,3の家族に米を分け与えていた.女性たちが長い列を作って水を待っていたことを思い出す.水は5〜10ガロン(重さにして40〜50ポンド)掘っ建て小屋まで運んでこれなければ,何時間もじっと待っていたのは無駄だったのだ(41)。

　衛生管理が深刻な問題だったということでは,みんなの意見は一致している.プラスチックのシート,粗い藁,厚紙と材木の切れ端でできた掘っ建て小屋は狭い場所に押し合いへしあいしていた.アニール・プラコトニクAnir Placotnikは,13家族がたった1つの長い掘っ建て小屋で暮らしていたことを思い出す.それを清潔に保つにも,食器類や衣服を洗ったり,床が泥の住居空間を適当に整頓したりしておくことは容易でなかった.便所とゴミ捨て場は常に適度に清潔に保てたわけではなかったし,飲料水の安全性は常に問題であった.人々は痒さと病気をもた

らすノミとシラミの異常発生を抑えることは不可能であると思っていた。眼の病気の流行は風土的なものであった。腸チフスと赤痢はとくに子供にひどい打撃をあたえ，両親の心痛の種であった。親たちは子供たちを厳しい困窮にではなく，予防できないこのような条件にさらしていることを相当苦にしていた。絶えず病気の危険にさらされているが，ここ南部では非常に貧しい家の子供たちだけがそういう状態であった。ブラジルの多くの地域の農村ではほとんどどこでも子供たちの何人かは野営地で病死したが，野営地以外でなら彼らは病気にかからなかったであろう。両親は分益小作か土地のない労働を，いやいやながら続けることはできたらしいが，開拓前線における植民計画への参加を受け入れたならば，子供たちのためにより責任ある選択をすることになったのではないかと，たえず自問しなければならなかった。

　ボランティアの医師や看護師や公衆衛生ワーカーは，しばしばこのような問題を処理するために野営地に来た。誰れもが，問題の処理が完全に不可能にならないように状態を管理することでの彼らの活動を信頼し，記憶しているが，この野営地の伝統的な諸問題は解決できたわけではなかった。当局はボランティアの医師が入ることをたびたび禁止した。

　何人かの人々は友人や知人と一緒に参加したが，人々の多くはこの野営地に来る前には互に知らない人であった。人々が集まり始めてから4，5週間がすぎると，仲よく暮らすことと互に信頼しあうことを学ばなければならなくなったので，会合に出席し，野営地の規則を身につけることが，とくに難しくなった。ある人々は終わりのない会合に耐えられなくなったが，この野営地の委員会は，人々に仲間意識が生まれ，目的を共有し，野営地が存続できるための規則づくりの場を用意した。たとえば，この野営地の中央委員会はアルコール飲料を厳禁し，アルコール飲料を家にもちこんで飲んだり売ったりした人はただちに追い出した。喧嘩好きの人も，規則を馬鹿にする人もいた。たとえば薪用に緑の林を伐ることが禁じられた。全ての木材資源を保護するために枯れ木だけを利用することはきわめて重要なことで，緑の林を伐った人は野営地から追い出されることになっていた。

　CEBs(キリスト教基礎共同体)の継続される集会は人々をひき合わせることでも有益であった。以前のように聖書をくり返し読むことによって，根本的な価値

と原理の観点から困難な問題を話し合う仕方を学んだ。時には問題を生じがちな個人の邪推や憎悪をたちきることができた。

　居心地が悪く苦労の多い野営地の日々は，風紀が非常に乱れやすい環境を作り出した。ナタリーノ十字路と同時代の他の野営地に風紀を正すために娯楽と元気を出させるための会が設けられた。この委員会は土地のない人々の運動全体に働きかける神秘的な委員会に発展した。この委員会は1964年以前にカトリック教の青年宗教指導会がやっていた「アニマソン」animaçãoという元気を出させる運動の復活であったことにほぼまちがいない。音楽，舞踏，特別の祝祭，舞踏会，寸劇，詩の朗読，手品，などさまざまな趣向を組み合わせたイベントは，初期のアニマソン委員会とMSTのミスティカ委員会の活動の全てであった。これらの委員会はサッカーの試合を催し，子供たちのために遊具を製作した。野営地の住民は，歌や詩やダンスや寸劇を演じることで苦悩を和らげ，元気を取り戻したり，粘り強さをひき出したりすることができるが，演説や話し合いだけではその狙いは達成できかねることがわかった。このようなイベントのいくつかは1日のスケジュールや週のスケジュールで行われたが，最も重要なイベントは，特に人々が失望したり，異議申し立ての気分が高まった時に自然に思いがけず行われたものであった。アニマソン委員会の人々は，身近な問題の本質を，衣装やジェスチャー，聖歌，照明効果，灯火，フルーツや野菜や花や穀物の茎の飾りつけなど，手近にあるものを用いて表現する興味深い，オリジナルなやり方を自分たちで考え出した。

　ブラジルの他の地域で，貧しい人々をひろく慰労しているものに，アフリカの音楽と舞踊がさまざまな仕方で先住民やヨーロッパ人にルーツがあるローカルな音楽伝統によって豊かになったものがあった。サンバとその変奏では，"泣きたいときには笑ってかなしさを吹き飛ばそう"(*estou fingindo alegria para não chorar*)というテーマの歌がいつまでも変化しながら歌い続けられてきて，笑って踊っている人々にとって不思議な力になった。この伝統は，ブラジルの南部以外ではどこもこの運動のミスチカ（神秘神学）委員会が形成されたことで維持されたが，南部では事情は異なっていた。それは南部のヨーロッパ移民がより新しいことに関係があった。

　この運動に新たに活力を与えた南部伝統の1つはデクラマソン（朗詠会）

*declamação*である。私たちは2001年にデクラマソンの非常に活気に満ちた姿を見た。デクラマソンは一般に食後に野営地の外で，厳重に禁じられている飲酒に関わらないところで始まる。私たちの体験によれば，だれかを指名し，彼に美辞麗句を用いて弁ずるよう要求すること，単調な話しぶりで「セルジオ，セルジオ，セルジオ，デクラマール，デクラマール，デクラマール，デクラマール」と，テーブルを打ち鳴らしたり，手拍子をとりながら話し始める。セルジオは気持ちがやわらぐと，はにかみやユーモアを交えて聞いている皆やだれかをからかったりしながら，デクラマールのテーマや由来を説明する詩を持ち出す。セルジオは30才ぐらいの若者で，皮肉っぽく，少し神経質に，落ちつきのない様子で「男が馬にのって地平線のかなたからやってくる」というよく知られているガウショ（リオ・グランデ・ド・スールのカウボーイ）の韻を踏んだ詩を19世紀の俳優たちにならった芝居がかった手振り，身振りをまじえ，気取った声で皆の前で声高に語り始めた。

　デクラマールする人はだれでも最後に，彼が知っているたくさんの詩を大きな声で節をつけて歌ったりして申し訳のないことをしたと，誤らなければならない。詩のほとんどは地域の文芸で作られたものであり，あるものは皆がよく知っている地域固有の詩でもある。私たちは，大学の農学実習を面白おかしく描いた詩を聞いた。政治問題に取り組む詩と演劇がひと組になったものもある。あるものは非常にウキウキしていて，人々は笑いを止めることができない。デクラマールが聞こえなくなるので，時々笑い声をストップさせなければならない。ある詩は叙情的で，親友たちに混じって学校にいるようななんとも不思議な気分になる。またあるものは薄く変装した政治的キャンペーンの演説である。しかし，どれも賞賛と熱狂で迎えられる。どの語り手もどの詩も待ちきれなかったかのようにみえた。

　云うまでもないが，デクラマソンの伝統は，ナタリーノ十字路のような野営地で娯楽や教育や討議のための機会を多くした。皆がよく知っている歌やオリジナルな歌とギターやアコーデオンやハーモニカやバイオリンの伴奏が集会を楽しくするのに適していた。ポルカなど中央ヨーロッパや南ヨーロッパのさまざまなダンスが何時間も止まなかった。

　居住者は毎日正午にミサを行った。ミサは質素で，超教派的であった。居住者の

中には多数のルーテル派と福音教会派とペンテコステ派の信徒がいた。野営地に聖職者がいたことは多くの人々にとって慰めになった。遅い午後，人々は十字路に集まって，その日の出来事や彼らが抱えている諸々の問題を話しあった。
　この野営の初期には，彼らは小さい木製の十字架のまわりに集まった。この十字架には「汝の魂を救え」という聖訓が刻みつけられていた。時がたつにつれてこの十字架は個人を天国に救済するだけでなく，現世での救済と，人々を共同体に統合する象徴としても相応しくないと感じられ始めた。結局，野営地の家族は，十字架は日常の生活にも，一緒に生活することになった人々の共同体にとっても相応しいものが必要になったと感じるようになっていった。彼らは大きくて重い田舎風の十字架を作り，最初のものと取り替えた。人々はしばしば長い闘争中の事件を記念するために，この十字架にリボンや記録をつけ，花で飾った。その後，彼らはこの十字架を補強するために支柱を加えた。この支柱によって，形見の品々をささげる余地が広くなった。野営地で最初の幼児が下痢で死んだ時，その子の両親は十字架からオムツをつるした。時がたつとたくさんのオムツがそのまわりにつりさげられた。家族を失った思い出の品々が，野営地が直面している問題を象徴していた。
　野営地の人々の多くは，外部の友人や家族から援助をうけていたけれども，まわりの共同体の住民からどしどし加えられる侮辱は，彼らにとって相変わらず問題であった。「彼らは私たちを浮浪者，役立たず，働きたくない人々と呼んだ」。野営地に住んでいる人の中には，侮辱と罵倒の傷が20年後も疼いている人もいた[42]。
　野営地の記憶の全てが悲しいわけではない。この野営地の生活は驚くほど楽しかったと，私たちに話してくれた人たちがいた。だれもが強い共同体意識をもち，互に助け合い，少なくとも時々非常に元気であったと話していた。ある女性は「野営地の生活は私たちの人生のまさに最良の時でした」と云った。パコーテとアニル・プラコトニクの意見ははるかに常識的であった。彼らは，私たちはどんなことに対しても妥協しようとはしなかったが，それは共同体と仲間のことを考え，また一緒にたたかったからで，それはすばらしい経験であったと云ったが，これからも同じことがくりかえされるだろうかと尋ねると，その答えは「聞いて下さい。それは実際にものすごいことだったのです。それによって現在の状態が作られたので

すから。しかし，もし私たちがそういうことを繰りかえそうとしているとしたら，きっと，とてもうけ入れられないでしょう」というものであった。パコーテとアニルは，皆一緒に活動し，皆参加した思い出を語った。私たちは，一緒に歌い，一緒に祈り，一緒に事を決め，いつでも将来の夢を語りあったこと，野営地が人を作り，現在の私たちを作った考え方は，多くの参加者にそのまま伝えられると語った。

　この居住地の人々にとって，最も重要であった変革は，彼らがもとへもどれなくなったと自覚した点にあった。パコーテは次のことを思い出した。「われわれは，この野営地にきた時，持ってきたものはごくわずかで，新しい野営地に持ち込むことができた，ただ一つのものは，薪を燃料とするコンロだけでした。わずかな蓄えはすぐなくなりましたが，われわれには収入がなかったからです。帰るべき住居がないし，土地も，恵まれた家族もない。衣服はほとんどないし，道具もごくわずかしかありませんでした。全てを失い，帰るにかえるところがなかったし，外部の古い隣人や友人のところへはもどりようもなく，将来と野営地で作った友達が頼りになる全てでした。逆もどりしようにも道がなかったのです」。

　パコーテを奮起させたのは，帰るところがないということを悟ったことであった。多くのブラジル人と同じように，彼のまさに信仰上の母，聖母アパレシーダに対する信仰は熱烈であった。もともとこの信仰は，非常に多くの貧しい人々の聖母アパレシーダ信仰をはぐくんだ同じ動機にその根拠があった。他の多くのカトリック教の聖人と違って，この聖人に対する崇敬の念の根は貧しい人々の信仰にあり，威厳のある，遠方の教会から伝わってきた白人ヨーロッパの標準と伝統にはなかった。パコーテの母親は自分をインディオだと思い，その信仰は教会の形のととのった教えよりも民衆の伝統に由来すると考えていた。パコーテの兄弟が自動車事故にあって，死を宣告された時，彼女は，聖母アパレシーダに熱心に祈った。この若者は，息を吹き帰えし，事故から蘇生した。プラコトニクの長女の野営地における誕生のような家族生活における大きな出来事では，彼らは何よりもまず聖母アパレシーダに感謝をささげたのであった。

　ナタリーノ十字路の野営地の最も暗い日々には，まだ長く困難な苦難の道が続くことが予想されることを知って，将来を信ずることしか，彼と家族を支えるものはないと悟ったことから，パコーテは聖母アパレシーダとある契約をすることに

なった。もし彼らがこの長旅の目的である土地取得の願いを成就できたら、生きている限りこの聖人を礼賛する祝祭を毎年主催すると彼は契約した。

　パコーテの契約は、ある意味で、ブラジル社会の最も伝統的で保守的な特質を象徴する1つの例であった。聖人と契約することはローマ・カトリック教世界全体でみられる慣習であるが、ブラジルでは異常に強力であり、深刻な問題であって、ブラジル文学やポピュラー音楽はしばしば個人の無力が生活の挫折感や苦難に関連していることを語っている。人は聖人と契約するが、それは、自分の運勢を好転させることができる行動は他にはないからである。たとえばポピュラー音楽の作曲家、バイア州のジルベルト・ジルGilberto Gil（2003年にルーラ大統領のもとで文化大臣に任命された）はこの伝統に倣って、1990年代の初期にブラジルの詩人や小説家の多くがしてきたように、マグダレーナという名前の貧しい女性の飢餓状態をテーマにした。マグダレーナのやせた土地では作物は育たなかった。ああ、教会に行って、燈明をあげ、契約して祈るよりほかに解決策はない。ひどくぞんざいに、アップビートなサンバのリズムで云った。その考え方は貧しい人々が彼らの立場が守られる保守的連祷（司祭の唱える祈りに会衆が唱和するもの）のパロディーになる。カーニバルでは街頭で拡声器により増幅されて、その歌は、貧民の信仰を尊敬すると同時にあざける多数の類似の表現を結びあわせている。悟られないが、あきらかに侮辱と認められるものは個人に対してではなく、貧しい人々を絶望的な状況にとじこめている体制に向けられている。

　しかし、パコーテの契約は、土地のない人々の運動に対する彼のゆるぎない忠誠心と一緒になって、以前は無力と結びついていたこの古い慣習を集団的な政治活動を通じて実現されるべき新しい希望に結びつけた。パコーテの契約は私的な祈りであったが、その条件は土地のない人々の運動の成功によってはじめて満たされることを、以前も知っていたし、今も知っていると明言している。

第1章　約束の履行

第5節　新しい考え方, 新しい言動

1. 政治的変化の草の根

　州と連邦の政府はナタリーノ十字路に野営した人々の期待にどう応えたらよいか, 戸惑っていた。最も深刻な問題の1つは, これらの土地のない人々の要求が大規模な国民運動を巻き起こし, 1960年代の初期にブラジルのエリート層の重大な関心をよび起した大規模な運動を再発させる可能性があることであった。ナタリーノ十字路は農地改革を要求する野営地で最初で最も重要なものの1つであったが, この種のものは唯一つというわけではなかった。他の多くの土地占拠が同じ年頃に, とくに南部諸州で発生したが, ブラジルの他の地域でも同様であった。ナタリーノ十字路における居住者の声は他の土地占拠地の住民の声と一緒になり, 彼らだけが自分たちのために土地を要求するだけではなくなり, 農地改革を一斉に要求するコーラスとなって, 全国的規模の農地改革運動を再び企てることが可能になった。

　その上, 土地のない人々の運動は, 軍事政権に対する政治的対立が一般的に深まり, 熟しつつあることを示す唯一の局面であって, すべてのことがそのことを示していた。

　長い軍部独裁の時代を通じて, ブラジルの政治活動家は厳しいが, 本質的な教訓を学び始めていた。たとえば, 大使の誘拐のような劇的な行動は, 政治犯の釈放などのような目標を達成するのには役立ったが, その政治を前進させることには必ずしも寄与しなかった。たしかに, 彼らの活動によって軍事政権の抑圧は陰険になったり, 組織に対して新しい防壁を設けたりするようになった。彼らは一層徹底した態度と活動で日和見主義者たちに臨んだわけではなかった。そのかわりに, しばしば補充の候補者とみなされる人々をおどしたり, 締め出したりした。活動家たちは, 完璧な近代的な政治的抑圧の方法がどのようにリーダーを排除したり, 反体制のネットワークを破壊したり, 無力にするかをみてきた。彼らは純粋な理論が反対派を分裂させたり弱体化させる罠になり, 時には人々を極端なユートピア熱のトリコにし, 自虐的にしたり, 自滅させたりもするものであることを知った。それとは対照的に, 彼らが自動車製造労働者のストライキでみてきたもの

は，それが保守的な環境下で，抑圧をものともしない，広範な社会的基盤をもち，民衆に支持される大衆運動を組織することが可能であったということである。輸入されたドグマにたよらない経験にしっかりと根をおろし円熟した新しいタイプの左翼がブラジルに形成され始めた。ブラジルのこの新しい野党は，比較的開放的で柔軟であり，合法的で巧妙に全国的なネットワークを作り出し活用するようになった[43]。

　技術と人口の変化と経済成長は社会運動を容易にし始めた。土地のない人々の運動もその中に含まれており，独裁政権に抵抗し，社会運動の一翼を担うことになる。起こった最も重要な変化は，ブラジル社会の都市化であった。独裁政権時代には，3分の2が農村的であったブラジルは，3分の2が都市的に変わった。これは，地方が大土地所有者の支配下にあるのではなく，今や，ほとんどの人々が，世界で広く認められている都市住民になったことを意味する。さらに，深まる農村地域の貧困化と経済の不振は，ブラジル国の目覚しい工業の発展とは著しい対照をなしており，避けがたいものでも弁解できないものでもない不名誉なことであった。同じ時，ブラジルの都市住民は農村民の都市への激しい流入をますます警戒しなければならない状況になった。この農村民の都市への流入は，不適切な下水処理から犯罪までさまざまな社会問題をひきおこし，都市の人々の健康や福祉を直接おびやかすものになった。その上，大土地所有者とプランテーション経営者は，1930年代以来，ますます工業的，都市的になった国家の経済と行政において権力を失う形勢にあった。

　1980年代の初期には，ブラジルでは，まだ電気冷蔵庫を持っていない家庭が相当多かったが，大多数がテレビを持っており，公共的な場所でも容易にテレビをみることができた。貧しい人々が電話を持っていることはまれであったが，公衆電話は広く普及していた。カトリック教会などの施設には電話ばかりか，ファックスやコンピューターもあった。ほとんど全ての人がラジオを聞いていた。マスメディアはひと握りの人々の手中にあり，とくにオ・グローボ O Globo 紙のネットワークや，少数の世界的なメディア企業のテレビ・ラジオの電波は国内市場を支配できる。マスメディアのオーナー，ロベルト・マリーニョ Roberto Marinho は，多くの人々からブラジルで最も権力のある人物とみられていた。メディアの独占と

第1章　約束の履行

役人の検閲にも関わらず，より新しい，そしてより信頼できるニュースが大衆に到達した。検閲されていてさえ薄っぺらで，センセーショナルなテレビ番組は，ブラジル人が経験したことがなかった国家意識を作り出し始めた。巨大で，多種多様な人々と変化に富んだ国土が非常に多くの人々の心に，少なくともある程度，全てのブラジル人は国民として共通の運命をわかちあっているというイメージをはじめて形成し始めた。ナタリーノ十字路や他の農地改革野営地に対して多数の全国組織と国際組織が支持を表明したため，個々の野営地を孤立させ，そっと破壊することが不可能なことが明らかになった。

　軍事政権が，ブラジル人に本当の国民としての一体感を構築するために交通・通信網の拡充をはかったことが政治に変化をもたらしたことは興味深いことである。軍部は政権についた時，ムニシピオ（地方自治体）と地域を統治する難問にぶつかった。以前，ムニシピオや地域は，有力な大土地所有者がリードした地方政治のボスや機構に支配されていた。警察は多くの場所で本質的に地方の政治ボスの私兵であって，一般民衆に対しても州や連邦の当局に対してもほとんど，あるいは全く責任を感じていなかった。富裕な大土地所有者と政治ボスが法の処罰をまぬがれるという奇妙な慣習は国家的スキャンダルで，国民の一体感と能力をかぞえきれないほど損なっていた。たとえば1970年代には，バイアという北東部の州のいくつかのムニシピオでは，その住民は手紙をムニシピオから出そうとする場合には，連邦の郵便切手ばかりか地方の政治ボスの像が入った郵便切手を買わなければならなった。

　この状況は軍事政権にとってその統治と目標を積極的に達成するのを一層難しくした。地方の警察と政治家はしばしば連邦の命令を実行できず，しようともしなかった。この状況に対処するため，軍部は軍隊の文民統制力と連邦の文民警察の権力を大きく増強した。地方の大土地所有者は地域の土地と人々を独占的に支配しようと望んでいるので，外部の人々の出入りを容認し，それとひきかえに料金を徴集するようなことはなかったが，しばしば外国の投資家に直接あるいは潜在的に脅威を与えていたので，軍事政権はブラジルの魅力を損なうことを恐れて非常に頭を悩ましていた。軍事政権はその答えとして，多くの地方ボスは，独裁政権以前には到底受け入れるとは思えない連邦の行政とその経済計画に協力せざるを

えないと確信した。軍事政権は地方の多くのボスに支配力を行使することによって，ブラジルを地方領の集まりではなく，もっと一つの国らしくすることに着手したのであった。

　軍事政権は徹底した保守的理由から実施したのであるが，これらの政治的変化は，また，生き残りと発展を目指す進歩的な運動をより容易にした。農村地域の運動は独裁政権の最も困難な時期から浮上したので，地方の政治ボスと国の政府は，地方の運動を孤立させたり破壊したりすることは，政治を一層難しくし重大な危険にさらすことになることを発見した。これは非常に奥の深い変化であった。たとえば，1972年から1975年にかけてアラグアイア地域のゲリラに対して2万の連邦軍を投入した作戦は，第Ⅱ次世界大戦で連合軍としてイタリアに派遣されて以後のブラジル軍最大の軍隊動員であった。しかし，1979年までに，それについてはただ1つの記事がブラジルの新聞に現れただけであった(44)。リオ・グランデ・ド・スール州のアルタ・ウルグアイア Alta Uruguaia は，ナタリーノ十字路の次に国民的な闘争を象徴することになったが，ここでは，ある家族が，次のようなことがあったことを覚えている。土地を占拠する前に大土地所有者たちが小型の自家用機から野営地に爆弾を投げつけ死傷者を出した。しかし，そのことを地方の大土地所有者たちは調査せず，処理しただけで公表しなかった。地方の報道機関はそれについて沈黙をまもるよう圧力をかけられたので，この地域以外には，そのことは全く聞こえてこなかった。ブラジルの歴史には，国民に知らされることがなく，気づかれもしないこのような事件がぎっしりつまっている。

　このようなストーリーは，1988年にゴム樹液採集業者の労働組合のリーダー，シコ・メンデス Chico Mendes が大土地所有者によって暗殺されたことに答えてもりあがった巨大な憤りの波の話とは著しく異なる。前の時代には，このような事件のニュースは川下のサンパウロやリオ・デ・ジャネイロなど主要都市まで流れて行くことは決してなかった。ましてニューヨークやロンドンや東京まで流れて行くこともなかった（メンデスについては第3章を参照）。この国民への情報伝達と国民相互の結び付きの拡大は国家組織を創出し，地方主導の事業に対する国民の支援を増進させ，進歩的な運動を容易にした。カトリック教会の土地司牧委員会CPTは地方の運動を結びつけることと，国民に周知させる役目を見事に果たし

たが,政治的理由で行われた犯罪や虐待を組織的に収集記録し,公表することができる信頼できるよりどころをもったことの驚異的な力を示した。CPTの活動家には,カトリックの平信徒,聖職者,修道女,修道僧が混じっており,彼らも,土地のない人々と他の貧しい人々の組織を,人々が必要としているものの調査から,食生活と農業へのアドバイス,学校の校舎や病院の建設の援助まで,創意にみちた方法で数えきれないほど援助してきた。その最も重要な寄与は既成の考えに従って働くのではなく革新的で,非官僚的な精神で多くの環境事情にはるかに柔軟に対処したことであった。彼らはまた他のグループにどうやったら同じことができるか模範を示した。この新しい結びつきと見通しのよさは入植者を遇する政府の考え方に影響を与えた。ナタリーノ十字路と他の農地改革をめざす野営地に対して全国的組織と国際的組織から数多くの支持が表明されたため,このような野営地を孤立化させ,そっと破壊することは不可能なことが明らかになった。

　政府の役人も,中心的リーダーを確認し,その追随者に個人的に接触して,その主張を翻すよう勧める伝統的慣習は役に立たなくなったと思った。非常に洗練された脅しと,唆しを交えたやり方で他の運動の気勢をそいだり,無視することに成功したが,ナタリーノ十字路や他の類似の野営地では全く効き目がなかった。

　CEBs(キリスト教基礎共同体)の運営方法はこの野営地の人々に厳しく守られていたものであって,特定の個人を傑出したリーダーの地位におしあげることを避けていた。また聖職者や野営地に実際に住んでいない人が,その運営について発言することは認められなかった。人々は確かに手引きとなるものを与えたジョアン・ペドロ・ステディレとアルニルド神父を敬愛していた。この2人は,時々,政府との協議会に出席していたが,野営地を代表しているわけではなかったし,協議会で野営地について発言してもいなかった。労働組合のリーダーや政党のリーダーには土地のない人々の野営地や運動について語ることを許さないのも最初からの政策であった。

　このような政策が,土地のない人々の運動の活力に欠かせないものであることはわかっていたが,それはさまざまな思想の流れが収束した結果であることを示していた。政治家と政府のリーダーが慣例にならって処理を拒否した運動を処置しようとしたことがいかに混乱を招き,計画倒れになったかを正しく評価するた

めには，何人かのブラジル人が貧困と抑圧に対処するために考え出したもので，グローバルに影響があった解決法を理解しなければならない。

　解放神学の平信徒と聖職者の事務家にとって指針となる考えは，自分自身のために語ることを学び，共同体における経験を通して成長することを学ぶ人々が重要であったということである。この考えの一部は，貧しい人々がしばしば消極的なのは自己を主張するのを積極的に妨げられたことや，聖職者を含む他の人々が自己自身のために，自分のことを語ることに熱心だったのをみてきたことからきていた。ブラジルのプランテーションと牧牛文化は家父的温情主義と保護・隷属関係（クライアント・パトロン関係）clientelismをとくに強力な伝統としてきた（第2章参照）。それによって貧民は大土地所有者への従属と依存によって必要なものをある程度充足することを知っていた。彼らは，また地域の有力者やプランテーションや牧場のオーナーに子供たちの名付け親になってもらうことによって寵愛をえることを学んでいたし，できる時にはいつでも家族的な結びつきを利用した。貧しい人々は実力者の耳に入れる話を得るために聖職者と話し合うことがしばしば必要となり，一方実力者は好んで聖職者を通じて貧しい人々に話かける慣習があったので，この関係で聖職者は仲介者と云われて，頻繁に鍵としての役割を果した。ブラジルの貧しい人々こそ，積極的に自己を主張することを学ぶべきだとしたら，この伝統はこわされるべきものであった。

　この視点はブラジル北東部の1教育者が精緻に練ったもので，彼はそれで世界中の教育に強いインパクトを与えるつもりであった。アニル・プラコトニクAnir Placotnikは，頭に毛がなく，顎髭を生やし，眼鏡をかけた顔といっしょにパウロ・フレイレPaulo Freireという自分の名前を鮮やかに描いたTシャツを好んで着ていた。アニルの子供たちはパウロ・フレイレ小学校に通っており，彼の名前はブラジル全域で農地改革集落（アセンタメント）で広く学校名に用いられている。ブラジルの土地のない人々の運動にとっても，世界の多くの貧しい人々にとっても，フレイレの重要性は誇張し過ぎることはない[45]。

　1964年のクーデター以前，長年にわたって主としてペルナンブコ州で農村の貧民と一緒に活動していたパウロ・フレイレは，読み書きの伝統的な教育方法は甚だ非効率的であることを発見した。その主なる理由は伝統的な授業が教師の生徒に

対する伝統的関係を模範にして，権威者への依存の関係を再生させ，強化しようとする意図にあることに気付いた。従属性は生徒の活気をなくし，学習能力を低下させた。特別の授業がこの心の雲に道を開けているところでさえ，この従属性のために生徒たちは自分たちの要求を明確に自覚し，辛抱強く創造的に追求するために最近発見された技法を積極的に用いることに成功するとは思われなかった。その上権威主義的従属性モデルの教室でふるまい方を学ぶことは，小作人や土地のない労働者とその地主との間の権威主義的従属関係の規範を受け入れやすくすることにしかならなかった。

　フレイレは，生徒と教師と間の従属的関係を破壊し，批判的思考を育成するため，多種多様な技法を開発した。時には生徒たちは自分たちにもおこる似た状況を考え，コメントすることで始めるよう求められた。彼らは街路で酒に酔った数名の大学生の絵を見て，コメントするよう求められた。これは，若い人々が，働いて自分の生活を支えている人々に迷惑をかけながら，恵まれた境遇でうけている教育をどんなに無駄にしているのか自己批判する目を開こうとする訓練であった。このような批判は，貧しい人々に対する教育機会の不足に対する反省と怒りを導くことができた。次に，これは与えられた教育の機会を活用することがどんなに重要であるかということの認識を一層強化することになった。読み書きの学習のための最初のテキストは，典型的な小学生向きの初歩読本より労働契約や分益小作契約など生活に直結するものであった。生徒たちはそのテキストを読めるようになった時には，自分たちが従属状態にあることをはっきりと理解した。同時に，彼らは読む能力の重要性も理解し，その結果，自分たちを貧困のままにとどめるような契約に将来容易に同意しなくなると期待された。算術の学習では，生徒たちに従属状態の期間を計算させるというやり方で足し算と引き算が教えられた。

　フレイレの最も影響の大きかった洞察は，おそらく，人は積極的に学ぶ人になろうとすれば，自分のために行動しなければならないし，自分の考えを話し，経験から学ばなければならないということであった。彼の哲学と方法は土地のない人々の運動の哲学と方法に周到に統合されるようになった。MSTは彼の考え方をその学校と他の教育プログラムのための基礎として採用したが，ユニセフ（国連児童基金）はフレイレの考えをその革新のために援用したことに対してMSTを表彰

し，奨励金を授与した。フレイレの活動はブラジルの進歩的な教育者一般に非常に大きなインパクトを与えてきた。とくに解放神学にひきつけられた聖職者への影響は非常に大きかった。フレイレの影響は教育哲学と実践で世界的に著名である。彼の名前が知られていないところでもそうである。

2. 労働組合と政党の期待はずれのパフォーマンス

　貧しい人々の組織が新鮮なアプローチと戦略を採用するために不可欠な将来展望をさらに強化するために必要なものは，貧しい人々にはこれまで接触の経験がないに等しかった組織，とくに労働組合と政党にその主張を聞いてもらうことであった。ブラジルの労働組合の骨組みはジェツーリオ・ヴァルガスGetúlio Vargas政権下で作られた。彼は1930年に革命的クーデターの後，大統領に就任し，その後1944年に無血クーデターの犠牲になったが，1950年大統領に再選され，1954年に大統領官邸で自殺するまで政権を握っていた。ジェツーリオ・ヴァルガスは1930年から1954年までのほとんどの期間，ブラジルの歴史で，アメリカ合衆国におけるフランクリン・ルーズベルトと同じほどの重要な主導的役割を演じていた。

　ヴァルガスはリオ・グランデ・ド・スール州の中くらいの裕福な放牧業者の家族の出身でいささか田舎のオジさんめいた人であったが，1930年に，大恐慌の開始で目覚め，ブラジルのコーヒー・プランテーション経営者の支配的派閥が弱体化することに乗じて短期の革命戦争を行ない権力を握った。ブラジルでは多くの人々が，サンパウロの偏狭で利己主義的なコーヒー・プランテーション経営者から解放されたと喜んだ。コーヒー・プランテーション経営者たちは数人の大統領の統治下でブラジルを支配していた。ヴァルガスは抜け目がなく，世界全体で大恐慌期に勃興していた社会運動の波頭にブラジルを乗せる仕方を学び，自分の利益のためにこの運動を展開した。かれは政策の方向を頻繁に転換したことで有名であった。最初は左，次ぎに右，次に再び左，右，再び左と方向を変えた。1930年代には，彼は共産党を助成し，次にそれをつぶした。次ぎにはインテグラリスタ党（ブラジルのファシスト党）を支持し，そして，それをつぶした。彼は口数が少なく，ドライな才人で，最も親しい仲間にさえ本心をみせず，その生涯を通じて政治評論家の側に立って絶えずじっと情勢を観察していた。彼が考えていた事の多様さは，今日

も彼の政権の意義についての意見が歴史家の間で多岐にわかれていることに生きのこっている。ヴァルガス政権の遺産の1つはブラジルの労働組合運動の構造であった⁽⁴⁶⁾。

　1930年にヴァルガスは労働組合のために法律上の構造を公式に規定した。それは一方で労働組合に公式の適法性と重要性を認め，他方で官僚の厳格で複雑な支配を結びつけ，政権への従属性を確立した。公式に規定された労働組合活動の役割はたしかにブラジルの都市労働者に，後には農村の労働者にもある重要な利益をもたらしたが，それによって労働組合の官僚体制が作り出され，組合員の要求より政府の要求により多く答える傾向が生み出された。労働組合の役員は組合員に対しては官僚的な監視者になり，ヴァルガス労働法機構下で手に入る多種多様な特別の便益をもたらすものになった。年末賞与，病気賜暇，身体障害者年金，退職金支給，年金などがそれであった。

　これらのうち，非常に多くの労働者を慢性的貧困からすくいあげるのに十分なものは何もなかった。若干助けにはなったが，それらは，ブラジルの政治文化に非常に深く埋め込まれた家父長的温情主義を新しい形に作りかえたものでしかなかった。プランテーションの所有者に休日にパーティーをもよおさせたり，病気の子供のために特別手当を出させたりするのではなく，組合にこのようなサービスを政府や私企業を通じて提供させ始めた。賃金と労働条件のより確実な改善を求める労働者の代表として労働組合は，小さな特権を分配する仲介者になった。

　ヴァルガスはブラジルの政治と経済の権力構造に対する労働運動の危険な兆候を厳しく縮小させることによって，労働運動を無力にした。労働組合は資本主義との階級闘争の指導者であるという考え方は，ヴァルガスの設計でほぼ完全に破壊されてしまった。これはたしかにヴァルガスの陰謀の1つであった。

　富の再配分の戦いにおけるリーダーであるよりむしろ特権の分配者として，ヴァルガスが創立した労働組合は，汚職や実力者の醜聞で常に苦境に立ち，労働者と一般大衆の信用を失なった。ブラジルの労働組合にも尊敬すべき例外が多数あったけれども，労働組合の活動は責任あるリーダーシップを発揮する機会である以上に，個人が特権的地位を達成する手段になった。この傾向は1970年代後期における自動車製造労働者のストライキで変化し始めた。このストライキの結

果,「新しい労働組合主義」が勢力をのばし,部分的にしか成功しなかったけれども,ヴァルガスが作った鋳型を破壊することになった。

　哲学と組織と方法論は違っていたけれども,MSTは農村の労働組合に代わるものになり,その構成員はこのような差異を支え,ヴァルガス時代にセットされたような罠に陥るのを避けることが不可欠であると考えている。MSTを創設した人々は,また,ヴァルガス時代に作られた政党構造の従属物になることを心配し,その構造が家父長的温情主義の古いパターンを再生させる傾向があることにも気を配った。

　ヴァルガス体制まで,どの政党もブラジルのエリートの代表者によって構成された小さな組織にすぎなかった。このような小数者政党の多くは,ただ一つの輸出商品に依存するプランテーション経営者の地域集団を代表していた。たとえば,サンパウロ州のコーヒー・プランテーションの経営者が北東部のサトウキビ・プランテーションの家族より優勢になった時がその例である。ただ当時でさえ,これらの集団の多くは排他的ではなかったが,1つのエリート小党派が権力を増した時には,より古い党派の構成員と権益のいくらかは必ず優勢な党派に組み入れられた。全体として一般民衆へのアピールは対抗するエリートに対する脅しとして,現実のあるいは潜在的な暴徒を組織する一時的な作業にすぎなかった。ヴァルガスははるかに広範囲にわたる活動家(少なからぬ労働組合を含む)を政治の舞台に組み入れて,この伝統を変化させ始めた。

　政界がより包括的になって,南部と東南部の繁栄している都市では工業に恒常的に就業する労働者と,商人,専門職,銀行員,公務員からなる比較的小数の中産階級の人々に新しい権力と影響力を与えた。ヴァルガスの労働党は常に優勢であったが,小政党はたえず入れかわっていた。労働組合は政府とヴァルガスの政党に深く依存していたので,政治権力を統合する基盤がなく,独立した社会的基盤も組織されてもおらず,主要なプランテーション経営者と工業経営者の主要なエリート集団から直接選ばれた代表者ではない政治家たちは,人々の注目を集め,実力を発揮してみせる道を探さなければならなかった。彼らは漠然としているが有望な権利をめぐって大衆を扇動することで活動を始めた。皆にてきぱきと気前よく恩恵を垂れる約束を非常に大規模に行なった。ほとんど全ての人に浸透するスタイ

ルの都会的人気取り政策に多くの政治の専門家たちが乗り出した。ブラジルで台頭した人気取り政策のスターたちは，既に地位を確立していた人々によって排除させられたり，一般に主要なエリートの政党に穏やかに統合されていった。労働組合と同様政党は援助と特権を分配する政治的機構になった。ヴァルガス党は党自身と政府とほとんどの労働組合を通じて特権を分配できた。政治の腐敗は一般化し，しばしばそのスケールは大規模になった[47]。

　1950年代の後期と1960年代前期の過熱した政治情勢で，民衆の扇動と家父長的温情主義が混ざった異常な雰囲気が生じ，短い期間にエリート階級の支配に終焉の危機が迫った。市民と政府の関係についてはもっとラディカルな考え方が出はじめた。この雰囲気の中で，パウロ・フレイレはその教育の理論と実践を発展させた。それによって，非妥協的で自立的な小農民と農村の労働者の組織は勢いを増し始め，農地改革ははじめてブラジルの政治の行動計画に真剣に取りあげられるようことになった。ところが1964年の軍事クーデターはこの動乱と革新の時代を突然終焉させてしまった[48]。

　軍部は古い複雑な権威主義にかえて単純なモデルを採用した。古い制度はしばしば家父長的温情主義と従属を通して和らげられて実施されていた。しかし，年を経るにつれて，軍事政権の権威主義的指令によっては全く解決できない問題が増加した。この政権は新しい難問と，ますます複雑になる政治的環境に対応しようとしたが，非常に大きな困難がなかったどころではなかった。

3. 雇用契約の原則の変化

　CEBs(キリスト教基礎共同体)は最初から，フレイレの思想と彼ら自身の強い自尊心と権威主義批判の論調，および軍事政権下での社会変革のための運動経験の影響を大いにうけており，反権威主義と反温情主義を土地のない人々の運動に吹き込んでいた。ナタリーノ十字路に野営した人々は，専門のスポークスマン・グループを作って権威主義を克服しようとしても成功しないだろうということで，土地のない人々の運動側も同意することになった。それはスポークスマン・グループが活動する間に権威主義的で温情主義的になるからである。スポークスマンたちの手法は，とくにこの運動が支配体制によって絶えず監視され，攻撃されて

いる時や，そういう状態にある時には堅持することが非常に困難であった。権威主義と家父長的温情を尊重する気風が権力者と支配層から下降し伝播してくる問題は初期からずっとこの運動で生じていた。とは云え，リーダーシップと権威と温情主義の批判は，この運動にとってやはり本質的に重要なものである。

　ナタリーノ十字路を含む占拠が盛んになる最初の数カ月，政治家と公務員は，政治に対するこの粗野で妥協しない新しいタイプの取り組みに立ち向かった。コロネル・クリオは，占拠が既に野営地という特殊な条件でかなり進行した後に関与することになった。

　コロネル・クリオはこの新しい政治的，文化的環境ではとくに失敗に陥りがちであった。クリオは自信満々で，相手を茶かしたり，からかったりした。うわべだけ気前のよい祝祭やパーティーをもよおしたり，パラダイスが近々実現すると期待させたりしたが，それらは，成功したプランテーション経営者と政治ボスがその典型であった脅迫と威嚇と処罰を容赦なく実行する態度に結びついていた。この行動様式は何世紀もかけて洗練されてきたものであって，今日でもブラジルのいたるところでみられる。たとえば，私たちが面接したプランテーション経営者たちは，彼らが雇用する労働者に多大の苦労をかけているが，この苦労は年に1回催すパーティーで埋め合わされると語っていた。支持者仲間に公金を分配する破廉恥な汚職になじんでいる，地域と国の政治ボスは同じパーソナリティーのもう1つのタイプである。クリオが演じた役割は前の時代にはそれが成功することをほとんどだれも疑わなかった。とくに強大な軍事政権の機構によって完全に支持されていた前の時代にはそうであった。

　クリオと政府は，土地のない人々の運動のために雇用契約の原則が変わりつつあることを理解していなかった。人々は，パトロンについて，きびしい環境でも保護と安全を確保する能力より貧困と屈辱感がつきまとう魅惑と威嚇の人柄を正確に認識することを学びつつあった。国中の他の組織からくる食料と衣料の形での物質的支援は，彼らがパトロンだけが唯一の頼りではないことを理解するのに役立った。脅迫と魅惑という伝統的戦略は，野営地にあって輪番制で交代する集団的指導体制にある指導者を追随者から切り離すことは容易にできなかった。以前の世代でもそうであった。

第1章　約束の履行

　ナタリーノ十字路で4週間すごした後,クリオは荷物をまとめて立ち去った。これはこの野営地の人々にとって大きな勝利で,そのことから彼らは非常に大きな勇気をえた。それは傲慢なクリオにとっては誇りをきづつけられる苦々しい不快な事件であった。彼は15日以内に問題を解決すると宣言し,30日間滞在したが,解決の見通しもたたず,退去したのであった。それは彼の人目にさらされた最初の失敗であった。彼を車で送る時,ナタリーノの人々は彼にさようならギフトを贈った。それは藁を編んで作った紐で,それに16の蝶結びのリボンがつけられていた。この蝶結びのリボンは以前事件が起った際,彼が宣言した16の勝利の象徴であった。この紐の終り近くの17番目の蝶結びは半分切られていた。それは彼の敗北を象徴していた。

　しかし,クリオは野営地を壊さずに去った。彼はこの野営地の600家族のうちの25〜30％を追い出したり,おびき出すことに成功した。彼はまた教会と市民の組織からの物資の援助を遮断したので,この協定を再編成しなければならなくなった。9月8日にこの野営地は3000人以上の支援者の集会を催した。人々はここで支援の継続と,物資の援助を再開することをきめた。

　クリオの退去は野営地にとっては勝利であったが,その抑圧が軽くなったことははっきりしなかったし,次ぎに政府がどんな対策に出るかも明らかではなかった。クリオが退去して間もなく,国と州の政府から,国家保安法によってアルニルド神父を投獄することは可能であり,カトリック修道女,シスター・アウレリアAureliaを国外に追放すると云う公示が浮上した。アルニルドとアウレリアはともにこの占拠で重要な役割を果したので,政府は彼らを排除すれば,この運動を無力化できると考えた。CNBB(ブラジル全国司教協議会)が介入すれば,政府の活動は決定的に阻止されると思われたが,事件は起こらなかった。地方新聞のインタビューで,この野営地の構成員は次のように公言した。「われわれは〔神父〕が命じることをやる人形ではない…連邦と州の政府のあらゆる機関がとりかかっても野営地は取り壊せないだろう,神父と修道女はきっと野営地を存続させることができるだろう」[49]。

　政府当局と保守的教会はともに抑圧を続行した。クリオが去った時,初めからこの野営地の正当性を疑問視していたパソ・フンドPasso Fundo司教管区の保守

エンクルジリャダ・ナタリーノのMST勝利の記念碑をみて，この近くにはMST起源の農地改革集落が多数あり，大勢の人々が住んでいることを思い出す．

的な司教ドン・クラウディオ・コリングDom Claudio Collingは，初めからこの野営地の正当性に疑問を感じ，アルニルド神父と修道女アウレリアがそこで活動を続けることを禁じた．しかし，この2人は明らかにCPT（土地司牧委員会）の事務所を通してこの野営地で活動を続けていた．

　連邦のINCRA（農地改革院）の役人といくつかの州の役人は，土地はその野営者に入手可能になるかもしれないと指示するつもりでいたらしいが，州政府と警察はその抑圧の程度を高くした．州知事と会談するためにポルト・アレグレに出向いた野営地からの代表団は面会を拒否され，警察に妨害された．この代表団の3人の女性の1人は妊娠中であったが，ポルト・アレグレで警察官に暴行された．こ

第1章　約束の履行

の代表団は明るい情報をもたずに家に帰ってきた。州の幹線道路警察はもう一度道路を封鎖したが, 野営地への比較的自由な出入りを認めたものの, 恐怖と敵対感情は高まった。野営地における警官のいやがらせはエスカレートし, 一連の気まぐれな制約で医療や食料の配達は停滞し, 正常な家庭生活は一層困難になった。警官の尋問は野営地生活では常に行われていた。

1982年1月に, 警察は, 町に行くバスの停留所は, ナタリーノ十字路から1.5マイル以上も遠い場所に移されると公表した。しかし, 警察官は古い停留所を利用し続けた。2月に野営地の人々のある集団が古い停留所で待つことを決めた。バスは彼らのために停車した。その時彼らは25人の警官に攻撃された。警官たちは小銃と催涙ガスを用いたので, 多くの人が負傷したが5人は重傷であった。警官は2人が負傷した。警察は, この事件はバスを待っていた連中がひきおこしたもので, 彼らがバスの乗客を脅したと主張した。

さらにいくつかの代表団が州都を訪ね, 知事に面会しようとした。ある時は数日間, 州の議会の聴聞会に坐り込みを続けたこともあった。議員たちは子供たちの泣き声と, ガイタ(小形の地方のアコーディオン)の伴奏で歌う歌声に文句を云った。ガイタはアルニルド神父のトレードマークとしてよく知られていた。この土地のない人々の代表団は新聞に注目と同情を求めて働きかけた。子供たちの泣き声はフラストレーションの叫びであり, 歌とアコーディオンは公正を否定された人々が彼らの精神を高揚させることができる唯一の方法として奏でるものだと訴えた。

全国的に知られたリーダーたちは, 聴衆の前で野営地居住者の主張を説明することで彼らを助け, 士気を高めるのを支援した。州立大学で催された公開討論会で, サンパウロにおける自動車製造労働者のストライキのリーダー, ルイス・イナシオ・ダ・シルバ(ルーラ)は農地改革のための戦いは今やブラジルにおける最も重要な闘争であると宣言した。ブラジル全域から組織の支援をうけて, ナタリーノ十字路はブラジル国で特に著名な場所になった。

新聞は, 土地のない小規模農民の運動をとくにアルニルド神父などの教会人に焦点をおきながら攻撃し続けた。ロジェリオ・メンデルスキー Rogério Mendelski は早い時期に類似の一連のコラムを書いた人で, アルニルドなどの聖職者を「神

93

ではなくパリサイびとのように盛装した黙示録の4騎士につかえる人」と批難した。メンデルスキーは,アルニルド神父はメサイア・コンプレックス(メサコン)(訳者注:自分が幸せになるためには,他人を助けなければならないという心理状態)で苦しんでいるとみていた。メンデルスキーから州知事アマラル・デ・ソーザAmaral de Souzaまで,あらゆる人が戦わしている終りのない討論で,この代表団が政府や新聞と対面する舞台では背後から共産主義者のアジテーターにあやつられている。共産主義者のアジテーターが望んでいることは土地のない人々の運命を心配しているのではなく,ただ革命を扇動することだけだということであった。皮肉なことに,このような非難をした人々は土地のない人々に耳をかさないばかりか,自分たちのことを語ることができるはずなのに,自分たちが本当に考えるべきことを知らないとあなどった態度に終始していた[50]。

第6節 教会は執行猶予を仲介する

しかし,農地改革の将来に関する最も重大な脅威は,リオ・グランデ・ド・スール州の場合には,不当な云いがかりではなく,他の諸州における植民計画の魅惑であった。野営地の困難な状態が全ての家族に大きな犠牲を強要し続けたのに対して,連邦政府が土地と信用と医療と学校と安全を約束した州外の植民地からの招聘は,ますます魅力的なものになっていた。

10月にコロネル・クリオの計画に応じて野営地で待機していた最初の大きな集団がマット・グロッソ州のルカス・ド・リオ・ベルデLucas do Rio Verdeの計画地へ出発した。クリオがアラグアイアにおいてゲリラを打破するために整備した植民計画にならって,この計画は軍部の厳重な管理下にあった。マット・グロッソ州へ出発した人々の中にナタリーノ十字路の中央委員会の委員だった者が1人いた。彼がこの計画を支持し続けたことはナタリーノ十字路の人々を説得するのに大きな効果があった。

マット・グロッソ州に到着した人々からの最初のレポートには,「幸福感」があふれており,クリオがテレビで放送したように,入植者の前途は明るいように思われた。土地所有権の取得決定の正当性にはいくつかの疑問点があったけれども,計

画地に計画以前に在住していた地方の土地権利主張者の抵抗と, 質のよい作物を生産するのには多額の肥料が必要な土壌の性質などの問題より, この計画が示した見せかけの好条件の下にかくれていた事実はもっと重大であった。2カ月後, 何家族かがリオ・グランデ・ド・スール州に帰ってきて, この植民地の道路は全天候道路からほど遠く, その土壌では化学肥料と農薬と農業機械を買う融資の目途が立つ人々にしか生産が可能ではないし, 約束された社会福祉サービスの多くは幻想にすぎなかったと云った。しかし, このようなレポートがあったにも関わらず, ナタリーノ十字路の野営地で暮らす人々に加えられる圧力が高まり, 残っていた約320家族のうちの数十家族が毎週マット・グロッソ州に向って出発していった。結局クリオが勝ったらしくみえた。

　次ぎに, 1982年2月15日, ナタリーノ十字路の近くのロンダ・アルタRonda Altaで7,000の人々が, 土地のない人々と一緒に活動していた聖職者と修道女を支持することを表明して, デモンストレーションを行った。その結果, 野営地のリーダーたちは状況が画期的に躍進したことを披露した。それは教会と他の組織が, 本格的に改革が達成されるまでの中間的な野営地として, 108ヘクタール (266エーカー) の土地を購入する契約をしたと云うことである。その土地は新しいパソ・フンド貯水池の岸に沿っていて, 灌漑が容易な質のよい土地であった。人々は自家用の食料の若干を生産でき, 官憲に干渉されずに日常生活を自分で管理できるようになると予想したのであった。

　次の週に, ブラジルの司教たちはサンパウロ州のある町で全国的な集会を催した。そこで彼らは, リオ・グランデ・ド・スール州における土地のない人々に関する諸問題に, とくにナタリーノ十字路の問題に, アマゾンにおいて土地のために戦う人々の問題とならんで注目した。2月23日にリオ・グランデ・ド・スール州のCPTはナタリーノ十字路で農地改革を支持する年中行事を催した。彼らはこの年中行事を「土地巡礼」(A Romaria da Terra) とよんでいた。主催者によれば3万人が参集した。この野営地の運命は次第に数十の組織を統合した広域的な社会運動と支持者数万人に頼るようになるが, 土地のない人々は自分たちの要求を通すためには, 自分たちだけで決定するわけにはいかなくなったと思った。

　1982年3月12日に, ナタリーノ十字路の人々は, 教会を通して取得した新しい

小区画の土地のあるノヴァ・ロンダ・アルタ Nova Ronda Altaに移った。各家族はそれぞれ自家菜園をもち、共同体の集団農場では果樹が栽培された。園芸作物に加えて、入植者はトウモロコシ、豆類、ニンニク、米、ピーナッツ、大豆を栽培した。彼らはまた、上質のサラダ用二十日大根を生産し、ポルトアレグレ郊外の工場地帯で売った(その労働者はこの共同体の最も堅実な支持者であった)。彼らは州の農業大臣にも生産物を送って、土地をもつことができて初めて有能な生産者になることができたこと、自分たちはもともと怠けものではなかったことを示そうとした。

　その後、入植者の何人かは、聖職者たちがこの農地改革集落(アセンタメント)に、協働と絶対的な平等というユートピア思想を押しつけようとしていると訴えるようになった。これは将来聖職者と教会に依存しなくなるよう移住者の決意を強化する教えになった。しかし、その当時は、この運動に欠かせないほど十分な新しい土地が与えられなかった[51]。将来の入植者は野営を持続するために食料を自給する手段として、占拠した土地で食料を生産し続けざるをえない状況であった。

第7節　入植者の勝利とMST(土地なし農民運動)の全国組織の成立

　連邦政府は1982年に独裁体制を漸次解消し、文民支配の復活を公式に実施しつつあった。軍部支配が緩和されるにつれて市民の選挙が新たに重要性を帯び始めた。

　冬期から11月の春の選挙まで、リオ・グランデ・ド・スール州で農地改革のために戦った人々は、農地改革に好意的な知事を選ぶことに集中した。農地改革を支持する人々と野営地の人々の多くは農地改革を支持し、選出されてからもそうし続けると約束する候補者のために選挙運動で活動した。左翼の候補者ジャイル・ソアレスJair Soaresが選挙で勝利を治め、土地のない人々の野営地住民に土地を分配する問題を6カ月以内に解決すると約束した。彼はその約束を履行した。

　1983年6月にナタリーノ十字路の人々はその要求を勝ちとった。野営地に残っていた164家族は1,870ヘクタール(4,620エーカー)の土地を取得した。彼らは貸付金を15年で返済することも認められた。償還は3年後から始まった。州は州有地と土地の生産的利用、その「社会的機能」要求条項を満たさないと判定された私

第1章　約束の履行

有地を合わせて解放の対象にした。解放された土地はこの州のさまざまな部分に散在していたが、最大の部分は最初の野営地、サランディ・ファゼンダに近いところにあった。このファゼンダは1964年の軍事クーデター以前に短期間実施された農地改革で収用された。いくつかの家族がそこに以前住んでいたが、その土地の大部分は訴訟中で自由に利用できなかった。州はこの訴訟を解決させ、土地を配分に利用できるようにした[52]。

　1983年にこの土地のない人々の運動の結果として土地を取得できたのはナタリーノ十字路でもちこたえた家族だけではなかった。ブラジル南部全域と北部のいくつかの州で多数の土地改革集落が同じような占拠の結果として土地を割り当てられた。1984年1月に、この運動は非常に広範囲に広まり、MSTはブラジル全域で知られる全国組織を結成することが可能になった。その名称は議論される重要な問題になったが、結局、文字通り「土地のない人々」を意味するセン・テーラ Sem-Terraという名称が採用されることになった。それはこの名称にはネガティブな意味がそれとなく含まれていたが、新聞では広く用いられていたし、自分たちが「土地のない人々」であったばかりか、熱望してきたのが土地であることが率直に表現されているからであった。1年後、パラナ州と云う南部の州のクリチーバでMSTの最初の全国集会が開かれた。23州の農地改革集落（アセンタメント）から代表として1,200人の男性と300人の女性が集まった[53]。

　独裁政権が公式に終焉する1年前に全国組織が結成されたMSTは、ブラジルに民主主義的な制度とより民主主義的な国民文化を再建するうえで、市民社会にとって重要な組織に発展したと思われる。2002年までにMSTは3,000の農地改革集落にいる約35万家族のために法的所有権を取得することに成功した。これらの家族が所有することになった土地の面積は、ざっと800万ヘクタール（2,000万エーカー）に達した。この面積は、カリフォルニア州の灌漑農地の広さにほぼ匹敵する。459の野営地ではさらに61,000人が土地を待っていた。

　これらの数値はMSTの全国本部から2002年9月に直接得たものであるが、ブラジル政府が農地改革の全過程について公表したものよりはるかに少ないのである。ブラジル政府は2,000万ヘクタール（5,000万エーカー）を564,000家族に分配したが、この中にはMSTに属さない農地改革集落が含まれているとみている。

MSTは，MSTに関係がない人々がみているように，ブラジル政府のこの数値は，カルドーゾ政権の農地改革への寄与を過大に評価したものだと納得のいく主張をしている。MSTの見解では，非MST農地改革集落にいる家族の多くにとって，土地所有を大いに期待するには組織の支持があまりにも微力すぎる。いずれにしても，MSTが農地改革を前進させてきたブラジル史上最初の強力な社会的勢力であることは明かであり，環境破壊的であった農業を刷新する活力を与えることで，また教育と保健と社会福祉の領域でめざましい進歩を達成してきたことでもきわめて明瞭なのである[54]。

　1984年1月にパラナ州のカスカベルCascavelの町で催された最初の全国的な組織の集会では，MSTの将来の成功を予想することは容易ではなかった。この集会にはブラジル全域における占拠地から92人の代表が参加し，この運動の性格と将来について激しい討議が行われた。この討議の多くはこの種の運動の全ての組織との関係に中心があった。参加した組織の中にはカトリックのCPT，他の教会からの平信徒と聖職者の組織，労働組合，政治政党などこの運動の創設と発展に重要な役割を果たしてきた組織が参加していた。

　CPTとカトリック教会の貢献はこの運動の初期の歴史では本質的なものであったし，今日までこの運動において教会は重要であり続けた。土地のない人々は多くの教派に関わっていた。ブラジル南部では，ルター派教会と何人かの閣僚が重要な役割を演じていたし，ブラジルのその他の地域の多くでは，福音派とペンテコステ派のメンバーがこの運動の最も戦闘的な参加者であり，リーダーであった。この運動の中には新教の牧師で，家父長的温情主義者にいらだち，彼らへの従属の拡大を恐れた人が何人もいた。ある人々は聖職者を非現実的な理想主義者だとして拒否した。それは農村民は自分たちのやり方で問題に取組む方が実際に役立つと感じていたからであった。他の人々は，聖職者の政策は急進的すぎていて，この運動を窒息させると考えたからであった。何人かの重要な参加者は宗教的でもなければ，宗教に敵意をもってもいなかった。数人の司祭が，この運動は独立であるのが最善だと主張し，この論争を解決するのに寄与した[55]。

　土地占拠に成功し，農地改革のために運動を活気づけたいくつかの地区では，農業労働組合も重要な役割を演じた。しかし，労働組合に対しては疑義があった。

それは農業労働組合の過去には政府と政党への従属ということがあったためである。しかし,「新しい労働組合主義」は進歩的な組織形成を推進させるための新しい気風を吹き込まれていた。また,土地のない人々は全ての家族の関与がこの運動の成功と目標のためには最も重要であると信じていたが,一方,労働組合は労働者個人が加入することを基礎にしていた。土地のない人々はまた土地のない労働者だけではなく,彼らの成功にとって非常に重要であった農業労働者,小農家族,聖職者,農業技術者,教師,法律家も含まれる多種多様な人々に開かれることも望んでいた。彼らの希望は労働組合をその組織のモデルとするのではなく,自分たちを「大衆運動」として維持することであったのである[56]。

サンパウロにおける自動車製造労働者のストライキで出発した新しい労働組合主義は,その後ブラジルの大統領に選出されたルイス・イグナシオ・ダ・シルバ(ルーラ)が主導する労働党,PTの創立をもたらした。PTは数個所の土地占拠に寄与したので,多くの人々は,PTとMSTとが力をあわせれば強力になるだろうと感じた。しかし,結局,カスカベルでは代表者の大多数は,この運動は独自のもので,教会,労働組合,政党から独立していることがこれまで通り必要だと主張した。ただ,彼らはこれらの全てと提携し,同盟に参加することを望んでいた。

代表者たちは,また,4つの基本的目標を次のように設定した。(a)農村の貧しい人々の運動を包括的に適正に維持すること,(b)農地改革を達成すること,(c)土地はそこで働き,それによって生活する人々に属するという原理を支持すること,(d)真の友愛社会の実現を可能にし,資本主義を終焉させること。これらの目標は今日までこの運動の変わることのない公式の指針となってきた[57]。

この運動の力と決意は強化されたけれども,新しい加入者のために農地改革によって土地を取得する企図は容易には進展しなかった。それは常に困難な戦いであった。数百の野営地はナタリーノ十字路の場合と同じように全く困難な試行錯誤の連続であった。優に千人以上の農村のリーダーと,時には彼らの家族全員がその過程で暗殺されてしまったし,数千人以上が打ちのめされたり,家から追い出されたり,ファゼンダの用心棒や警官によって持ち物に放火されたりした。それはすさまじいものであるが,多くの新聞の「暴動をあおる運動としてのMST」という取り扱いとはいちじるしく違っていた。MSTに加入していた農地改革集落が

こうむった暗殺の被害は独立に,あるいは他の組織と連携して企てたものよりははるかに少なかった。MSTとその構成員は,個人的,組織的に新聞と政治家と政府からの侮辱とあざけりという攻撃に耐えた。あれやこれやの妨害はあったけれども,MSTは,ブラジル農村の貧しい人々のために農地改革という手段と,大きな利益をもたらそうとした紛れもないブラジル史上唯一の組織である。しかし,これから見るように,新しい1000年期の初めにあたって,MSTはナタリーノ十字路に最初の野営地を設けた時,最初の家族たちが直面し格闘したのと同じほどたくさんの難問に直面しつつあると云えよう。

　最大の課題は農地改革を活用すること,つまり参加者が配分された土地で数年ほどの間に農場を生産のあがるものにし,彼らの家族を支えるに十分なほどの利益をあげることができるようにすることである。ブラジルの多くの疑い深い人たちは,この課題は解決できないと信じており,世界中の農業の専門家の多くは,一般に小規模生産者の運は尽きていると考えている。しかし,他の人々,その多くは農産物輸出業者であるが,彼らは小規模生産者は成功できるし,大規模生産者よりすぐれた能力を発揮することもできると信じている。どの要因が正しいかはだれかが決めるであろう。非常に多くの要因の中には技術の発展,政府の政策,消費者の嗜好,生態学の動向などもある。ブラジルにおける私たちの研究から考えられることは,その答えの多くはプラコトニク夫妻などの農民からえられるということである。

第8節　サランディ Sarandí:農地改革集落(アセンタメント)の挑戦

　2000年1月,夏の夜の涼しい空気がまだ残っている土曜日の朝,パコーテとアニールは木造家屋にすわって暮らしのことを話しあっていた。彼らは現在のサランディという名の住居が散在する集落に住んでいるが,土地の多くはファゼンダ・アノニとファゼンダ・サランディに属しなかった土地から分割されたものであった。私たちをがっしりした木造家屋のリビング・ルームに迎え入れ,立派な椅子にすわらせてから,彼らは2人で大騒ぎしながら,マテ茶のシマロンの用意をした。私たちが話し始めた時,彼らは絶えず大きな飾りのついたひょうたんに,東ヨー

ロッパ風に花と縁飾りを描いた古典的な薪ストーブの上に置いたポットから湯を注いでいた。彼らの姉娘はナタリーノの農地改革集落生まれで家事をしており，掃除の手を休めて，私たちの話に耳をかたむけていた。ラジオからは地方大学のFM局が放送するクラシック音楽が流れていた。一時，会話が家族の携帯電話で中断した。携帯電話は農村地域の質素な家庭でもありふれたものである。というのは，携帯電話は家まで電話線を引くよりはるかに安あがりだからである。この地区のほとんどの住居は厚い板張りで，2つの納屋とともに，22.57ヘクタール（約57エーカー）の区画地に孤立して建っている。この区画をプラコトニク夫妻は1983年に配分された。

　パコーテは彼の椅子にのり出すようにすわり，私たちの目をじっとみつめていた。「私たちは土地闘争に勝った時，まず第一に名状しがたい幸福感にひたりました。私たちは歌を歌いました。あまりにも幸福だったからです。ビールを飲みに行くことはできませんでした。禁酒は野営地の規則だったからです。まさに幸福の限りでした。しかし，次に，ひどい悪寒の走る瞬間がやってきました。その時，私たちは土地を分けるために籤を引かなければならなかったからです。どの土地が自分の土地になるのだろうかと，皆いらいらしていました。私たちはついに優先順位第2位のグループに決まりました。それは私たちはどこか他処へ移らなければならないことを意味したからですが，私たちはそれを望んでいませんでした。私たちは云いました。『どんな土地でもかまわないが，ここサランディに1片の土地が欲しいんです。最初の分配後に残ったどんな土地でもよいのです』。それで私たちはここの土地を手に入れることになったのです。それは他のだれも欲しがらなかった土地でした」。

　「そこは薮地とゴミがたまった涸れ川の不快な土地でした。農地改革集落から仲間が皆来てくれて，そこを清掃し，きれいな土地にするのを助けてくれました。しかし，その土地を所有した当時，私たちは水を汲むバケツさえ持っておらず，あのストーブ以外の全てを失っていました」とパコーテは，この部屋にある2つのストーブの古い方を指さしながら記憶をよみがえらせていた。アニールはシマロン用の水をあたためる明るい色に着色したストーブを指さしながら，「今も私たちは古いストーブをもっているが，この新しいストーブも良いものです」と云った。

土地配分後,定着するために重要な事を処理するのにしばらく時間がかかった。十分な土地が得られなかった人や,この州の他の場所に移動せざるをえなかった人々との衝突があった。この野営地の仲間ではなく,CEB(キリスト教基礎共同体)への参加の経験もなければ,その影響をうけてもいなかった人々の1集団は,土地が入手可能になろうとしているとみて,早急に自分たちの野営地を作って土地を要求した。時には,ナタリーノに野営していたので,土地の配分を受ける過程にあった人々を攻撃したりした。ある地方の政治家は農地改革という考えに反対していたが,このような人々に土地を約束し始めた。これはアメリカ合衆国でレーガン政権が,ニカラグアのサンディニスタ左翼政権と戦うために「コントラ」として知られるゲリラ部隊を組織し,資金援助をしつつあった時代であったので,このグループもコントラと呼ばれることになった。このコントラの中には,プロの殺し屋がいたし,世をすねた政治家や大土地所有者に勇気づけられた単純な楽天家などがいたが,多分最も数が多かったのは,以前,この運動に参加しなかったために機会に恵まれなかったことが突然わかって自暴自棄になった貧しい人々であった。彼らは土地の配分を待っている人々や,配分された土地に新しく入植した人々を攻撃し始めた。これもまた広く大衆に関わる深刻な問題を生み出した。これは,人々が「この土地のない人々という生き物は7つの頭をもつ野獣だ」と考え始めた時だったとパコーテは説明した。このコントラ戦争はざっと3年間断続し,コントラはついに解体した。彼らの野営地は結局MSTの学校と研究機関のキャンパスに換えられることになった(58)。

　コントラ戦争と同じ頃,この地域の他の家族のグループがMSTの新たに形成された組織に参加し始めた。これらの家族はナタリーノの居住者とMSTの協力で土地収用を一層促進しつつあった。プラコトニク夫妻の友人,ジョゼ・アルマンド・ダ・シルバ José Armandao da Silva,通称ゼジーニョ Zezinho が彼らの中にいた。

　ゼジーニョの話は,ブラジルの農村生活を研究してきた人々と,それを変化させようとしてきた人々に常に関わりがあったテーマの1例である。たいていの規模の大きな借地人は大土地所有者に従属しており,自分の所有地で貧しい不安定な生活をしている労働者を頼りにしているが,比較的恵まれており,保護されている。このような人々はその労働者達よりも大土地所有者と提携するのが当たり前

第1章 約束の履行

のことと一般に考えられてきた。他方，農村の成長に関するある理論は，このような人々が農村に不安をもたらすことで特に重要であるらしいと指摘している。

　ゼジーニョはアノニ・ファゼンダの小作人agregadoの息子であった。ブラジルでは小作人には時代により，地域によって異なる様々な意味があるが，一般的には大土地所有者に従属している人々をさすが，大土地所有者と彼らとは，ある意味でアイデンティティを共有している人々という言外の意味を含んでいる。彼らは常に大土地所有者から土地を借りている。ある時は分益小作としてではあるが，彼らはまた家父長的温情主義と従属を受け入れることを期待されており，それに報いるため忠誠を言葉と行為であらわす。しばしばゼジーニョの家族の場合のように，小作人の家族は農村の政治で大土地所有者（保守派）の側に立っている。ゼジーニョ家は敬虔なカトリック教徒であった。ゼジーニョ家の子供たちは学校へ通うことができた。1983年にゼジーニョはこの地域で進展しつつあった農地改革の過程にひき込まれ始めた。

　ゼジーニョはCEB（キリスト教基礎共同体）の討議集団に聖職者が参加していることに驚かされた若者であった。そのグループが招いたのはアルニルド神父であったが，ゼジーニョを誘ったのは他の聖職者であった。ゼジーニョはこのCEBsの討議に魅せられた。彼は10代の若者で非常にまじめで熱心なカトリック教徒であって，聖書にくわしいことが彼をこの討議に参加し易くしたし，彼の関心を高めた。軍事政権時代にかくれていた政治的活動家たちはこの運動に積極的に参加し始めた。そのことがゼジーニョの関心を倍加させた。

　ゼジーニョは変化に驚かされた。ファゼンダ・アノニの収用に関する闘争が始まると，ゼジーニョはアノニに味方し，INCRA（農地改革院）が推進する改革の提案に反対した。彼はINCRAと土地のない人々の運動の両方をひどく嫌った。彼の家族では，よく働くことは生活をよくする鍵であると教えていた。他の多くの人々と同じようにゼジーニョは，土地のない人々はなまけもので役立たずだと信じていた。

　ゼジーニョは彼らの討議に参加し，この運動に関わっている人々を個人的に知るにつれてその考え方を変え始めた。間もなく，彼は土地のない人々の運動で活動するようすすめられるようになった。ファゼンダ・アノニを含む広範な農地改

革のための戦いでゼジーニョは仲介者になり,教会と新たに形成されたMSTの間の信頼された連絡員をつとめた。彼はまたこのファゼンダで起りつつあったことについての必要不可欠な情報源にもなった。彼はファゼンダ・アノニで起ろうとしていた論争では,事態を解決するための委員会のメンバーに任命された。ゼジーニョが州の立法府の集会に議員を訪ねるため10キロメートル(6マイル以上)歩かなければならなかった時のことを思い出す。彼は大雨の中,雨傘をさして道のり全体を1つのこと,「なんで私が代理で話しに行かなければならないのか」ということだけを考えながら歩いていったことを憶えている。

衝突はしばしば激しく,6年近く続いた。ファゼンダ・アノニが収用されることがはっきりした時,人々は土地を自分のものにしようとして,その土地の至るところで野営生活を始めた。アノニもINCRAもMSTもこの状況を完全に取り締まることができなかった。

これはゼジーニョにとっても張りつめた活動と学習の時であった。1989年に彼は州の南部に土地を提供された。その後,彼は,かつてコントラが占拠した土地に建てた地方の学校と研究機関の管理者になった。彼は南部の自分の農場を維持しつつ,学校との間を行ったり来たりした。1989年から1991年の2年の間に,ファゼンダ・アノニは完全に収用され,土地は公式に分割され,事態は落着き始めた。

数年間の衝突は全ての人々にとって厄介な事であったが,衝突は問題だけではなかった。パコーテは次のように回顧する。「このような衝突以上に悪いことは,われわれがここのまわりで広く行われていた古い生産様式に嵌まり込んでいたことでした。大豆を栽培し,多量の化学肥料や農薬を用いると,土壌は急速に劣化し,利益はすぐに消えてしまいました。そして〔農用化学薬材の適用は〕池と小川を汚染し,土地を破壊していきました。私たちはカウボーイを多勢使っていました。それは役に立ちませんでした。私は5頭の仔牛を買い入れ,大豆だけに依存することから脱却しようとしていました。私たちは土壌を保護するために,変わろうとしていたのでした」。

パコーテは私たちにその辺りを見せる前に,家族の所有地の地図を示した。その地図には,色鉛筆で,マテ茶園,搾乳牛用の草地,小さな乾し草畑,トウモロコシと黒豆の畑,果樹園にあてられた土地,3,000匹のナマズ,鯉,パーチ(ヨーロッパ

産のスズキ目の魚)を飼う2エーカーの養魚池,ニワトリ小屋と囲い地,トマト,カボチャ,キュウリ,落花生などが栽培される菜園に利用されているところが示されていた。その後,彼は私たちに農業収入と,土壌の保全と改良のために国際運動がすすめる輪換放牧システムを導入するために,彼が設計した牧場と柵づくりの資材をみせた。(近くのMSTが関係している学校はその時,この問題について農業者のための2週間の訓練コースを設けていた)。

「最初に必要になるものは,食べるもの,家族のための健康食品です。次は,私たちがパソ・フンドで毎週開かれるローカルなエコ市場で私たちの生産物を売ることです。そこではよく売れるが,それは価格が適正だからです」。

　パコーテは続けた。「それでわかったことは,適当な作物を生産することだけが問題ではなかったということです。私たちは,政治家たちがあらゆることをどのように処理するかを体験しました。たとえば州と地方の政治家たちは,農地改革集落民が利用できる連邦系統の金融を操作して,好意に報いさせるためや,指示に従わないものを罰するために利用し始めました」。

　話し合っている時,ジーンズと明るい赤色のベストを着た老人がきた。アニルとパコーテは彼を温く迎え入れた。通訳"隊長"とよばれているアントニオ・ドリーナ Antonio Dolina はポーランド系の男で,調理台におかれたトマトの篭をザッとみて,「君のところのトマトより私のトマトの方が質がよいね!」と云った。

　パコーテは云った。「彼をみなさい。彼は国際労働者同盟の赤い色のベストを着ている」。隊長はトウモロコシの皮を手巻きした大きなタバコをスパスパすっていた。アニールは,この農地改革集落とある範囲の人々は,人々をまとめて衝突を治めた人と見ていたので,当然のことのように彼を隊長と呼ぶようになったと説明した。「特別のオフィスを持っていますか」と尋ねると,隊長は「とんでもない。私にとってはそういうものは何の値打ちもないのです」ぶっきらぼうに答えた。アニールは「いや,人々はたしかに彼のことをそのようにみているのです」。隊長の鈍重な体格とぶっきらぼうなもの云いと,自信のある態度が彼を信頼しやすくした。彼は青い目のまわりに深い皺をよせて,だれのことも,どんなことも真剣すぎないように話すようにみえたからである。

　パコーテは話題を政治にもどした。「私たちは政治について考えなければなり

ませんでした。ここには道路がほとんどなく，パソ・フンドには道路を造ろうとした人はだれもいませんでした。道路がなかったので，たいしたことはできませんでした」。パコーテは「農地改革集落民たちは，ムニシピオ政府に対してある程度影響力を及ぼすことが必要なことを理解し始めたが，パソ・フンドのムニシピオは大きすぎるし，そこには地位を確立した有力者が多くいるので，常に彼らに気を配らなければなりませんでした。ブラジルでは，ムニシピオ政府は，その管轄圏内にいくつかの都市を含み，本質的に市と町と村を包含する政府で，農村と都市の問題を処理しています。法的手続によって，既存のムニシピオから独立して新しいムニシピオを創設することができることになっているので，集落民とMSTは新しいムニシピオを作る運動を始めました。この地域のほとんどの人々は土地のない人々のために票を投じることをためらったが，より小さい地方のムニシピオ創設の願望は，何人もの実業家と大土地所有者を含む多くの人々に共有されていました。熱心な政治的運動の後，ポントンPontãoという新しいムニシピオがパソ・フンドから分離独立しました」。

　パコーテは，農地改革以前には新しいムニシピオの創設がなぜ不可能であったのか，その理由を説明するのに苦心した。ブラジルの農村地域の多くと同様，この地域は人口が非常に少なかった。農地改革の結果，以前はわずか数10人のカウボーイ（その多くは独身で，ほとんど都市の生活に関心がなかった）にしか生活の手段を提供していなかった1つの放牧場に，数千の人々が定住するようになった。最初のかなり多数の選挙民はこの地域に定住した土地のない人々で構成されていた。この選挙民は，彼ら自身の経験を通じて政治の重要性に目覚めた土地のない人々であったが，このことはまさに重要なことであった。多くの人々はまだ識字能力がなかったが，この問題に取り組み始めた。パコーテはもとはほとんど読み書きが出来なかった。彼は「私は学校に行ったことがなく，私が学んだのは，世界という学校でした」と云っているが，アニールを頼りにすることができた。アニールは子供の時，読むことを学び，その後パコーテに読み方を教えてきた。

　新しいムニシピオの議員と長を選ぶ最初の選挙では，保守派で裕福な大土地所有者の1人が大多数の支持をえてムニシピオ長の選挙戦を制した。パコーテは議員席を勝ち得たが，少数派であった。しかし，彼は，事態を改革する仕方を思いつ

第1章 約束の履行

いた。たとえば議員はムニシピオの仕事で出張する時には日当をうけとった。州都へ出張する時の日当は70ドル以上であった。彼の最初のポルト・アレグレへの公式の出張の際には，パコーテはバスを利用し，上等な昼食を取り，清潔でこざっぱりしたホテルを予約し，午後用件を処理し，夜，ブラジル流の伝統的な夕食を軽く食べ，映画館に行った。翌日の午前中に用件の処理にあたり帰宅した。これらは全て非常に快適で厄介なことはなかったし，その費用は全部で26ドル50セントで，余った金を会計係に返した。ムニシピオ長と議員たちは出張費で使わなかった分はとっておくべきで，かえす必要はないと彼に云ったが，彼は残りの金はムニシピオに帰すべきだと主張した。他の議員たちは彼にひどく腹を立てたが，パコーテは同じ流儀で主張し続けた。地方の新聞はこの話を暴露した。ある人々はそれを田舎者を責任の重い職務に選んだ馬鹿げた結果だとしてジョークとして扱ったが，これは明らかに異常なことであった。結局，大いに悔しがったが，議会は出張手当を従来の半分に削減することを議決せざるをえないと感じた。

　パコーテは費用を減らされなかった。ブラジルでは年末に13番目の手当を出すのが習慣で，それを休日につかったり，新年前に溜まった負債を清算するのに役立てる伝統があった，議員はこのような手当を受け取ったが，パコーテはこれは間違っていると主張した。「13番目の手当は労働者のため，専門職のためのものです。私の専門はムニシピオの議員ではなく，農業です。議会の他の人々も同様で，彼らはみな，自分たちを支える仕事を他にもっています。これはとんでもないことです！」。この狂った田舎者について新聞は意地の悪い論評をしていた。議会では，特別手当を廃止する投票が行われることになったが，多数派は特別警察官と警察犬を人々を威嚇するために出席させる準備をしていた。MSTの大群集が13番目の手当を廃止させる提案を支持した。パコーテは再び議会の多数派から離れて独自の道を行くことになった。議会はその個有の手当に恥じ入りカットすることになった。議員の支出と手当の削減とで，このムニシピオは最初の救急車を購入することができた。

　農地改革の成功の程度を判定する規準の1つは，受益者の観点からみて判断することである。比較的低レベルの現金収入でも成功だと判断されることもある。それは家族は，プラコトニク夫妻のように，必要なものの相当多くを自家生産でき

るからである。プラクトニク夫妻は現金純収入が月に約500USドル相当ある。この現金収入はブラジルの小規模農民にとって低いものとは考えられない。とくに彼らが住居をもち，食料の大部分と家族が必要な他の多くのものを自家生産できることを考えればそう判断されよう。これは量的に測定することの難しさを示しているのであるが，いずれにせよ，この家族はハッピーでテレビと古いブルーのプリマス・バリアントを買うことができたのである。パコーテは，この乗用車に「パコーテ号」と読めるキャンペーン・ステッカーを張っていた。

パコーテは議会の会合に「普段と全く同じ」シンプルなシャツとジーンズを着て行くことに固執している。彼は慣例通りに正装し，ネクタイを締めることを拒否している。「最も重要なことは，政治についての考え方を，人々の政治に対する関係を全体的に変えることなのです。ある人を高くし，他の人を低くするというのではない。みなさんはこのスタイルの意味について考えなければならないのです」。

2000年10月に行われた次の選挙の日，投票数が地方の体育館で数えられたが，パコーテの支持者たちは，ファゼンダの所有者の妻たちの集団が一緒に泣いてるのをみて，自分たちが勝ったのを知った。パコーテは議員に再選されたが，この時彼はMSTのムニシピオ長とともに多数派に属していた。2002年にも再選され，ひきつづき，MST議員と彼らの仲間とともに多数派に属していた。

パコーテは，ムニシピオの住民の90％（全て農地改革の受益者）は飲料水をもっており，定期的に保健所職員の検査を受けていることを誇りにしている。彼の子供たちはよく管理されたパウロ・フレイレ学校にかよっている。生徒たちは高校への進学の準備をする時には，スクール・バスに乗ってロンダ・アルタまで行く。小学校は協同組合の倉庫の隣りにある。この倉庫は体育館とコミュニティー・センターを兼ねており，人々はそこへ集まって話し合いをしたり，ビリヤードやバスケットをしたり，ボッチボール（ボーリングに似た屋外のゲーム）を楽しむ。

サランディの子供たちは皆栄養状態がよく，健康的であるが，この共同体には健康問題があり，医療は多く人々の悩みの種である。いくつかの医療はうけられるが，1990年代にはIMFの要求による連邦の予算削減で保健水準は低下した。アルニルド神父は1980年代と1990年代にロンダ・アルタの近くで医療費がかからな

い病院の設立と経営のためにキャンペーンを先導し,成功したが,2000年にこの病院は焼失してしまった。アルニルド神父はこの火事は,ロンダ・アルタで病院を経営している「地方のブルジョワジー」の責任だと批難した。彼は病院の収入から政治資金を捻出しており,彼らは以前はこの収入を土地の買収資金に使用していたと云っている。

1. 改革の継続:地方のMST集会の内幕

　サランディのMST農民は,彼らの生活を全体的に改善するため,将来のことを非常に気遣っている。私たちは,その後,ナタリーノ十字路で,アノニ・ファゼンダと他の近隣の諸地区で取得した土地の相続人たちの「地域の調整連絡担当者」の年次集会に出席した時,彼らの関心の幅に気付いた。約60人の代表者はそれぞれ農家の小集団を代表している。ここで農地改革の成果を恒久的なものにするという問題が2週間にわたって話し合われ討議された。この集会で,私たちはこの人達が非常に広範な実際的な問題に直面しているのを目にして,彼らの心配事と希望,価値感と政治的見通しについて非常に多くのことを知った。以下の説明は,この集会を通して観察したブラジル全域に作られた農地改革集落を特徴づける熱狂と,世論と問題と興奮のスナップショットである。いうまでもなく,それは,農地改革集落そのものの性格と人々ばかりか,サランディの歴史の特定の瞬間も反映している。

　サランディの集落民は,信用組合と農民の協同組合を設立し,融資や出荷の援助をし,食料品や雑貨を販売している。販売するものの中には種子,化学製品(農薬,肥料),諸道具,農機具などが含まれている。この協同組合の地階はこの集落民の集会場になっている。

　2000年1月の集会はエバンデルEvanderという小柄で,ずんぐりした30才代前半のブロンド髪の男のたくみなリードで進行した。子供の時,エバンデルはサトウキビ搾りの工場で片腕の肘から先きを失なった。彼はナタリーノ十字路の不法占拠地で生活した人で,快活で機知に富み,我慢強く,何よりもまず信じられないくらいエネルギッシュである。彼は時間をかけて,集団を熱心に誘導し,しばしば退屈で元気を殺いでしまうような議題をとばしてしまった。2日間の集会全体で

エバンデルは、もし皆が大声で正直に話し合わなかったら、この集会はサランディで暮している人々の生活を改善するのに何の役にも立たないことを皆で憶えておくよう力説した。その結果、議論はきわめて活発で、さまざまな意見が元気に出された。子供っぽく人の良い冗談もたくさん出た。ごくまれに、ごく短かくだったが、怒声があがったこともあった。

地域代表者はサランディとアノニの農地改革集落から出されていた。これらの集落は農場と住居からなり、互に自動車で45分程はなれていた。道路はほとんど泥道で雨が降ると通れなくなることがある。アメリカ合衆国の中西部と同じように、農場の大部分は個人所有地にあり、互いに切り離されている。1戸当たり約50エーカーの土地を保有しているが、これは所有地は中西部の場合ほどは離れていないことを意味する。中西部では農場の規模は100エーカーから1,000エーカーもある。ほとんどの住居は隣の住居から歩いて数分のところにある。いくつかの農地改革地区集落では、住居は全て集中しており、農作業の大部分は集団で行われている。

MSTの全国的方針は最初から集団労働を支持し、しばらくはそれを強制しようとしていた。しかし、ほとんどの農地改革集落では、大多数の人々は早晩、農場を個人で経営すると決めていた。MSTによる農地改革集落でのいくつかの研究は、農家の中に、彼らが全国組織から集団労働や協同組合に参加するよう強制されていることに憤慨しているものがあることを見出している。これは依然として緊急の課題だと強調している人もいる。MSTの全国リーダーたちは、人々がMSTによってこの問題のために不利を被らされていることを否定しているし、またMSTがこのように重要な決定を家族に押しつけることができないことをついに理解したと明言している。MSTの運動は今や生産物の出荷と装備と公共サービスと信用の協同組合に重点が置かれており、一方、集団労働にはブレーキをかけていることは疑いない。また、MSTは農家団地（アグロビラ）とよばれる小さい住居が集中した集落形態を推奨している。それはジョアン・ペドロ・ステディレの云うところの、住民の「社交性」を高めるためである。ステディレは次のように云っている。MSTは協同組合と農家団地を推奨しているが、それは、これらが「キリスト教と社会主義の価値観を振興させる」のに不可欠だと信じているからである。彼

は,人々が集団労働や協同作業に参加することを拒否したために罰せられたり,農地改革集落がINCRAが要求した契約条項(さまざまな協同組合に参加することを要求する条項)を守れなかった入植者を罰することを要求した時には集団農場を去って個人的に働くことを考えた人々は,集団農場では集会が多すぎるし,1つのことを早急に容易に決めることができないことにしばしば苦情をいう。パコーテを含む多くの人々は,自分で自分の生産を決めることができることは,生産性を向上させ,技術革新を促すために不可欠なことであると主張する。しかし,パコーテと私達がブラジル各地の農地改革集落で話したほとんど全ての人々の意見は,個人労働は,信用,生産物の出荷販売,農業機械の協同利用体制を意味する,パコーテが「半集団的」体制と呼んだものによって補充される必要があるということで一致している。

　他方,集団体制の地区では,多くの人々は共同体意識と安心感の強さを強調しており,家族の収入も多いと主張している。彼らは,また,サランディのマリア・エドナ・ダ・シルバMaria Edna da Silvaが主張するように,集団農場は資本の蓄積に適しており,避けられない負債の問題を処理するのに欠かせないものだという。「個人農場は負債を増加させる。集団農場も負債をつみあげるが,長期的に負債から脱却するのに不可欠な資本を蓄積することもできる」。彼女は,冷蔵庫とチーズ製造施設を備えた小さな集団の搾乳舎の建設を例にあげている。集団で農業を実施している農民たちは,また,INCRAから低利融資をうけるが,少なくともその一部は管理費としてINCRAに蓄えられる。有利なことも不利なこともあるが,集会に集まった地域の代表者とその背後の農民のほとんど大部分は,個人単位で農業に従事しており,ステディレは2003年の早い頃,70％以上のMSTによる農地改革地区の農民は,農業に個人的に従事している,と云っていた。

　サランディでのこの特別集会で議論された重要な問題の多くは共同体が設立した出荷販売組合と信用組合の経営に関係があった。この問題は日常生活に直接関わる明らかに重要なものである。他の問題は社会的,政治的運動としてのMSTに関係しており,それらも出席している全ての人々にとって相当重要なものであった。毎年開かれる集会はこの運動に関わるさまざまな歌で始まった。ギターの伴奏に導かれた10代の少年と小女が歌う歌にほとんど全ての人が熱心に唱和し

た。歌が終るとすぐ,マテ茶の廻し飲みが始まった。人々が大きなシマロンに湯を充たすために階上のストーブのところに行ったりきたりしていた。

　第一の関心は不思議なものではなかった。ある人々が心配していたことは構成員たちが共同体意識と政治的闘争心を失いつつあることであった。エレウ・シェップEleu Sheppはカインガング族と衝突しつつも,一方でインディオに同情しながら生きてきた人で,ナタリーノ十字路出身の人々が耐えた苦悩と訓練の長い期間を経験せずにあまりにも多くの人々が土地を取得してしまったことにひそかに不満をもらし,「彼らは銀の大皿にのった土地を与えられたが,それに義務がそえられていることを知らない」と私たちに云った。エレウの懸念はこの集会に集まった人々にしみわたっていた。人々は,一度自分の土地を持つことを保証されると,他人にも農地改革運動にも関心を失なってしまうものだと批判した。彼らは,友人たちが集会に常に定期的に出席せず,MSTとの約束を履行すると皆に対する義務を果たすことができなくなるとしばしば苦情を云っており,また,各家族は改革を拡大するために他の土地のない人々の家族と野営地に対して道義的物質的な支援をすることができないと不平を云っている。

　人々はまた,この運動の地方レベルと全国レベルの指導部の人たちにいらだちを表明した。この種のリーダーたちは密接に接触できるほど長く滞在しないし,しばしば勤務時間と思われる時間に姿をみつけることができないし,彼らはその義務を常に果たしているとは云えないと不平を云っていた。しかし,他の人々は,指導部の人たち,とくに全国レベルの指導部の人たちが,「絶えず農地改革共同体と地域の代表者に新しい課題を課した」と苦情を云っていた。エバンデルは矛盾と思われるものを次のように指摘した。指導部の人たちとの接触が少なすぎて,どうしたら,彼らがたえず求めてくる新しい課題にとりかかれるのかわからない。それには,当然頻繁な接触が前提となる。エバンデルの見方に皆が同意したわけではなかった。議論は,指導部の人々が質問に適切に答えることが不可欠なこと,共同体の人々が彼らに自分たちの関心事をもっと明確に示すことが不可欠なことに向けられた。

　人々は共同体の諸問題に若い人々の関与が少ないことについても深い懸念を示した。それは農地改革集落の家族の参加者が次第に少なくなってきたことと,

指導部に傑出した人々がいなくなったことなど，幅広い議論につながった。この年のサランディの地方統轄委員会は，ほぼ同数の男女に分かれていたが，この委員会の委員の1人であったサレーテSaleteは，女性は重要な問題に積極的に答えようとしないと苦情を発した。この集会に出席した地域代表者の約3分の1は女性であった。もっと活発に性差別の問題を処理する「ジェンダー委員会」が必要だという議論も行われた。ある男がどうしてジェンダー委員会が必要なのかと尋ねると，エバンデルはいらいらしながら次のように答えた。「知っての通り，このことについては私たちは十分話し合ってきましたし，女性の参加を共同体の重要問題と認めてきました。そしてそれに取組むようこの委員会に求めてきました。それゆえ，これはこれ以上議論すべき問題ではありません。私たちにとっての問題は，どうしたらこの委員会はもっと活発になるかということなのですから」。

この集会でのもう1つの問題は，人々がポルト・アレグレで行われるMSTの特別講習会に参加する人を選ぶことであった。数名の男性と8人の女性が参加するよう指名された。指名された男性の1人は，もし8人の女性が行くと主張したら，自分は行くことはできない。というのは，私の妻も指名されてしまったので，だれかが家に残って子供たちの面倒をみなければならないのだ，と反論した。サレーテは答えた。「皆で共同体のために力を出しあうことは非常に重要なことですね。私たちはあなたの子供たちの面倒見をだれかにしてもらえるよう手配することができます。私はあなたの奥様の非常によい友だちのつもりなので，多分私がそのことを引きうけることになるでしょう」。この男は気持がやわらいで肩をすくめた。

この大きなグループは，さまざまな問題を整理することと，それを解決するための案を提出するという2つの理由で小さなグループに分かれた。最初の日の集会の結びはもちあがった諸問題に取組むための一連の解決策であった。それは新しい委員の任命と必要と判断されるグループの指名によってである。その時，エバンデルは全ての人にその決定についての承認のために挙手をもとめた。彼は思わずその切断された腕をあげて手本を示そうとしたが，一瞬，それが不合理なことに気付いて，「賛否を示すために皆は両手をあげなさい」と云った。集会場は腹をかかえて笑う声でいっぱいになった。

第2日目の討議は2つの明確に規定された問題に集中することになった。第1

にとりあげられた問題は農業金融の問題であった。農地改革受益者のための連邦政府系信用機関が閉鎖されてしまったことは，どの家族にとっても共同体にとっても非常に切実な問題となっていた。信用機関の廃止は，サランディでもMST内部でも，カルドーゾ大統領下の連邦政府が国内企業と国際企業と大土地所有者の利益をブラジルの民衆の利益より優先し続ける兆候と一般的に解釈された。この結論には，多分苦汁と裏切りという特別の感情が混ざっていた。というのは，カルドーゾは社会科学の国際的権威として名声を博し，彼のラテンアメリカの諸問題に関する多数の左翼的分析は世界中の大学の教授と研究者に高く評価されていたからである。彼は1992年と1996年大統領の選挙戦でルーラと労働党の手にかかって敗北することから右派をすくい，右派連立政権の先頭に立っていた。カルドーゾ政権はレアール計画（新しい通貨，レアールの創設を含む経済復興計画）に着手した。それはカルドーゾが前政権の大蔵大臣であった時，立案したものであった。この計画は手におえないインフレーションを終息させることに成功し，非常に多くのブラジル人にとってすばらしい救いとなった。しかし，それはIMFと世界銀行の路線をほとんどそのまま受け入れたものであった。保健，教育，農村金融を含む多くの社会計画は財政状態逼迫の名のもとに苦境に立たされた。

　ヴァルジマール・デ・オリベイラ Valdimar de Oliveira, 通称ネゴ Negoはナタリーノ十字路で試練を経てきた男で，サランディの集会で金融問題と，農家家族への貸付けを取り扱っていた信用組合が負っていた負債について発言した。ネゴはMSTの理事を勤め，大いに尊敬されていた。彼は少し肥満気味であったが，顔はオリーブ色で，髪は黒く，ハンサムで自信ありげであった。彼は，もし家族が協同組合への負債を返済できなければ，また協同組合がその負債を政府に返済できなければ，サランディの全共同体が崩壊するかもしれないと静かに説明した。彼は，多くの家族は，政府の融資を贈物と思っているかもしれないが，厳密に取り決められた期間に返済しなければならない貸付けで，営業本位の貸付と同じであることを理解していないらしいと批判した。彼はそのことをたしかに知っていたが，この点を誤解しているのが多くの農村地域の農民の政府融資に対する典型的な態度であるとは云わなかった。

　リオ・グランデ・ド・スール州の知事はMSTと親しく，MSTは2002年には彼を

労働党の大統領候補者に推薦したくらいであったが, 彼は農地改革受益者のために州の立法府が承認した点まで融資を自由化することは不可能であった。集会に集まった人々の多くがこのことに腹を立て, ネゴと活発に議論をした。彼らは, MSTと密接な関係にあるという噂のある知事が, 立法府が認可した融資の新しい方針をどうして実施できないのか, それはどういうわけだと詰め寄った。ネゴは, 財源は承認されたが, それらの支出は承認されなかった, と説明しようとした。州の官僚は融資を凍結するためあらゆる策を講じていたが, それは多分他に予算を支出する方が農地改革に支出するより適切であるという考えや, 農地改革に対する彼らの関心のなさや敵意のあらわれであったと思われる。ネゴが民主主義体制における実行力の限界を説明しようとした時, 人々は,「しかし, 彼は知事じゃないか」と抗議した。

　ネゴはまた, 負債と融資の停止の問題はMSTが権力を握っている州と提携せざるをえない理由の例にすぎないと云った。政府の権威がなければ, MSTとその貧民は力不足になる。ネゴは「ともかく事実は負債があるということで, それを返済しなければならないということだ」と云った。多くの人々は納得したようにはみえなかった。最後にネゴは非常に説得力のある云い方で云った。「いいですか, あなた方は理解しなければなりません。これは重大なことなのです。負債を返済しないと, 全てを失うことになります。この州はこの融資要求に答えようとはしていません。われわれは負債を直視し, どうしてそれを返済するか考え出さなければなりません。この議論はこれで終りです」。この集会は, 各家族が協同組合からの借入れを皆済するために直ちに査定することを投票できめて終わった。この査定の額が必要な額に足りるほどに達するかどうかは明瞭どころではなかった。このような不確定な状況に直面して, 代表者たちは事前査定の問題は農地改革集落民の全ての家族のところへもちかえって, さらに検討するという案を承認することになった (数カ月後, 州政府は結局, この問題を, サランディの農地改革集落民の負債を帳消しにすることで解決した)。

　昼食時には人々は, コメと豆類のサラダと焼肉を豊富に組み合わせた食事を楽しんでいた。男性たちと集会につれてこられたたくさんの子供たちを含む全ての人々は, 集会にもどる前に食器を洗うために列を作ってじっと待っていた。男性

サランディにある小規模な集団農場の1つでの，長柄の鍬による除草。

たちは食事の支度や洗いものに女性ほどではないが積極的であった。これはこの地方の人々がただちに認める，まさに男らしさを示す文化なのである。

　午後の討論が始まる前に，ミスチカmistica（神秘神学）委員会は部屋を暗くし，蝋燭をともし，人々に部屋の前に作られた褐色の紙でおおった大きな塚のまわりに集まるよう求めた。その紙のうえには生きもの，いのち，生き残りいう語が書かれていた。10分か15分歌った後，人々が紙の下からギターの伴奏と歌につれて立ちあがり始めた。人はそれぞれ手にみごとなカボチャや大きな大根の束や立派なジャガイモや小麦の茎やトウモロコシの軸をもっていた。

　彼らが立ちあがると，足の下から床のうえに菜園でできた作物で作られたおどろくほど詳細なブラジルの地図があらわれた。このブラジルの野菜地図の前に，彼らは野菜や穀物やMSTの旗をもって立った。彼らのうしろの壁にはチェ・ゲバラのポスターが張ってあった。若い女性の1人は地球と自然をたたえる詩を朗読した。静かな一瞬の後，ギタリストが突然MST讃歌をかなで始めると，人々は大声で歌い，拍手喝采した。地域代表者とミスチカ委員会による儀式の祝辞が一巡し，集会が再開された。

　サランディのMST農民が用いる生産モデルが討議の議題になった。MST全国

会議からの代表者である，MSTの技術部門と普及活動で専任として働く若い農業技師がこの討論をリードした。彼はMST農民の技術者と委員会はサランディの代表者とともに，ブラジルにおけるMST農地改革地区の生産活動と経済の問題を分析してきたことを説明した。リオ・グランデ・ド・スール州の委員会は明確な結論に達し，何が研究され，解明され，実施されるべきことであるかを示した。

　この農業技師によると，サランディと他のいくつかの農地改革地区の状況ははっきりしていた。この地域では最も規模の大きい生産者でさえ，トウモロコシと大豆の生産費の上昇と収穫物の価格低下による典型的な収益の減少で苦境に陥っており，これらの作物から収益をあげることはますます難しくなった。それは厳しい国際競争に直面していることと，化学肥料と薬剤および農業機械への投資が大きく拡大しているためである。政府の政策と助成とすぐれたブラジルの栽培条件でブラジルは世界でトップ・クラスの大豆とトウモロコシの生産国になったが，政府の補助はIMFの耐乏生活計画と自由貿易協定が国の政府にその農業への助成金を減額させることを要求している関係で縮小しつつある（とくにアメリカ合衆国は他の国々に対して農業補助を消滅させるべくはげしく要求しているのに，2002年に史上最大規模の農民に対する補助によって，景気振興策を成立させたばかりであった。このため，ブラジル政府の痛烈な反発を招いた。ブラジルは補助金を漸次縮小していくことによって，合衆国が尊重すると称する原則にもてあそばれてきたと考えたからであった）。

　大企業と企業的生産者はだいたい競争できるけれども，サランディのMST農民のような小規模生産者にとってそうすることは簡単には望めないことが明らかであった。これまで人々は負債を返済するのに十分な資金を作れないできた。化学肥料と農薬にたよる大豆とトウモロコシ栽培のように多額の資本が必要な経営は，MSTのメンバーが実施せざるをえなかった小規模で，資本のとぼしい農業には向かなかった。トラクター，砕土機，種まき機，耕耘機，収穫機などの協同組織を通じての共同利用は生産費の節減に役立ったが，十分ではなかった。

　農業技師は，MST農民の生産モデルをMSTと農地改革の根底をなす目的と一致するようにつくることを焦点に討議を始めると弁明した。これは，生産の決定は利益と損失のバランスシートを考慮に入れなければならないだけではなく，諸

条件を幅広く考慮しなければならないということを意味した。諸条件の第一は，家族の長期的安定であった。変動しやすい商品市場と，古いモデルの多額の必要資本量は長期的安定と両立しなかった。家族は食料の安定性をより多く考えることが必要であるが，それは家族が必要とする食料を農場でより多く生産すること，つまりより多く自給することを意味した。現金が必要なため，人々は地方市場を頼りにしなければならなくなる。地方の都市で直接消費できる農産物を販売できるこのような地方都市市場は，主としてアメリカ合衆国に基地がある企業に支配された大豆と米の巨大な国際的市場よりはるかに投機性が弱く，頼りになる。

　この農業技師は，人々は大経営者を真似て，大豆とトウモロコシの生産を考えなしに受け入れたが，それは有力な農民でも最良の選択ができるほどの洞察力がなく，その選択はどの小規模農民にとってもよいものだと考えるからだ，と云ったが，パコーテも私たちにほぼ同じことを云った。彼は，MSTは，非常に大きな不平等から派生した生産モデルは不平等を再生産することになることを認識して，もっと徹底した洞察をもとにアプローチしなければならなかったのだと云った。小規模農民は富裕な農民と企業が支配するゲームで競争しようとして失敗した。

　MSTの第2の根本的な関わりは，地球そのものに対してであった。MSTは，農家の家族は荒廃した土地では安定した生活をきずくことができないことがわかった。これはブラジル南部の農民にはわかりきった問題で，ここでは人々は分益小作や借地や不在地主のために土地が荒廃するのをみてきた。この運動の全国会議のある集会で，地方と地域の組織から派遣された代表者たちは，環境保護活動への参加を表明した声明を承認した。この集会で話した全ての人々の考え方は化学肥料と農薬に依存する大豆とトウモロコシの生産は，土壌と野生生物の保護とは全く両立しないと云うことでは一致していた。

　この集会の早い頃，40歳前後の目が淡い青色で髪は明るい金髪の農業技師らしく濃く日焼けした男が私たちを彼の農場に招いた。彼は数年間，「農業生態学」の生産モデルを実験してきた。エルノ・ハーンErno Hahnは私たちに「私たちは自然の仕組みの全体に注目し，それを念頭に作物を栽培しなければなりません」と云った。農業技術は堆肥を大量に使用すること，農場の植物や動物や廃棄物で液体の肥料を造ること，そして地力要素の利用を改善し，害虫を駆除するために多種類の

第1章　約束の履行

作物を混作することを説明した。「私たちは数年間この作業を続けてきて,現在,樹木作物と草本類を作物生産地に組み合わせて利用しています。全てのものがうまく働いています。私は友人とそうすることができたことを大いに誇りにしています」。エルノは,彼がその集会でこの話をした時,支持し激励する言葉を静かにこの農業技師に進呈した。

　農業技師は農業生態学モデルについて語りはじめた。農業生態学モデルでは,どの農家の家族も彼らの条件に適合したプランで作業をするが,常に化学肥料と農薬の使用を少なくすることに目を向け,多種類の作物の栽培を心がけることを意味する。彼は農業生態学的農法とは農場から危険な殺虫剤をなくすことと,人造肥料や農薬を購入するのではなく,有機肥料で土壌を作ることだと語った。このモデルの根底にある思想は,生態学的過程に関する知識を用いて健康を増進させ,景観の多様性を農業の生産性と統一のとれたものにする農業生産技術を設計しようというものである。これを実施する仕方は1つではない。それは,農場ごとにその場所に適合した独自のプランを開発することが必要だからであると,この農業技師は云った。

　エルノ・ハーンと同席した何人かは農業生態学に接触したことがあり,この討論を喜んで迎えたが,彼らはごくわずか実践しただけであった。他に熱を帯びた疑問や議論にとびこんだ人がいた。何人かの人々は農業生態学モデルについて熱心に質問し続けた。また他の人たちは,これはリーダーによるがその考えを彼らの生産活動に押しつけようとしているのだとみて,非常に腹を立てた。彼らは,農業生態学モデルは理論的すぎるし,生じるかもしれない危険を冒して思い切ってやってみろと要求しているのだと云った。

　エバンデルEvanderは,2つのことが協同組合の会議で明確に決定されたことをいうために話の腰を折った。「第1は今日から,協同組合は合成殺虫剤に関係する有毒物の販売をやめるということであります。合成殺虫剤は使用が禁止されます」。次に,彼は軽くふれる程度に1つのトピックを紹介した。「第2は,遺伝子を組みかえた大豆やトウモロコシが栽培されているのが発見された人はだれでも,その作物を没収されるということです」。大声で抗議する叫び声や,ぶつぶつ不平をいう声が聞こえた。エバンデルは声を荒げて云った。「遺伝子組み換え作物の

119

栽培はブラジルでは依然として異法であって, MSTはこの禁止条例を固く守っています。くり返して云いますが, 栽培が禁止されている作物は押収されます」。

　国際的な化学工業会社のマークがついている野球帽をかぶった1人の男性は「エバンデルさん, あなたも他のだれもが知っている通り, その法律があるにも関わらず, この地域で栽培されている大豆の30％は遺伝子組み換え種ですね。あなたはそれを阻止しようとしません。たとえそれが悪いことだと知っていてもです」。エバンデルは, 遺伝子組み換え作物は違法だし, MSTの政策に違反しているので没収されるとくり返した。

　遺伝子組み換えは以前からブラジルでは, とくにトウモロコシと大豆を生産する南部諸州で厳しい厄介な問題であった。2001年に作物の遺伝子組み換えを承認する法律が制定されたが, それは研究目的のためばかりにである。アルゼンチンと北アメリカの広大な地域では, 他の作物の遺伝子を用いた生体工学による遺伝子の組み換え種子を用いて生産が行われている。遺伝子の組み換えによって除草剤に対する耐性の高いいくつかの作物が作られた。その結果, 除草剤を多用しても, 作物そのものに害を与えることがないようになった。他の種子には毛虫を殺す細菌に由来する毒素が生体工学的に入れ込まれた。多数の生態学者と環境保護論者はこのような遺伝子組み換えの進展は最終的には環境に災害をもたらす原因になると非難した。たとえば, 除草剤に耐性のある種子は除草剤の多用を促し, 環境にネガティブな影響を及ぼす。毒性のあるバクテリアを入れ込むこと, バクテリアに対する耐性を毛虫の中にほぼ確実に発達させることは, 結局バクテリアの毒素の害虫類制御の用具としての効率を破壊することになる。その上, 主要作物におけるバクテリアの毒素の普遍的存在は無害な蝶や蛾の種に対する害のこわさを増大させた。

　さらに, 小規模農業の経済的側面に関心をもつ多くの人々は, 特許権をもつ遺伝子組み換え種子を生産しようとしている大規模な化学肥料農薬会社は, 農民をさらに大規模に支配しようとする意図をもっていると考えている。企業は農作物と農民の独立性の価値のもう1つの部分さえ奪いつつある。

　この集会の時, それから本書を書いていた時, ヨーロッパのいくつかの国は遺伝子組み換え農産物や, それを含んでいる加工食品の輸入を, 食品の安全および環境

第1章　約束の履行

と経済との関連についての配慮から禁止してしまった。その結果，多くの北アメリカの農民は輸出による重要な収入源を失なうことになった。これは遺伝子組み換え種子を栽培してこなかった人々にとっても云えることである。というのは，遺伝子組み換え種子が非常広く用いられている時，穀物販売会社がどの穀物は遺伝子組み換え種子に汚染されていないか，保証することはほとんど不可能だと主張しているからである。

　農業生態学・モデルとそれが暗示する全てのことが，さらに多くの検討を必要とすることは，この1回の集会からさえ明瞭であったが，それがこれからどのように展開していくかは明らかではなかった。多くのMST農地改革集落は農業生態学モデルを実際に積極的に発展させてきたが，他の農地改革集落はその点でおくれをとったし，抵抗さえしてきた。いくつかの地域では農業生態学の議論は2001年には，まだ真剣に始まってはいなかったが，全体的に云ってMSTはこの方向に進んでいるようにみえた。

　サランディにおける2000年の地域のコーディネーターの集会で明瞭だったことは，サランディとアノニの農地改革集落民，ナタリーノ十字路のベテランたちが素朴な土地要求から，面倒な農業生態学の意味についての議論へ，州と国の農業と財政政策，国際貿易と生物工学の技術革新へと移り変わる非常に長い道程を大忙ぎで走破してきたことであった。彼らは，自分たちの家族と組織の将来は彼らの賢明な意志決定にかかっていること，それから半信半疑な意識が続いていることを知った。それは世界のどこでも土地で生活を成り立たせようとしている家族が皆，本当に経験していることである。

　私たちはパコーテとアニルとシマロンを楽しんでから，パコーテの農場と，一度は分配を拒否した小川べりの浸蝕された斜面を見につれていかれた。6頭のガーンジー種とホルスタイン種の乳牛は健康に育ち，彼は自家用と販売用の牛乳とチーズを生産していた。このチーズは「エコ市場」とパソ・フンドの農民市場（入植者たちがそう名づけた）へ出荷される。パソ・フンドの農民市場には，従来の栽培方法と有機農法で生産された両方の農産物が出荷されていた。パコーテは小型の市販乳用クーラーと搾乳機を購入していた。彼は私たちに輪換放牧システムのた

めに利用する移動式の電気牧柵と,乾し草用に改良牧草を栽培している小さな畑をみせた。

パコーテは,柵の向う隣りの土壌は固くなって,生産に利用できないが,それは除草剤を使い過ぎた結果だと指摘した。彼は時々ひざまずいて害虫や害虫を餌にする益虫と認められる昆虫を私たちに示した。小さい畑ではトウモロコシの列の間にカボチャが間作されていた。小川のまわりの森では,彼は野性のマテ茶の木をみせて,マテと他の有用樹木を他の野生の樹木よりふやせるよう工夫していると云った。森林環境に少し手を加えることによって,マテ茶が収穫でき,それによって自然の森をみごとに収入源にすることを考えると,このような樹木(作物)の収穫によって,森を伐採して畑にし,殺虫剤を多用する大豆を栽培するより3倍も多くの収益をあげることができると見積もっていた。

農場の池には,それぞれ平均3〜4ポンドのナマズが飼われていた。この池から坂をのぼったところにプラコトニク家の菜園と養鶏場があり,それが,古くて新しい中国式農法のように,魚の餌になる草を養うことになっていた。アニルは多種類で生産量が多い野菜園の主な責任者で,半エーカーの広さがあった。

その土地を歩いていると,ウズラの一種が私たちの前から飛びあがったが,その時パコーテは,食料が豊富な間はウズラを狩らないと云った。森を適切な場所に保存しようとする賢明な目標は野生生物にその場所をゆだねることであり,それは世界に彼ら固有の場を設けることであって,人間についてと同じように,尊重されるべきことであろう。この実地検分で,2,3の地点で,パコーテは「ここでは全体的な見方が農業生態学である」と云った。家に戻って,彼はいくつかの種子を得意げに見せた。それらはカリフォルニア大学バークレー校の農業生態学者ミゲール・アルティエリ Miguel Altieri が贈り物として残していったものであった。パコーテは,必要なら彼から直接種子をもらうことができるので,それを分けてくれる気であった。パコーテは,私たちがミゲールのことを知っていると云うと,自分の熱心さにいささかまごついているようであった。私たちも折角の好意を無にするようなぞんざいなまねをしたようで,いささか気まずい思いがした。

さようならをする前に,私たちはパコーテにMSTについて書きたいと思っていると云い,あなたがアメリカ合衆国の読者に最も聞いて欲しいと思っているこ

とはどんなことか尋ねた。彼はためらわずに云った。メッセージの第1番目は次のようであった。「農地改革は機能を果たしています。私たちがここで勝利を治めたおかげで農地改革集落が形成され, 土地が有効に機能し始め, 以前, ファゼンダ・アノニには6家族と230頭の牛がいただけでしたが,〔この放牧場が収用される以前に住んでいたパコーテの友人のゼジーニョは30以上の家族がいたと云った〕。今では, そこに430家族と3,000頭の牛がおり, この農地改革地区の生産活動に直接関係した仕事が約1,000生み出されました」。パコーテは, ロンダ・アルタやパソ・フンドその他近郊の町の商人と銀行はしばしばMSTを支持したが, それは農地改革が経済活動を非常に盛んにしたからであったことを指摘した。「私たちのところには信用組合はあるし, 電気もあり牛乳生産のための冷蔵庫や冷蔵施設も備えられています。私たちは人と環境を大切にし, 食料を, ヘルシーな食品を生産しています」。

「次は第2のメッセージです。人々は他処では疎外された状態で働かなければなりません。私たちも疎外されていましたが, 自分たちの生活を変革させることができることを証明しました。多くの社会では人間は人形よりも, 犬ころよりも価値がありません。私たちはこういう状況を変えることができることを実証してきたのです」。

「第3のメッセージは, 低開発諸国の政府は国民のためになることをほとんどしていないということです。そして豊かな国, つまり第一世界の人々は第三世界の貧しい人々のためにもっと援助をふやすべきだということです。彼らにできる最も小さいことは, 私たちと私たちの土地の寿命をちぢめる毒性のある農薬を製造するような工場を閉鎖することですね」。

パコーテは「云いたいこと, 伝えたいことがたくさんありすぎて, 何を云ったらよいかわからなくなりました。しかし, 今は信じられないほど幸せですよ」と云った[59]。

第2章　土地は第1歩でしかない：
ペルナンブコ州と北東部ブラジル

MSTの農地改革集落では,人々は定期的に共同体の諸問題を検討するために集まる。ペルナンブコ州オーロ・ベルデでは,集落民につきまとっている負債問題が討議されている。

第2章　土地は第1歩でしかない：ペルナンブコ州と北東部ブラジル

　1984年，つまりMST（土地なし農民運動）が創立した時には，ブラジルでは変革の実現可能性は大いに楽観視されていた。軍部支配が21年間続いて，経済の舵取りは危機に陥入り，個人の自由は抑圧され，政治はほんの形だけのものになっていたので，人々は急速に民主主義への期待をふくらませるようになった。学生の集団，労働組合，政党，MSTを含む新しい社会運動は，街頭に出て，20年以上にわたってつもりつもった不満を公然と吐露した[1]。

　しかし，政治的に重大な期待を果たそうと努力しても，実質のある変化を実現することは容易でないことがわかった。政治と経済の権力は依然として不均等に分散しており，ブラジル人口の少数派は新政府に不相応に大きな影響力をもっていた。同じ時，残りの人口は政治的エリート中心主義の傷あとを洗い流すと云う難問をかかえていた。ざっと500年間も続いたパトロン（庇護者）政治はおどしと貧困の衣を身にまとっていて，単純な選挙で簡単にくつがえせないものであった。新憲法における農地改革をめぐる抗争は3年間（1985～1988年）続いたが，それは，とくに，土地の配分に関連する政治を進展させることが，ブラジルの貧しい人々にとってどんなに難しいことであったかを実証している。私たちは，この章を，民主主義への移行期における農地改革に関する議論の説明で始め，次に政治と経済のエリート中心主義の根源を検討するために，ブラジルの北東部に目を向けることにする。MSTは北東部の農村の貧しい人々を組織化することで長足の進歩をとげ始めたが，この運動はここで最大級の難問のいくつかに直面した。

第1節　農地改革と新民主主義

　1985年に軍部は行政官庁から公式にひきあげた。選挙で選ばれた最初の市民大統領はタンクレード・ネベスTancredo Nevesであった。タンクレードは大統領の選挙人団での投票で圧倒的多数の支持をうけた（支持票480に対して不支持票は180，棄権26票）。彼はブラジルの選挙民に大いに愛され，農村の貧しい人々の間で活動している活動家は，彼が農地改革をスムースに進展させるだろうと期待した。大統領に就任して数カ月の間に，タンクレードは左傾した知識人のジョゼ・ゴメス・ダ・シルバJosé Gomes da SilvaをINCRA（国立植民農地改革院）の総裁に任

命した。タンクレードはゴメス・ダ・シルバに民衆の討議をよび起こすための準備文書として農地改革のナショナル・プラン(PNRA)を作成するよう求めた⁽²⁾。ゴメス・ダ・シルバのナショナル・プラン(行動計画)は野心的で,1985年から2000年までの間に4億8,000万ヘクタール(約12億エーカー)の候補地に710万の家族を農地改革集落(アセンタメント)に入植させることを目論んでいた。収用に指定される土地の85％は私有地(約4億950万ヘクタール)で,15％(7,110万ヘクタール)は公有地であった。

　ナショナル・プランは単純な土地の配分の域を超えて進んでいた。その計画は土地の利権を私企業に譲与する慣習を改めさせることや,大土地所有者が雇う私兵を無力化するため政府が法的手段を講じることを提案をしていた。それは確かに包括的で野心的なプランであった。当時の上院議長ウリセス・ギマランエスUlysses Guimarãesは,「社会の実態を確認するために新しい共和国の委員は土地の所有権の問題にもっぱらかかりきっている」と批判した⁽³⁾。不幸にもナショナル・プランは策定されただけで実施されないことになってしまった。

　1985年3月14日,大統領当選者タンクレード・ネビスは就任する直前にひどい腹痛に苦しみ,病院へ救急搬送された。タンクレードは7回手術をうけた後,院内感染で死去した。国民は喪に服し,ずさんな看護と医療ミスに非難を洗びせた。MSTにとってさらに重大なことは,ナショナル・プランを国会を通過させるという課題が,非常に弱腰の副大統領ジョゼ・サルネイJosé Sarneyに任されたことであった。サルネイにはその余裕がなかった。国民は大統領の死に衝撃をうけ,その経済は危機状態に深く落ち込みつづけていた。サルネイは大統領に就任する直前に,「私はブラジル史上最大の政治的危機と,世界最大の対外債務と,かつて経験したことがない最大の国内負債とインフレーションをうけついだ」⁽⁴⁾と慨嘆した。

　この情況は農地改革にとってもMSTにとっても好ましいものではなかった。ナショナル・プランが突然,猛烈な社会的政治的反対運動をよび起したからである。大土地所有者と農村企業のリーダーは集まって,農地改革に対抗して「安定と平和」を守るために新しい組織,農村民主連合União Democrática Rural(UDR)を結成した。UDRは,軍事行動を含む利用できるあらゆる手段を用いて農村貧民の組織を破壊し,彼らの云う平和を維持するために準備された⁽⁵⁾。UDRは伝統的な

社会と家族と財産を守る協会（通称TFP）と提携していた。TFPとUDRは，解放神学は「私的所有権と云うキリスト教の伝統に真っ向から反対しているが，これは教会が2000年以上にわたって教えてきて，キリスト教国に定着したものである」と主張した[6]。

　この2つのグループはその警戒すべき進歩思想によって政府を脅えさす共産主義と農村地域の革命と云う亡霊を思い出させた。地主たちは，政府が対処しないならば，自分たちの手で処理すると覚悟をした。UDRのメンバーの1人はその時，「組織されたいくつかの集団は常に血に飢えており，私有地に侵入しつつある大土地所有者たちは，ここでも，どこでも，担当当局に甲斐もなく無駄に訴えることだけに疲れ，自分たちでその権利を守らざるをえないと云ってきた」と書いている[7]。当時，UDRはブラジルにおける農地改革はソ連が実施してきた共産主義の農地改革とほぼ同じものだと考えていた。

　ナショナル・プランが作成されて12年後の1997年に，私たちはUDRのリーダーの1人に面会する機会があった。彼はローズベルト・ロケ・ドス・サントスRoosevelt Roque dos Santos（本人はRooseveltをホセ・イ・ベル・シェエhose-e-vel-cheeと発音する）と云って，憲法改正論争中，この組織のスポークスマンであった。私たちはポンタル・ド・パラナパネマPontal do Paranapanemaにある彼のオフィスに電話した。彼のオフィスはMSTのメンバーと牧牛業者との衝突がますます激しくなったサンパウロ州の牧牛地域にあり，最近，全国的に注目されていた。ローズベルトは，私たちに会うと，英国の日刊新聞ザ・ガーディアン紙にMSTのことをレポートしていたジョン・ヴィダルJohn Vidalと話し合いたくないかと尋ねた[8]。

　私たちは，ローズベルトは私たちに会うことをためらっているのではないかと考えた。それは彼の組織が牧牛業者を守るために民兵型の暴力をけしかけていると疑われていたからである。しかし，彼はしきりに会いたいと云っていた。ローズベルトは小柄で，彼の大きなオフィスに近づいて行くと，机の向うにカウボーイ姿の彼がみえた。秘書が私たちがきたことを知らせると，彼はさっと立ちあがり，元気よく握手した。秘書がコーヒーをおいていくと，彼はすわり心地のよい長椅子にすわり，ヴィダルのUDRについての質問をポルトガル語に直して説明した。

MSTについて話し出すと、ローズベルトは非常に元気になった。彼はMSTはブラジル社会を脅迫するやっかいものだと強調した。彼は机のところに行き、絵を1つとり出してきて、私たちに大切なもののようにさしだした。この絵には、あきらかにMSTの活動家とわかる男の前に並んだ椅子に人々がすわっている様子が描かれていた。彼はこのグループの前に立ち、話しかけながら背後にある黒板を指差していた。活動家の横には2人の人物が描かれていた。チェ・ゲバラ（キューバ革命のヒーロー）がウラジミール・レーニン（ロシア革命のヒーロー）の隣りに並んで立っていた。ローズベルトは、この絵は、MSTの最終願望がこれらの革命家と同じで、この国を転覆させることであることを証明していると云った。

　ローズベルトがこのことを証明するものが他にいくつもあると云って取り出したのは、「大衆を如何に組織するか」と云うタイトルの赤い色の小冊子で、これはキューバからきたものだと云った。MST運動のさまざまな構成員が犯した違法行為を列挙した警察のとじ込み書類のいくつかもそのようなもので、その1つは誤ったイデオロギーと云うファイルであった。ヴィダルはローズベルトに、このような詳細な警察のファイルをどのようにして入手したかを尋ねたが彼は答えなかった。

　ローズベルトのオフィスの反対側の大きな部屋には男たちがいっぱい集まっていた。彼らの多くはつばの広いカウボーイハットをかぶり、ジーンズで装おい、ブーツをはいていた。UDRのメンバーはポンタル地域におけるMSTに関係がある新しい活動をくわしく調べるために集まっていたのであった。私たちは他のところへ行く時間になっていた。

　UDRのメンバーのローズベルトとのその日の集会には、彼らが国の政治に影響を与えることができると信じる十分な理由があった。彼らの戦術は過去において非常に有効であることが立証されていたからである。1985年には、UDRの影響力は、広範な保守的な実業界のリーダーたちと結びつくことで、大いに期待されたナショナル・プランを本質的に挫折させた。その当時、上院ではこのプランは票決されると予想されていたが20人の上院議員が支持しただけで、議決のために必要な定足数に達するのに必要な上院議員が35人に達しなかったので、この議案は廃案になった。

第2章 土地は第1歩でしかない:ペルナンブコ州と北東部ブラジル

しかし,農地改革と云う主題が完全に消滅してしまうことはなかった。ある種の土地の配分計画の要求に公式の対応が必要であることは明瞭であった。1985年から1988年まで,国の憲法改正過程の一部として,政治家と社会運動家と労働組合の活動家たちはどんな農地改革の法制が可能かと云う問題を討議していた。この期間は平和な時代ではなかった。1985年には181人の農村労働者と小農民が殺害されたし,1986年には179人が,1987年には年初の3カ月間に17人殺害されていた[9]。この期間にUDRは新会員を20万人以上募集し,補強していた[10]。彼らが用心深く見つめている前で,ナショナル・プランは12回も修正されたので,最終的に批准されたものは最初の計画よりはるかにひかえ目なものになってしまった。多くの評者は,1988年憲法の最も保守的な部分は農地改革に関する条項だと感じた。

国会議員の意見は最終的に一致し,計画案から生産的な農場を収用の対象から除外することになった。この規定は600農村基本単位(1基本単位は特定の地域で4人家族を支えるに十分と思われる土地の広さ)以上の農場はすべて収用の適格とすると云う本来の計画立案者の意図に反していた。生産的の意味は依然として相当漠然としていたので,この定義は大きな混乱要因となった。生産的農場は憲法では,土地の80%が有効に利用されている農場と規定された。その場合には生態的条件と労働条件の標準が考慮され,またそこでの「利用によって土地所有者と労働者は標準的と考えられる収益がえられる」ことになっていた[11]。この生産的農場の定義は当時の政府の農地改革への取り組み方を示している。

ジョゼ・ゴメス・ダ・シルバは,彼が最初に起案した農地改革法に改変を強要されたことに抗議して,INCRAの総裁を辞任した。ダ・シルバは,非生産的な私有地を直接収用する法律を成立させなければ,この計画は真の改革を実現できないと主張した。もしMSTがこの考え方を積極的に推進し続けなかったなら農地改革は,大土地所有者によるこの正面攻勢から立ち直ることはできないだろうと主張していた。多くの人々も同じ意見であった。

第2節　ブラジル北東部

1. 貧困と刑事責任免除（法的不可罰性）の伝統

　再配分方式の農地改革の考え方がなぜ，ブラジルの政治的エリート層のこのような反発をまねいたのかを理解するためには，この国の政治と経済の発展の歴史をかなりよく知っていることが必要である。その最も深い根はブラジルの歴史が始まった北東部にある。

　この国が誕生したところであり，ラテンアメリカ全体で最も貧しい地域の1つとしてよく知られている北東部諸州は，ブラジルの国民感情で特異な位置を占めている。北東部はブラジル総人口の約30％を占めるだけであるが，この国の貧しい人々の半分以上，農村の貧しい人々の3分の2がそこに住んでいる。ブラジルの北東部はアメリカ合衆国で云うならプリマス植民地であり，アパラチアである。サトウキビの生産がはじまり，ブラジルを新世界で最も利益のあがる植民地に発展させ，今日もこの国全体につきまとって悩ませている不平等と貧困の構造的基盤を定着させたのはこの地域なのである。

　1984年にMST(土地なし農民運動)が創立集会を催した当時，その土地闘争には最南部の地域だけを中心にするのではなく，全国の農村の貧しい人々も参入させるのでなければならないと考えていた。ナタリーノ十字路やその他のリオ・グランデ・ド・スール州とサンタ・カタリーナ州にある野営地を発生させた類の不平等な土地所有状態は，ブラジル中に存在していたし，この運動は北東部では農村の抵抗の歴史がたよりにできることを知っていた。この運動のリーダーの1人ジョアン・ペドロ・ステディレJoão Pedro Stédileは，ジョゼ・デ・ソーザ・マルチンスJosé de Souza Martinsと云うブラジルの主導的な農村社会学者でカトリック教会の助言者がCPT(Comissão Pastoral de Terra土地司牧委員会)の初期の集会で云ったことを記憶していた。マルチンスはこの始まったばかりの運動は国中の農村闘争から力を借りるべきだと主張し，MSTは全国的な運動になってはじめて変革の力となることができると云った。

　1985年に最初の全国会議を催し，23州から代議員が出席した。多くの人々はCPT反対派の労働組合，中央統一労組(CUT, Central Único dos Trabalhadores)，

新たに結成された労働者党(Partido dos Trabalhadores, 1980年に公式に結成)出身の活動家であった。当時の労働党の総裁ルーラもこの会議に出席していた(ルーラは2003年にブラジルの大統領に就任した)。

この会議に出席した1,500人は，3日間，運動の原理と戦略を討議した。彼らの決議はMSTの組織の指針となり，ブラジル民衆に対する綱領に書き込まれた。集会の終りに，活動家たちは出身州に帰り，MSTの枠内で地方の土地闘争を指揮し始めることを誓約した。次の10年の間にMSTの農地改革要求はこの国のいたるところで炸裂し，全国レベルで政治と社会の変化の重要な声になると思われた。

ブラジル南部の生まれで，出身州をはなれて北東部で働いているMSTの1活動家，ジャイメ・アモリンJaime Amorimは，この運動がこの地方で拡大に成功したのは，「すべての人々を統合する問題，つまり土地問題をとりあげたからです。土地は必要不可欠なものであり，すべての人を一つにする天の声です。…労働者に土地をもつ機会を与えたのも，大衆による土地占拠と云うアイディアを教えたのもこの天の声なのです」と云っている。

ブラジル全域で農村闘争を統合することはMSTの最大の強みの1つになるであろうが，それは容易なことではないし，MSTがどこでも成功すると云うものでもない。ある環境で生まれ，成長したMSTの活動家は，他の州で経験する新しい現実に適応することが難しいことをしばしば認めた。彼らが行くところではどこでも，農村の貧困にすでに取り組んできた人々，とくに地方の教会のリーダーや労働組合員と接触することになった。MSTの最も活発な活動家である若い理想主義者たちは，組織の柔軟性とイデオロギーの一貫性をめぐって絶えず緊張が生じるので，このような他の社会の活動家たちとその活動と期待されるものをどのように調整すべきかを学ばなければならなかった。

サンタ・カタリーナ州で長い間活動したMSTの活動家ディルソン・バルセロDilson Barcelloが1999年に，地方の集会で表明される意見の多彩ぶりに当惑して，「意見が多種多様なことは認めなければなりません。しかし，それはそれとして，原理を守り，目的を堅持しましょう」と云った。

ブラジルのすべての地理的地域のうちでMSTを進展させる上でこれまで恐ら

く最も困難であるが,大きな意義のある地域は北東部であった。ブラジル北東部におけるサトウキビ生産は,広大な土地を支配し,土地とそこで働いた人々の両方に対してほとんどすべての権力を行使する非常に強力な階級を形成した。その強大な土地所有者たちはその土地を食料生産に利用しようとはしなかった。彼らの目的は富を獲得することであった。植民地時代にはポルトガルの国王はこの目的を支持した。それは,ポルトガルの人口は100万足らずであったので,ブラジルで土地を直接利用する差し迫った必要がなかったからである。ポルトガルの支配者たちの第一の関心事は,輸出からの税収にあり,それで王室の財源を豊かにし,版図が拡大した帝国の防衛を実施しようとした。産物の輸出はブラジルの主要な事業になった。ヨーロッパと後には北アメリカの豊かな消費者は,温帯気候では生産できない産物である砂糖,コーヒー,カカオ,タバコ,木綿,ロープの材料になるサイザル麻を求めていた。

　発見後,最初の400年間,ブラジルは輸出向けに栽培されるあれやこれやの産物に大いに依存していた。不幸にもそれらはすべて市場が非常に不安定な産物であった。砂糖,コーヒー,カカオは贅沢品で,その価格は豊かな国々の経済状態によって激しく変動した。ブラジルの生産者も他の熱帯地域との激しい競合に直面した。サイザル麻と木綿とタバコは熱帯の諸地域以外でもある程度生産できたし,容易に入手可能な他の産物による代替も可能であった。

　短期市場の移り気と,価格が低下する長期的傾向は500年の間,北東部を悩ましてきた。強烈な景気循環が輸出依存によってもたらされ,好景気には巨大な富を生み出し,不況は地方の経済を壊滅させた。この周期的な景気の下降に小土地所有者は耐えられなかったが,そのことが大土地所有者の貧民支配を強化した。金はこの嵐をしのぐために必要であったが,多分もっと重要だったものは政治であった。高水準の負債に苦しんだ大土地所有者はきびしい時期には政治の力で州に補助金を拠出させて破産を回避することができた。

　北東部地域では単一の作物の栽培へ特化する傾向が圧倒的であったため,市場が不安定な輸出作物への依存の影響は深刻であった。地域の運命は,少数の輸出作物の市場に結びついていたことと,地方市場が20世紀までほとんど無視されていたことに関係があった。最良の資源はすべて輸出経済に向けられ,地方の民

衆の食料,衣料,住居,教育のためには用いられていなかった。プランテーションの労働者に必要な技術はごくわずかなので,教育は決して高く評価されなかったし,資金を投入することもなかった。教育水準の低さは次には技術革新の見込みをなくし,包括的な民主主義的制度の発展を妨げることになった。労働者を確保していたプランテーションの所有者は生産に寄与する時だけ医療施設を利用していた。それは病人を救うより,新しい労働者を見つける方がしばしば安上がりだったからであった。

　住民の個人的社会的苦痛はプランテーションによる単一作物経済では無視された。その結果,時々,抗議と反乱が起きたが,大土地所有者は常に克服した。彼らは地方権力を保持しており,外部からの支援に頼ることができた。外国の投資家ばかりか外国の政府も安価な熱帯産物の豊富な供給を確保するために支援していた。警察,裁判所,軍隊と云った公共機関はすべて土地所有者エリートのためだけに責任を負っており,一般民衆は責任の対象ではなかった。大土地所有者は刑事責任を免除される法的不可罰性のおかげで,威嚇と暴力を労働者と共同体に対して行使するのが容易になっていた。それが政治体制全体に大量の腐敗を生む原因になっていた。

　この地域で貧困の罠にとらえられた人々にとって最も広く行われ,効果のあった解決策は常に脱走することであった。何世紀もの間,脱走奴隷とプランテーション労働者と生活に窮した小土地所有者は自然環境のきびしいセルトンsertão(奥地)に生活改善の場を求めていった。セルトンとは北東部の半乾燥な内陸地域のことで,孤立とやせた土壌と荒あらしい気候から豊かな生活を望める環境ではなかったが,セルトンではある程度の独立と安全な暮らしが可能であった。

　不幸にもセルトンの大部分は有力な放牧業者とプランテーション経営者の家族の支配下にあり,沿岸部のプランテーション経営者と同じように無情な支配が行われていた。セルトンへ逃げ込むことに失敗した時には,どの世代の人々も工業化の進んだ南部の都市に向かった。そこでよりよい生活にめぐまれる人々もいるが,大部分の人々はそれまでと変わらない貧しい生活や犯罪に苦しんだり,都会の犠牲になったりする。北東部から移動してきた人々はしばしば低賃金労働者として歓迎されたが,彼らはつねに差別や搾取や偏見に悩まされ,時には北東部へ強制

的に送り返す処置に悩まされた。ある人類学者は次のように書いている。「ブラジル人の頭の中では,パウ・デ・アラーラ pau-de-arara(オウムのとまり木)と云う言葉は,暮らしの頼りになるものがない人々を北東部から南東部の都市に運んでくるトラックを連想させる。彼らの座席は木の長い板をトラックの荷台にわたしただけのもので,それに腰かけて1500km以上の行程を数日かけてやってきた。この言葉にはリオとサンパウロではひどい軽蔑の意味合いがこめられている。それは今日でも社会的に失格と判定された人に対してつかわれている。彼らを"くだらんやつら"などと罵倒しながら」[12]。

ブラジル政府は,外国政府や国際開発機関とともに,北東部を政治的トラブルの多い地域であり,ブラジルの他の地域の経済発展の足を引張っていると認めてきた。これは20世紀の始めからのことであるが,最近50年の間に事態は,一層深刻になったとみられるようになった。数10億ドルと云う資金がこの地域への投資助成と開発計画のために投入された。この資金は私的資本とともに,ダム建設,灌漑水路の開鑿計画,北東部の諸都市における印象的な工業施設建設のために投入された。たとえば,ダウやシェルやその他の大企業は西半球最大の石油化学工業団地をバイア州のサルヴァドール市の北東郊に建設するために巨額の資金を投下した。

この投資は北東部に数百万人の雇用をもたらし,急速な工業化を進展させたが,農村地域における社会と政治の慣行は,ほとんど古い大土地所有者の家族の手にゆだねられたままであった。合法的にも非合法的にも,古いエリート層はこの地域に流入する公的と私的の資本の分け前にあずかってきた。彼らが実際にその資金を経済発展に向けて調整された計画のために使用したかどうかはわからない。

ラテンアメリカの環境史の最近の研究者であるウォーレン・ディーン Warren Dean が書いているように,「州の基本資産を短期の私的な利益のために転用することが非常に巧妙に行われ,それがその州の存立のために不可欠と思われるほど深く根をおろしていることは,ブラジル史にたえずくりかえしあらわれる話題なのである」[13]。たとえば,北東部に送られるダム建設資金や,不平等と周期的に襲う旱魃の被害に苦しむ人々を救うために送られる資金は,実に見事に転用され,インドゥストリア・ダ・セッカ industria da seca(旱魃産業)として知られる部分経済

第2章　土地は第1歩でしかない：ペルナンブコ州と北東部ブラジル

を生み出してきた。この用語は汚職と，貧民救済に向けられた公的資金の転用と同じことを意味することになっている。それは植民地経営によって定着し単一作物経済によって悪化した不平等のもうひとつの遺産である。

　ブラジル北東部は，ブラジルにおける社会的公正と経済発展を促進させることに関心のある誰れにとっても明らかな巨大な挑戦の場であるが，そればかりか，それに挑戦することは道徳的義務でもある。この地域の貧困と不平等を解決することは，ラテンアメリカにおける最貧地域の一つの状態を改善するだけではない。この国の他のすべての諸地域における生活を改善することにもつながる。しかし，北東部における活動はむずかしいため，新しい将来をきずくためには数世代の不屈の努力が必要であり，これは単純に土地を配分することによって勝ちとれる戦いではない。それには政治と経済の制度の根本的変革が不可欠である。最も重要なことは多分，人々が自分自身の状況をみきわめる見方を変えることである。この章全体をみればわかるように，MSTは北東部で相当大きな成功を治めてきたが，500年間の不公正をくつがえす闘争は始まったばかりである。

2. 不平等の種子まき（1500〜1888年）

　ブラジルの北東部は，西アフリカのサハラ以南の地域に入り込んでいる大西洋に，ラクダのコブのように張り出した形に広がっている。アラゴアス，パライーバ，ペルナンブコ，リオ・グランデ・ド・ノルテおよびセルジッペと云う小さい州ばかりか，バイア，セアラー，マラニョン，ピアウイと云う大きな州をも含む9つの州からなり，一般に一つの地域にまとまると考えられている。この地域全体でテキサスの約2倍の広さがあり，ブラジル全国土の18％に相当する。

　この地域の景観はいちじるしく印象的である。東の沿岸部から少ない舗装道路の一つを西に向ってドライブすれば，3つの全く別の地域を通過したと信ずることになろう。大西洋の海岸に並行し，幅がいくつかの場所では125マイルある広い地帯が走っている。この地帯はかつては熱帯雨林でおおわれていた。この森林の多くは今や伐採されてしまっているが，今日でもゾナ・ダ・マタZona da mata（森林地帯）と呼ばれている。今日では大部分がサトウキビ畑でおおわれている。ゾナ・ダ・マタのすぐ西にはアグレステagresteとよばれる漸移帯が存在する。こ

137

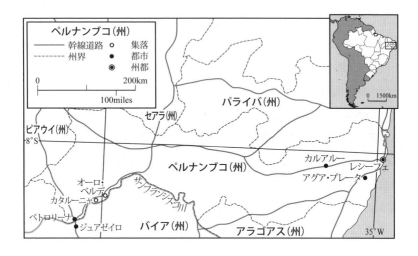

の地帯は沿岸地帯より海抜高度が高い。平均気温は摂氏15℃程度で他の地域より低い。この地帯は熱帯的な沿岸地帯ほど肥沃ではないが，北東部で消費される果物，野菜，畜産物の大部分がここで生産される。

　アグレステを通過して西へドライブを続けると，丘陵から半乾燥の内陸部に移動したことを示す景観と環境の微妙な変化に気づく。北東部のこの地域はセルトンとよばれる。セルトンとはポルトガル語で砂漠を意味する。この地域は実際には砂漠ではなく，年平均降水量はかなり多い地域であるが，降水量の変動が危険な水準にある。カーチンガ Caatinga とよばれる有刺灌木林にサボテンがまざった独特の植生が地面をおおっている。この植生の根はクモの巣状で，地中の水分を吸収するのに適しており，少ししか雨が降らなかったり，全く降らない何年間も生き残れる。セルトンは世界で最も人口稠密な半乾燥地域で，猛烈な旱魃による犠牲者の数の多さで悪名の高い地域である。

　ポルトガルの船が1500年にはじめて北東部のコブ，ポルト・セグーロ Porto Seguro（安全な港）とよばれる町に着いた時，彼らは自分たちが発見したのはどんな土地なのか見当がつかなかった。ペドロ・アルヴァレス・デ・カブラール Pedro Álvarez de Cabral はコロンブスのようにインドを目指して航海の途中だったので，ブラジルにはほんの数日いただけであったが，彼の書記にとっては，この日数は新たに発見したこの国の内陸には金があると想像して書くのには十分長いもの

第2章　土地は第1歩でしかない：ペルナンブコ州と北東部ブラジル

であった。

　　先住民の1人は白いロザリオをみて，欲しいと云う合図をした。彼はロザリ
　オをじっとみつめ，胸にひきよせたり，腕にまきつけたり，仲間に見せた。そ
　して，船長にかわりに金をやるからロザリオをくれと合図しているかのよう
　であった。われわれは彼が伝えようとしていることがわかった。それはわれ
　われが望んでいたことだったからであった[14]。

　カブラールの書記がこのメッセージをポルトガル国王にあてて書いた後，艦隊は錨をまきあげ，東南方のインドを目ざして出航した。ポルトガル国王は新たに発見した土地は豊かかもしれないという話を受けとったが，その時には，この植民地を開発するための資金がないし，そこで開拓に当らせる人もいなかった。1700年代と1800年代にアメリカ合衆国に移住しようとしたのは，自由を生きることにあこがれた，くたびれたあわれな群衆で，ブラジルに移住しようとは考えなかったし，できることでもなかった。ヨーロッパは，カブラールが北東部に上陸した当時，封建制が変化し始めたばかりで，その後の人口増加は，長い危険な外地への旅を喜ぶ過剰な人口をまだ生み出していなかったし，何10万もの人々をイギリス系アメリカへ追い出す宗教的迫害はまだ力を蓄えていなかった。

　ブラジルにおける広大な領域とポルトガル帝国の拡大するその他の領域を如何にして効果的に統治するかと云う問題に直面して．ポルトガル国王は巨大な領域を有力な貴族と王の寵臣に分配した[15]。この新しく知られた植民地は14のカピタニアとよばれる巨大な行政区に分けられ，それらを国王の名において支配するカピタンCapitãoにまかされた。全部あわせると，カピタニアはイギリス系アメリカの初期に創設された13州よりかなり広かった。しかし，それらは同じように巨大であったが，12人のカピタンに全領域の統治責任がまかされていた（2人のカピタンは2つのカピタニアを与えられていた）。カピタンはすべて国王の近親者で，彼らはその領地を支配する法外に自由な権利を与えられていた。彼らは租税を徴集し，法律を制定し，地方の行政官を任命し，土地を分配する権利を与えられていた。このような権利は，すべて相続が可能であったが，売ることも買うことも

139

できなかった。理論上，これらの土地の権利は，カピタンが土地で利益をあげ，ポルトガルに当然の税を支払う能力がないことが立証された場合には，国王は特権を剥奪することになっていた。このような方法で国王はほとんど，あるいは全く犠牲を払うことなく，新しい植民地におけるポルトガル支配を確立した。その結果，ブラジルの社会と経済と政治の核心に不平等が導入されたのであった。

　新しい植民地の初期に最も利益のあがる資源は北東部の海岸をおおっていた森林地帯であった。ポルトガルの植民者たちはこの地方の原住民に丈の高い密に生育したブラジルの木を伐採させ，ヨーロッパに向う船まで運ばせた。この木はブラジスbrasis（単数ではbrasilで，国名の起源になった），あるいはブラジル木とよばれ，この木の材を煮沸してつくった紅色染料は利益があったが，最初にサトウキビの茎苗が植えられた頃には，この新しい植民地から全く姿を消してしまっていた。

　1500年代の初期には砂糖は金と同じくらいの価値があった。ドゥアルテ・コエリョ Duarte Coelhoはペルナンブコの颯爽としたカピタンで，1537年にサトウキビをその新しい領地にもってきた。その時以来，サトウキビはブラジル北東部の支配的な作物になった[16]。北東部の沿岸部の深紅の粘土質土壌は泥炭状の腐植質が豊富で肥沃であり，この作物に適している。サトウキビは，また，北東部の起伏のある土地を利用する点でとくに都合の良い作物であるが，それはこの作物は根が長いので丘の斜面でも栽培できるからである。1580年から1680年まで，ブラジルは世界最大の砂糖の生産と輸出の国であった。この時代はブラジルにとって砂糖の黄金時代で，アンティル諸島でのオランダの砂糖生産がポルトガル植民地に挑戦し始めたのは1700年代になってからであった。

　ブラジルでサトウキビを生産するのには相当多額の資金が必要であった。この作物の栽培と収穫には多額の費用がかかり，そのうえ太西洋を横断する輸送と云う危険な業務の費用が加算されることになっていた。プランテーションでは農場は広大になりがちであったが，それは生産者が規模の経済を確保できる場合にしか，生産が可能にならなかったからである。これらすべての条件はカピタニアにおけるサトウキビ生産は第一に金持ちにふさわしい事業であったことを示している。製糖所の所有者セニョール・デ・エンジェーニョはプランテーションを閉鎖社会として運営したが，プランテーションの中では彼らは雇用者であり，銀行であ

り，商店主であり，父親の理想像であり，法律であった。セニョール・デ・エンジェーニョは，聴き，従い，尊敬することを要求できる敬称，資格，肩書きになった[17]。

　1500年代の中期に，製糖所が整備された頃，最も差し迫った問題は，サトウキビの栽培，除草，収穫，非常に難しいサトウキビの搾り汁の煮沸の作業以外の召使いの仕事のために十分な労働力をどのようにして確保するかと云うことであった。植民地時代の初期にブラジルに来た独立の入植者はごく少数で，プランテーションで肉体労働をすることを考えていなかった。それは，1690年にある植民者が次のように云っていることから明らかである。「植民地では奴隷に働くよう命じたり，何をすべきかと指示すること以外のことをするのは，白人にはふさわしくないことだ」[18]。

　プランテーションで働くよう納得させることはとくに難しかった。それはその仕事が肉体的に過酷で，気温ばかりか湿度も高い熱帯の環境が長時間の労働をさらに一層苛烈ものにしたからである。収穫期は1年中続くこともある。労働者はサトウキビの茎を切りそれをたばね，荷車に積みあげた。そしてサトウキビを積んだ荷車を製糖所まで押して行くことになる。サトウキビの製糖作業は暑くて危険をともなうが，それは原始的な技術で作業をする人々にとってはとうてい安全なものではなかった。労働者たちは大きな釜でサトウキビの茎の搾り汁を煮沸しなければならなかったが，大きな釜の縁越しに水を注ぐことによって焦げ付かないようにすることは容易な作業ではなかった。ある人は当時の様子を観察して，「製糖所は地獄だ。彼らの主人はみんな呪われている」[19]と書いている。

　プランテーションで働く人々を納得させることは難しいため，植民者たちは先住民を強制的に労働力源として使用することになった。1500年にカブラールの船からポルトガル国王に報告を書いた書記，ペロ・ヴァス・デ・カミーニャ Pero Vaz de Caminhaは，先住民は無邪気で，力強く，健康な身体をもっていると認め，その魅力にとらえられた[20]。ポルトガル人がはじめて原住民に会った時には，会話による意思の伝達はむずかしかったが，カブラールは，神の言葉で意志を伝えようと考えた。カブラールは木製の十字架をもっていき，それを砂地に立てて，新しい土地でカトリックのミサを執り行った。ポルトガルの水夫たちがミサを行った時，このトゥピ・グアラニー Tupi-Guarani族は海岸にねそべって，その不思議な言

葉に耳をかたむけた。彼らの多くは裸か，羽毛で身体をおおっていた。彼らにはほとんど恐怖の様子がなく，ミサが終った時には，ポルトガル人をまねて，十字架の前にひざまずいた。カブラールの書記は王に次のように書き送った。

　船長は，この人たちは非常に無邪気で，もし彼らを理解することができ，われわれのことを理解させることができたならば，彼らはたちまちキリスト教徒になるだろうと考えています。彼らはみるかぎり，どんな信仰ももっていません。…そしてカブラールは，〔この先住民に〕健全な身体と善良な顔を，善良な人々に対してするように与えた主イエスは，キリスト教徒をこの地に理由なく送ったはずがないと信じています。

　先住民には霊魂があり，キリスト教に改宗される可能性があると云うことは，プランテーション経営者を難しい立場においた。彼らはプランテーションの労働力が必要であるが，先住民はサトウキビ畑で自発的に働こうとしなかったし，魂をもつ人々を奴隷にすることは教会の教えに反していた。1570年には政府の法律も先住民の奴隷化を禁じた。しかし，多くのプランテーション経営者はこの法律を回避する方法をみつけていた。1つの方策は，先住民は人食い人種で，この野蛮な行為を行っているのだから，奴隷の有資格者なのだと主張することであった。これは全く真実ではなかった。先住民のごく一部の集団が実際に人食い人種だっただけであった。しかし，この説明は奴隷化の口実につかわれた。

　いずれにせよ先住民は痛ましくも奴隷にされる結果となった。北東部の沿岸地帯に住んでいた先住民は伝統的に移動生活者で，気候の変化にともなって移動したり，また，植物や動物の季節的移動にともなってある場所から他の場所へ移動していたので，彼らは長時間労働が期待される条件をよろこばなかった。多くの人々が不慮の死をとげたり，逃亡したりした。推定には相当大きな差があるが，ある権威者の計算によれば，ポルトガル人がはじめて上陸した当時，ブラジルには約350万人の先住民がいた[21]。彼らの約80％はヨーロッパ人との接触の結果死んだが，それは主として先住民がさまざまな病気に耐えるのに必要な抗体をもっていなかったからであった。先住民は，以前，麻疹や天然痘や結核や腸チフスや赤痢

第2章　土地は第1歩でしかない：ペルナンブコ州と北東部ブラジル

やインフルエンザに罹った経験がなかった。

　先住民の人口が奴隷を補充できないことが明らかになった時，プランテーション経営者たちは次第にもっとたよりになる労働力源，つまり，アフリカ奴隷に転換することになった。若いアフリカの男性は理想的な労働力とみなされたが，それは彼らの多くが故郷で奴隷制度を体験していたからであった。ブラジルにつれてこられた奴隷の大部分は，今日のアンゴラとモサンビークの出身であった。彼らは製糖所の恐ろしい暑さと長時間の労働に十分耐えるほど頑健で，1500年代の後期には，アフリカ人奴隷は先住民奴隷の2.5倍の価格で売られていた[22]。アフリカ人奴隷は，労働問題の理想的解決策であると思われた。奴隷制が1888年に廃止される以前には，ブラジルは西半球の他のどの国々よりも多くの奴隷を輸入していた。その数は350万人を越えていたらしい。

　1500年代にブラジル北東部に形成された社会は，富裕なプランテーション経営者と彼らの奴隷をめぐって展開していた。プランテーションの経営者たちは，普通，プランテーションのカーザ・グランデ(casa grande 大邸宅)に住んでいたが，一方奴隷たちはカーザ・グランデをとりまく棟割り長屋で暮らしていた。主人の住居の管理にあたっていた少数の奴隷はしばしば優遇されていた。その状況はブラジルで最もよく知られた社会学者の1人，ジルベルト・フレイレGilberto Freyreが，後に，この地方を「人種的民主主義」の社会と判断したほどであった。

　フレイレは，ペルナンブコと云う北東部の州における1500年から西半球で最後に奴隷制が廃止された1888年までの，プランテーションにおける人間関係を検討した[23]。彼はその著書，Casa Grande e Senzala(大邸宅と奴隷小屋)(鈴木茂訳「大邸宅と奴隷小屋」2005年，日本経済評論社)を1933年に最初に出版して有名になったが，この著書で，ブラジルの奴隷の主人は奴隷たちに対してしばしば寛大で，温情(家族)主義的であったと説明した。フレイレは1800年代後期における小規模な製糖所(エンジェーニョ)が大規模な製糖工場(ウジーナ)へ発展したことを憤り悲しんだ。

　　大きな邸宅から出てくる白人が奴隷を過酷に，残酷にさえあつかったことは
　　誰も否定できない。しかし，奴隷の所有者は，粗末な奴隷小屋の黒人たちに対

143

して，今日の製糖工場の所有者がその雇い人たちに対するよりも常にはるかに温情的であった。たとえば彼は年老いたり，病気になった黒人をいつまでも雇い続け，保護し続けていた。…たとえばジョアン，アントニオ，ペテロの3聖人を祝う6月の祭りや地方の民俗行事など祭りの催しは，しばしば所有者とその労働者が親しく交わる機会になった[24]。

フレイレは，ブラジルにおける人種差別がアメリカ合衆国やラテンアメリカのスペイン語圏にくらべてはるかに穏やかだと云われているのは，プランテーションにおいて白人と黒人がたえず混交していることによると主張した。また，フレイレは，多くの若者は，はじめて出会った異性が黒人の婆やであったので，有色人種に対して特別の愛着が育まれたと主張している。

この主張は次の2つの主な理由でブラジルの学問と社会のエリート層に即座に広く知られることになった。フレイレは，奴隷労働に非常に大きく頼ってきたことに対するかれらの罪の意識をやわらげ，そしてブラジル人の愛国心に訴えると云う主旨の説明でしめくくった。また彼は，ブラジルにおける人種混交の歴史は，アメリカ合衆国とスペイン系アメリカでみられるようなひどい人種対立がなく，異なる人種を同じものとみる融和社会をつくり出したと主張したのである。（ブラジルの最近の大統領，フェルナンド・エンリケ・カルドーゾは，1994年の大統領選挙のキャンペーンで，フレイレの白人と黒人の異人種混交理論を露骨なジョークにかえた。その時，彼は自分だって「片足キッチンに入れている」と云ったが，それは自分は先祖とアフリカ人奴隷の和合の産物だと云うつもりだったのだ）。

フレイレは，必ずしもブラジル社会はそのとおりだと信じていたわけではないが，彼は，階級や人種にもとづく急進的な革命や社会運動はブラジルには適合しないし，成功を期待できないと提唱した。彼は，この国はよりよい，より民主主義的な社会に，この種の運動が必然的に伴う犠牲を払うことなく進んで行くことができると主張した。しかし，1960年代には，フレイレの主張は次第に批判されるようになった。歴史家は，奴隷たちがブラジルで耐えしのんだ残酷な扱いの証拠を多く発見しつつあったが，一方，社会学者と人類学者による現代ブラジル考察は，奴隷制の不公正がどのように貧困に，階級性に，暴力にひとしく結びついているか

第2章　土地は第1歩でしかない：ペルナンブコ州と北東部ブラジル

を明らかにした。ブラジルの人種差別は多様で，いくつかの点でアメリカ合衆国における人種差別より複雑であり，微妙な差異がある（ある最近の研究はブラジルで人種を確定するために普通に用いられている用語を100以上あげている）。ブラジルにおける貧困は人の皮膚の色と密接に関係している。情報提供者の1人，ロビン・E・シェリフ Robin E. Sheriff のブラジルの人種と人種主義（人種差別）に関するすぐれた研究は次のように云っている。「奴隷制は終った…彼らはわれわれを打つのにムチを用いた。今日では彼らはわれわれを飢餓で苦しめている」[25]。

サトウキビ・プランテーションが島のように列なる地帯を越えた北東部の内陸部，アグレステとセルトンは少しずつ探検され，開拓されていっただけであった。サトウキビ・プランテーションを経営する資金や縁故がなかった何人かのポルトガル人入植者は，アグレステに進出し沿岸部の発展しつつあった市場向けに農産物を生産する農民になった。セルトンはさらに内陸にあり，今日ではこの国で最も荒涼とした土地として知られている。数少ない人々が1600年代後期までにアグレステの高地を越えてあえて進んでいった。それは豊かな金の鉱床が，この地方の内陸の奥深くで見つかったと云う噂さが立った時のことであった。

セルトンに住んだ人々はセルタネジョー（奥地の人）とよばれ，ブラジルのカウボーイとして，アメリカ西部の放牧場の労働者に比せられてきた人々である（ただし，アメリカのカウボーイと比較するのにもっとふさわしいのは多分ブラジル南部のガウショである）。セルネタジョーはカーチンガ（植生）のように極度にきびしい条件を生きぬいてきた，次の雨まで旱魃に絶えてきた人々であった。

グラシリアーノ・ラモス Graciliano Ramos による「不毛な荒れ地の生活」と云う有名なブラジルの小説は，旱魃に襲われると，セルトンではどんなに生きるのが難しくなるかを記録している[26]。この小説は，旱魃の間，主人の牛が死なないように放牧場から他の放牧場へ移動させるセルトンのある家族を追跡している。彼らはひたすら冷静に，そして断固とした決意で次の旱魃が始まるのにそなえて生きのびる。この小説をもとにした演劇が定期的にブラジル全体で行われるが，それはこの演劇が北東部における生活の貧しさを痛烈に批判していることと，このような困難な条件と戦う人間精神の勇猛さを評価しているからである。

ブラジル北東部の変化に富んだ地理的地域は全体的に，この国で最も貧困な地

145

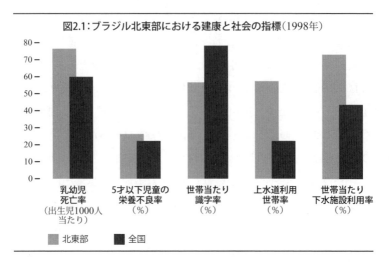

図2.1：ブラジル北東部における健康と社会の指標（1998年）

域を形成している。ブラジルにおける飢餓についての著作でよく知られたブラジルの地理学者，ジョズエ・デ・カストロ Josué de Castro は，北東部を受難の60万平方キロメートルという名で呼んだ[27]。プランテーションにおける過酷な社会的条件と，奥地における生き残りのはなはだしくむずかしい環境条件がこのような悲惨な状態を生み出してきた。そのことは福祉に関するあらゆる指標の値が，北東部で生活する人々の場合には，この国の他の地域で生活する人々の場合より相当低いことから明瞭である（図2.1）[28]。

アメリカ人は中年を若々しいと考えるが，中年の北東部の人々は，実年齢よりはるかに年をとっているようにみえる。かれらはアメリカ合衆国ではずっと以前に消滅してしまったさまざまな病気の犠牲になっている。マラリア，コレラ，結核，デング熱は小さい町で流行する。健康管理は公共サービスと考えられ，政府は理論上，医薬と治療を無料で提供することになっているが，この地域では，（全国どこでもそうであるが）最もすぐれた医師と医療施設は，私的に治療費を払う余裕がある裕福な患者のために用意されていると云う。これは不平等のレベルが高いことのあらわれであると云われる。政府の援助に頼る貧しい人々は病気に苦しみ，若死にする人もかなり多いが，そのわけは政府が健康管理のために適切な資金を用意できないか，していないからである。

北東部における教育の分野は医療体制と同じくらい劣悪である。北東部では

世帯主(一般に男性)の40％以上は非識字者と考えられているが、この割合はおそらく低く見積もられている。国連の2000年の推定によれば、北東部の若年層の26.1％は非識字者であった。これに対して南部のこの割合は2.7％であった。多くの子供が家で両親を助けるために通学しておらず、通学している子供たちさえ、現実の世界で役に立つことをほとんど学んでいない。たとえば、ほとんどの小学校で英語を教えており、ポルトガル語の読み方を学んだことがない子供たちが律儀に"good morning", "good afternoon", "good night"の云い方を練習している。

　北東部で直面するあらゆる難問のうちで、多分最も深刻なものは飢餓である。飢餓は北東部のどこでもみられ、それが多くの異なる形でやってくる。飢餓のスペクトルの一方の端には、人々を定期的に苦しめる静かな飢餓があり、何日間もカロリーが不足して、動作が鈍くなり、気力がなくなる。多くの人々は、昼間長時間働いても自分や家族を養なうのに十分な賃金が保証されないため、毎晩、腹を減らしたまま寝てしまっている。世界の他の地域の人々がコーヒーに砂糖を入れ、ケーキを美味しく食べることが出来るように働いている人々が、自分たちのために基本的な食料を買うことができないとは皮肉なことである。つまり、サトウキビは飢餓を育てる多くの作物の中の一つなのである。

　北東部のMSTのある活動家は1999年に次のように論評した：

　　今日では、どんなに働いても、やっと生きられるだけだ。1日16時間、サトウキビ・プランテーションで働いても、食べ物が十分得られない人たちがいる。彼らの大部分は食わずに労働力を売りに行く。午後、彼らはプランテーションの小さい売店に行き、碾き割りトウモロコシとマニオクの粉と魚をいくつかまとめて買入れてきて、晩に食べる。次の日、彼らは何も食べるものがないので仕事にもどる(29)。

　このような飢餓状態が何年間も続くと、身体が要求する余分のパンや少量の蛋白質を得るために熱心に働こうとすると、たちまち疲労に襲われる。

　飢餓のスペクトルの他の端には気持ちを押しつぶす飢餓、猛威をふるう飢饉がある。しばしば北東部を苦しめる旱魃が飢饉をもたらす。旱魃は極端な天候に変

る傾向がある。旱魃と洪水が周期的にこの地域に荒れ狂い,多くの人々の命をうばう。1997年に始まった旱魃は1999年まで続き,480万の人々を限界的な食料欠乏の状態に落し入れた。国連の食料農業機関FAOは,これらの人々に餓死の危険がせまっていると警告した。他に500万の人々は清潔な水の不足による重大な脅威にさらされていた。

　旱魃はあきらかに環境的,あるいは自然的な災害であるが,社会的諸要因はその状況を悪化させる。若干の備えがある人々は,たとえば食料を買うための金が銀行にたくわえてあったり,売ることができる価値のあるものを少しもっていたりする。より安全な地域まで彼らを移動させる余裕のある親族がいる場合には,被害は少ないであろう。しかし,すでに首まで水につかっている時には,ごく小さい波でも人を沈めてしまうことができるのである。

　旱魃がもたらす不安定な状況は,北東部にポルトガル人が最初に到着して以来この地域に風土病的にまとわりついてきた汚職のために悪化した。汚職事件,定期的に行われる連邦の緊急救済基金の分配にともなう汚職は「旱魃産業」を生んできたが,この基金を政治家たちは水を確保するためにではなく,自分のためにポケットに入れた。旱魃救済のための食料は投票と交換され,掘られる井戸は,旱魃で苦しんでいる人々の生き残りのためではなく,作物に必要な豊かな人のために最も多く用いられる。この現実の悲劇は,北東部の自然環境条件が半乾燥であることによるらしいのであるが,もし適切に管理されれば,この地域には,そこに住んでいる人々すべてに供給できる十分な水が実際にあるのである。地下には1人当たり約4,300立方メートルの水を供給できる淡水の海がある。(国連は1人当たりの水の最小必要量は2,000立方メートルと推定している)。北東部における年平均降水量はテキサスとアリゾナにおける農業地域の降水量の2倍である。不足しているのは水ではなく,水を最も必要としている人々に供給しようとする政治の熱意なのである。

　1998年の旱魃時には厳しい状況がサキsaque(略奪)とよばれるものを頻発させる原因となった。サキは商品,一般に食料を店舗や倉庫やトラックから奪い,食料が十分にない人々にそれらを分配する慣習である。旱魃中と旱魃後数カ月の間に,MST(土地なし農民運動)は北東部において最も目立ったサキの組織者になっ

第2章　土地は第1歩でしかない：ペルナンブコ州と北東部ブラジル

ていた。このような活動は厳密に云えば違法であるが，多くの政治家と宗教指導者は，この地域における飢餓の広がりを考えてMSTのサキを支援すると表明した。1998年にペルナンブコ州知事，ミゲール・アラエスMiguel Arraesは，「サキを襲撃や略奪といっしょにすることは，非常に深刻な社会問題を暴動として処理することと同じだ」と云った[30]。カトリック教会の高位の司祭たちもこの慣習を正当と認め，「生き残るために彼らの所有物でない何かを奪う人は罪を犯したことにはならない」[31]と主張してきた。ジョアンペソアの大司祭のこのコメントを当時のブラジルの大統領，フェルナンド・エンリケ・カルドーゾはただちに批判したが，このコメントに促されて連邦政府は北東部に緊急援助資金を投入した。

　北東部にきわめて広範囲にわたって顕著な不平等と貧困は，法律で指定される場所以外の場所で行われる生き残り戦術が正当と認められる理由であると思われる。土地のない人々はこのような行動をMSTの運動の名において企てるが，サキ自身は北東部における山賊行為と云う伝統的慣習にその歴史をもっている。植民地時代と19世紀には，富裕な大土地所有者の支配を脅かした最も執拗な活動の1つは山賊であった。奥地へ旅する用心深い人たちは，無法者から身を守るためガンマンを雇っていた。

　山賊の中で最も有名なのはランピオンLampiãoである。彼はかつては学校の先生で，眼鏡をかけていた。大部分の人々がやっと自分の名前を署名できる程度であった地域では偉大な象徴的知識人であった[32]。ランピオンは1920年代後期から子分をひきつれて放牧場やプランテーションを荒らしまわったが，1938年に逮捕され処刑された。時々，ランピオンが率いる山賊は町全体を占領し，食料品と生活用具を奪った。時には事前に町役人に電報で要求するものを用意するよう予告しておき，暴力をふるわないですむようにしていた。

　ランピオンには多くの女性の仲間がいたが，彼の貞節な妻はマリア・ボニータMaria Bonitaという若い女性であった。ランピオンとマリア・ボニータはいつでも2人一緒に写真にとられており，その肖像写真のコピーは莫大な数，今でも頒布されている。ランピオンは地方特有の皮の衣服を身にまとい，つばがひろく，まわりがはねあがった皮製の大きな帽子をかぶり，はなやかなセルタネジョーのカウボーイのなりをしている。他の山賊と同じように，ランピオンは，大土地所有者や

149

政府と戦っていた大土地所有者にガンマンと一緒にやとわれた。ランピオンは，また，略奪物を貧民に分配したことで（ロビンフッドほどの人気はなかったが）貧しい人々から永遠にしたわれる存在になった。それは，多分，彼を捜し出そうとした傲慢な大土地所有者と警官をかわして華麗に生きのびたことによるのであった。

山賊行為はいちじるしく不平等な社会的背景で生き残るための戦略である。サトウキビ地域で農村労働者を組織したMSTの活動家たちは，次のように云った。「ここでの彼らの生き方だったのだから，暴力は北東部で生き残る方法なのである。山賊と云う生き方（オ・カンガソ o cangaço）は抑圧されている人々の欲求不満の叫び以外の何ものでもない」。

山賊行為は北東部では，そのうえ合法的な政治に浸透している。コロネリスモ coronelismo（ブラジル王制時代に確立したボス政治）はこの地域の政治を支配する体質で，それは強力で専制的な人物をもてはやす文化を育てた。1993年に当時のパライーバ州の知事ロナルド・クーニャ・リマ Ronaldo Cunha Lima は大衆食堂に乱入して，前知事を銃撃した。彼の行動は彼の家族の名誉を守るためのものとして正当化された。前知事はリマの息子が政府の資金を使って彼の友人を援助したことを告発したのだった。新聞はそれを痛快なスキャンダルとしてとりあげ，数日，その話題を連載した。リマは家族の名誉の問題を自分自身の手で解決するほど力強いと盛んにほめられた。彼は1週間監獄ですごし，次の月曜日に職に復した[33]。

リマ家の例は極端な例であるが，縁故関係と威嚇は，植民地時代のカピタニアと同じ価値として今日も続いているのである。ブラジル全体でもそうであるが，北東部における飢餓と貧困と汚職は資源の不足に原因があると云うわけにはいかない。信じられないほどの不平等と汚職は，ここでは豊かな資源の分配に関連する問題なのである。

第3節　抵抗の歴史

1. キロンボ，カヌードおよび小農民同盟

貧困と不平等と政治的支配という諸条件が卓越するにもかかわらず，この地域

には，貧しい人々が組織的に抵抗した例はほとんどなかったようにみえる。その理由としてフレイレは，社会的な不公正を解決する手段が，人種間と階級間の親密な関係の中にすでに存在していたので，そのような抵抗は不必要であったと指摘している。しかし，別の解釈があらわれてきている。それは，多分，人々はさまざまな仕方で抵抗してきたが，彼らの努力を公式に歴史的に記録する方法が見つからなかったからだと云う説である。歴史と云うものは勝者によって書かれる傾向があるからである。この説明は過去30年の間に広く認められるようになってきた。ブラジルの学会と研究者が，ブラジル人が全国的に，とくに北東部で企てられた環境事情に抵抗した数多くの事例について，多くの事実を発見してきたからである。MSTの活動家と構成員は現代の土地闘争を組織するのに，抵抗の歴史を頼りにしている。

　抵抗の試みの1つは，従来，家父長的温情主義のプランテーション所有者に優遇されていた「従順な」集団，つまり奴隷と考えられていた人々によって，プランテーションで始まった。実際に，多くの奴隷がそのプランテーションから逃亡したのは，そこで耐えていた条件が彼らにとって耐え難いものであったことの証明であった。このような逃亡奴隷はモカンボ mocambos とよばれる共同体をつくった。モカンボとはアフリカ語で隠れ家を意味する言葉で，キロンボ quilombo と云う用語がより普通につかわれるようになるまでこの用語が使われていた。キロンボは逃亡奴隷の隠れ家，潜伏共同体で，西インド諸島のマルーン maroon（孤島に捨てられた人々の共同体）に当たるものである。歴史家たちは歴史的記録を探り出し，この種の共同体をみつけるたびごとにその勇敢な性質にますます尊敬の念をいだくようになっている。

　多分，最も有名な逃亡奴隷の共同体はパルマレス Palmares であった。パルマレスは逃亡奴隷が集まってできた共同体で，現在のアラゴアス州（ペルナンブコ州とバイア州にはさまれた州）の内陸部にある。パルマレスは1605年前後に形成され，その後もこの聖域（隠れ場所）のうわさを聞いた逃亡奴隷が集まってきて成長を続けた。パルマレスは別々の数集落から成り，その範囲に2,000人の人々が住むようになった。この共同体はアフリカ人とヨーロッパ人の両方の組織を結びつけて管理された。王政と集落会議と専門的な戦士集団を通じての統治は代議制と行

政と云う法律尊重主義の形態で行われた。パルマレスは平和な共同体で，人々の生活は奴隷にされたことへの復讐より土地の共同所有と生産活動に中心をおいていたが，パルマレスの存在そのものは，しかし，ポルトガル人を脅かすものであった。それは奴隷労働に依存する経済にとって危険な存在であったので，そこにきて暮らす人々は前の主人からたえず攻撃されることになった。

　オランダ人も1630年から1654年にかけて短い期間，ペルナンブコ州を支配した時，逃亡奴隷を征服しようとしたが，成功しなかった。パルマレス王ガンガ・ズンビ Ganga Zumbi は1678年にポルトガル人と平和交渉をし始めた。ポルトガル国王に忠誠を誓い，ポルトガル人がこの王国を承認し，国内の自治を認めることとひきかえに，新しい逃亡奴隷を帰還させることを約束すると云う条件を提示した。ポルトガル人はこのような条件を拒否したが，パルマレスの人々を打ち負かすことはまだできなかった。パルマレスの人々は文字通り命懸けで戦った。正規軍の攻撃がくりかえされたが，攻撃が不成功に終ったので，植民地政府はインディオを征服し，奴隷を逮捕するためにゲリラ戦術にたけた辺境開拓者からなる不正規軍を利用するよう転換した。歴史家スチュアート・シュワルツ Stuart Schwarz は1694年の最後の戦いを次のように描いている。

　　200人の逃亡者が殺され，500人が捕虜になった。そしてさらに200人が，報告によれば，降服より自殺を選んだ。ズンビは負傷し，逃れたが裏切られて，捕らえられ，打ち首にされた。パルマレスは崩壊したが，1746年にも奴隷がパルマレスの場所まで逃れてきて，もう一度逃亡者集団を形成していた[34]。

　1960年代と1970年代に，この国の遠隔地域で，ダム建設の適地を探索していた政府役人たちが，地図に記載されていない古いキロンボに由来する村落に遭遇した。大衆の視野から，あるいは大衆の認識から隠れて見えないキロンボの数が知られるようになるにつれて，キロンボの法的保護を求める運動が進展した。1988年にその存在が憲法で認知され，土地の所有権をキロンボの子孫に保証することが明記された。最初のキロンボにさかのぼれる土地を依然として占拠していることが証明されるキロンボの子孫に対してである。この過程を監視するために設置

第2章　土地は第1歩でしかない：ペルナンブコ州と北東部ブラジル

された公式の機関，パルマレス文化財団は724のキロンボを認知したが，それらのうちの33だけが2001年に土地の所有権を取得しただけであった(35)。これらのキロンボ共同体の名残とよばれているものは，今や他の社会運動や都市の仲間と協力してかれらの土地でのダム建設や鉱石採掘や木材伐採などに反対して戦っている。土地司牧委員会(CPT)はMSTを含む他の組織と並んで，彼らの土地に対する権利を立証し，維持するのを助けるべくキロンボに協力している。

　北東部における抵抗のもう1つの有名な例はカヌードスcanudosの戦争(1896-1897年)とよばれることになったものである。平信徒の説教者アントニオ・コンセレイロAntônio Conselheiroに従った人々が集落を建設した後に名づけられた名称である。(コンセレイロは彼の信奉者がアントニオに与え，他の人々がそれにならった名称で，助言者を意味する)(36)。聖職者不足に悩んだカトリック教会はコンセレイロや他の平信徒の説教者に遠方の共同体を訪ねるよう促した。コンセレイロは町から町へ旅して，説教し，礼拝堂を建てたり，古い教会の外観を一新するための寄付を集めたりした。彼は粗末なチュニック(ひざまであるシャツに似た上着)を着，あごひげを長くのばしていた。説教者になった初期には，何人かの人は，彼は狂信的で，ぎょっとさせるところがあると思った。彼の説教はどぎつく，終末の近いことと，審判の時を説いた。比較的裕福な土地所有者と都会の人々を含む多くの人々は，彼を親切で，やさしく，謙虚な人と思った。彼を教祖的だと思った人さえいた。

　コンセレイロは施しで生き，場所が見つかればどこにでも寝た。次第に人々が彼のまわりに集まってきて，彼の放浪に従い始めた。1890年代の早い頃，彼はバイア州北部の僻地，カヌードスとよばれる場所の丘の斜面に従者たちとともに定着した。このカヌードスにつくられた共同体は平和なものであった。しかし，その存在そのものが再びブラジル政府の主権を脅かした。コンセレイロは地方の労働力をひきつけることで農村エリートたちを怒らせた。そして彼は，カトリック教会の権限であると伝統的に考えられてきた，結婚の許可などの身辺の雑事に彼らが介入することに異議を申し立てたが，そのことで政府の役人を怒らせた。政府はカヌードスの存在に組織暴力で対応し，新しい共和国と云う美辞麗句が，ブラジルにおける農村の生活の現実の姿と対比する時には，どんなに皮相的なものであ

153

るかを示した(37)。

　政府はこの共同体を破壊するために軍隊を派遣したが，3度撃退された。カヌードスのセルタネジョーたちは武装は貧弱であったが，地方の環境をよく知っていた。彼らは兵隊たちが利用する道をとりまくはてしなく広がるサボテンと刺だらけの藪や林を音をたてずに移動することができた。彼らは兵隊を1人1人次々うち殺し，みつかる前に藪の中にかくれてしまった。セルタネジョーは水の見付け方を知っていたし水がなくても長時間耐えることができた。彼らはまた，飢えになれていて，刺だらけの林が提供するもの，都会の人たちが知らない果物や根茎ばかりか，トカゲや昆虫や齧歯類の動物（ネズミ，ウサギ，センザンコウなど）などなんでも食べて飢えをしのぐ仕方を知っていた。彼らは，また，自分たちに誇りと安心感をもたらしたその家族と共同体を守るためにひたむきに努力した。政府の第4次攻勢はこれまでの遠征隊より装備も軍備もさらにすぐれていた。この最後の攻勢で，カヌードスは残忍な敗北を喫した。しかし，コンセレイロとその新しい共同体の記憶は生きつづけている。

　カヌードスの戦争が行われていたのとほぼ同じ時期に，北東部の沿岸部のサトウキビ・プランテーションにおける労働関係は最終的に新しい抵抗の形態を生む方向に変化しつつあった。小農民同盟がそれであった(38)。1800年代の第2半期を通じてペルナンブコ州のプランテーション所有者は奴隷労働を自由労働に徐々にかえつつあった。これは人道主義的配慮のためではなく，プランテーション経営者がかれらの奴隷をブラジル南部の大土地所有者に売って手に入れる価格が高騰したことを反映したものであった。プランテーション所有者はプランテーションの縁辺で家族で暮らす新しい労働者を雇用できるようになった(39)。

　初期に自由意志でブラジルにやってきた家族は数は少なかったけれども，その多くは，どこかで土地を入手できなかった時には，プランテーションのはずれに定着した。この種の家族は常に自家用の作物を栽培し，作物の一部をプランテーション経営者に地代として支払った。1800年代の中期から後期にかけての時代に，このような家族は徐々に正規の労働者としてプランテーションに吸収され，モラドール（住み込み労働者 *morador*）とよばれるようになっていった。それは，彼らが1888年以前には奴隷とほとんど同じようにプランテーションに住居をかまえ

ていたからであった。モラドールはプランテーションの土地で以前から暮していたので、さまざまな恩義や義理でプランテーションに結びつけられていた。プランテーションの所有者はモラドールを直接サトウキビ生産に従事させるため、このようなしがらみをたくみにあやつっただけであった。

モラドールにとって日常生活は容易ではなかったが、1864年にある人はプランテーション・システムを次のように観察している。

> 彼は寝るところと同じ場所でまちがいなく目覚めるとはかぎらない。彼は他人の土地に誰かが建てた藁葺きのあばら屋に住んでいる。彼は自分の都合で、契約条件どうりの家賃を払うだけではそこに住むことはできない。そこで生活できるためには、強い私的な要望や個人的な復讐や政治の怨みや張り合いの道具として役立ったり、土地所有者の選挙戦のために働くと云うような条件をうけ入れなければならない[40]。

サトウキビの値段次第で、プランテーションの所有者は、時には、モラドールにその住居のまわりで自家用の作物を栽培することを認めた。1950年代の中頃まで、砂糖の価格は低く、土地の評価額も低かったので、北東部全域でプランテーション所有者は比較的寛大で、労働者に利用する土地を提供していた。恵まれた労働者は時にはプランテーションから離れたとろにシティオ sitio（小農場）を与えられ、果樹や自給作物を栽培することを認められた。

しかし、第Ⅱ次世界大戦後、サトウキビの価格が上昇し、この地域全域で生産が活気づいた[41]。ペルナンブコ州のプランテーションの所有者は価格上昇に答えて生産を拡大し、近代化した。モラドールたちはプランテーションから追い出され、食料作物はひきぬかれて、隅々までサトウキビが栽培されるようになった。1950年から1960年にかけて製糖工場の所有者は常雇い労働力を半分に減らし、生産を機械化した。モラドールはプランテーションから追い出されて、町で仕事をさがしたが、多くはプランテーションで日雇い労働者として働き続けた。

このような生産条件と労働関係の変化は、サトウキビ労働者の間に最初の大規模な組織を形成する試みを招いた。1955年に農村のサトウキビ労働者の一団

が,レシーフェの西約40マイルのガリレイアGaliléiaからカシャンガCaxangaの町に,フランシスコ・ジュリアンFrancisco Juliãoと云う名の弁護士と話し合うためにやってきた。フランシスコ・ジュリアンはプランテーション経営者の息子であったが,農村労働者に同情的であると云う評判であった。この農村労働者たちは自分たちの権利を守るために協会を結成することを決めていた。彼らはその関係文書を公正証書にするために法律家が必要であった。

農村労働者の主な関心の1つは,プランテーション所有者が伝統的に提供してきたサービスを廃止したことであった。ガリレイア出身の労働者の場合は,最近死んだ労働者を埋葬するための棺の代価を支払うのをプランテーション所有者が拒否したことでひどく狼狽させられた。長く続いた慣習によって,プランテーションの所有者は「公正」な労働契約の一部として棺を提供することを当然のこととして要請されることになっていた。

労働者がガリレイアからカシャンガにきて協議会を結成した時には,それがこの地域全体に広まり,プランテーション経済の伝統的エリート層を攻撃することになるとはほとんど考えられなかった。彼らはフランシスコ・ジュリアンに,この協議会の創立をとりしきるよう懇願した。そしてプランテーションの所有者,オスカル・ベルトランOscar Beltrãoに名誉総裁になってくれるよう要請した。ベルトランはこの要請に同意したが,この協会が非常に大きくなるとは予想していなかった。しかし,この地域の他のプランテーション所有者は恐れていた。プランテーションの収益性には適応性があり,柔軟で,無力な労働力に依存していた。ベルトランは彼の地位の危険性を悟り,総裁としての地位を放棄し,労働者に解散するよう要求し始めた。しかし,彼の脅しはほとんど効果がなく,労働者の協議会はサトウキビ地域全域で多数結成され始めた。この協会群を共産主義的と呼んだジャーナリスト達は,それらに小農民同盟(Ligas Camponesas)と云う名称を与えた。

小農民同盟の公式の目標は土地の配分を促進することであり,そのスローガンは「法あるいは権力による農地改革」であった。1959年に政府があるプランテーションを収用し,農村労働者にその土地を配分したことで,この同盟は大きな成果をあげた。この成果は,ブラジル北東部全域に,さらに北東部を超えてこの協会を普及させることに寄与した。1964年までに,2,000以上の同盟加盟協会が20州に

第2章　土地は第1歩でしかない：ペルナンブコ州と北東部ブラジル

形成された。

　小農民同盟に加えて，いくつかの農村労働組合も1950年代後期と1960年代にその影響を大いに拡大した。1962年に知事に就任したペルナンブコ州の左傾知事ミゲール・アラエス Miguel Arraesに支持されて，いくつかの労働組合は農村労働者を代表し，守るために公認された組織としての地位を急速に拡大することができた。この労働組合は，1963年に連邦の労働立法が，1930年代に都市の労働者に認められたのと同じ権利を付与する法律を成立させたが，この時，大きな成功を勝ち得た[42]。農村の労働組合は，その法律が実施されることを求めてストライキを数多く実施したので，ひきつづき力を獲得し続けた。

　プランテーション・エリートたちは，ブラジルの軍部と同盟関係を結んだが，サトウキビ・プランテーションの労働者の組織が形成されつつあることの報告が増加していることで不安になった。彼らは，この国の南半分における共産党と労働組合との結びつきにさらに多く悩まされた。1960年にニューヨーク・タイムズは，ブラジル北東部の農村の不穏な情勢を荒々しい言葉づかいで描いた記事を掲載し，この地域を革命の温床と説明した。冷戦が段階的に拡大しつつある環境で，アメリカ合衆国は1964年の軍部クーデターの支持と農村地域全域における労働者の組織の抑制のために相当大きな援助を行い，軍事政権と密接に行動した。ジョンソン大統領とニクソン大統領はともに，猛烈に抑圧的なこの軍事政権をラテンアメリカのための模範と言明した。

　軍部クーデター後，農村地域における組織形成は全く休止状態になってしまった。1950年代と1960年代に活動を開始した労働組合は激しく圧迫され，また政府系労働者の潜入をうけた。小農民同盟は解体されその構成員は迫害され，リーダーは追放された。しかし，1980年代後期には，アントニオ・コンセレイロとズンビ（パルマレスの有名なリーダー）と小農民同盟によって代表される過去の抵抗の歴史は，MSTの北東部への拡大を勇気づけることになった。ズンビはブラジルにおける黒人の政治的自覚運動の発展でとくに重要視されることになったが，MSTでは彼は人種差別反対派の象徴と解されている。今日ブラジル全体で何千というMSTの野営地と農地改革集落ではどこでも人々は次のように歌っている。

チェとズンビとアントニオ・コンセレイロは，

正義のために戦う

われらの仲間だ

　ズンビとアントニオ・コンセレイロを，1950年代と1960年代にラテンアメリカに広がったゲリラ活動の英雄チェ・ゲバラと並べるのは，その活動が社会的公正のための非常に長い，国際的な闘争の最も新しい形にすぎないと云うMSTの信念を力説しているのである。

第4節　MST（土地なし農民運動）とペルナンブコ州における土地闘争

　ペルナンブコ州で最も重要なMSTのリーダーの1人はジャイメ・アモリンJaime Amorimで，髪が黒く，ちぢれ毛であり，熱情的でエネルギッシュな小柄な男性で，彼に近付く誰れもが影響をうけた。ジャイメは北東部で活動した最初のMSTの活動家の1人であり，1992年以来，ペルナンブコ州における指導者の地位にある。私たちは北東部に滞在中，彼と何回か話し合い，1999年のMSTの州の集会では彼と公式にインタビューすることができた。

　ジャイメはサンタカタリーナ州と云う南部の州で生まれ育った。彼の両親はイタリア人で，家族はこの州の北部の海岸近くのムニシピオ・グアラミリンGuaramirimで小規模な農業をやっていた。両親の土地で働いていた時にはジャイメは農村の政治で活躍していた。1978年に彼は青年宗教指導会に参加し始めた。彼は地方のCEBs（キリスト教基礎共同体）のメンバーでもあり，軍部独裁時代に維持された公式の労働組合に反対して農村労働組合を組織することで活躍した。1981年に，ジャイメは新たに結成された労働者党に参加したが，彼はカトリック教会と活発に協力した。1985年には地方のカトリック青年活動集団に協力してジョインビレ市に本部がある土地司牧会（CPT）と密に接触していた。1985年にMSTの最初の全国会議に土地司牧会の代表として出席した。彼はこの会議で議論された考え方に感銘をうけ，サンタ・カタリーナ州の沿岸部の地区での集会でこの運動と農地改革を活発化させることについて話しあった。

第2章　土地は第1歩でしかない：ペルナンブコ州と北東部ブラジル

　1986年にジャイメは北東部に招かれて運動を組織する活動を始めた。彼は農閑期に活動した。1987年5月に収穫が終わるとバイア州へ向った。パライーバ，バイア，サンタ・カタリーナ，エスピリト・サントの諸州から来たMSTのリーダーたちとジャイメは一緒になった。MSTを南部から拡大する可能性はこれらのリーダーにかかっていた。彼らはよろこんで故郷を遠くはなれ，この運動のメッセージを広く伝えるため，危険な条件下で長時間活動していた。1980年後期にはブラジル南部から北東部へやってきた20人の活動家がこの運動のために働いていた。1人が南部へ帰っただけで，他の活動家は滞在して，さまざまな州で重要な指導的地位についた。サンパウロのMSTの本部との定期的連絡を維持し，地方の創意と全国の創意を調整する情報を彼らの役に立てた。ジャイメは2年間北東部の各地を巡回して，バイア，ピアウイ，セルジッペ，アラゴアス，パライーバの諸州で活動し，ペルナンブコ州にきた。

　ペルナンブコ州の集会では，私たちは異常なくらい活気があり，楽観的な雰囲気に出会ったが，ペルナンブコ州は北東部でこの運動を組織するのが最もむずかしい州の1つと思われていた。この州はその農村地域がいちじるしく貧困なことと，過激な動乱の歴史をもっているため，最も重要な州の1つでもあった。

　ジャイメはMSTがこの州の農村の貧しい人々を組織する際に直面する難問について次のように語った。「北東部では一般に，人々を一緒に活動させる組織，労働組織と政党は軍事政権によって壊滅させられた。このことは，とくにペルナンブコ州で云えることである。小農民同盟は完全に破壊され，政治的にも組織的にも抹殺されて，跡形もなくなり，残っているのは人々の恐怖だけだ」。

　軍政時代に農村地域で活動を続けていた組織は労働組合と宗教集団だけであった。政府はいくつかの労働組合に農村住民を監督し，小農民同盟に対抗する手段として継続を認めた。ペルナンブコ州における農村労働者連合FETAPEはその組織を公式に存続させ，軍部支配時代を通じて農村労働組合として活動を続けた。しかし，政府の監視下ではその活動はいちじるしく困難であった。FETAPEは1978年と1979年に勇敢にサトウキビ・ストライキを含む相当大きな闘争を継続していた。しかし，ジャイメは，この州でMSTを組織するのがなぜ難しいか，その理由の1つとしてFETAPEの力をあげ，「ここには強い力が活発に活動しており，

159

その活動がMST運動を組織するための障害になっている」と指摘した。ジャイメによればペルナンブコ州のいくつかの農村の労働組合は農地改革に反対していた。私たちが、そのわけをたずねると、次のように答えた。

　農村の労働者は土地を欲しておらず、望んでいるのは仕事だけだと労働組合は考えていたのです。FETAPEはストライキをして、賃金闘争をしました。実際に金を手に入れたのは誰れだったと思いますか？それは製糖工場の所有者だったのです。彼らは仕事をつくったことで政府から奨励金を勝ちとったのでした。ところが実際には、彼らは仕事をつくりはしませんでした。まったく状況は、次第に悪くなっていったのでした。

　MSTとFETAPEとの対立は1989年に明瞭になった。その時、MST運動は州で最初の土地占拠を実施した。
　この土地占拠を組織した活動家たちは、ペルナンブコ州知事ミゲール・アラエスは土地のない人々の運動を支持するだろうと考えていた。1960年代初期にペルナンブコ州で初めて選出された知事であったミゲール・アラエスは、北東部でかつて就任した知事の中で最も進歩的な人と云う評判であった。1963年に彼は農村労働法の法案を提出した。ペルナンブコ州の農村地域のサトウキビ労働者は、アラエスをプランテーションでの生活を楽にするために働いた政治家として記憶していた。元プランテーションの労働者であったある人は次のように云った。「はい、ミゲール・アラエスが知事になってはじめて改善されました。彼のおかげでここで都合が悪かったことはすべて良くなりました。彼が知事になった年にはたくさんの反乱が起りました。製糖工場の長が逃げ、支配人やだれもが逃げました」。
　アラエスは1964年に軍部によって追放された。彼はペルナンブコ州で最も良く知られた政治家の一人であったが、彼のプランテーションにおける労働条件の改善計画はよく知られた共産主義のリーダーとの親交と並んで、この地域における政治的エリート層からひどく嫌がられた。しかし21年後独裁制が終った時、アラエスはペルナンブコ州知事に選出された。1989年にジャイメと他のMSTの活動家たちはアラエスの支持をたよりにペルナンブコで最初のMSTの土地占拠

第2章　土地は第1歩でしかない：ペルナンブコ州と北東部ブラジル

を実施した。ジャイメは,「われわれは,たとえアラエスが与えた支持が公共的なものではないとしても,彼は少なくとも,それが闘争を前進させるために重要であると認めたはずだと考えていた」と云った。土地占拠は州都レシーフェの南,約30マイルにある州有地で行われた。ジャイメの推定によれば,この土地は工業団地SUAPEの一部で,約2万ヘクタールの面積があり,数百家族が入植するのに十分な広さがあった。

　この時,このMSTの土地占拠に参加した人々の中にカイオ・ヴェランソ Caio Velânçoがいた。1989年には,カイオはサトウキビ労働者であった。10年後,彼はペルナンブコ州のサトウキビ地域におけるMSTのもっとも活動的なリーダーの1人として知られることになる。この運動に早く参加したので,彼は"Grandpa"（オジイチャン）と云う愛称でよばれていたが,活動家として活躍しはじめた時かれは22才にすぎず,孫がいたわけでもなかった。カイオは年令より若くみえた。彼は灼けつくように暑い太陽のもと,サトウキビ畑での労働で鍛えた頑健な身体をもった数少ない1人であった。かけた前歯のかわりに義歯を入れていたが,それは治療が十分でないことと,長い間サトウキビの茎をかじってきたことの証拠であった。

　カイオはアグレステの生まれで,両親は分益小作人であり,3ヘクタールの土地を耕す権利の代償として,収穫の一部を支払っていた。土地の所有者は農業から放牧業に転換したが,それは土地を小作地として利用するよりも放牧地として利用する方が高い価値を生むことがわかった時であった。カイオと彼の両親は退去させられた。その当時,ペルナンブコ州のサトウキビ地域は現金収入をえるのによい場所と考えられていた。かれの家族はアグレステを去った。カイオの父親は沿岸部に移動し,少したってから妻と2才の息子をよびよせた。

　8才になるとカイオはサトウキビ畑へ仕事に行った。彼は法律的には雇用が認められる年令に達していなかったが,子供たちが両親と一緒に畑で作業をすることは普通にみられることであったし,現在でもそうである。サトウキビ・プランテーションには収穫期に子供たちを虐待しながら使った悪名高い記録がある。アメリカ合衆国労働局が作成した報告によれば,ペルナンブコ州のゾナ・ダ・マタにおける労働者の25％は10才から17才である[43]。この報告が引用している調査

161

によれば，インタビューした子供たちの56.7％は農作業で負傷した経験があった。主として山刀で手や足や腕を切ったのであった[44]。このようなケガの多くは収穫期に子供たちが長時間労働をさせられるためであった。「子供たちは午前4時に起こされ，朝食をとらずに仕事に行く。夜あけ前に作業ができるようにローソクをもっていく。雇い主は長靴や靴を子供たちに与えないので，たいていの子供はゴム製のサンダルを穿いたり，裸足で作業をしている」。

プランテーションでは，カイオはサトウキビの茎苗を植えつけたり，長いサトウキビ列を除草したりし，収穫期がくると他の人と一緒に刈り取ったサトウキビを工場に運んだ。この作業は容易なものではなかった。「私はこの作業は好きではなかった。第一に，サトウキビの葉であちらこちら切ったり，蟻や蛇がいたからだ。それはたいへんな重労働だし，サトウキビの除草は人間がやるべき作業とは云えない代物だった。そのうえ賃金は非常に少ない」。カイオと彼の家族はプランテーションの中に住んでいた。住居は小さかった。住居の近くの土地で何か作物を栽培することは許されなかった。彼の家族は家のまわりの土地に小さい菜園をつくろうとしたが，製糖工場の所有者は労働者にその菜園を掘り起こさせてしまった。プランテーション所有者たちは，労働者が根のあるもの，多年生の作物を植えることをとくに恐れていた。土地は除草しておかなければならなかった。と云うのは砂糖やアルコールの価格が上昇した時には，サトウキビの茎苗を住居のすぐへりまで植えることになるからである。カイオは，「家を出る時，ドアを開けると目の前にサトウキビの先端がとびこんでくる状態だった」と云った。

カイオは12才になった時，家を出た。パライーバ，ペルナンブコ，アラゴアスと云う北東部の3つの州のプランテーションを定期的に移動しながら働いた。賃金の高い仕事がみつかると，そこにとどまり，もっと賃金の高いところがあると耳にすると，そこをはなれた。この移動戦略はサトウキビ労働者が普通にやっていたことで，彼らはあるプランテーションはいやだと思うと，他処へ移ってしまうこともしばしばあった。サトウキビ産業のような経済活動では，賃金は経営者の自由裁量にまかされていたので，労働者仲間との話し合いは，さまざまなプランテーションについての情報源として必要不可欠なものであった。さまざまなプランテーションで何年も働いた結果，カイオは，賃金条件がますます悪くなっていく

第2章　土地は第1歩でしかない：ペルナンブコ州と北東部ブラジル

のがわかった。そこで彼はマット・グロッソ・ド・スール州と云うブラジル中西部の州に移った。彼は最近そこに開かれたサトウキビ・プランテーションで働いたが，2年後，彼はこの州は，「森林におおわれていて，インディオにしか向かない」低開発な土地で，自分にはふさわしくないと判断した。

1989年にカイオは22才になったが，その時にはペルナンブコ州のサトウキビ地域の小さな町で母親と暮らしていた。ある晩，MSTのリーダーたちが彼の家を訪ねてきた。彼らはサトウキビ地域で戸別訪問して，MSTのことを人々に話し，ブラジルにおける農地改革の重要性を討議する集会を開催することを知らせた。

> 彼らは現在の生活状態からどうしたら少しでも自由になれるかと云うことや，土地占拠が変化の唯一の方法であることを語った。彼らは云った。われわれは強くならなければならない。しかし，相手にはガンマンも警官もいるのに，われらは武装されていない。だからと云って，恐れてはいられない。われわれの闘争は平和的なものだからと云った。このような戸別訪問によって彼らはこの町の周辺の400家族を説得した。そして，われわれは土地を見つけるために出発することになった。

これらの家族は1989年5月9日の夜おそく，住み慣れた家を出発した。彼らは大型トラックに縦ならびに50人つめ込まれた。土地を占拠するための決定は，これらの家族を陽気にするものではなかった。その地区では暴力はごく普通のものなので，自分たちがケガをしたり，死の危険にさらされることを知っていた。カイオの住んだムニシピオの最大の町の首長は，無法者と云う悪名を自分の看板にし，自分と意見のあわない人を殺し，ならずものの集団が町中を自由に闊歩するのを許す，無頼漢として知られていた。暴力がひどくなったので，ミゲール・アラエスは州兵を派遣し，町民から武器をとりあげることを命じた。

この土地占拠が行われた夜，州から直接非難をうけた。MSTのリーダーたちはミゲール・アラエスを誤解していた。アラエスは交渉を選ぶかわりに，2,000人の警官を派遣して占拠地から家族を退去させた。ジャイメはこの夜のことをくやしげに話した。「われわれはこの州でかつて用いられたことがないほど大きな力で

ペルナンブコ州のサトウキビ地域における土地の不法占拠の光景。プラスチックの天幕が典型的で，最近20年で，このような不法占拠がブラジルのほとんどの州でみられるようになった。

追い出された。彼は騎兵とヘリコプターと犬など考えられるあらゆるものをすべてさしむけてきた」。MSTの不法占拠者たちは，工業団地を去り，知事公舎の前に新しい野営地をつくった。アラエスが彼らに命じたことは，夜中までに去れ，さもなければ強制的に退去させると云うことであった。

ジャイメ・アモリンによれば，知事と交渉することは不可能であった。

> われわれは知事と話しあおうとしていたが，彼らは，われわれに，農村労働者に働きかける組織はすでに存在するとだけ云った。それはペルナンブコ州農業労働者連合FETAPEであった。彼らは云った。他の組織はここでは農村労働者を分裂させるためのものでしかない。アラエスは分裂に反対している，と。彼は，FETAPEは強力であると考え，MSTに反対であった。彼はまた農地改革にも反対していた。

2000年にわれわれとインタービューした時，ブラジルの農地改革大臣で，この国の2つの主要な共産党の1つの旧メンバーであるラウル・ジュンクマンRaul

第2章　土地は第1歩でしかない：ペルナンブコ州と北東部ブラジル

MSTは北東部全域で土地を獲得し，この入植者のように住居と土地を与えてきた。この人の場合にはまだサトウキビが栽培されているが，食用作物も増やし始めた。

Jungmanは，アラエスはMSTの活動を支持しないが，それは彼が他の戦略に理論的にかかわっているからだと次のように云っていた。

> アラエスと共産主義者たちは賃金労働を増進させなければならないと云う夢をもっているが，それは資本主義がすでに農村地域に入ってしまい，したがって必要なことは，すでに都市で勝ちとった社会的権利を農村地域でも取得させることだからであって，この理由から，アラエスは農地改革に大いに反対したが，かれは農地改革をうしろ向きの活動と考えていたからだ。

MSTの占拠者たちは知事公邸からひきあげて，2カ月幹線道路脇で野営した。州はシャペウ・デ・パーリャ Chapéu de Palha（麦わら帽子）とよばれる公共福祉計画からの援助をえて解決をはかろうとした。これは人々に生活必需品の配給と若干の生活資金を提供すると云う条件を提示したのであるが，不法占拠者たちはこの慈善的行為を拒否し，INCRA（農地改革院）に土地を彼らのために見つけるよう圧力をかけつづけた。7月に，これらの家族は最初の土地供与を州政府から

ではなく，INCRAと云う連邦の機関から受けた。INCRAはセルトンのカブロボCabrobóのムニシピオ有地にこれらの家族を入植させる意見に賛成した。

不法に占拠した野営地の120家族はINCRAが提供したセルトンの土地を受け取ったけれども，他の家族は占拠地での暴力沙汰と成果のとぼしさに落胆して移動してしまった。ジャイメはいくつかの家族の人々と一緒にその土地を見に行った。

そう云うわけで私たちは，所在地が全くわからない土地へ政府の役人につれて行かれた。その土地はわれわれが利用したいと考えていたのとは全くちがっていた。役人はわれわれをカーチンガへ約60km入ったところにおいていった。道路も水もなかった。井戸がただ1つしかない，マフィアがマリファナの栽培に使っていた土地であった。

沿岸部のサトウキビ地域からきた家族は熱帯雨林地帯で働くのに慣れていたので，この半乾燥地域は準備不足の彼らに新たな難問を課することになった。カイオは土地の提供を受けた人々の1人であった。しかし，そこで15日すごしただけで，"われわれは砂漠の中の水のない町で何をしたらよいのだろうか？"と云い，結局この農地改革集落にはだれも留まれなかったと云った。

MSTは2年以上かけてペルナンブコ州において占拠地のために基礎作業を行った。1991年に，MSTが実施したもう1つの占拠地では，家族は占拠して2時間後に追い出された。しかし，MSTは1992年3月19日にその最初の勝利をおさめ，サトウキビ地域でその力を強化し始めた。MSTはその中核にならなければならないと感じた。その時，ジャイメは「サトウキビ地域にもどることは，われわれにとって優先事項になったが，それは，農地改革はサトウキビ地域にとって唯一の避けがたいものであると常に感じていたからであったと云った。1992年にジャイメはペルナンブコ州に定住した。農地改革のための闘いは多様化し，州内に拡大し始めた。

1. アグア・プレータÁgua Preta：サトウキビ地域における農地改革の実施

カイオは砂漠の中の農地改革集落を去った後，MSTに活動家として参加した。

第2章　土地は第1歩でしかない：ペルナンブコ州と北東部ブラジル

　数年後, 彼とその新しい妻はレシーフェの南, 約80マイルにあるプランテーションの土地を取得した。1999年にカイオはこの農地改革集落の首長になり, ペルナンブコ州のサトウキビ地域におけるMSTの最も活動的なリーダーの1人になった。彼は公平で親切な心の持ち主と云う評判であった。ただ, 時たま, 妻が嫌がったバーに長居することがあった。カイオが住んでいた農地改革集落はアグア・プレータAgua Pretaとよばれる小さい町のはずれにあった。私たちはそこを1999年と2001年に訪れた。

　レシーフェから南へサトウキビ地帯をドライブしていくとアグア・プレータに到着することができる。その際, 1960年代に組織づくりが活発な場所だったいくつかの小さいサトウキビ地帯の町を通過する。アグア・プレータは常にサトウキビの町であって, 現在もそうである。この地方では2つのプランテーションが収用され, 農地改革の目的で分配されてしまった。

　サトウキビ地域と州都レシーフェを結ぶ2車線の道路をドライブして行くと, あたりに, 青々と繁ったサトウキビでおおわれた起伏する丘が見渡すかぎり展開する。サトウキビの収穫が始まると, この緑の丘は, 地形図の等高線のように畑を横切って走る黒い列の刈りあとに一面おおわれる。この黒い列は, 太くなったサトウキビの茎を刈りやすくするために茎のまわりの葉を燃やしたあとに残った真っ黒い灰である。サトウキビ労働者が火と煙の柱のあとをたどって, サトウキビを刈り, それを並べて積み重ね, 他の労働者が運搬する。それはしばし小さい子供たちの仕事で, 彼らは手押しの一輪車でサトウキビの茎を, 畑のかたわらで待っている大型トラックまで運ぶ。収穫期には, プランテーション地域を曲がりくねって走る道路は, サトウキビをいっぱい積んでゆっくり走るトラックで混雑する。サトウキビの畑では空気がサトウキビを燃やしてでたほこりで手がつけられないくらいよごれたサトウキビの林の中で灰をかぶった男性や女性がその日のサトウキビの分担分をなにくわぬ顔で腰をまげて刈っている様子をみることができる。

　どんな季節であれ, この地域の天気は変りやすく, 高温である。雨は3月から10月にかけて頻繁で, 時には広い範囲に洪水が発生するほどはげしく降る。多くの人々は家を逃れて町へ行くが, 町の通りでは下水の臭いがいつでもただよってい

167

る。平均気温は1年中24℃前後で，戸外で日光にさらされて仕事をしなければならないのでなければ快適と云えよう。

　MSTの他の多くの活動家とともに，カイオは新しい土地の占拠を計画するためと，政治活動を調整するためと，すでに土地を勝ちとった入植者を援助するためにアグア・プレータのまわりの地区で活動している。これらのことのどれもたやすいことではない。新しい土地占拠を計画することは危険である，なぜならプランテーションの所有者たちは，サトウキビ労働者を動員しようと計画する人々を深くうたがっており，今や民主主義国であるにもかかわらず，サトウキビ産業のエリート層が400年前，植民地時代のサトウキビ経済の盛期にしていたのと同じように，農村地域を支配しつづけているからである。MSTの活動家たちは，その組織活動のためにプランテーションに入るのを避けようとする。カイオは，もし自分がプランテーションに入って労働者を組織しようとしたら，自分は生きては帰れないとまで考えている。さらに悪いことは，労働者自身が被害をこうむることになると云うことである。「もし支配人が，君らがそこにいるのを見つけ，そのことを労働者の親方の耳に入れたら，その時には親方は労働者を呼び集めて，ずっと働きたくても，占拠のためにここには残れなくなると云うだろう」。

　しかし，サトウキビ地域でMSTを組織することには，暴力の潜在よりもっと深刻な障害がある。ほとんど500年間にわたって，この地域における経済と社会と政治は支配と搾取と非常にひどい貧困が特徴であった。これらのすべては，MSTの活動家が土地収用闘争をすれば，生活が改善されることになると最貧の農村労働者を説得するのさえむずかしくなる点がさまざまあらわれる。ジャイメはこのことについて次のように冷静に論評している。

　　サトウキビ地域には非常に深刻な文化と経済と社会と身体の退化現象が存在している。アフリカからここへきた奴隷を想像してみなさい。彼らは頑健で，身長が非常に高かったと云われている。しかし，今日ではここにいる人々の60％は異常に小柄だ。その人々の大切なものはすべて破壊されてしまった。それゆえ，土地のために闘う時には，このことが重大な事柄なのです。なぜなら，われわれが試みていることは，人々を経済的に復活させるだけではな

第2章　土地は第1歩でしかない：ペルナンブコ州と北東部ブラジル

く，真の市民の威厳と最初の姿をとりもどさせることだからなのです。

　カイオのようなMSTの活動家がサトウキビ地域の人々に農地改革について語る時，気づいたことは，多くの農村労働者は他の人のものであるプランテーションを占拠するのをためらっていると云うことである。南部ではMSTに最初に参加した小農民たちには，自分が所有する土地を耕やす伝統があったので，MSTを結成したのは，その伝統を維持する手段として土地を確保することであった。ところが，北東部では，自分の土地をもっている人は少なく，当然プランテーションに雇われると云う前提で土地を評価していたのである。土地を利用することには，都会で生活するよりも大きな安心があるばかりか，限られた自給作物を栽培する空間を確保することを意味したが，カイオと他のMSTの活動家が発見したことは，農村労働者は一般に土地所有権以上に定期的にサラリーがえられることを選ぶということである[45]。この時，カイオは次のように云った。

　彼らのところへ，土地を求めているのだと考えて行くと，勤めに慣れているので，占拠地ですごす時間を勤めの職場で過す時間と比較します。今日勤めを始めると，5日後には，彼のポケットには賃金が入ってきます。それゆえ，彼のところへ行って，土地と勤めのどちらが欲しいかと尋ねれば，彼らは勤めと云うでしょう。…私は毎日経験しているので，このように云うのです。

　農村労働者はサトウキビ地域の習慣にしたがって，その給料で週末のフェイラ（定期市）で食料品を買って生活している。みんながショッピングをしながら友達や近所の人と会う機会を楽しみにしている。金曜日の午後から活気があがり始める。その頃から市の売り手が近くの町や田舎から産物を運び込み始めるからである。彼らは歩道に荷をおろし，そこで，次の日，商品を広げる準備をする。あらゆるものがフェイラで売られる。さまざまな種類のバナナ，ヤムイモ，生きたニワトリ，トウモロコシ，鉛筆，マシマロ・キャンディー，髪留めのゴム，壺，平なべ，地元産ラム酒（サトウキビでつくるカシャーサ）などが売られる。雰囲気はうわさ話や催しもののうわさで盛り上がる。フェイラで売られたものの多くは土曜の午後の早

いうちに店じまいされた後では見られなくなる。小さい男の子たちは一輪車を押して群集の間をぬってかけまわり，重い買物カゴをかかえた主婦をさがす。彼らは買い物をする人についていって，買った品物を50セントほどで家まで運んでくれる。

フェイラは金が物にかえられるだけの場所ではない。そこは人々にとって重要な情報交換の場所でもある。農村労働者はかれらが市で会う人々からさまざまなプランテーションにおける労働の状況を知ることができる。男たちは活気のない屋台店をのぞいてまわり，市の休み場所でカシャーサを飲んだり，賃金やサトウキビ産業の景気，さまざまな経営者の気質などを議論する。

私たちは土地を取得した多くの女性と，彼女自身とも，その夫とも話をしたが，彼女たちも土地で働いて生活するよりも定期的に給料をもらう生活の方を喜んでいた。政府から取得した土地を喜んで耕していた女性もいたが，他の多くの人々は，プランテーションの所有地の収用によって取得した土地に進んで入って行く気が起らないと，私たちに話した。そのわけはその内部があまりにも奇異だったからであった。ほとんどの農地改革集落の家族は集落の縁にあるアグロビラ（小さな農家が集合した団地）とよばれる小住宅団地か，町の住居に住んでいて，女性と子供たちは，主人が町と農地改革集落の土地の間を往復している間，町の住居にとどまっていた。女性の中にはかれらの農地改革集落の自分の土地をみたことがない人もいた。

このような仕事の選り好みはあったが，農村のサトウキビ労働者たちは1990年代には仕事をみつけることが次第にむずかしくなっていると思っていた。1989年に連邦政府は，1970年代の中頃以降，北東部におけるサトウキビ生産を支えてきた寛大な助成をやめた。この助成は，1973年と1978年から1979年にかけての2度の石油危機が外国からの輸入に頼ることの危険性を証明したため，代替燃料を供給しようと云う計画の一部であった。1975年から1989年まで，政府はアルコール計画（PROALCOOL）に105億USドル投入した。政府はとくに北東部にプロアルコールの資金を相当大量に投入したが，それはこの地域の広範な貧困の救済のために，政府援助がとくに必要であると認めていたからであった。1989年以後，政府がこの資金をひきあげ始めた時，サトウキビ産業が政府の支持にどんなに

大きく依存してきたか明瞭になった。1990年代の中期にはペルナンブコ州の全製糖工場の40％以上はもはや製糖を続けられない深刻な経済状況にあると推定された[46]。当時、ペルナンブコ州のサトウキビ地域だけで失業者が35万人にのぼると推定された。これらの失業労働者の中にMSTに参加した人がいたが、ある労働者がそのわけを次のように云った。「賃金も雇用もない。唯一残されたものは自分たちのために土地を闘いとることだけだ。われわれはこの方法によって飢えを終らせることができる」と。

地域の経済の沈滞が深まるにつれて、労働証明書がない日雇労働者（clandestino 非合法労働者）の数は着実に増加していった。この種の労働者はプランテーションの経営者が収穫期に必要になった時、頼りにできる融通が利く労働力のプールになった。かれらは仕事が終ると約束より少ない賃金をうけとることがしばしばあるが、不平を云うことができなかった。次の年にまた雇ってもらいたいからである。その時、地方農村労働組合の委員長ナタニエルNatanielは次のように云った。

> この地域のプランテーション労働者の大多数は非合法労働者である。あるものは所有地に隣接している都市の周辺に住み、その所有地で働くことを法的に保証されていた。かれらはその所有地を圧迫や迫害のために離れなければならなくなった。それでこの市でついに物もらいの境遇に落入った。プランテーションにいた時よりも、その暮しは悪くなった。彼らは朝4時に家を出て日雇い労働に向うため自動車を待つ、そして6時か7時にプランテーションにつき、直ちに激しい労働を始める。

サトウキビ生産のきびしい危機は、この州における農地改革への関心、とくにMSTリーダーのますます活発になる活動と、土地配分のために連邦の資源を活用する可能性の上昇と一緒になって、地方政府が破産したプランテーションを収用し、旧労働者と土地占拠者に土地を分配する機運を強める原因になった。1990年代中期から後期にかけて、不法占拠の野営地がサトウキビ地域にいくつも出現した。MSTの明るい赤色の旗が旗竿からさがっているのがみられた。MSTの土地

占拠とその広告は州の新聞に定期的に大きく掲載された。1986年から2001年までの間に2,199家族がペルナンブコ州の27の旧プランテーションに入植した。その大部分は最後の5年間に入植されたものであった。

　ジョゼ・カルロスJosé Carlos（ゼ・カルロスZé Carlosとして知られていた）は農村労働者で，土地のための運動と闘いを結びつけようと決心した。ゼ・カルロスは彼の家族が住んでいたアラゴアス州で生まれ，8才になると親を助けて製糖工場で働き始めた。成長すると労働証明書をもって製糖工場で働いた時もあれば，もたないで働いていた時もあった。「私はいつも同じ生活をしていた。私は他人のために働くことをやめ，自分のためにパンをかせがざるをえなくなった。貧しさはいつも同じだった」。

　ゼ・カルロスは，アグア・プレータの近くのセセウXexéuと云う小さい町で暮していた時，この運動のことをはじめて知った。ある活動家が彼の家にきて，ドアをノックした。その時ゼ・カルロスは，これまでこの運動のことを聞いたことがなかったので，この運動の全容を尋ねた。するとその活動家は，人々が製糖工場を占拠するために集まり，配分する土地を確保できるかどうかを調べるが，あなたたちは食料を持参する必要がないし，道具だけ持参すればよい。私たちが占拠地までみんなを自動車に乗せてつれて行く準備をすると云った。

　ゼ・カルロスが参加した最初の土地占拠はソーザSouzaとよばれる製糖工場であった。この占拠はこの州の農業労働者連合FETAPEによってリードされたもので，2000人以上の人々が参加した。この土地占拠は土地収用によって4つの農地改革集落を創立させたが，すべての人に十分な土地を与えるほど広くはなかった。MSTによって組織された人々は土地を得ることができなかったので，近くの他のプランテーションを占拠した。

　ゼ・カルロスは3年以上にわたって異なるいくつかの野営地に住んだ。その後INCRAがアグア・プレータの近くの製糖工場を収用し，旧居住者で土地のない人々に土地を分けた。彼の家族は1区画の土地を所有した最初の人になった。彼は新しい土地の占拠とMSTの宣伝などの活動に参加し続けているが，それは「私が苦しみ，他の人々も苦しんでいる問題であるが，みんなそれを克服したいと望んでいる。平和を望んでいるからだ」と云っている。

第2章　土地は第1歩でしかない：ペルナンブコ州と北東部ブラジル

ゼ・カルロスはこの運動は自分の生活をプラスに変えたと考えた。「われわれがもっているすべてのものは，われわれを援助したこれらの人々の力のおかげだ。われわれがここで平穏にくらしていると云う理由だけで，これらの人々が私を助けていないと云うわけにはいかない。彼らは実際に助けているのだから」。この土地でゼ・カルロスは最初の年に，約500本のバナナの根茎と4袋のジャガイモの種イモを植えつけ，ざっと1ヘクタールのマニオクと豆類とトウモロコシを栽培した。彼は1人で農作業をした。若い1人の息子が放課後少し彼を手伝った。彼はプランをふくらませた。残りの土地で牛を飼うため柵をつくるつもりであったし，余裕ができたら農作物をふやそうと考えていた。

残念ながら，そのプランテーションにいるすべての人が土地収用をみて喜んだわけではなかった。プランテーションが経済的に好調であった時，働いていたモラドールの中には，所有者がサトウキビ栽培をやめた時でさえ，その土地に住み続けた人々がいた。彼らはサトウキビがいつか再び栽培されるだろうと期待していた。彼らはともかく住居をもっていて，政府の援助（通常，家族の中に高齢者がいる場合には，老齢年金の形で援助をうけた）と家族の支持と片手間仕事でやっと暮していた。MSTが人々が住んでいるプランテーションの占拠を組織した時，モラドール達とMSTのメンバーの間にしばしば争いが起った。モラドールの多くは自分が利用する土地を確保しているので，小土地所有者になるチャンスを必ずしも必要としなかったからである。その時，この地域のMSTの活動家は次のように云った。

> MSTの不法占拠者の存在と対立しない居住者をみることはむずかしい。両者は緊張状態にある。居住者の態度は二股膏薬で，MSTのメンバーを裏切る。経営者に囲まれている時には，彼らは経営者の背にかくれてものを云い始めるが，彼が去ると土地のない労働者の側につき，われわれは君たちの味方だと云う。彼らはためらいがちで，非常に従順である。実際，居住者は板ばさみで，その心は混乱している。一方で，"私はMSTの人々が勝つことを望んでいる"と云いながら，他方では，MSTの人々をよく思わない。それは彼らとはうまが合わないからだと云っている。

173

その時, ある非モラドールのMST入植者がモラドールについて次のように云った。「最初は彼らはこの運動を支持しないが, それはわれわれが彼らの生活を乱したと考えたからで, 経営者のために働いていた時には, 毎週少ないが収入があったのに, われわれがきてからは, それがえられなくなったからだ」。

　アグア・プレータ近くのフローラFloraとよばれるプランテーションの1つは, 1996年に収用され, 34人のモラドールに分配され, MSTとともにこのプランテーションを占拠した13家族にも分配された。モラドールによれば, INCRAの役人は20年前にこのプランテーションに来た。その時, INCRAはこのプランテーションの所有地を収用することを考えていた。それはこの土地を所有していた製糖工場が政府に対する負債の返済にひどく苦しんでいたからである。しかし, INCRAの調査は何んの結果ももたらさなかった。MSTが占拠し野営地を設けた時, 居住者たちは, これからどんな変化が起るか懐疑的であった。

　居住者は, MSTとは何ものであるか, プランテーションに天幕を張る人々がこの運動の一部であったことを理解していなかった。MSTがプランテーションの占拠にかかわっているのを見つけた時, どんなことを考えたか彼に尋ねると, ほとんどのモラドールは, この運動を恐れていて, きらっていたことを思い出していた。その時, 長年プランテーションに住んでいたある年老いた女性は「私は, この土地のない人々はこのようなところに嵐のようにやってきて侵入し, 労働者の親方と戦い, 人々を殺す, 通り魔みたいなものだったと考えている」と云った。

　問題をさらに複雑にしたのは, プランテーションの労働者の親方, 旧借地人（レンデイロとよばれていた）が, プランテーションの所有地の収用に反対したことである。彼は自分に管理を認めさせると云う巧妙な案を出した。モラドールはみんなでINCRAに土地の確保をせまろう。力をあわせれば, MSTの占拠者に配分できるほど十分な土地がないことをINCRAに納得させることができると提案した。モラドールの1人, アントニオは, レンデイロはMSTの不法占拠者たちを追い出すことができると次のように云っていると云った。「ライフル銃や使えるものはなんでも使って, みんなで不法占拠しているものたちを追い出そう。そして, 土地をわれわれのために分割しよう。自分は今までどおりレンデイロでい

る」。MSTの占拠者たちが退去するのをみたいと思っていたモラドールは何人もいたが,この親方の案を支持した人は誰もいなかった。その時アントニオは云った。「われわれはそうしようとはしなかった。土地のない人々にも権利があるのだから」。

　結局このプランテーションの土地は収用され,47家族に配分された。旧モラドールたちの収用についての意見は分かれ,ある人は変化はよくないことだと信じ,MSTはモラドールの生活を破壊させると腹を立てた。アントニオもそう考える1人であった。彼は農地改革集落の誰れとも仲よくしたが,小規模農民である自分をあきらめさせることはむずかしいことだと思った。

> 私は収用は名案だったとは決して考えなかった。あなたはどうですか？私は働いていた職場になれていて,毎週買物をする金をもらっていた。ここで土地を利用することは非常にむずかしいことだと思う。私はそれに慣れていなかった。私には,それは大いにむずかしいことだ。私は今からどうやって生きて行くべきか,その仕方についてたくさん考えなければならないことがある。それはINCRAや政府からくるもので頼りになるものはそれほどたくさんないし,それをここでうけとるまでに時間がかかりすぎる。私たちは生き残るのがむずかしい状況にある。私はそれにまだ慣れていないからだ。

しかし,他の人々は一区画の土地を所有するチャンスを歓迎した。1999年の夏のある暑い日,私たちはマリオと云う名のモラドールにインタビューした。彼は,MSTがフローラに来た時,生活が好転したと考えていた。

　マリオは新しい住居にいた。この家は煉瓦とセメントの造りで大きく,内部はしみがなく,家具はごく少なく,ガス・ストーブと小さな料理用テーブルがメイン・ルームにあるだけだった。マリオは77才で,この農地改革集落で最高齢者の1人であった。かれはこの新居に妻と3人の子供と暮らしていた。最も年長の息子は父親が農地改革集落に土地を得た時にはサンパウロ市に住んでいた。彼はこの市からもどり,昼間は父の土地で働き,夜はこの街の小さな高校で教師をしていた。

　マリオは,ペルナンブコ州周辺のサトウキビ畑でずっと働いていた。彼は1952

年にフローラにきた。その時30才であった。11年間，彼は法律上の権利なしで働いていたが，1963年9月26日に公式に労働証明書を交付された。マリオはたいていの人々より幸せではあったけれども，サトウキビ労働者としての一生は苦難に満ちたものだったと述懐した。彼は小さい囲場と住居を他の労働者から離れたところに与えられていた。他の労働者はゾナ・ダ・マタ地帯らしい景観が点在するプランテーションのへりの粗末な長屋にみんなで住んでいた。私たちは彼が暮すのに使っていた家に歩いて行った。その家はサトウキビ畑の外の森を背に建てられていた。この地域としては比較的大きかったが，泥と木の棒づくりで，あちらこちらがくずれていたが，マリオの家の生活設備はきれいにととのえられていた。

　マリオがフローラにいた間に労働者の親方が3人変った。彼は最初の2人に好意を感じていた。彼らは彼に親切で，彼に住居とささやかな土地を与え，住居のまわりで作物を栽培するようアドバイスさえした。マリオはマニオクとバナナと野菜をいくらか栽培できた。彼は肉と砂糖とコーヒーだけをプランテーションの売店から買うことになっていた。しかし労働は常にきつかった。すべての人は一定量のサトウキビを刈らなければならないし，そうしないと賃金がもらえなかった。彼らはサトウキビの質や，サトウキビが栽培されている土地の起伏に関係なく一定量を刈らなければならなかった。しばしばサトウキビは育ちが非常に悪かったり，土地の傾斜がきついところで栽培されていたので，ノルマを完了するのに，太陽が昇る前に仕事を始め，沈むまでに仕事を終えなければならなかった。マリオは週に6日働いた。時には朝3時に起きて畑にでかけていった。

　このような状態であったにもかかわらず，マリオは最初の2人の親方を好いていた。マリオと息子が激怒し興奮状態になったのは，最後の親方の話が出た時であった。この親方は1996年に収用された時，この土地で農業をしていた借地人であった。この最後の親方は非常に残酷であった。労働者の便宜をはかることはなく，彼らが住居のまわりで食料作物を栽培することを誰にも許さなかった。支配人が云うことをきかない労働者を殺した話がいくつかあった。彼はそのならわしをしっかりとうけついでいた。

　マリオは収用されることがわかったので，仕事をやめる決心をして，製糖工場の事務所に行き，正式の解雇と最終の給料の支払いについて尋ねた。その時，この事

務所の長は彼に云った。「君は出て行きたいと思っているかもしれないが，この製糖工場は君を解雇しないし，最後の給料はだれにも支払われないだろう。私は君はここで子供たちと一緒に働きつづける方がよいと思う。と云うのは，この収用は長い時間がかからない。まもなく行われる」。この話を聞いてマリオは土地に対する権利を取得できることを喜んだ。

　　たとえそれが土地だけであっても，製糖工場よりはるかにましだ。君は土地のことで苦しんだが，土地が君のものになり，誰れもそれをとりあげないのだから幸いだ。借地人として働いていた間に，私たちに好運がめぐってきたのだ。私たちはこの幸運を引き受ける時だ。借地人の時代は終わった。私自身はこれは非常によいことだと思う。それで，私はMSTの人々を大いに支持することになった。

　マリオは土地の権利を取得して2年の間に家を新築し，彼とその息子は家のまわりの畑に明るい色のペンキを塗った新しい柵をめぐらし，自家用の作物を栽培した。この柵は牛を飼い，近くの町の人が入らないようにするためのものであった。この農地改革集落の大通りに接した土地には時々，町の人が侵入した。マリオは，トウモロコシ，サトウキビ，マニオク，バナナなど多種類の作物を栽培した。彼は，また，2つの大きな養魚池を造った。これは頻繁に規則的に収入があるようにするための手段であった。

2. サトウキビ地域におけるMST（土地なし農民運動）と農村労働組合

　農地改革とMSTがサトウキビ地域でその存在に重みを増してきたことで，この運動と地方の労働組合との間の緊張が高まったが，同時にそれは新しい協力の機会でもあった。MSTがペルナンブコ州のサトウキビ地域で組織され始めた時には，MSTはしばしば農村の労働組合と対立した。MSTのリーダーたちはこの種の労働組合をプランテーション産業の同類だと公然と批判していた。労働組合のリーダーたちは，農地改革と云う考え方はこの地域に好い結果をもたらすかもしれないと警戒していた。アグア・プレータ出身のMSTのリーダーの1人は，「こ

このまわりの7ないし8市で、労働組合を支配しているのは製糖工場の所有者なので、労働組合の長は、製糖工場の支配人が云うことは何んでもきく。だから労働者の誰に対しても、君にはこれとそれをする当然の権利があるのだと云うことは労働組合のリーダーにはむずかしいことだ。たとえそう云えたとしても、その後で、製糖工場の経営者があの組合長を殺せと命じるだろうからだ」と云った。

土地のない人々の運動の活動家の1人、ロミルRomilは労働組合をはなれてMSTで働くことになった。彼はマット・グロッソ・ド・スール州で労働組合の活動家として、保険関係の仕事にたずさわっていたが、その時、「MSTにほれこんだ。この労働組合で働く人々がこの運動にほれこむのは当然のことだった。私がマット・グロッソ・ド・スール州を去ったのは、収入が少なくて生きて行けなかったからで、北東部にきてMSTに参加したのだった」。私たちはロミルに、土地のない人々の運動のどんなことが労働組合の人々をひきつけたのかと尋ねた。彼は次のように答えた。

それは人々との関係が親密なことです。MSTには社会からはじき出されたあらゆる人々がいます。失職した公務員、金属加工職人、40才を超えたので職につくことができなくなった人々などがいます。MSTの活動家として人々と直接接触しながら行動し、労働契約書と身分証明書を絶えず見るので、生活の質の改善に注目することになります。他の何かではなく、話題は収入を増やすことにつきる労働組合を私は批判しています。われわれの仲間は生活の質の改善と云う名目以外のために闘いに参加することはありません。

労働組合はサトウキビ地域の経済危機で甚大な被害をこうむった。仕事がない時に労働組合に加入する人はいないし、組合費をはらう人もいない。私たちはアグア・プレータの地域労組の委員長ナタナエルNatanaelとある日の午後、彼の事務所で会った。元気いっぱいな強気の男で、小柄だが肩はばが広く、早口で話すくせがあるが、ナタナエルはこの地域の労組の衰退ぶりをなげいていた。「15年前あるいは20年前には非常に多くの組合員をかかえていたが、いくつかの組合は今日では活動を停止している。それらの組合は維持する手だてがないので、組合員か

ら資金を借りており,組合員に返済することも,投げ出すこともできない状態です」。

労働組合は,サトウキビ産業がまもなく消滅するとは思わないが,危機の最中にあると判断した時,農地改革の試みに取り組み始めた。ナタナエルは云った。「そうです。われわれは不法占拠計画を実施しつつあります。約3年前,労働者たちがサトウキビ産業で真の苦難に突入した時,われわれが思いついた唯一の対策は,労働者に土地を占拠させる計画を実施することでした。そして,このような占拠は,われわれが占拠する土地で暮している労働者が実行することになるだろうと云うことでした」。

労働組合の土地占拠への参入の決定は,MSTにとって新たな難問を背負わせることになった。私たちはMSTとペルナンブコ州農業労働者連合(FETAPE)との衝突の1つに遭遇した。それはMSTがアグア・プレータの近くのプランテーションに以前設置した野営地を訪れた時のことであった。このプランテーションは数年間サトウキビを生産していなかった。畑では栽培が続けられてはいたが,手入れが不十分で,藪のような状態になっていて,サトウキビがあわれをさそっていた。私たちは2人の活動家と一緒にこのプランテーションに自動車で乗り込んだ。彼らは占拠野営地に食料を運び込むことと,家族の検診に行ったのであった。

このプランテーションの中を自動車で走った時,以前プランテーションセンターであった建物が荒れはてているところを通った。舗装してない穴ぼこだらけの道路の端で子供たちが遊んでるのがみえた。MSTの活動家のアントニオは自動車の窓を開け,方向を確認するために子供の1人を呼んだ。彼がその子供にお父さんはどこにいるかとたずねると,長屋の正面の踏み段にすわっている男を指さした。アントニオは車からおりて,彼のところへ歩いていき,その男にMSTがこのプランテーションを収用しようとしていることを説明し,農地改革集落のことを話した。彼はその男に野営地に行き,そのことをたしかめるようすすめた。そのうえ,その男にMSTに参加すると,土地を1区画取得することができると云った。しかし,その男は,納得しなかったようにみえた。私たちはドライブを続けた。

草でおおわれた傾斜が急な丘を自動車がそれ以上進めなくなるところまで走った。みんな自動車を降り,道を歩いて丘の頂の小さな張り出しの真下にある野営

地にきた。いくつかのにわか造りの天幕が張られていた。近くにがっしりした木がなかったので、人々は棒切れをみつけてきて、小型テントのようなものをつくって、地面に三角形にすえつけていた。9人か10人の男たちが炉のまわりに立っていた。炉では壺の湯が沸騰していた。男たちは亀を捕ってきて、それをマニオクと一緒に煮てシチューをつくっていた。

この野営地には女性は非常に少なく、南部でみてきた占拠野営地とははっきり違っていた。この占拠野営地は女性と子供がいないことが南部でみたものとは非常にちがう印象を与えた。南部の占拠野営地はしばしばそのまわりは陽気な雰囲気があったが、ここには安心感や快適さがほとんどみえなかった。

男たちは緊張し、腕組みをして、だんだん暗くなっていくサトウキビ畑を眺めていた。夜になる前、彼らはプランテーションを占拠したが、その時、銃を発砲する音が聞えた。誰が彼らをねらったのか正確に知っている人はいなかったが、多分MSTの野営地がある畑にキャンプしている人々だろうと見ていた。私たちは驚いて丘を見わたした。約1マイル遠方にある天幕群がかろうじて薄くらがりの中に姿をみせていた。もっと近づいてみて、明らかになったことは、それらのテントは他の占拠野営地の一部であることであった。旗がかかげられていた。その野営地はMSTの野営地より前に、FETAPEが設置したもので、この労働組合はこのプランテーションを労働者のものに転換することを政府と交渉していた。MSTの活動家は、MSTは独自の野営地を設けて土地収用をスピード・アップしようとしたが、FETAPEはMSTの実施のやり方に疑いをいだいており、2つの組織の間の関係は大いに緊張していると云った。MSTは、自分たちはライバルの野営地から攻撃されていると考えていた。

このような意見の不一致は、MSTとペルナンブコ州のさまざまな労働組合との間では珍しいことではなかった。もちろん、内輪もめが労働者の利益にならないことは誰もが認めていた。別のFETAPEの野営地の農村労働者は、私たちがレシーフェのINCRAを訪ねた時、次のように云っていた。

この状況はどうしたら終りになるとお考えでしょうか？2つの社会運動はこんなことはすべきではないし、ともに農村労働者のために尽力すべきです。

誇示したり,何かに利用するだけではだめです。このような運動のかかえる問題点は,人は常に他人より前にいたいと思っていることです。あなたがこの野営地を利用しようと思うなら,FETAPE主導をやめて,MSTの主導に合流しなさい。現状で苦しんでいる人々は同じように土地のない人々で,同じく農村の労働者なのだから。

MSTと農村労働組合は次第に同じ目的,農地改革のために共闘するようになり,互いに協力する好機がますます明瞭になってきた。

アグア・プレータでは,ナタナエルは,地方の労働組合はMSTと協力して活動し,それを続けたいと望んでいると強調した。彼は,MSTは,占拠野営地に住んでいる間に,労働者に食料と教育を提供する組織と知識を真に所有している唯一の組織であると思ったと云っていた。ナタナエル自身2つの占拠を実施したが,それらを失った(それらの1つはMSTに転換した)。それは労働組合の組織者が「食料を確保できなかった」からであった。ナタナエルは食料がなければ,人は闘い続けることができないと云った。

サトウキビ地域のMSTのリーダーたちは土地を取得したMSTのメンバーを,反対に地方の農村労働組合に参加するよう促し始めていて,彼らに次のように告げた。

> われわれの状況を統合し,法的に認めさせることは,われわれの闘いの目標の1つなのです。それには非常に多くの交渉が必要ですが,われわれにとって公認されることは重要なことなのです。たとえば,誰れそれのところには妊娠中の娘がいるが,彼女は労働組合にすでに登録されているので,連邦政府から妊婦手当をうけることができます。これはよいことです。また人は退職後年金が必要であれば,労働組合に加入していなければなりません。このようなわけで,われわれを援助してくれる労働組合に加入することは望ましいことなのです。

MSTと農村労働組合がその活動で協力ができればできるほど,農地改革集落で暮

す人々の生活の質はかなり適切に維持することができるようになると思われる。

第5節　土地は第1歩でしかない

1. 改革の持続を可能にするために障害に立ち向かう

　農村労働者を動員し, 土地の不法占拠を実施するにはあらゆる困難な問題があるが, 真の闘いは, 手に入れた土地を利用する時に始まる。一度, 生活に必要な基本的な資材が用意されると, 入植者は自分たちの境遇をどのように改善すべきか考え始める。その時, 彼らは小規模農民を支えるにも力不足な農業の難問に出会う。農業は理想的な条件下でさえ難しいが, 北東部における諸条件はブラジル農村の多くと同様, 小規模農民にとっては理想的どころではないのである。MSTがサトウキビ地域で対処しなければならない3つの主要問題は多分, 個人主義とパトロン政治とサトウキビの牽引力である。

　MSTのメンバーとモラドールは土地を手に入れてしまうと, MSTや農地改革集落の協議会には彼らに活動し続けるよう説得することがしばしば難しくなる。サトウキビ地域の居住者は, MSTを彼らにとって重要な庇護者であると認めている。ある居住者は「MSTがなかったら促進できるものは何もなかっただろう。もし抗議や闘争にみんな一緒に参加しなかったら, 何もえられなかっただろう」と云った。しかし, 居住者たちはMSTを一般に物財を獲得する手段とみなしているので, 目的が達成されるやいなや, この組織やその他の集団から撤退しがちになる。この撤退傾向は一部プランテーションでの生活の産物である。プランテーションでは, 協力を促すものがほとんどないからである。人々は自分たちの労力だけで週の給料を稼ぐに十分なほどサトウキビを刈り取るので, 労働者相互の間に共同体意識はほとんど発展しない。ロミルは農村労働者にしみ込んでいるこの態度を見ぬく能力がMSTにないことに失望し, 挫折感に悩まされた。そして「彼らは自由に呼吸することを望んでおり, 今や自分は土地を1区画所有しており, 自前で暮しをしているし, 他人のためにサトウキビを栽培してはいないと云っている。彼らはMSTと一緒に行動するので問題ないが, しかし, 共同農場をつくる

問題がもちあがると，それに抵抗し，ひたすら小さい区画の土地をもつことを希望する。居住者はみなそう云うが，その方が有利だからで，誰れそれはこの仕方で，たくさん金をもうけた」と云っている。

　農村労働者のプランテーション経験は，彼ら独自の土地観を形成した。それは，プランテーションは独立空間でその土地は，彼らが好きなように生活することが許される空間だと云う意識である。その時ロミルは次のように説明した。「人はここでは奴隷制で出発し，ついにサトウキビ地域で望ましいものを手に入れた。白人だけがセルトンに進出した。サトウキビ地域にとどまった人々は黒人でセンザーラ(奴隷小屋)に残った。次にエンジェーニョ（旧型の製糖工場）の経営者が自分たちのために建てた奴隷小屋でない掘っ建て小屋(ネオ・センザーラ)に移った。今は土地を，自分の空間を望んでいる。この空間で彼は自由を感じ，自分はこの10ヘクタールの土地の主人であり，自由だと云っているし，何もしたくなければ，川の堤に座ってあたりを眺めているが，眺めているものは自分のものだと云っている」。MSTの活動家たちは，この独立願望のために，共通の生活空間，つまりアグロビラ(農家団地)を建設するよう居住者を説得するが，それが難しくなっていると見ている。

　MSTの全国的目標の1つは農地改革集落にアグロビラを建設することで，それによって入植者の間に連帯感と共同体意識を醸成する手段にしようとする。ジャイメ・アモリンは，これは北東部のサトウキビ地域では甚だしく難しいことだと，次のように云っている。「人々はサトウキビ・プランテーションでは一緒に暮すことに慣れていたのだから，当然一緒に暮そうと望むはずだと思うでしょう。ところが，彼らの暮しに対する態度は他人から離れて暮そうと云うものなのです。それは，あなたがたには理解できないでしょうが，彼らがサトウキビ・プランテーションの所有者に非常に腹を立てているからなのです。彼らは，できるだけ他の誰れからも離れて孤立していたいとひたすら望んでいるのです」。

　入植者は他の人々から独立しようとする時でさえ，プランテーションの階級組織やパトロン・スタイルの政治にもとづかない新しい政治的関係を作りだすことはむずかしいと思っている。この問題の一部は，収用された土地と以前から関係があった人々を，土地を分配する際，優遇する連邦政府の政策にある。サトウキビ

地域における多くの農地改革集落では,この政策の結果,旧借地人は労働者仲間の親方,プランテーションの管理者,サトウキビ刈り労働者などプランテーションで異なる地位を占めていた人々と一緒に住むことになる。その後農地改革集落の居住者となっても,これらの差異は抹消されることはない。旧借地人と管理者と労働者仲間の親方は,サトウキビ労働者より,蓄えがあり,より良好な政治との結びつきをもっている傾向がある。彼らはまた教育程度が高く,農地改革集落の新しい政治体制に適応し易い。その結果,社会の階級組織はプランテーションから農業改革集落に移行する。マンダール *mandar* と云う動詞は命じる,指図すると云う意味で,2人の間の地位の差を直接示すものである。共同体の中で地位がより高い人(より権力のある人)は他の人々に命令できるが,地位の低い人は指図を受ける立場にある。

　権力関係がどんなに巧妙に存続する傾向があるかを証明するものはその命令調の用語である。農業改革集落としては最低で,人を食いものにする共同体内でさえ,他人に命令する地位や影響力のある人々がいる。サトウキビ農業改革集落では,階級組織が,入植者の組合でごく普通にみられる。ある集団が土地を取得すると,INCRAは彼らに協議会をつくり,定期的に集会を開いて討議をし,農地改革集落の運営を管理するよう義務づける。フローラの46家族はその土地に入植するとすぐ組合をつくった。この協議会は選出された役員のチームが運営に当たり,委員長,副委員長,出納係,秘書が含まれていた。公式文書に署名される時には少なくとも関係委員3人が必ず立ち会うことが要求された。この組合の運営は時々,入植者には困難になるが,それは重要な政治の組織だからである。ただ集会を定期的に開くということは,入植者が農村労働者だった時には,めったに経験したことがなかったことである。旧モラドールの1人がプランテーションにおける経験について話したように,「当時,集会と云うものは行われなかったし,集会らしいものがあっても,それは労働を強制するためのものであった」。

　しかし,この協議会で,個人主義と階級性が互に関連しあうことは明瞭である。MSTの活動家ロミルが云ったように,「農地改革集落ではその委員長には,どんなことでも望むことができる人と云うイメージがつくり出されてきた。私たちの文化の中には,このようなイメージがある。わが国の民衆は,大統領はこの国を統治

する人と信じており，自分たちに，国会のような特別の機構をつくることができるなど考えられるわけがない。彼らは，農地改革集落の委員長は，われわれに何をするかを命令する人で，他人がすべきことを決めると云う。MSTは試行錯誤しながら活動してきた」。

1999年に私たちがインタビューしている間，ジャイメ・アモリンはロミルの観察を支持して，次のように云った。「農地改革集落の協議会のどの委員長も労働組合のリーダーもすべてサトウキビ・プランテーションの所有者や以前の借地人と全く同じように行動しているようにみえるだろう。われわれはそれを大統領制presidencialismeとよんでおり，この協議会の委員長は命令制をスタートさせているよ。それゆえ，このような委員長に人々は慣れている」。大統領制の伝統は農地改革集落の外では，さらに明瞭で入植者は互に影響しあわなければならない社会と政治のあらゆる構造の中で生活しており，MSTの活動家は自分たちも伝統的な政治にとらえられていることを自覚しているが，それが物事を処理する最も効果的な方法だからである。

MSTの信念と北東部における政治の伝統との間の緊張の1つの例は，基礎的資源はすべて人の当然の権利であるか，そうではないかと云うことをめぐって展開していることである。ブラジルの農村の貧しい人々も相応に豊かな生活水準を供与されるべきだとMSTは信じているが，それはブラジル国民の権利であり，人間としての権利だと考えているからである。それゆえMSTは，電力のような基本的な社会施設を整備するために闘い，親切や慈善の贈り物ではなく，権利の見地からこのような施設を整備しようとする。MSTはブラジル国民であることは何を意味するかについての議論を広めることで大きな寄与をしてきた。しかし，それはプランテーションでできあがった古い政治を克服することからは依然として遠くはなれた状態にある。プランテーションに由来する古い政治体質は北東部の社会と経済に深く根を張っている。このような伝統を完全に脱却して活動することは，どんな組織にとってもむずかしいことなのであろう。資源に接近するのに州を頼りにしている組織にとってはとりわけそうである。

私たちは1999年8月18日にアグア・プレータの首長宅で開かれた深夜集会で伝統的な政治ビジネスの1例をみた。この首長は牧牛業者で，彼の家族は立派な

古風な農場住宅をもっていた。この集会には，この地域のリーダー，地方の農業改良普及の担当者，町の縁辺にある野営地のリーダー，近隣の農地改革集落の委員長など，数名のMSTのメンバーと首長がその牛小屋とそのむこうの畑をみおろす古い農場内の住宅のポーチに集まっていた。みんなは見ごとな木製のテーブルのまわりをとりまくように並べられた背もたれの高い椅子にすわっていた。首長夫人が山羊のチーズの皿とブラジルでは普通のスイーツである果物のジャムとコカコーラの小さいコップをもってきた。

　この会合は，午前0時過ぎ，首長と地方のMSTのリーダーによる形式的な趣旨説明で始まった。各人はそれぞれ，彼らの属する集団の活動と成果を詳しく述べ，首長は，彼がサトウキビ地域における教育の先頭に立って努力していることや，MSTが非生産的なプランテーションに小規模な農場の共同体を建設しているのを支援していることを説明した。そしてMSTのリーダーは，MSTの援助で造成された最近の農地改革集落を例にあげ，MSTの入植者の選挙民としての重要性を強調した。MSTの代表者が，もし政治的地位を確保しようとするならば，この入植者の投票が不可欠になると云う意見を云うと，首長はかるくうなずいた。

　通りいっぺんの導入話が終ると，MSTの代表者は，主として町はずれの野営地で生活している人々への食料の援助要請を始めた。MSTの代表者は，MSTは政府の援助がなければ，スーパーマーケットやトラックからの略奪にたよらざるをえなくなるだろうと脅しを含めた意見を述べた。2時間議論した後，首長はこの野営地に食料クーポン券を週に100レアール（当時の約50ドル）提供することに同意した。彼は，また，農地改革集落を毎週2時間巡回させるために医師を雇うことと，MSTに所属するトラックの修理と，農地改革集落の1つである学校の校舎の屋根の雨もりの修理にも同意した。MSTの代表者は，食料，医療，運搬，見苦しくない学校の校舎の維持と云った，彼らのメンバーにとっての最も基本的なサービスのいくつかを確約させることができて，満足した。それは野営地と農地改革集落にとっての勝利であった。云うまでもないが，MSTの代表者は伝統的な個人中心の政治ゲームを演じなければならなかった。

　北東部で行動するMSTの活動家たちのほとんどは勤勉で，信じられないほどエネルギッシュで，理想に燃えており，貧困と排斥に非常に苦しんでおり，どんな

第2章 土地は第1歩でしかない：ペルナンブコ州と北東部ブラジル

変化でも歓迎する地域に貢献したいと思っている。しかし，このような活動家たちは北東部における進歩に反する遺産に挑戦しているばかりではなく，彼らの組織の内部でも戦っている。彼らは援助を求めている人々以上のものではない。彼ら自身も同じ社会と，政治と経済と文化とのかかわりあいに根をおろしている。MSTの活動家たちは，一般に教育水準が大部分の入植者よりもいくらか高く，MSTからその活動に対する支援を受けているが，しばしば物事を処理する新しい理想的な在り方と慣れ親しんだ旧来の在り方，たとえば，先の首長とMSTの代表者の例が示すような，直ちに必要な救済をもたらすことができる在り方との間で悩んでいる。

　私たちは，その地区を調査している時，この地方の農地改革集落で農業技師として働いていたアグア・プレータ出身のある活動家に実際に現れていた新と旧の人々の間の緊張を観察した。この町の首長は彼を1998年にその後任の候補者に指名し，MSTもこの候補に賛成した。この農業技師を雇用するのは政府であるが，彼の俸給を支払い，毎月の彼の行動計画をたてるのはMSTである。1999年にはじめてアグア・プレータに来た時，アントニオ（彼の実名ではない）はMSTに情熱をこめてかかわっているようにみえた。彼はバイア州の大牧牛場で短期間仕事をしてからMSTに1年間かかわっただけであった。アントニオと妻のマリアは農地改革集落の家に住んだ。それは泥の家で，約400平方フィートの広さがあり，ごく小さなキッチンと居間と2つの寝室があった。

　アントニオはMSTのために熱心に働いた。彼は朝は早く起き，非常におそくまで会合に出ていた。時々，彼は日の出前に起きて，農地改革集落の農業技師に着任した時，与えられた土地を耕した。彼とマリアは畑を耕すために機敏な高齢の男を雇った。彼らは朝早く農場に食べ物をとどけ，帰りにその時節のものは何でももってかえってきた。

　アントニオは時間に余裕があるときには，農地改革集落を歩いてまわり，入植者と話をした。彼は，バナナやヤムいもなど作物の栽培に慣れていない170人の入植者にアドバイスをしようと考えていた。が，彼は農地改革集落の土地をみてまわるのにそんなに多くの時間を使ってはいなかった。アントニオは時間の多くを他の仕事に使っていた。彼は多くのことに気をくばっていたので，土地で労働

することに時間を優先的に使わなければならないとは考えていなかった。しなければならないことに政治活動があった。それはMSTとこの地方の首長のためであったが，それは彼を農業技師の地位に任命したのが彼らであったからである。他にもしなければならない管理の仕事，たとえば入植者たちが生産のために必要な投資資金借り入れのための申請書類づくりや署名をあつめることなどの仕事があった。

　首長の要求に加えてMSTの政治活動のためにアントニオは文字通り昼も夜も活動し続けた。彼は農地改革集落の会合の際に，できるかぎり多くの知識を伝えようとしたが，そんな時でさえ，MSTからの政治的な伝言を優先したので，彼がバナナ栽培法を説明した時には，人それぞれの所有地についてくわしいことをほとんど知らなかった。政府からのメッセージも重要であり詳しかった。銀行からの借入金が適切に配分されているか確認することもアントニオの責任であり，これは極度にしんが疲れる仕事であった。かれは入植者は適当な資金を要求できるので，その生産活動計画を援助しなければならなかったし，さらに彼らが書類を作成するのを助けなければならなかった。この仕事は必ずしも容易ではなかった。入植者を集めるのがむずかしかったし，多くの入植者は専門用語を理解するのが難しくて書類を自分で作成することができなかったからである。アントニオが働いていた農地改革集落の1つにいる47人の入植者のうち32人は文字が書けなかったので，自分の名前を署名できなかった。そのため，各人は法的証人が必要であった。その費用に26レアールかかった。

　これらの書類づくりが完了してから，アントニオは次にレシーフェのINCRAの事務所に書類を提出しに行かなければならなかった。これはこの都市までそれぞれ数回でかけることを意味した。アントニオはこの都市までたびたびでかけて行ったわけではなかったが，それでも農地改革集落から不在になることが入植者との感情のみぞを深めることになった。時には，彼らは農業技師をみたことがないとこぼすほどであった。ただ，ほとんどの場合，人々は，アントニオが首長と十分結びついているので，彼の農地改革集落からの不在を大目にみていた。この2人は協調して活動していた。首長は入植者との政治的関係を監視することではアントニオに依存し，アントニオは，入植者が他の方法では入手することが困難な資

材を農地改革集落に供給することで首長を頼りにしている。たとえばアントニオは首長の公室で農地改革集落に薬局を建てる資金をうけとった。この資金によってかれは基本的な医薬を備えておくことができた。彼はまた首長に、いくつかの家族が土地に作物を栽培するために地拵えができるようにトラクターを用意して欲しいと要望した。

これらすべてのサービスはアントニオと首長との個人的接衝で取りきめられたが、アントニオは農地改革集落の集会で説明した時には、それらはMSTの力で勝ち取られたことを強調している。人々はうけ取った資材を有難いと思い、アントニオがもっている縁故関係がそれらを入手するために不可欠なものであることを実感し感謝した。入植者たちは時々、アントニオとその家族に自分たちの畑の産物、とくに甘い果物や、すべての入植者が頼っている食料である澱粉質の根茎、マニオクを届けた。私たちがアグア・プレータを去ってまもなくアントニオはMSTを去った。彼は首長を再選させるためのキャンペーンで忠実に働き、彼をこの地域の農地改革集落につれて行き、大型トラックの荷台に彼と一緒に立った。彼がスピーチする時にはマイクロフォンを用意していた。アントニオは入植者たちにMSTを首長が支援してきたことを語り、この首長にできるだけ多くの支持票が集まるよう訴えた。首長が再選されると、アントニオは首長の公室で専任として働くよう求められた。

アントニオはひきつづきMSTの理念を表明しつづけることを強調し、首長はこの町の外側に相当広大な土地を所有しているけれども、自分はこのムニシピオにあるプランテーションを農地改革目的のために収用することにもかかわっていると主張した。しかし、農地改革集落の中にMSTの常任のスポークスマンがいなくなったので、私たちが1年後もどってきた時には、MSTが以前のようにかかわっている形跡はほとんど見出せなかった。

アントニオは今や首長のために働いていたので、以前は薬局用の医薬品をうけとったり、学校の屋根が新しくなったりした時、入植者にMSTに感謝するように云っていたのとは違って、首長に御礼を云うよう入植者にすすめるようになった。入植者たちは、州の投資を「贈り物」や「好意」とみることに慣れていたので、彼らの忠誠心を首長に移しかえることにほとんど困難を感じなかった。理論的に

は，ブラジル国民としての権利はMSTが彼らに教えようとするものであるが，彼が代行するような形になっているので，彼に感謝するようになった。アントニオはそのことを次のように説明している。「知っての通り，州にはその義務があるが，実際にはその義務を果たそうとはしない。これはわれわれにとっては当たり前のことで，不思議なこととは考えられない」。

アントニオはこの地域の伝統と文化の泥にまみれ，パトロン政治の力を壊そうとは決してしなかった。彼は首長公室に移った時，MSTと古いプランテーションの労働者の親方を入れ代えただけであった。長期的にはMSTは，少数の選ばれた人々の手に権力が握られている家父長的温情主義の階級性にもとづくこの政治行動様式を転覆させることを期しているが，このシステムを改革することは容易なことではないらしいのである。その理由の一部は，不平等と貧困と支配の伝統があまりにもがっちりと日常の慣習と思想に根を張っていることにある。

個人主義の文化とパトロン政治の現実に加えて，サトウキビ地域におけるMSTの活動家たちは，第3の難問に直面している。それはサトウキビ生産そのものの魅力である。MSTの生産の専門家は一般に進んだ農法と科学の訓練をある程度身につけた農業技師で，地域の「生産目標」とよばれているものを一斉に提示している。生産目標は一般に4つの異なる生産物に中心をおいており，入植者たちはどれかに専門化するよう促される。MSTはこのような生産活動の集団化を実施することなく協力させることによって規模の経済の利点を活用することを望んでいる。北東部のMSTリーダーたちは，入植者がこの地域を非常に長い年月にわたって虜にしてきた貧困のサイクルを断とうとするならば，サトウキビから転換することが不可欠だと主張している。それゆえ，サトウキビ価格が下落する時には，入植者たちはMSTの活動家たちが提案した代替生産物を生産すると云う考えに注意深く耳をかたむけ勝ちである。1990年代全体がそう云う時期であった。

北東部では，1999年には，この4つの生産目標は，バナナとココナッツと酪農と豆類であった。MSTの活動家たちは，サトウキビ地域では入植者はバナナを栽培し収穫できたら，資金を出しあってトラックを購入し，バナナと他の産物を都市の市場に輸送すれば，地方の市場ではるかに高い価格で売ることができると主張した。入植者はバナナを大量に出荷することによって適切な価格で売り渡すことが

第2章　土地は第1歩でしかない：ペルナンブコ州と北東部ブラジル

できると思われるが，個人で売ることは非常に難しい。

　北東部で選ばれる4つの産物のうち豆類を除くと他の作物は入植者にはかなり栽培に不慣れな作物であった。それらは戦略的に選ばれたものであった。MSTとINCRAはともに，収益性が高く地域に直接競合するものがほとんどない産物のすきま市場niche marketを入植者がねらうのを援助したいと考えていた。バナナの栽培はとくに熱心に奨励されたが，それはMSTがこの地区にバナナの加工工場を建設する計画をしていたため，周囲にあるいくつかの農地改革集落全体からバナナを集め，キャンディーとジャムを含むバナナの加工品を製造しようとしていた。MSTがバナナを理想的なものとみていた理由は，バナナは一度植えると労働力が比較的少なくてすむ作物だからである。しかし，バナナは最初の収穫が出来るまでに平均して3年から7年かかった。

　理論的にはバナナの奨励は合理的であった。ブラジル全域で農地改革に関わった人はだれでも，入植者は彼らの生産品目を多様化し，付加価値のある生産物のためのすきま市場を目標にすることが必要であると云うことで意見が一致している。しかし，どんな地域でも生産目標を実行に移すことは非常にむずかしいことなのである。アグア・プレータにおける入植者の多くはバナナの栽培に適さない土地をもっていた。サトウキビ地域の起伏のある地形は長い根をもつ作物に適している。長い根をもつ作物は雨が少ししか降らない時には根を地中に深く延ばして水分を吸収できるので，雨季がくるまで枯れずに生き続けることができる。バナナは雨の圧力には耐えるが，乾燥には十分耐えられない。バナナが健全に生き残るには十分な量の雨が不可欠であり，多くの入植者がもっている急斜面や丘の頂上部の土地では生き残ることが難しいのである。この農地改革集落の住民で，低地を流れる小さい川から水をくみあげる電動モーターをもっている人は1人もいなかった。しかし，バナナ栽培はかれらの所有地では決して成功しないと云うことがわかった後でも，入植者の中には，それでもバナナ栽培のためのローンをさがしていると私たちにほのめかした人が何人もいた。

　バナナのような新しい作物の栽培がむずかしいことから，プランテーション地域の入植者の何人かは旧敵であるサトウキビの栽培に引きもどされた。サトウキビは彼らにとっては骨の折れない作物であった。それはサトウキビは前の栽培

期からその次の栽培期の苗が得られることと,入植者が栽培に非常に慣れていると云う,2つの理由のためであった。その時,ある入植者が次のように云った。「私は若い時この製糖工場にきて,20数年間働いていて,サトウキビだけを栽培していた。今でもサトウキビ栽培のことならよく知っている。種類もその性質もである。園芸作物で私が知っているのは豆類とトウモロコシだけで,それらを栽培するのもむずかしくはない」。たいていの入植者は,好きだからサトウキビ栽培を選ぶのではなく,質のよい土地はないし,一貫した資金供給の見込みもないので,他に選択できる作物がないからだと云うことを認めていた。

2001年にはさらに多くの農地改革集落の入植者がサトウキビ栽培に転換していた。ブラジル南部における最大のサトウキビ栽培州であるサンパウロ州のサトウキビ生産は旱魃のために大きな被害をこうむった。いくつかの製糖工場がブラジル北東部の沿岸部で操業を再開した。私たちが2001年にこの地域にもどった時には,サトウキビの価格は1999年のほぼ2倍に上昇していた。まるで死んでしまったようにみえた工場がうなりをあげて操業を再開し,それと並行して入植者をさらっていってしまった。

多くの入植者はかれらの土地で自家用の作物の栽培を続けているのを私たちは見た。たしかにこれはプランテーション時代より生活が改善されたことを示すものであった。プランテーション時代には,かれらの日常の食事はプランテーションの所有者の意向に左右されていた。農地改革集落のバナナの木の中にはよく育っているものもあったが,その多くは放置されたり,全く引き抜かれてしまっていた。現金収入の機会を切望していた入植者はサトウキビ栽培に逆もどりした。彼らの多くは賃労働と云う頼りになる収入の機会を逸してしまった。

現金収入源としてのサトウキビ栽培は,入植者の歴史と経験と云う背景を考えると合理的な戦略である。多くの人々は,サトウキビを栽培しようとするが,それはサトウキビの栽培がどんな役割をするかすでに知っていたからである。彼らは8才,9才の頃からサトウキビを栽培してきたので,彼らの時間と地理の感覚は,季節と畑に封じ込まれている。サトウキビ産業はこの地域に非常にしっかりと根を下ろしているので,サトウキビの価格が上昇するとこの地域の製糖工場とプランテーションと小さい町は,サトウキビの茎の加工向きに連動する複雑なネット

第2章　土地は第1歩でしかない：ペルナンブコ州と北東部ブラジル

ワークを形成する。この地域のよく装備された道のほとんどは製糖工場に通じている。農産物をある場所から他の場所へ運送するために必要な輸送手段の大部分は製糖工場が所有している。入植者はこのネットワークの外でどうしたら生活できるだろうか，ほとんど想像できない。このネットワークは，あたかもサトウキビの深い根のように入植者のまわりをとりかこんでおり，住居から住居をつないで走り，彼らをソフトドリンク用の人工甘味料を製造したり，州都やはるか遠方の人々が喜ぶパン類をつくる細やかな商売に送りこんだりしている。

　農地改革集落における砂糖生産を州政府が支援して，サトウキビ産業を入植者まかせにすることで，様相はさらに複雑になる。州は，農地改革はペルナンブコ州におけるサトウキビ生産に代わるべき手段になりうると主張してきたけれども，この地域における経済発展に不可欠な資金投入には実際にほとんど関与していない[47]。北東部のサトウキビ地域の経済と社会の全体的構造は，政府の助成と負債特赦を含めて，生産者のために市場を確保することを目指してつくられている。一般的な危機の時でさえ，サトウキビ生産は全面的に断念すべきものであると主張した人はほとんどいなかった。それどころか，1990年代においても州政府の地域経済多角化計画は農地改革を3つの事項を達成する手段として含んでいた。砂糖生産に不適な土地の収用，季節的に過剰になる労働力の雇用，あわせて，大規模な製糖工場にサトウキビを供給する小規模農民の育成がそれであった。政府はサトウキビの小規模生産者にさらに努力して，大規模製糖工場へのサトウキビの供給量を増やすことをめざす計画によってサトウキビ産業の近代化を促進させることを約束した。1997年のINCRAの記録によると，サトウキビ地域における農地改革は，入植者がサトウキビの収穫期と収穫期の間に家族の自家用の作物を栽培する以外の土地をサトウキビ栽培に当てるのを認めることが理想的であると述べている[48]。

　MSTの活動家たちはサトウキビの農地改革集落への導入のよびかけを十分知っていたので，彼らは砂糖生産から入植者を解放することになる新しい経済活動の計画に彼らを統合する提案をしつづけている。しかし，州からの真剣な参加がなければ，他の経済モデルを構築しても，MSTにはペルナンブコ州のサトウキビ地域の入植者を支援することは依然として困難であろう。ジャイメ・アモリン

193

は，新しいいくつかの作物と農業活動は最後にはサトウキビに代わることができるが，それには時間とエネルギーがかかるという所信を次のように表明した。

> 大臣は農地改革はサトウキビの小規模供給者を育成する手段であると云うこの考え方にわれわれを引き入れようとした。しかし，われわれはこの考え方を受け入れなかった。われわれは，農村労働者は，徐々に組織と技術指導によってこのサトウキビ依存を克服できることを彼らに示そうとしている。君達はここにはさまざまな地形があるので，牛や魚や，果物やコーヒーなど，いくつかの異なるものを実際に組み合わせて農業経営しなければならない。それゆえ，われわれはさまざまな実験にかかわることになる。

第6節　大規模経営地域における小規模農民

1. カタルーニャCatalunhaとオーロ・ベルデOuro Verdeの挑戦

　ペルナンブゴ州の奥地，セルトンのある地域は沿岸のサトウキビ地帯とは対照的に豊かである。その土壌は沿岸地域の土壌と同じツヤのある赤色土壌であるが，地形は，ゆたかな緑におおわれた起伏のある波丘地ではなく，非常に平坦で，はるかなたまで広がっており，ところどころに，そこにおかれたかのようにみえる小さな円頂丘が点在して，水平な地平線を乱しているだけである。幹が細く筋張った丈の低い藪地や低木が地面をおおうカーチンガ（白い林）は白っぽくみえるが，それは，この地域の空気が非常に乾いていて，草木や木の葉から水分が蒸発するとあとにうすい塩の層が残り，藪地や低木を白い，灰色の薄い幕のようなものでおおうからである。卓球の厚いラケットのようにみえるパルマ（棘なしウチワさぼてん）とよばれる丈の低い緑の植物も地面に散在している。パルマは牛の飼料として栽培されたものであるが，この地域では，周期的におそう旱魃時には人々が最後に食べる食料になる。

　約2000マイルにわたる長く細いこの半乾燥地域の内部には，北東部で最も地力があり，生産性が高い土地が何箇所かある。これはブラジル第3の大河，サンフラ

ンシスコ川の両岸に広がっている土地である。この川はエスピリト・サント州に源を発し,真北に向って流れ,次に鋭角に右方向に転換し,バイア,ペルナンブコ,セルジッペの諸州を蛇行しながら東に流れ海に注ぐ。自動車でセルトンを通過し,サンフランシスコ川の河谷に入ると灌漑地と非灌漑地の違いが明瞭になる。生産者の灌漑能力次第で河畔の土地は農作物の緑やさまざまな色でおおわれる。降雨の不規則なこの地域では,この川の水の利用可能性が生死を分ける。

　ペルナンブコ州のサトウキビ地域を訪ねて,そこで活動している農地改革をみてきた後,私たちは西方へ足をのばすことを決めた。MSTは1995年以来サンフランシスコ河谷地域で土地闘争を展開してきた。ここでは農地改革集落は,MSTにとっての重要な勝利と,不屈の挑戦の両方を象徴している。これはペルナンブコ州で最も豊かな農業地域の1つであるが,1960年代以来,多国籍企業によって支配されてきた。私企業は1960年代に大規模な農業生産に資金を投入し始めた。この地域で経済が拡大するにつれて,ブラジル政府は商業的生産向きに整備されたインフラストラクチュアを戦略的に建設し始めた。サンフランシスコ河谷開発計画(PLANVASF)のためのマスタープランは1989年に完成したが,それは農業生産,水力発電,水供給,医療,環境保護の発展を通じて地域開発に関連する私的機関と公共的関連機関にインセンティブを与えることが狙いであった。

　この戦略的マスタープランが実施されてから,この地域の経済発展は進展していった。サンフランシスコ川の河畔での果物と野菜の商業的生産はペトロリーナ,ジュアゼイロといった小さい町をペルナンブコ州とバイア州にまたがるブドウとトマトと云う高価な産物の最も重要な新しい2つの産地にかえてしまった。この地域には資本が流入した。とくにアメリカ合衆国と日本のアグリビジネスから直接投資がなされた。冷蔵と輸送の技術が改良されたので,この種のアグリビジネスは先進世界の市場からはるかな遠隔地で低生産費と移動を栽培活動に活用することが可能になった。ペトロリーナによく整備された国際空港が建設されたことは世界の果物市場でこの地域の地位を築くのに役立った。1990年代後期には,ブラジルのマンゴー輸出の90％とブドウ輸出の30％はペトロリーナ・ジュアゼイロ地域で生産されていた。

　1990年代中期に,連邦政府は農産物生産者から助成金を引き揚げ始めた。政府

の資金援助がなくなったり，その額が深刻なほど削減されたためサンフランシスコ川河谷地域のアグリビジネスは，生産地規模を縮少し始めた。大規模開発モデルがその弱点を露呈し始めた時，MST（土地なし農民運動）はサンフランシスコ川河谷地域において農村労働者と小規模農民を組織し始めた。サンフランシスコ河谷開発計画PLANVASFの弱点はMSTにとってはチャンスであったが，小規模農場生産に混乱をまねくことにもなった。

　ジャイメ・アモリンはこの点について，河畔で占拠を実施するためのMSTの決定を次のように説明した。

　　さまざまなアグリビジネスが北アメリカとアルゼンチンとブラジル国内からこの地域に進出した。彼らはトマトと，多種類の果樹（生食用ブドウ，ワイン用ブドウなど）と玉ネギを栽培した。この産業は大所有地に基礎をおいていた。たとえばブラジルのエッティEtti社は，5,000ヘクタールの土地を所有し，そのうちの800ヘクタールだけを利用していた。彼らは800ヘクタールの土地を灌漑し，トマトを栽培した。この会社の経営が悪化し始めた時，私たちは最初の占拠をそこで実施した。INCRA（農地改革院）が直ちにきて，土地利用状態を評価したが，利用されているのはその土地の10％以下と査定され収用された。多くの国内のアグリビジネスと多国籍のアグリビジネスは灌漑農業と云う支柱に支えられていたが，失敗がはっきりし始めていた。この農業における危機はあの生産モデルに終焉をもたらした。われわれはこの地域に進出することを決定した。今日ではわれわれは，豆類，玉ねぎ，果物，トマト，米などを，完全に放棄された地域で生産しつつある。

　ジャイメのサンフランシスコ川河谷地域におけるMSTの農地改革集落の生産可能性の評価は，この地域で小規模農業を健全に発展させるには実際に難しい問題が存在すると云うことの認識によって低められた。入植者たちは大規模機械化生産モデルを模倣するか，新しい小規模生産を実施するか，むずかしい決断をせまられた。アグリビジネス会社が失敗したモデルを模倣するという考えは馬鹿げているように思われたらしいが，地域のインフラストラクチュアがすでに資本集約

的で高度に機械化された生産体制向きに整備されていると云う条件下では,それは,往々にして安易な道なのである。

　これらの異なる発展モデル間の緊張は,私たちがカタルーニャ Catalunha とよばれる農地改革集落を訪ねた時,明瞭であった。この農地改革集落はペトロリーナの中心から約20マイルはなれたサンフランシスコ川の川岸にそって立地している。カタルーニャという名称は,1998年に INCRA によって収用された時,収用される以前の名称を踏襲したのであるが,この収用は MST にとっては大きな成果であると考えられた。MST はこの所有地を1996年に200人以上で占拠した。1996年から1998年の間に野営地に住んでいた家族の数は800以上にふくれあがった。MST のある活動家は,この野営地は,黒いプラスチックの天幕のはてしなく広がる海でできた都市のようで,学校も道路も薬局もあり,規則的に食料が配給されていたと誇らしげに語った。

　私たちはペルナンブコ州都レシーフェの雑踏から720kmの旅のために自動車を予約し,アメリカ自動車協会の道路図に相当するブラジルの道路図を入手し,旅程を検討し始めた。私たちはこれまでにペルナンブコ・アグレステの中心都市カルアルー Caruaru まで120kmドライブしたことがあった。カルアルーには農産物や手工芸品や安い電気製品などなんでも売られている巨大な野外市場があることを憶えている。私たちは,これまでもドライブ旅行のことはかなりわかっているつもりであったが,ブラジルでの自動車旅行は用心と十分な準備が必要なことがわかった。旅行ルートを地図に描いて気付いたことは,私たちが通過する道はカルアルーとペトロリーナを結ぶ州の主要幹線道路が赤色で示されていることであった。この幹線道路には××印の道路標識がいくつか立てられていることになっていたが,それは,この道路の沿線では追い剥ぎにおそわれる危険があるので旅行者は午後4時以降この区間を通過するのは避けなければならないと警告していたのであった。私たちはこの警告を無視しようと考えたが,結局,飛行機を利用することに決めた。(後に私たちはこの幹線道路の沿線にいる入植者に追い剥ぎの警告を信じているかどうか尋ねた。追い剥ぎは,本当に深刻な問題になっていたが,連邦警察が町に入ってきて警戒に当たり,犯人をみな殺してしまったと云うことであった)。

カタルーニャの農地改革集落は,ペトロリーナに近く,地方空港と,生産物が地方や外国に送られる市場にかなり接し易いところにある。カタルーニャに通じる道路は長く,まがりくねっている。ペトロリーナからこの農地改革集落の所有地に入るまでの道路は大部分舗装されており,農地改革集落の中の道路はこの国の他の地域でみてきた道路と同じような赤土の泥道である。この集落の中心地区の入口には丈の高い白い門がある。そこに1人の男性がすわっていて,入ってくる人の身分を調べている。

　この中心地区は新しい集落のようにはみえない。道路は広く平らで,白くペンキが塗られた岩でふちどられた街路の途中にロータリーがある。白いいくつかの建物には,とくに窓とドアの縁りのまわりに青いわくどりをするのに塗装の仕事がまだ残されているようにみえる。しかし,それ以外の建物はいちじるしくがっちりしており,手入れがゆきとどいている。ロータリーからみると,この中心地区は快適な町のようにみえる。私たちが到着した時,10から12人の男性がロータリーにすわっていた。この人たちは農地改革集落の主だった農業技師で,生産の問題を議論するために集まっていた。彼らは机上事務が終ったあと,私たちと個別に話し合うことを望んでいた。

　しかし,この集落の主な入口のむこうにある居住区には約4,000人が雑然と分散して住んでいた。2001年に私たちが訪ねた時には,多くの家族は煉瓦や泥や材木でつくった掘っ建て式の臨時の住居に5年近く住んでいた。ただ一つの所有地を非常に多くの家族に最も公平に分配する仕方についての意見が一致しなかったため,土地が個人の割り当て地に分割されたのはごく最近のことであった。大部分の家族が住んでいた地区では,ある家族は待ちつかれて,農地改革集落の中にかれらが杭でかこんだ土地に住居を建てたので,道は泥道で,間にあわせの炊事場や浴場がみられ,その姿は野営地そのままであった。MSTはすべての人々をいくつかの農家団地(アグロビラ)の一つに収容しようとしていた。農家団地は農地改革集落全体に造ることになっていたが,政府の住宅建設資金の到着が遅れたので,共有の地区に住むよう入植者を説得することは容易なことではなかった。

　カタルーニャは収用される前は,バイア州に本拠があるOAS社とよばれる建設グループの所有であった。この大所有地は総面積が約6,000ヘクタールの恵ま

れた土地で、美しいサンフランシスコ川がその傍らを流れている。この大農場は最初ブドウ生産のために開設されたが、生産していたのは2年間だけで、その後カタルーニャにMSTが大規模な占拠を実施することを決定した[49]。数百家族を支えることができるすぐれたインフラストラクチュアが備わった非生産的な大所有地、カタルーニャは全く占拠向きの土地と考えられた。カタルーニャのほとんど3分の1を精巧なセンター・ピボット灌漑施設がカバーしていた。センター・ピボットは、強力なポンプで水をくみあげ、ピボッドが回転しながら、円形の土地に水を散布する巨大な灌漑用噴水機である。センター・ピボットは巨大な量のエネルギー（通常はガソリンかディーゼル燃料）を用いる。この大所有地には21基のセンター・ピボットがあって、それぞれ50から80ヘクタールの円形の土地を灌漑していた。

ジャイメ・アモリンはカタルーニャの占拠を挙行するのを援助したが、彼は、MSTがこの土地を取得するチャンスには疑問をもっていた。それは、この土地が非常に進んだ生産技術を含んでいたからであり、またそれがACMとしてよく知られた北東部の有力な政治家で、この地域のエネルギー資源の支配にその影響力があるアントニオ・カルロス・マガリャンエス Antônio Carlos Magalhães の養子が一部所有する会社の所有だったからである。この半乾燥地域では周期的な旱魃と降水量の変動が起きるので人々の生活は極度に困難になっている。しかし、この地域の縁辺部にはこの国の3大河の1つが流れており、ブラジルはそれに大きく依存している。この国のエネルギーの94％は水力であるが、アメリカ合衆国ではその割合は8.3％にすぎない。北東部の半乾燥地域における水とエネルギーは表向きは公共資源であるが、その需要はサンフランシスコ川を価値の高い商品にしている。

サンフランシスコ川の水は1945年以来政府の管理会社、サンフランシスコ水力発電公社シェスフChesf（ブラジル中央電力公社Eletrobrás傘下の地域従属会社）が管理してきた。シェスフは公営企業であり、国民の所有物であるにもかかわらず、ずっと以前から少数の人々によって支配されてきたが、次には1人の人物、バイア州知事であり、上院議員であったACM（アントニオ・カルロス・マガリャンエス）に支配されている。シェスフはレシーフェに本拠があり、ACMはこの会社の

指導者を指命する大きな権力をもっていた。1970年代には自分が総裁になり，シェスフの地方支局をバイア州都のサルヴァドールに設けている。

1990年代から2000年代初期にかけて，ブラジルの経済は開放され，次第に自由化されるようになり，公共エネルギー部門は，ブラジル全体で第3位の大エネルギー企業であるシェスフを含めて，民営化に向けて政治的圧力を加えられた。国際通貨基金（IMF）はとくにシェスフの民営化に関心を示した。それはこの会社は政治とねじれた関連があると云う疑惑をもたれたからである。

シェスフの民営化に関する議論は激烈なものであった。この時期のブラジルの大統領，フェルナンド・エンリケ・カルドーゾFernando Henrique Cardosoには背後にIMFの力がひかえていたが，シェスフの背後には北東部の強力な政治家，とくにACMの力がひかえていた。ACMはこの会社を民営化することに関心がなかった。それは，プラナルトPlanalto（アメリカ合衆国のホワイト・ハウスに当たるブラジルの大統領官邸）の役人の1人がオ・エスタード・デ・サンパウロ紙と云う広く読まれている新聞に，「ACMがその触手をブラジル中央電力会社Eletrobrásのさまざまな部局に広げている限り，彼の権力はゆるがないであろう」と云っていることからも推察される。

いたるところで相当さかんな政治的策謀が行われたが，結局，連邦政府はChesfの民営化計画を断念し，この企業の民営化計画を進めるには国民投票で大衆の支持がえられなければならないと決定した。政治の力が民営化のためにこのような投票に勝つために結集される見込みはないらしい。

結局，サンフランシスコ川を支配する人は誰れでも砂漠を花盛りにする力があるので，OAS社が経営するファゼンダ・カタルーニャも花盛りになるはずであった。この会社はブドウ生産を支えるために約1000万米ドルの政府融資を受けたが，重大なことが起っていた。この大農場は数年間能力いっぱいの生産をあげなかった。いくつかの新聞は，この大農場は1994年に全く生産を停止したが，それ以前の5年間，稼動していたセンター・ピボットは10基以下であったと報じていた。カタルーニャの入植者にそれがなぜそうなったのか，その理由がはっきりする以前にも時々そのようなことが起っていた。

ジャイメ・アモリンはそれを予想できなかったが，ACMのファゼンダ・カタ

第2章 土地は第1歩でしかない：ペルナンブコ州と北東部ブラジル

ルーニャとの結びつきはおそらくMSTの不法占拠者に利益をもたらしていた。1996年9月7日につくられた占拠野営地は，たいていの占拠野営地がされたような激しい排除に苦しめられなかった。入植者は一度かれらの黒いプラスチックの天幕を張ると，そこに2年間とどまり，その間にINCRAの基金で土地収用の実現をはかった。地方紙はMSTとOAS社との関係は友好的だと報じ，MSTのリーダーたちは，OAS社は土地の収用から利益があがるよう提案した。OAS社は土地への灌漑計画とインフラストラクチュアのために相当多額の援助資金を受け入れたが，数年間ブドウを栽培していなかったことを考えると，この会社はその所有地に対して何にもしないで1600万レアール（時価で1600万米ドル）受け入れたことになった。

MSTの不法占拠者たちがファゼンダ・カタルーニャに対する権利を認められた時，彼らは農地改革集落を先進的な生産方法と経済的成功の模範に仕立てることを決めた。この土地は質がよく，この地域のどこよりも進んだ灌漑システムがあり，その大農場はペトロリーナの国際空港によって開かれた新しい販路を利用できる理想的な位置に立地していた。INCRAの役人は，入植者はこの土地に入植して数年以内にこの国の最低賃金の4倍の収入をえることができるだろうと推測した。

カタルーニャに関する問題は，それが大規模ビジネスとして開設されたことであって，小規模農民が持続的農業のモデルを実践できる場所としてではなかったことである。カタルーニャのインフラストラクチュア全体が規模の経済を活用することによって農業生産を最大化するために建設された。たとえば，この大所有地のセンター・ピボットはそれぞれ50ヘクタールから80ヘクタールの土地の灌漑を対象にするタイプであったので，INCRAの技師たちは，それゆえに土地を個人の生産のために分割することは難しいと主張した。1997年のINCRAのファゼンダ・カタルーニャにおける小土地所有者の生産の実行可能性に関するレポートは，その土地はセンター・ピボットがないことを条件に収用されて当然だとあえて提案している。センター・ピボット・システムには2つの問題が潜んでいた。その第1は，ピボット群を1つのシステムとして管理できる大企業向きに設置されていたことである。INCRAの技師たちは，ピボットを入植者による集団管理に転換することには経営上の困難な問題があり，農地改革集落の全般的な進展をさまた

巨大なポンプがサンフランシスコ川から汲みあげた灌漑用水を、今やMSTの農地改革集落カタルーニャのために供給している。入植者たちにはこの設備の維持と多額なエネルギーコストを負担することが困難であり、集約的な灌漑は土壌の塩類化や地下水位の上昇などをまねいてきた。

げるだろうと考えた。それが、彼らがピボットなしで土地を収用することを勧告した理由であった。

第2章　土地は第1歩でしかない：ペルナンブコ州と北東部ブラジル

　第2の問題は，この大所有地を歩きまわり，農業技師と話し合って次第に明瞭になったことであるが，センター・ピボット・システムが，アイダホやカルフォルニアのセントラル・バレーで遭遇するものに似た環境問題を深刻化させたことである。長時間，土地に灌水し続けると，水が蒸発する時，塩分が析出し，土壌中に蓄積する原因になる。土壌の塩類化は塩化物を含む肥料の投入で，さらに急速に進行する。土壌が塩類化し始めると，カタルーニャの場合がそうなのだが，この問題はさらに厄介なものになる。カタルーニャやアメリカの西部の多くの例がそうであるように，表層土壌の下，地表から数インチあるいは数フィート下に全く不透水性の土壌層が形成される場合には，この問題はさらに一層深刻になる。次にこの不透水層の下から，水を地表へ導き，適切に排水することができないので，塩分はさらに急速に蓄積する。この種の宙水面をもつ乾燥地では塩分の蓄積ばかりか湛水に悩まされる。カリフォルニアのサンホワキン・バレーでは，土地の15％以上はわずか数10年の間に塩分と灌漑による湛水のために利用できなくなってしまった。同じ現象がカタルーニャのあちらこちらで起りつつあり，活動全体を脅やかしつつある。ナトリウムと硝酸塩は作物の生産に極度の被害を与えることができる。科学者たちは土壌中のナトリウムの水準の高さは，農業生産水準の低下をもたらすし，最終的に文明全体の没落をまねくものであって，今日の中東のメソポタミア地域の現状はその例であると信じている。

　カタルーニャ近くのある農地改革集落の主な居住地区に歩いていった時，私たちは戸口にすわって，老いた女性がまわりに鳴きながら集まってくるニワトリに餌（トウモロコシの実）を与えているのに出会った。私たちは彼女に，この土地のことをどう思っているか，この新しい農地改革集落で楽しく暮しているかどうか尋ねた。彼女は，この土地は塩気が強くて良くないと答え，地面を指さし，顔をしかめながら，赤い泥をスプーンですくって食べたら塩の味がわかるだろうと云っていた。ある農民は彼の畑に穴を掘って，地表のすぐ下に塩気を帯びた水分がたまっている様子を見せた。ファゼンダ・カタルーニャに関わる環境の諸問題は，多分，なぜこの大所有地で生産活動がやめられてしまったのか，OAS社がなぜ，MSTがこの土地を不法占拠した時，抗議しなかったのか，その理由を説明する。

　このような問題があるにもかかわらず，1997年にINCRAはカタルーニャを収

用した。この収用の規模は北東部全域で最大で，政治的にみて，MSTの重要な成功例であった。この土地は，大部分がMSTが組織した720家族に配分された。しかし，入植者は深刻な問題に直面した。一方では環境劣化の置き土産を克服しなければならないし，他方では，既存の大規模生産に適した灌漑施設が環境問題を深刻化させ，土地の利用を長期的に持続することを不可能にする働きをすると云うことがあるのである。

　私たちがこの大農場を訪ねた時，この問題が依然として解決されていないことがはっきりした。カタルーニャを案内してくれた入植者たちは非常に強力な灌漑システムを大いに誇りにしていたし，機械化がこの農地改革集落における持続可能な生産活動に問題を生じさせることを理解していないようにみえた。大型の灌漑用ポンプは既に大部分が壊れているのだが，少年たちは私たちを主な灌漑施設に案内し，その設備を自慢げにみせびらかした。

　大規模なインフラストラクチュアと機械化と進んだ技術を基礎にした生産方針を選択したことの実際上の難点はサンフラシスコ川流域の他の地区でも明白である。ペルナンブコ州の西部にいる間に私たちは，カタルーニャの近くのオーロ・ベルデOuro Verdeとよばれる農地改革集落を訪ねた。この地区には収用される以前には，ブドウを栽培していた農場があった。ブドウの木は農地改革集落がMSTの占拠者と従来の農場労働者の連合に認められた時にはまだ成長し続けていた。前所有者が残したブドウの列はまだかなり良好な成長振りを維持しており，いくつかの家族でブドウを分けあっていた。各家族は何本かのブドウの木を栽培し，収穫する権利をもっていた。私たちがこの農地改革集落を訪問した時，いくつかの家族はブドウの収穫でいそがしく働いていた。その果実は見事で，粒が大きく，果汁が多く，蔓から今にも落ちてきそうにみえるくらいであった。ブドウの木はよく成長しているようにみえるが，化学肥料で栽培され，人にも野生生物にも非常に有害な殺虫剤を頻繁に散布されてきたことが知られていた。オーロ・ベルデでは，人々は，多くの企業農場でみてきたより殺虫剤の使用に，気を配っているようで，人の健康と環境の保護に必要と思われる水準よりはるかに低い。入植者たちはこのような生産方法を前の農場や，この地域の他の農場から学んできた。彼らは化学製剤が与える利点を賞賛していたので，この種の生産方法が提供する固有

第2章　土地は第1歩でしかない：ペルナンブコ州と北東部ブラジル

生食用ブドウ生産にあてられた個人の小区画の土地は，オーロ・ベルデの入植者たちの収入源になったが，その土地の旧所有者から入植者たちが学んだ技術，毒性の強い殺虫剤を利用する技術は安全性と持続可能性に深刻な問題を生じている。

の諸問題について多くの人々に理解させることはむずかしかった。

　高級な化学製剤と機械類への依存のために，とくにカタルーニャでは，すでに重大な転機が前所有者に迫っていたが，それは大規模農業に関連することであった。大規模農業は世界中で地方の環境の劣化をまねいており，新しい，まだ健全な土地を探し求めざるをえなくなっている。適切な生産方法に注意をはらわなければ，MSTの入植者たちはカタルーニャやオーロ・ベルデの入植者のように新しい農場を徹底的に破壊してしまうことになる。入植者たちが何世代もかれらの農場を存続させようとするならば，供給する水を汚染させず，土壌から不可欠な地力要素を溶脱させることがない新しい生産方法を見つけなければならないだろう。

　2003年1月に，私たちはジョアン・ペドロ・ステディレに対してカタルーニャとオーロ・ベルデにおける諸問題について質問した。彼は，私たちが確認した諸問題はきわめて深刻であると云う意見に同意し，それらはMSTを悩まし続けている2つの問題の最もよい例だと述べた。第1の問題は，MSTの多くの構成員とリーダーと農業技師は，ブラジルに導入された世界中で推進されてきた緑の革命の一

部として，化学製剤と機械による集約的生産技術に現在も励まされていることである。第2の問題は，MSTが全国で緑の革命の諸原理を拒否する農業生態学モデルを受け入れることを決定したが，この組織には緑の革命のアプローチの危険性と農業生態学の長所について人々に適切に教える訓練を受けた人材と施設が絶望的に不足していることである。私たちがカタルーニャとオーロ・ベルデで見た由々しい事態を考えると，MSTは，入植者はたとえばOAS社が残した機械化されたインフラストラクチュアを頼りにしない小規模農業を促進すべきだと積極的に説得しなければならないのであろう。

　小土地所有者が大規模農業の誘惑を回避するのを支援する1つの方法は，MSTが新しい代替農産物とその生産方法に関連する活動に参加し，様々な小規模生産者によって規模の経済をとらえる必然的方法として協同組合生産を促進することである。第1章でみたように，協同組合による冒険的事業には完全な生産集団（すべての土地は共同所有される）から単純な信用組合までさまざまな形態があり，入植者が融資を協同で申請したり，各家族が個別に使用する機械を共同購入するなどその幅は広い。適切に経営されれば，このような冒険的事業はカタルーニャで非常に大きな効果をあげえたであろう。その時には人々は，外部の市場を効率的に活用しながら，彼らの土地を利用し続けることができたであろう。

第7節　北東部における農地改革：バランス・シート

　　すみませんが
　　わが愛するブラジルの国土を傷めつけている災害の話を
　　少し聞いて下さいませんか
　　除け者にされたり，日陰に追いやられた人々の土地
　　詩人や労働者の土地
　　そこでは辛抱強くたたかい，夢をみている人々が
　　人知れず，
　　生きるために苦しい闘いに立ち向かっているのです。

第2章　土地は第1歩でしかない：ペルナンブコ州と北東部ブラジル

──アダウト・ノゲイラ Adauto Nogeira ,（ペルナンブコ州のラゴア・グランデMST農地改革集落の入植者）

　これが書かれた当時，ブラジル北東部でMSTは約12年にわたって農村の貧しい人々の間で活動してきて種々雑多な成果をあげてきた。土地の配分そのことによって貧困で悲惨や政治的腐敗などブラジル北東部に非常に深く根を張っている諸問題を解決できたと考えるのは，あまりにもナイーブすぎよう。

　ブラジル社会の構造を根底から変革しなければ土地を配分すると云う安易で表面的な農地改革は数年から数10年の間に消滅してしまうかもしれない。根本的な社会変革が行われなければ資力がほとんどない小土地所有者が長くその土地にとどまると期待することは現実的ではないであろう。たとえ，社会を変革することができたとしても，金融制度の改善や，市場や学校や医療その他の社会施設へのアクセスが改善されなければ，土地所有だけで彼らの法のもとでの平等を保証することはできないし，民主主義社会の体制に市民として参加する平等の機会や，ささやかな繁栄を享受する平等の機会を保証することはできない。完全な市民権と政治権力がなければ，貧しい人々は生涯にわたって自分たちが取得したものを，保有し続けることはできないであろうし，まして，このような農地改革の成果を次の世代にわたすことはできないであろう。真に意味のある農地改革は国土の一部の所有権を単に移転するだけではない。それは政治権力の一般的構造改革の一部でなければならない。

　MSTは，土地のない人々による土地の取得だけがこの運動の唯一の目標ではないし，最も重要な目標でもないことを明確にしてから久しい。MSTは，それどころか「社会の根本的な変革を追及している。ペルナンブコ州におけるMSTの始祖であるカイオが云ったように，「MSTはペルナンブコ州に土地のない人々がいる間は活動し続けるだろう。MSTが活動を停止するのは，土地のない人々がもはや1人もいなくなる時だけであろう。そして，どんな時にも土地のない人々はいるので，MSTは常に存在するだろう。私がMSTと云う時には，私は農地改革全般のことを云っているのであって，それには教育，訓練，保健などあらゆる事柄が含まれている」。これらのどれを改革することも明らかに簡単な課題ではない。

北東部における農地改革集落は多くの障害に直面しつづけており,多くの障害について政府の大きな介入がなくても対処する方法がある。多分最も重大な障害は農地改革集落での生産活動と生産物の市場への出荷に関する障害である。小規模農民にとって自分たちの土地で生活することはかなりむずかしいことである。その土地が丘陵地で水不足や市場から遠い場合には,サトウキビ地域の場合がそうである以上に難しい。北東部の多くの農地改革集落の場合には,このような条件が1つあるいはそれ以上に存在することが多い。たとえばアグア・プレータ近くの私たちが訪ねた農地改革集落の1つは,最も近い市場がある町から6kmに位置していたが,この6kmの間には質の良い舗装道路が2km,でこぼこな泥道が4kmある。この泥道は雨季には浸水する。そして幅の広い川がる。入植者たちはロバの背に商品をつんで市場へ売りに行く。その時には川まではロバについて歩いて行く。川では定期的に川をわたすジャンガーダ(筏船)をたのみにしなければならなかった。その船頭は川縁りの家に住んでおり,よばれると川までおりてきて川に張りわたされた太いロープを手操り,ジャンガーダを対岸に引き寄せる。

　ここの入植者たちは,どこでもそうであるが,一貫しない政府の政策と援助に惑わされる。近年,政府と州レベルの予算危機のために入植者たちへの農業融資がおくれ勝ちになった。融資金の到着が間に合わない場合には,融資は無用の長物と云うことになる。なぜなら入植者はかれらの仕事を天気にあわせることが必要であるが,融資を担当する役人は天気に歩調をあわせないのである。

　入植者は彼らの努力で何かを生産し,収入を得なければならないが,他方,農地改革がこの世代で終りになることははっきりしている。MSTとINCRAはともに,入植者に,かれらの土地は次の世代に継承される財であると考えるようすすめているが,入植者の子供たちは何かもっとよいことが流行り始めれば,その土地にとどまらないであろう。ある入植者は次のように云った。「私は息子たちがこの土地にとどまるとは考えていないが,それは,収穫期になれば,私たちはサトウキビ刈りに行こうとしていたからだ。2人の息子は私と一緒にここにいたが,彼らは他処でもっと有利な条件でサトウキビ刈りができたので,私の手だすけをやめてしまった!」。

　このような難しい問題はあるけれども,ブラジル北東部における農地改革集落

は非常に大きな困難を克服したことになった。この地域には奴隷制に由来する搾取と云う根の深い伝統があるが，入植者たちがMSTのTシャツを着，帽子をかぶって町を堂々と歩きまわることができる事実は，抵抗についての新しい考え方が地方政治舞台に入ってきたことを示している。多分最も重要なことは，入植者がそれぞれ割り当てられた土地が彼や彼女の所有地であり，すべての入植者が自分で毎日の生活を決めることができることである。これらの人々は入植以前にはほとんど自由を享受できなかったのである。入植者はサトウキビを栽培し続ける場合でも，自分の土地でそれをするのであって，人前で直接高圧的に監督する人はいない。ただ，この監督者は今も製糖工場ではムチを打ちならしていると云えるかもしれない。もとプランテーション労働者だったある人は「私が製糖工場で働いていた当時，土曜日に労働契約期間が終った時には，私は次の週はどこへ働きに行くかをもう考えていた。そして，今日は仕事はない。私はもう行くことになっているところにいる。私は自分の仕事をしようとしているのだ」。

　入植者はまた自分の生活資材を用意する手段をもっている。それらのあるものは他人のために働く日々には決して確保されないものであった。食料と寝る場所と云う最低限必要なものを用意できることを知っていることがもたらす生活の安定感はそれ自体偉大な成果である。それで，MSTのあるリーダーは云った。

> われわれはブルジョワジーに疎外されている人々と一緒に働いています。彼らは泥棒だったり，うそつきや白痴でした。MSTはこういった人々を受け入れて，市民らしくするのです。MSTは，まわりの人々に迷惑がられながら町に住んでいた人々に2年間一緒に働いてもらい，その町に帰らせました。すると，彼らに全く関心を示さなかった人々が彼に敬意を表し始めました。この町に以前住んでいた時には，彼らの声は聞こえたことがなかったのでした。

　入植者の生活は，政治組織や，独立と自律の基本的自由や，規則正しい食生活など多くの点で改善されてきた。彼らは生活を改善するための闘いを自分に課し，計画しつづけている。彼らは，豊かになることを求めてはいない。彼らの目標はおかしいくらいつつましやかである。彼らは夜自分の家で飢えを感じずに寝むりた

いと望み,子供たちのために医薬を求め,幼年期にさえ学校に通えることを望んでいる。一番望んでいることは,明日使うために金をいくらか蓄えておくことである。彼らは銀行に貯金し,サトウキビの収穫期と収穫期の間に自家用の食料作物を栽培し,娘を町へ働きに出すことを望んでいるが,それは彼女が適当な教育をうけており算数を知っているからである。彼らはさざ波が立っても,ずぶぬれになることはなく,膝ぐらいまで水がかかるほどのベンチを池にそなえつけて,じっとすわっていたいのである。

第3章　アマゾンの魅惑を超えて

ゲデソンは若いMSTの闘士で、パラ州南部の農地改革集落で活動している。この集落の名称オナリシオ・バロスはここで暗殺された地方のMSTのリーダーからつけられた。土地なし農民のリーダーはこれまでブラジルの他のほとんどの地域より、この地域で多数殺害された。

第3章 アマゾンの魅惑を超えて

　私たちがアマゾンのパラ州の南部に行ったのは，MST（土地なし農民運動）のリーダーと入植者にとって特に困難な時期であったらしかった。この州に着いた日に，警察は，MSTの入植者をション・デ・エストレラス（Chão de Estrelas，星のように輝く土地）とよばれる大所有地から退去させた。ブラジル上院議長，ジャデル・バルバーリョ Jãder Barbalhoはション・デ・エストレラスの正当な所有者であると主張し，土地を不法に占拠していた人々を退去させた。そのリーダーたちは彼らを扇動して違法行為をさせた責任があるとして裁判所から有罪の判決を受けたが，彼らはバルバーリョはその土地を詐欺によって手に入れたと主張していた。土地占拠のリーダーの何人かは，ただちに投獄されたが，他の州と地域のMSTのリーダーたちも次の数日の間に追求され投獄された。当時の政治の状況は，他の傑出した政治家が，上院議員バルバーリョとトカンチンス州と国の検察官と連邦司法長官による大規模な政界汚職を追及したため混乱していた[1]。

　数日後MSTの人々はション・デ・エストレラス放牧場から追い出され，雇われガンマンは，私たちが訪れたMSTの農地改革集落（アセンタメント）に隣接する放牧地に農村労働組合が設けた野営地を焼きはらった。野営地のリーダーの何人かは森に隠れ，この土地を再び占拠しようとしていたが，退去させられた数10家族は近くの町，パラウアペバス Parauapebasへ仕事や寝る場所をさがして出ていった[2]。

　約2週間後，2人のガンマンが，MSTと提携し土地占拠を指導していたマラバー Marabáの町の農村労働組合のリーダーの家にあらわれた。この組合のリーダーはひどいマラリアを治療中であった。この人の妻が戸口に出るやガンマンたちは彼女を撃ち殺し，さらに寝室に入り，この農村労働者のリーダーも撃ち殺した。この夫妻の15才の息子は銃撃の音を聞くや街路の向い側の家に逃げ込もうとした。ガンマンたちはこの少年を街路で撃ち殺してしまった。

　MSTのリーダーの多くは刑務所に入っていた。労働組合の職員は警察のもとめに応じて，殺人犯の捜査に協力していたが，過去の経験からみてその成果は期待できないと思われた。MSTと労働組合のリーダーたちは，この農村労働組合のリーダーの栄誉をたたえることと，殺人犯を見付け出し，処罰することに大衆が関心をもつことを期待して葬儀を計画しつつあった[3]。

213

MSTのスタッフとボランティアーが大きなエネルギーと機転でこれらの難問をすべて処理しようとしているのをみて感動した。しかし,そのストレスは非常に厳しく,人々の顔には心配と疲労が色濃くただよっていた。あちらこちらでわずかな食物にありついたり,それが全くできなかったりしていた。ガソリンの料金は問題であった。この状況を処理することが必要な時,ある場所から他の場所へ移動するだけでもじっくり考え調整することが要求された。このことはすべて,リーダーの多くが刑務所にいる間になされねばならなかった。
　MSTの地域委員の1人であるパラジーニョ Parazinhoに私たちは「パラウアペバスの刑務所はどんな様子ですか,相当ひどいにちがいないが」と収監されたリーダーの状態をたずねた。パラジーニョは,「悪くない。ここの監獄は清潔できちんとしている。彼らはテレビやコンピューターは利用させてもらえないが,その他の点は悪くない。時にはしばらく監獄で過したいくらいだ。それは現状を反省したり,自分たちが現在何をしているのか考える唯一のチャンスで,やすらぎの場所でもある」と答えた。私たちは,パラジーニョは刑務所の外にいて疲れはてたので,刑務所の中にいる人々をいささかうらやましくなったのではないかと思った。
　私たちは,さまざまな問題で非常に悩んでいる人々の活動に立ち入ることにはばつの悪い思いがした。「私たちは,あなた方がこのような多くの問題をかかえている時に,私たちのような訪問者をもてなさなければならないことがどんなに厄介なことか知っています。いくらか余裕のある時に来たのだったらよかったのだけれども」とパラジーニョに詫びをいった。
　パラジーニョは肩をすぼめ両手のひらを上に向けてとんでもないと云う仕種をしながら云った。「いや,かまいませんよ。あなた方のような訪問者に,ここで何が起きているかをみてもらうことは重要なことなのです。それはわれわれの活動の重要な部分なのですから。…残念ですがそれ以上あなた方のお役に立つことはできません」。
　彼は話すのを止め,ちょっとの間,考え深げに上の方をみたり,うつむいたりした。そしてつけ加えた。「それに,あなた方は,もっとよい時,もっと静かな時に来ることはできませんでしたよ。これがここの流儀で,正常な状態なのですから」。

第3章　アマゾンの魅惑を超えて

第1節　アマゾン

1. 何が問題になっているのか？誰が解決するのか？

　MSTの創始者が1970年代の後期にブラジル南部でエンクルジリャーダ・ナタリーノ Encruzilhada Natalino やその他のいくつかの場所に野営地を設けた時,政府は彼らをアマゾンに誘致しようとした。ほとんどの人々は,土地の配分は郷土で行われるべきだと主張して拒否した。カサルダリガ Casaldaliga 神父は1970年代の初期以来,アマゾンで生活のために苦労してきた人々とともに闘ってきた人で,エンクルジリャーダ・ナタリーノに野営していた人々に直接語りかけ,あなた方はリオ・グランデ・ド・スール州に留まり,そこで土地のために闘うのが正しいのだと勇気づけた。彼のアドバイスを無視し,アマゾンで土地を提供すると云う政府の提案を受け入れた人々もいたが,彼らの多くはアマゾンで悲惨な目にあって故郷にもどってきた。彼らの話は,アマゾンの誘いに耳をかさなかった人々の決意をさらに強いものにした[4]。MSTの創立を導き,最初の野営地造りに参加した人々は,ブラジルの最良の土壌がほとんどアマゾン以外の地域にあり,そのような土地が適当に分布していれば,それらが農村民を支え,都市に食料を十分以上に供給し,経済成長を全般的に支えることができると信じていた。それなら,なぜアマゾンにMSTがあったのだろうか？

　政府が野営地の人々をアマゾンに誘致しようとしてから20年以上たったが,MSTは,国家はこの問題の主要な解決はアマゾン以外の地域にあり,アマゾンの農地改革集落は土地のない人々の問題の解決にはならないと云う当初の見解を支持し続けているとみている。それにもかかわらず,MSTの野営地設営をアマゾンにひきつける出来事がいくつかあった。しかしアマゾンで農地改革実施の難問を解くのに適するところはどこか,と云う問題はこれからみるように依然として重要である。そのことはこれからあきらかにされるであろう。保守派の実力者たちは広大な森林の破壊をMSTのせいにしており,自分たちを農村の貧しい人々と農地改革の味方と称している環境保護論者の中にさえ,アマゾンにおけるMSTの活動の影響を懸念している。その議論は,MSTの活動とアマゾンにおける森林伐採への大きな影響をゆがんだ形で論じてきた。そのようなゆがみは,アマゾン

に関して30年以上の間に確立された議論の伝統に従っている。

　アマゾンにおいて私たちが研究と体験から得た最も有力な結論の1つは, 国際的に議論されがちなこの地域の宿命論なるものが, そこで起っている複雑な現実を把握していないと云うことである。たとえば, アマゾンの土壌の農業に対する適性については矛盾する議論が非常に多く行われている。アマゾンの土壌の性質については, 多種多様な意見があるが, それはアマゾンは, アメリカ合衆国の半分以上もある広大な連続する地域なので, その土壌は非常にバラエティーに富んでいるためである。この地域は非常に等質的で, その農業的適合性については簡単に説明できると云う考えは全くのあやまりである。アマゾンの条件への人間の主要な適応戦略は1つや2つや, 3つではない。無数の条件と, それらの条件への適応戦略には文化的に確立した戦略と開発途上の戦略など非常に広い幅がある。私たちのブラジルのある友人はアマゾン育ちの環境史家であるが, 彼女はこの地域の将来性について論じている人々の話を聞くと, この地域のことをほとんど知らないことがわかると云っており, この地域について何が興味深いことか, 何が特徴的か, 何が重要なのか, 非常に多くのことを無視していたり, 十分理解しないで議論していると云っている。

　この過度な単純化の過程は理解できることではあるが, 不幸なことでもあり, 1960年代にブラジル政府が資源開発を促進するためにこの地域をはじめて宣伝した結果, この地域に対する態度がゆがめられたのであった。その時以来, 政府と協力機関は一貫して誤った指導を実施し, しばしばアマゾンの社会的慣習や制度を無視した開発戦略を提出し, この地域が巨大な農業的植民の可能性をもっていると云う宣伝で人々をあざむいてきた。数10年の間, 政府は, 植民の結果として, 償わなければならない人間と環境の恐るべき犠牲について, また, 多数の人々ができるかぎり努力して得られたわずかな報いについてもっともらしいが, おざなりな説明をしてきた。

　環境保護論者と科学者の中には, 彼らが, 植物と動物の種の保存地として並ぶものがないアマゾンについて誤った報告と間違った政策が実施されていると批判する人がいるだけではなく, 適切らしいと判定されたものに対しても烈しく批判すべきであると考えてきた人もいた。しかし, 1970年代の中頃にはじまる彼らの懸

念は荒廃の程度と場所についての誇張と過度の単純化で非難されることがあまりにも頻繁すぎた。この議論の両側で活動した人々の多くは，無知か誇張か，あるいは両方が致命的に結びついたもののために彼ら自身の信用の土台を徐々につきくずしていった。

　誇張とひずみは重大な影響を及ぼしている。大土地所有者や企業や政府が数千の貧しい人々に対して行使する地方に固有の暴力行為は，抑制するもののない開発を好む人々の主張に関連する詐欺的行為の直接的結果であったし，それは現在も続いている。政府の役人と企業の関係者が交わした多くの魅力的な約束は決して尊重に値するものではなかった。たとえ尊重に値するものであっても実現できるはずがないものでもあった。いずれにせよ，失敗と絶望はアマゾンでは，衝突と暴力行為の原因となった。

　この地域で植民（活動）を推進してきた人々は，しばしば暴力がこの地域の文化の長所であるかのごとき言動をしてきたが，この開拓前線地帯では人は法律の微妙な点を気にしてはならないのである。この地域のほとんどはきわめて平穏で，アマゾナス州の知事は，この地域に投資者をひきつけることに深く心をくだいていたが，彼の机の上にはいつもピストルが置かれており，外出する時には腰にピストルをつけていると自慢していた。しかし，その議論の反対側も暴力的な言動から解放されてはいない。私たちは，1974年の国際学術集会で世界的に高名な植物学者が，アマゾンで森林の伐採に関わっているあらゆる政府機関の役人と企業の長は"この暴挙をただちにやめなければならない"と大声で，くりかえし宣言していたのを覚えている。彼はその反対者たちの多くと同じほどの狂暴な願望を実行する能力をもってはいなかったが，彼の言辞は反対者たちの反響を呼んだ。

　誤った情報はこの議論の両側で増殖してきた。その理由の一部は，この地域における質の高い社会的と科学的の研究が不足していることにある。ほとんど20年間にわたって，軍部の独裁政権は自由な研究を妨害したり，公式の見解や政策と異なる意見を処罰したりした。この問題の混乱はこの地域の広大さと複雑さに原因があった[5]。たとえば，アマゾンは長時間非常に多くの雲でおおわれているので，森林破壊の規模と種類を正確に把握できる空中写真や衛星写真を撮影することがむずかしかった。また更新の過程にある森林から一次林を識別する作業に長

い時間がかかった。しかし，ついにこの問題は映像技術の発達によって解決された。多くの経験と研究によって，また現在のブラジルの民主主義政権が自由な討論を広く認めていることによって，私たちは現在起っていることと将来の状況をより確かに予測できるようになりつつある。

　しかし，この議論の両側で発生した熱気の多くは，何が問題になっているかを反映しているものでもあり，新しい知識で失なうものと獲得できるものについてのさらに大きな認識が発展してきた。開発に賛成を主張する人々は，世界最大の熱帯木材の蓄積がどんなに巨大なものであるかに注目してきた。彼らは世界で最も豊かな鉄鉱石とボーキサイトの鉱床を開発し，異常なくらい豊かに賦存する他の多くの鉱物鉱床と，この大資源を採掘するのに必要な量より数倍の包蔵水力の開発と供給を推進しようとしている。彼らはこの地域で農業を開発することの重要性も認めている。これらの資源の経済価値が高いことは否定できない。

　森林の保護に味方している人々は，地球上のどこよりも種の数とその個体群の規模が無類に大きい種の遺存地域とみている。熱帯雨林の研究が進むにつれて，地球上の種の数の推定値は，全体で200万から300万，さらに，1,000万と2,000万の間まで増加したが，さらに4,800万種にまで達するかもしれない。アマゾンはこの種の増加部分の大部分の生息地である。（この高い推定値に含まれる種の数の大部分は実際に個別に確認されたわけではなく，種の分化と分布の複雑なモデルに組み入れられている確認された種の実際の比率から推定されたものであって，どのくらい多数の種が，まだ完全に調査されていない地域に存在するか予想しようとしたものである）。アマゾンの多くの地域にあるさまざまな調査地点では，科学者たちは1ヘクタール（2.5エーカー）当たり約500の異なる樹種を確認してきた。隣接する土地にはいちじるしく異なる種の群が存在することがある。アマゾンではたった1本の樹に2,000種の昆虫の生息が発見されることがある。

　アマゾンの森林を焼くと，私たちが知っている数10万の種が炎でほとんどみな焼死してしまう。それらは私たちと一緒に今日まで進化の旅をしてきた仲間であるが，その独自性はまだ知られていない。私たちが利用する薬剤の4分の1乃至2分の1は熱帯林の植物と動物から発見されたものなので，多くの有用な物質が失なわれつつあることはたしかである。はるかに重要なことは，おそらくこれらの

種の消滅とともに，私たちが進化と生態の諸過程を十分に解明するチャンスを失なうことである。このような諸過程の解明に人間の諸々の問題の解決と長期的生き残りの鍵がにぎられているらしい。

過去20年にわたって行われた調査から，わずか数ヘクタールの林地の伐採をもとにした調査では生態破壊の影響を推測する確かな資料は得られないことがあきらかになった。森林が小区画の林地に分断されると種の激減をまねき，再生が遅れる。1980年代後期に始まったブラジル政府の法的規制は，地域と地方の条件次第で異なるが，所有地は森林を20％から80％保存すべきことを要求した。しかし，それが厳格に実施された稀な例においてさえ，この法的規制は森林の細分断とその結果としての種の再生の問題に実際に取り組むように規定されてはいなかった。

問題にされているのは種だけではない。アマゾン川には地表から海に流れ込む全河川水の20％以上が流れている。これはアマゾン川に匹敵する大河コンゴ川に流れている水量の5倍であり，ミシシッピ川に流れている水量の20倍に当たる。アンデス東部の雄大な急斜面をのぞいて，アマゾン盆地の大部分はかなり平坦であり，したがって，その土地の多くは恒常的に，あるいは季節的に低湿地である。凍結した極地域をのぞくと地球上の淡水の半分から3分の2はアマゾンに存在する。この膨大な量の水は鉱山や製錬所から出る砒素，水銀，その他の非常に有毒な物質によってますます汚染されつつある。アマゾン川の水は，1960年代には処理しなくても合衆国の飲料水としての条件を十分満たしていたが，今や鉱山業と工業とこの地域の数百万の新住民が出す雑排水で川の水質が予想された将来の状態に変わってしまった。

アマゾン盆地における考えられないほど豊かな降水量の半分以上は，この盆地内で地方的に発生されるものである。アマゾンにおける森林破壊がこの地域の内外の気候に大きな影響を与えてきたことがますます明瞭になってきている。それは地表からの蒸発と植物からの蒸発散の率の変化，地表が大気中に熱量を放出する程度の変化のためである。気候の研究者たちが最近述べているように，永続してきた熱帯林から放牧地に変わった土地以上に地表からの熱の放出量が激烈に変化したものはない。焼けつくように暑いアマゾンの放牧地からめだって涼しい小さな森へ入ったことがある人ならだれでもその差がわかる。気候が世界的規模で

219

もアマゾンの森林破壊の影響をこうむっていることはますます明確になりつつある。人間活動によって発生する温室ガスの約4分の1はほとんどアマゾンの熱帯林の焼却に由来する[6]。

グッド・ニュースがいくつかある。信頼度の高い衛星データが利用できるようになって，森林破壊面積の推定値が変化してきた。森林破壊の最初の推定割合には25％から50％の幅があったが，それは15％と20％の間に縮小されてしまった。過去30年間に伐採された森林の広さは，それにもかかわらず唖然とさせられるほどのものであり，驚かされるものである[7]。

問題になってしまったのだから，以下のことは驚くには当たらない。それは森林の保護を望む人々と開発を望む人々との対立，入植者を犠牲者とみる人々と破壊者とみる人々の対立，国際的な金融機関と多国籍企業とブラジル政府の活動をきわめて重要なものと考える人々と，それらを遠ざける人々との対立が定着したものとなっていると云うことである。このような対立にはそれぞれ相応の理由がある。しかし，これらの対立する立場について安易な論議はなされるべき選択と，選択すべき人の混乱をしばしばまねく。　重要な問題についての有力者の活動は，たとえば，ブラジル政府や，世界銀行や，米州開発銀行や投資会社などの政策によって決定される大規模な活動によって大きく左右されることはたしかである。しかし，この地域の農業入植者を含む人々の無数の活動によっても差が生じる[8]。

アマゾンに関する政府の政策とMSTの見解とは両立してきたけれども，土地のない人は彼らの故郷の州での農地改革に固執するので，アマゾンの農地改革集落は比較的小規模であった。木材と鉱産物を採取する企業は，失敗した入植者を雇うよりむしろ独自に募集した労働力に頼らざるをえなかった。アマゾンにおける環境破壊は今やさして差し迫った問題とは思われていない。

何も起ってはいないが，しかし，アマゾン開発を優先する積極的な政府と企業の政策が30年間も続いてきた現在，新しい対応が求められている。数百万の人々がアマゾンの魅力にひきよせられてきて，現在そこでなんとか生活をしようとしている。それゆえ，MSTは依然として，アマゾン以外の農業地域での配分が貧しい農村民にとって最善の政策であり，ブラジルの発展にとっても，アマゾンの森林にとってもそうであると主張しているけれども，アマゾン以外の地域におけるこの

運動の成功と，この地域における激しい土地闘争は，ついにアマゾンのいくつかの地域へMSTを巻き込む結果になり，MSTはアマゾンとの関連でなすべきことについて一定のビジョンをつくりあげなければならなくなった。

MSTの戦略と戦術はアマゾンに適合しているだろうか？私たちは自分の目でみようとした。私たちが2001年にパラ州に行ったのは，MSTの活動がアマゾンのこの地域で最も活発であったからであった。

第2節　アマゾンの変貌

あなた方はよい時に来たわけではないとパラジーニョは云ったが，彼の云ったことは正しかった。パラ州の南部では，衝突や暴力事件を語らないで何が正常であるか，定義することはむずかしいらしいのである。過去35年以上の間に，この地域は激しい劇的な変化をしてきた。変化は1958年にクビチェック政権下でアマゾンに幹線道路が建設され始めたことから始まった。しかし，1970年代の初期まではパラ州南部まで達した道路は舗装されていなかった。その頃，はじめてアマゾンの河口近くにあるパラ州の州都ベレンは，道路で北東部と工業化した南東部に結びつけられた。続いて他の重要な計画が急速に進行していた[9]。

世界銀行と米州開発銀行からの大きな資金援助によって，政府はトカンチンス川にツクルイTucuruiと云う名の巨大ダムを建設し，近隣のいくつかの河川にもダムを建設した。これらのダムは1970年代後期と1980年代に開始された巨大な鉱山と精錬の計画を進展させるために電力を供給することになった。これらの施設のいくつかは，大カラジャス計画の一部で，それには世界最大級の鉄山と世界最大級の銅山と巨大なマンガン鉱山の開発の計画が含まれている。政府と鉱山会社（当時は州有企業であった）はマラニョン州の大西洋岸の港市サン・ルイスまで800マイルあまり森林をまっすぐに伐り開いて走る鉄道を建設した。この地区のボーキサイト鉱山は，ベレンからアマゾン川を船で2時間の場所に立地する世界最大級のアルミニウム精錬所まで鉱石を供給する。鉄山からわずか30マイルほどしか離れていないセラ・ペラーダSerra Peladaでは悪名の高い原始的な技術で巨大な金山が掘りあてられ，1988年に鉱山が閉鎖されるまで信じがたい暴力事件

大地を受け継ぐ

カラジャスの鉱床の1つから鉄鉱石を運び出す運搬能力20トン以上のトラック。鉄・マンガン・銅・ボーキサイトなどの鉱山のあるカラジャスのこの部分は，もっぱら鉄鉱石を中国へ輸出するために開発されている。

が発生していた[10]。

　この活動の多くは，4世紀以上の期間，ポルトガル人とブラジル人がその支配下で，守り続けてきた土地から先住民を押し出す結果をもたらした。いくつかの部族はヨーロッパ人との接触を避けることに成功し，道のない広大な森林地域をヨーロッパ系の人々の侵入から守ることができた。1970年代には，カヤポ族 kayapóなど，アマゾンのいくつかの先住民集団が，ブラジルの都市民と協調したり，またヨーロッパ人とアメリカ人の諸集団から援助をうけて，新しい防衛手段を探した。このような協調関係をもとに，時には鉱山や木材会社や，放牧業者や開拓者からの有効な保護手段を提供する広大な特別保留地を画定するよう政府に圧力をかけ，実現に成功した。しかし一般にこの種の物語りはきわめて肌寒いものであった。1960年代後期に強力な人口流入の波が押し寄せると，ほとんどのインディオは土地から強制的に移動させられたり，彼らの領域に新しい流入者がもちこんださまざまな病気の犠牲になった。アルコール中毒は恐しい犠牲を生じた。多くのインディオの共同体が新しい計画と入植者の影響で破壊され，ブラジル農村の土地のない人々に似たさびしい，あわれな生活にあえぐことになった[11]。

第3章　アマゾンの魅惑を超えて

　1960年代と1970年代に人々が大量に流入する以前には，数世紀の間に多くの先住民は沿岸部と北東部からこの地域に何世紀もかけて入りこんできたカボクロcaboclo（ヨーロッパ人と先住民の遺伝的性質が混交した特徴が卓越する北東部出身の貧しい人々に対して主として用いられるあいまいな用語）と黒人と混交していた。農村地域では，まして大きな都市の内部と周辺では，これらの人々は多様な起源の河畔民（リベイリーニョ ribeirinhos）の生活を模倣することが多く，住居を毎年の増水に備えて杭や筏の上に建て，藁やトタンで屋根を葺いていた。河畔民の多くは，かつて，19世紀後期から20世紀初期にかけてアマゾンのゴム景気の盛期にこの地域をおそった人口流入の波でやってきた人々の子孫であった。河畔の住民は小さい農地を耕すことと，価値の高いココやしやアサイーやしやをの他の果実が売れる樹木の栽培とゴム樹液の採取と漁労と，森林から野生の産物を採集することを組みあわせる生業を営んでいた。鉄製の道具や調理用具や他の必要品や時々はささやかな贅沢なものを，河畔の交易所で小舟やカヌーで巡回してくる行商人から買っていた。

　河畔民にとって，1960年代に始まった新しい人口流入の波はチャンスと苦難の両方を与えることになった。彼らの中には新しい雇用の機会や商売のチャンスに恵まれたものもいたが，その多くは狩猟や漁労への圧力の高まりや森林破壊がひんぱんになったことで苦しめられた。他の人々はダムと植民計画のために居住地を一掃されてしまった。支流のはるか上流へ移動させられたり，この地域の発展しつつあった都市へ移動していった[12]。

　1960年代とその後の数10年間にこの地域に勧誘されてきた入植者の中には，政府が彼らに割り当てるために区画した土地に直接やってきた人もいた。パラ州では流入してきた人々のほとんどは北東部の出身者であった。最初にきた人々は道路建設の労働者であった。彼らは故郷でえられるどんな賃金よりも高い賃金を受け取り，その仕事が終った時には，土地が約束されることに魅せられていた。いくつかの計画では道路建設労働者に食料が提供されることが誘致の条件の一部になっていた。政府と契約した狩猟者たちは森で狩猟動物を捜しまわり，まれにではあるが食肉類を異常なくらい豊富に供給した。建設計画が終った時，政府が植民のために画定した土地を手に入れたり，所有権がはっきり確定されていなかっ

223

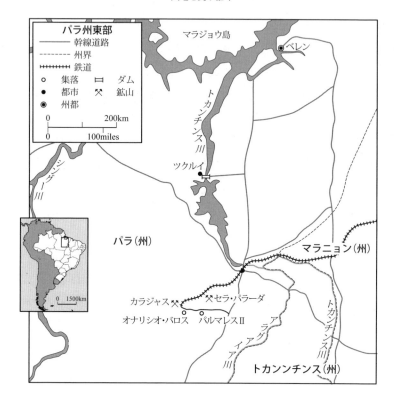

たり，守られていない土地をさがした。

　この地域では土地所有権の主張は1世紀以上昔にさかのぼり，森林からゴムと他の産物を採取する活動に関係していた。パラ州はゴムの大貿易商たちによって支配され，このような活動に適合する所有形態を正当と認める法律を成立させた。彼らはそれがアマゾンに適合した有効利用の基準を満たす正当な根拠と主張していた。有効利用が（森林を伐採することなく）実施できると云う原理を確認することが重要な法的認知であった。それは，土地の支配的な利用，つまりゴム樹液と堅果の採取があまり撹乱されない森林に依存しているからである。土地の「有効利用」をアマゾンでは他の地域とは違うように定義することは，意味のあることなのである。しかし，アマゾンの伝統的土地所有者は，軍事政権が決定した植民の努力による，土地の有効利用を所有権の唯一の正当な証拠とするブラジルの法律の伝統に直面して，譲歩することが困難であることがわかった。パラ州とアマゾ

第3章　アマゾンの魅惑を超えて

ンの他の地域では，土地の多くはゴムとナッツの採取地として所有権の要求がなされていたが，連邦政府はそれらを，開墾地と自作農場の創設の対象となるべき公有地と法的に定義した[13]。

　アマゾンの土地に定住し，土地を要求した時，この地域への新しい入植者は故郷から家族をつれてきたり，この地域でみつけた連れ合いと新しい家族をつくる最良の機会に恵まれた。森林自体がしばしば彼らの主要な資本であった。家族が森林を伐採すると，木材会社のバイヤーがきて，彼らにとって価値がある材木を買っていった。材木は発展を続けるブラジル南東部の都市で進行している目まいのするような高層建築で必要な建築の足場をつくるためや，時には構造材に用いられた。材木はまたアメリカ合衆国，ヨーロッパ，日本にも輸出されている。日本で建造された1隻の巨大なパルプ工場船がホーン岬をまわりアマゾン川をさかのぼった。木材は，アマゾン自体でも大量に消費された。

　カラジャスCarajásの製鉄所では燃料用の木炭材に消費された。アマゾンの森林破壊の約4分の1は溶鉱炉に木炭を供給するためと公表されている。この割合はパラ州の南部でははるかに高い[14]。

　アマゾンにおける樹種の多様性は，開墾された農地からの木材の獲得を木材会社による独自の伐採よりはるかに魅力的にした。森林は多くの場所で数百の種で構成されているが，木材会社が発展させた木材市場ではわずか20乃至30の樹種しか取引されなかった。1979年にアマゾンを訪ねた当時は木材の伐採が盛んで，製材所の所有者は，私たちに，バイヤーによく知られている樹種20種から22種しか市場で売りさばくことができないと話した。それらの売れる樹種を森林で見つけて伐り出してくることは骨の折れることである。入植者が開墾した畑に横たえてある売ることができる丸太をみつけて曳き出してくる方がはるかに容易であった。1979年にはマホガニーなどの価値の高い広葉樹材(堅材)について入植者に支払われる価格はアメリカ合衆国での小売価格の3％内外にすぎなかった。この木材会社の木材鑑定士が興味を示さない木材は大部分焼却されていた。入植者，とくに移動を続けている入植者は木材会社にとって経済的に貴重な人材なのである[15]。

　軍部独裁時代における公営の計画では入植者たちには，10年間使用権を与える

225

と云う条件で土地が割当てられた(この慣行は2003年にこの原稿を書いている時にはまだ有効であった)。入植者は法的に彼らの土地を売却できなかった。やっと10年後,法律が成立して土地の売却が法的に認められ,土地所有権の譲り受けを申請できた。彼らは所有していない土地を抵当にすることはできなかったので,木材の売却による収入,あるいは政府の気まぐれな管理のそまつな計画のための融資と収穫までの生活費支援だけにたよらざるをえなかった。10年間,最初に割り当てられた土地に完全に居続けた人々の中で,官僚制の障壁を通してその土地の恒久的な所有権を取得できた人々はさらに少なかった。放棄された土地の差し押えや,違法な購入によって,企業家たちはこの土地の多くを易々手に入れ,大放牧地にまとめていった。違法と云うのは植民助成期間には存在する土地を売却する権利がなかったからである。企業家と土地投機家は,普通,土地を獲得する際,威嚇したり,暴力を用いたりした。これらの人々によって集団化されて経営された放牧業は,そのいかがわしい所有権にもかかわらず,フロンティアーの開発の推進と,とりわけ牛肉生産の奨励を目指す連邦計画によって常に助成されていた[16]。

　植民者たちは,開墾された林地で慣れない問題がいくつも発生するのを見た。ここは北東部のセルトン(奥地)ではなかった。アマゾンの土壌は植民事業を企画した政府機関によって十分調査されていなかったし,適切に解明されてもいなかった。先住民が何千年もかけて開発してきた膨大な伝統的な農学的知識はほとんど無視されていた。ともかくこの知識をこの地域へ入植する人々に活用できるものにかえることは困難なことがわかった。この地域へ入植した人々は彼らが慣れているタイプの農業を実施するよう決められた。農産物の市場が存在しないことと,金融機関の偏見も技術革新と地方の諸条件への適応をさまたげた。

　21世紀になっても,アマゾンの土壌の科学は依然として幼児段階に留まっている。1970年代にはたしかに政府の外郭機関も北東部出身の入植者も土壌の性質と取扱い方について知っていることはそんなに多くなかった。ある土壌には,とくにアルミニウムが非常に多く含まれており,多くの作物に対して害を与えた。土壌の多くは地力養分にとぼしい。地力養分のほとんどすべては森林自身に含まれており,攪乱されない場合には落葉の地力養分は急速に循環して生きた植物組織にかえる。森林が伐採され焼却された時には,滝のような雨が地力養分の多

くを洗い流してしまい，時には猛烈な速さで保護するもののない畑を侵蝕してしまった。作物も入植者が殆んど知らない昆虫や小鳥や齧歯類や他の動物から激しく食い荒らされた。アマゾンの諸条件に適応したおそろしい程の多種類の雑草が，開墾された畑に栽培された作物と水分と地力養分をめぐって競合した。数日のうちに畑全体をおおうことができる菌類の病害は，高温高湿な条件下では伝染し易い[17]。

1. 先住民の戦略

　新移住者たちが，先住民とアマゾンの河畔民が用いていた技術をよく理解していれば，状況は少なくともいくらか良くなっていたであろう。大まかに云って，アマゾンのインディオの農学は，2つの戦略の1つ，あるいは2つを組み合わせたものを基礎にしていた。それによって新移住者は挫折をもたらす問題を回避したり，少なくしていた。台地上では，インディオは小規模に開墾し焼きはらった森林の最も大きい丸太や最も有用な丸太をとりのぞいた後の屑をそこに残して，アマゾンの諸条件に（2千年や3千年と云うほどではないが）何世紀も適応してきた食料作物を多種類栽培してきた。インディオは鍬ではなく掘り棒を用いて，土壌をかき乱さなかった。焼け残った木の屑を侵蝕をおくらせるために土壌に散布した。インディオ農民は，集団の慣習に従って男性と女性が畑の地力が低下する兆候を慎重に監視する。収量の低下は地力養分減少の1つの指標であるが，頼りにするには危険性のある指標である。と云うのは，1年で生産性がきわだって低下する畑は次年度には壊滅的に地力不足になり，休耕地にした時でも地力の回復に長い年月がかかるからである。地力が激減する前に，伝統農民は侵入するいくつかの植物と昆虫の存在を確認する。それらがその畑を放棄して新しい土地を開墾することが必要なことを知らせるからである。新しい畑を開いて，古い畑を森林が十分再生するまで放置する。森林の再生は非常に容易であったが，それは地力が完全に消耗してしまうまで土壌を酷使してしまわなかったからであり，畑が天然更新する森林にかこまれていたからである[18]。

　先住民の第2の生き残り戦略はヴァルゼアvárzeaとよばれる氾濫原に毎年，増水期に堆積する土砂を頼りにすることであった。バルゼアの面積は，広大なアマ

ゾン盆地の3乃至7%を占める。この増水期に土砂が堆積するヴァルゼアの土壌は適当に管理するときわめて肥沃で, 無期限ではないが何世紀も生産し続ける。場所によっては増水が激しすぎて樹林が成育できないが, ヴァルゼアの土壌は, 一般に森林で最も種が多様で繁茂している部分を支えている。浸水林は再生が最も旺盛で, 魚類とさまざまな動物の生育場所になることが多い[19]。ヴァルゼアの農業的利用の成功にはさまざまな知識が欠かせない。増水期の開始に関係がある作物の栽培時期の適切な判断や, 作物の害虫や害獣に関する知識, 湛水を回避するための水管理などがその例である。奇妙なことに, 旱魃条件の管理も非常に重要なことがあるが, それはヴァルゼアの農業様式が過剰な水に適応したり, 旱魃が起る時には水が比較的不足する過渡期に適応できなければならないからである[20]。

　先住民にとって, 後には河畔民にとって重要だったことは, 彼らが食料のすべてを1年性の作物に頼らなかったことと, 漁労と狩猟と森林の野生の産物の採取で食料を補っていたことである。何世紀も昔から小さな果樹園をもっていた証拠もあり, また, 今日の河畔民が樹木作物の栽培に頼っていることも知られている。1年性の畑作物に過度に依存することは必然的に土壌の地力に重くのしかかることであったと思われる。多くの集団にとって1年性作物の栽培は, 食料と収入獲得の方法を補う2次的な活動であった。

　森林の中での先住民の生活様式は, 森林の多様性と再生力を比較的わずかしか損なうことがなく, 数千年もの間, アマゾンで文化を繁栄させることができた。多くの考古学者と人類学者が, アマゾン川とその支流沿いに長くつらなる集落に, 600万に及ぶ人々が住んでいたと考えるようになっている。1,500万人と云う人さえいる。本当だとしたら, 先住民の人口は現在アマゾンに住んでいる人々の数に等しいか, それ以上で, めざましいものである。アマゾンの自然環境で狩猟や採集や農業で暮しができた人々の数が, 現在そうしている人々の数を超えていたと云うことは, それが少なくとも非常にすぐれた生活様式であった証拠であろう。現在のアマゾンの住民の大多数は都会人で, 生活の糧を, アマゾンの農業の生産力とはほとんど無関係な職業からえているのである[21]。

　いずれにせよ, 16世紀に始まるヨーロッパ人の到来によって旧世界のさまざまな疫病が先住民の文化の多くを絶滅させたことは確かである。ヨーロッパ人はま

た，多くの先住民の生存基盤を破壊した。彼らの生き残り戦略には川べりでの亀の養殖や，巨大で非常に美味なピラルクーなどの容易にみつかる魚種の捕獲なども含まれていた。壊滅的な害を与えたり，奴隷狩りや，悪疫を伝染させたヨーロッパ人を逃がれて，多くのアマゾンのインディオは（ほとんどではないが）主要な川からはなれた孤立した場所をさがした。そうすることによって，彼らは，あまり生産に適せず，大きな川がなく漁労にも向かず，ヴァルゼアの土壌がなく，交通の便に恵まれない環境で生きざるをえなくなった。多くのインディオは過去にくらべると恒常的に不毛な環境で生活した。入植者が到来した時には，かつてアマゾンで恵まれた生活を可能にしていた伝統的知識の多くが，何世紀にもわたって文化を経験的に受け継いできた人々の死や移動によって消滅してしまった[22]。

2. 小規模入植者の生き残りの戦略

　ひどく貧しい人々が1970年代に北東部からアマゾンに流入してきたが，その時には，彼らは森林環境で生き残るのに必要な適応のための知識をほとんどもちあわせていなかった。政府と企業の農業技師たちは入植者に開拓を進めるのに，アマゾンは故郷の畑とあまり違わないと説明していたらしい。農場の場所の選定はでたらめに，勝手にしたわけではなかったが，しばしば情報があやまっていた。市場へのアクセスを重視する人々の意見では，道路への近さが農場の場所選定の当然の基準であった。しかし，道路が常に最も恵まれた農地を通っていると云うわけではなかった。農業技師は殺虫剤と化学肥料を入植者が遭遇する諸問題を解決する最善の方法であると奨めたが，化学製剤は資金が不足している植民者には高価過ぎた。そのうえ化学製剤の使用はしばしば生態学的問題を発生させ，農業を成功させる条件を長期的に破壊した。たとえば殺虫剤の，散発的で誤った情報にもとづく一貫性のない使用は，農薬耐性種の形成をまねく可能性がきわめて高い。農薬はまた，実際の，あるいは潜在する害虫を抑制している多くの種を絶滅させ，捕食圧から害虫を解放することによって作物の大規模な不作をまねくことになった[23]。

　農業技師と政府の政策立案者たちは，また，しばしば植民者が輸出作物，とくにカカオに重点をおくようすすめた。このことは時には，ある生態学的意味を理解

させた。と云うのも、カカオはアマゾンが原産地で、森の大きな樹木の陰でよく成育させることができるからであるが、小規模農民の、カカオや他の輸出作物への過度な依存はその経営に致命的な打撃を与えた。それは国際貿易における輸出作物の価格は、過去において変動がはげしいことでよく知られていたが、現在もそうである。小規模農民にとって、カカオは全体的にみて、多様な作物の組み合わせの中で補完作物として頼りになる作物であり、常に野生の種の多様性の維持に寄与している。豊富な資本や豊かな資金をもっている農民だけは変動のはげしい輸出作物に大きく頼る余裕があった。それは金持だけがしばしば起る激しい価格下落に耐えられたからである。

　植民者たちは自分たちが開墾した土地にとどまることがいちじるしく困難なことがわかった。地力の低下と土壌侵蝕と作物の病虫害の発生は多くの人々にその所有地を放棄するよう強要した。他の人々はアマゾンの貧しい人々の間で頻発するマラリア、デング熱、黄熱病、さまざまな胃腸病、腸の寄生虫症、皮膚病、結核、その他多種類の病気にかかった。開墾した土地を放棄して移動する力が残っていた人々は、しばしば新しい開拓地をつくった。新しい開拓地の正当な所有権が彼らに属する可能性は、常にあるとは限らなかった。彼らは積もる負債の重みに苦しみながら、次々と土地を開拓していったが、開墾した土地の所有権が認められる見込みはなかった。最初の植民者にはある程度政府の援助が与えられたが、彼らに所有権が認められることはありえなかった。彼らの成功のチャンスは開拓地を移動するたびごとに減少した[24]。

　植民者のあとに大規模な放牧業者と投機家がやってきた。彼らの中には多国籍の大企業がいた。他のものは既に経験をつんだ大規模な企業的放牧業者であった。あるものは無法な起業家でしかなく、彼らは資金力は小さいが、重労働であれ詐欺であれ暴力であれ政府補助金であれ、なんでも組みあわせて積極的に猛進することが必要なことを証明しないわけにはいかなかった。政府の開発基金の濫用に関連するさまざまな汚職は、多くの企業が政府資金の、時には気前のよい不正な支出をまとめて利用していたことでかなり明瞭である。たとえば、ジャデル・バルバーリョは上院議長を解任され投獄されたが、彼はSUDAM（アマゾンの地域開発機関）の長の地位を利用して数百万ドルを古い事業仲間と彼の妻が社長をして

いるいくつかの食用蛙の養殖会社にばらまいていた(25)。

　ある場合には,放牧場の経営者は土地が放棄されるとその土地をあっさりゆずりうけ,そのまわりに柵をめぐらして,何らかの形で所有権が確定されるまで,公明な手段であれ不正な手段であれ,反訴を阻止した。公式に植民地の土地を取得する場合には,法的権利証書を作成することはきわめてむずかしいことであった。それは,土地を第二順位の当事者に売ったり,移譲したりすることが禁じられたので,植民地で植民地以外の所有権をすでに得ていた植民者はほとんどいなかったからである。法律が厳格であろうとなかろうと,放牧地は失敗した小規模植民者が残した空閑地に急速に拡大していった。小型の牛はアマゾンから出荷された。これは北アメリカのファスト・フード・チェーンで出されることで有名になった中央アメリカのセントラル・アメリカン・レイン・フォレスト・ハンバーガー向けにではなく,拡大しつつあるブラジル国内にあって,膨張しつつある都市人口が形成する市場に対してである。いくつかの放牧場は,化学肥料や農薬を用いて最良の牧草をそだてるなど集約的な経営によって利益をあげていたが,綿密な管理や投資に関心がある大土地所有者は少なかった。集約的な管理がなされる放牧地はアマゾンでは珍しいため,飼養できる牛は面積当たり少数であった。その経営を利益があるものにすることができたのは,広大な土地を集積でき,1980年代後期までブラジル政府の優遇政策をうけて,放牧業が課税の50%を補助された期間だけであった。このような集積された土地のいくつかは,それが,当時ブラジル経済固有の病であった手に負えないインフレーションに対する効果的な防壁になると云う信念のもとに多分そうしたのであるが,ふりかえって考えてみると,このような対策はけっして望ましいものではなかったらしい(26)。

　植民者や他の小規模農民で放牧業者に土地を移譲し,転出した人々はダムや道路や電線工事の労働者になった。多くの人々ははじめてアマゾンで雇われた仕事にもどりつつあった。彼らは鉄鉱石,ボーキサイト,金,マンガンの鉱山で職についた。製材工場や木材の伐採やトラックの運転で働いた。多くの人々がガリンペイロつまり,独りでする金探しになったが,彼らは彼らに食料を売り,彼らが採掘した鉱石を買う商会に支配され,搾取された。ガリンペイロが多数いたいくつかの地域では,彼らは十分武装した多数の男性で構成される私兵を組織した犯罪

ペルナンブコ州内陸の後背地域出身の婦人で,農地改革集落オナリシオ・バロスに現在息子たちと一緒に生活している。彼女は政府のアマゾン植民地へひきつけられた貧しいノルデステ人の1人で,道路建設工事に従事していた。

者たちに支配されていた。多くの他の植民者たちは,ほとんど職のない浮浪者になったり,チャンスをさがして町や都市のスラム街の住民になった。多くの人々はやむなく森林の端の開墾地にもどってきたが,このような活動の将来に失望していた。

　アマゾンの植民計画を分析したいくつかの研究は,政府の政策を担当する人々は,小規模農業がアマゾンで成功する可能性があるか,また,植民者が恒久的に安定した生活をきずく可能性があるかどうかと云うことを,決して真剣に考えてはいないと結論してきた。他の分析は政府の政策のほとんどは第一に国家の防衛の

問題を念頭において計画されており，広大なアマゾン領域の国家支配を強化する手段として，この地域に経済活動をひきつけようとするのであって，純粋に経済成長させることはほとんど考えていないと結論づけてきた。これらの説明はいずれも，土地配分の約束は，木材の伐採と，放牧業のための土地の開墾とダムと道路建設と鉱山開発のために労働力を確保すべく誘致するオトリにすぎないとみていた。比較的小数の企業と，いくつかの大土地所有者の集団は大きな富をえたが，天然資源採取帝国の建設の労働にかかわった男性と女性は独立自営農場を確立することができなかった。彼らの何人かが見つけた代替雇用はほとんどが低賃金で，始終変動し，その資源が売られる国際市場よりももっと不安定であった。この地域の木材と鉱産物の開発のために彼らを募集することによって，農地を求める貧しい人々を搾取することが政策立案者の意図であったか，なかったかはともかくとして，結果的にそうなったのであった。その過程で，数千万平方マイルの世界で最も多様性に富んだ降雨林が地表から消えた[27]。

　大多数のブラジル人の生活は結果として改善されなかった。稼いだ所得のほとんどはブラジル人投資家と専門職と外国人投資家と云うエリート層のものになった。資源はブラジル国民の経済生活を豊かにすることにはあまり寄与しなかった。アマゾンにおける，ブラジルの土地を熱望している土地のない人々の捨て身の開発は，この国の大西洋沿岸の降雨林の破壊と全く同じように，依然として森林を食いつぶす巨大な機械にとどまっている。

3. 森林伐採は失敗を煽る

　グラウコGlaucoはMSTのために働いている農業技師である。彼はアマゾン南部のロンドニア州で生れ育ち，この故郷から遠くはなれたパラ州で現在働いている。彼はいくつかの私企業で働き，次ぎに土地司牧委員会CPTのために働いた。このCPTはカトリック教徒の集団が，土地取得と生計のための小規模農民の闘争を支援すべくアマゾンで組織した集団である。2001年7月に私たちはグラウコの小型の自動車に同乗してベレンからパラ州南東部のマラバーとパラウアペバス周辺の私たちの研究地域までドライブすることになった。最初は10時間かけて昼間ドライブする計画であったが，事情で計画を変更し，ベレンを午後遅く激しい雷

雨中、カーフェリーで出発し、マラバーに次の日の午前2時半に着いた。

　過労と、眠そうな目と、鈍い話しぶりでグラウコは眠気と戦いながら、何千もの道路の穴ぼこや橋の厚板がこわれたところや道が洗い流されたり、修理中のところをたくみに切りぬけて一晩中ドライブした。砂質の土壌とどしゃぶりの雨はアマゾンの道路の執拗な敵である。道路交通は巨大な丸太を運ぶ材木トラックでほとんどしめられていた。巨大な樹木の幹は最大級の材木トレーラーでもたった一本しか積むことができない。材木運送のトラックは材木の伐採搬出の規則を守っているかどうかを検査する森林監視者と直接接触するのを避けるために夜間走る。トラックの運転手は規則を守っているかどうか気にしないでできるだけ早く製材工場に丸太を運送するため、ヘッドライトと交通信号を入念に使用して危険を知らせるので、不運にも夜間に自動車旅行をする破目になった人にとっては、トラックは親切な案内役になる。私たちは多分彼らに命をあずけていたのであった。

　グラウコはドライブの間中、長い時間かけて自分の仕事を説明した。彼は数年間CPTのために研究に従事し、なぜ小土地所有者は彼らの土地を維持することができなかったかと云う問題にくわしく答えようとした。自動車のバケットシート（密着単座）にどっかと腰をおろし、ハンドルを左に右にしっかり切って、穴ぼこや障害物をさけながら、目に入った農場を、入植者が自営農場に発展させようとしている典型的な例だと説明した。それは他の研究の多くが一般的に認めている問題についての話である。その話は政府が支援する植民者の運命と多くの要因を共有しているが、グラウコの分析は、公的に支援された農地改革集落に関わる人々よりも今やはるかに数が多い自発的植民者に関係している。

　グラウコの話は次のように進んだ。「ある男が入植する場所をさがしていると、木材会社のエージェントが近づいてきて、"あなたによい土地をおすすめしたい。道がなければ生きていくことができません。よい道路があれば作物を市場に出荷することができるし、必要な時に町へ行くことができます。今なら道路沿いの土地が手に入ります。心配なさらないでもいいです。私たちがここにいるのだから。そう云う土地へ御案内します。おわかりでしょう。私たちは材木を伐り出すために道をつくるのです。そうして木材を手に入れるわけで、そうしなければ利益が全くえられません。あなたから木材を買って、あなたが家を建て、作物を栽培

第3章　アマゾンの魅惑を超えて

し, 最初の年をすごす資金をあげます", と云うような話をするのです」。

「会社が木材を買いあげる代金は, その男が彼の人生でこれまで手にしたことがないほどの額で, 彼は少し幸福を感じるが, 木材の値段は安く, この男が農場の開設を成功させるのに必要な資金にはとても達しないが, その時にはそのことはわからなかったので, この取引は夢のように思えたのでした」。

「そこでこの男は材木を伐りたおし, その会社は道をつくり, 彼に約束した代金を支払い, 材木の搬出にとりかかりました。ここまでは順調だったようにみえました。ところが, 道はブルドーザーがやっと通れるほどの幅しかなく, 雨が降るとたちまち, 通れなくなってしまいました。今や彼は自分の土地に孤立してしまいました。彼に家族があれば, 彼らは病気やケガをしても治療ができないし, 子供たちは学校にかよえません。作物の栽培には彼が予想しなかったあらゆる問題が起ったし, 収穫物は出荷できません。彼は絶望しました」。

グラウコはしばらく話をやめて, 考えこんだが, また話を続けた。「さて, このような状態になった人々はどんな対策をしようとするか, 考えていただきたいのです。それはごく簡単なことなのです。彼らは自分たちは貧乏だが, このあたりには大儲けする金持ちがおおぜいいます。どうして彼らは大もうけするのだろうか。それは牛を飼っているからだ。自分も牛を何頭か手に入れなければならないが私にもそうすることはできると云います」。

「そこでこの貧しい男は材木会社からうけとった金の若干の残りと, 融資をうけて, 何頭か牛を購入する。彼には牛を多数購入し飼育する十分広い土地も資金もありません。その所有地では思ったより少ない頭数の牛しか飼えないし, 牛の飼い方の訓練をうけるだけで土地を失うかもしれませんし, 政府に補助金と免税を申請する方法を彼は知らないのです。いずれにしても, 彼はその土地で飼う牛の数では生き残るのに十分な収入がえられず, しまいに彼は土地を大規模経営者に売却してしまいました。今やまわりの土地も彼と同じように他の人々が開墾しつつあるが, その土地も彼の場合と同じような運命にあると思われます」。

グラウコは話を進めるにつれて興奮していった。「生き残れるのは地道に努力する人だけです。そうゆう人はさまざまなやり方で自給用の作物をたくさん栽培するのです。それには問題があるけれども一般に云われるほど難しいことではあ

235

りません。次に, 彼はこのような条件下で少量の換金作物を持続的に生産する方法を確立しました。ここでは少しでも現金がなければ生活できませんが, 彼の収入は多すぎるほどではありません。自分も家族も一生懸命働くつもりになっており, ごくゆっくりとではありますが, その生活は落ちついてきており, 贅沢ではないが, 住居も生活の場所も徐々にかなり改善されつつあります。私たちは研究で, こう云う生活の仕方が実現可能なことを発見しました。しかし, このことを人々に納得させることは必ずしも容易ではありません。それは今や私たちの仕事の大きな部分なのです…」。

「もちろん, この運動に関わっている私たちは, このような家族が長期的に利己主義者として成功し続けることはありえないと考えているのです。彼らは自分たちだけで土地を侵入者から守ることはできません。少なくとも市場への出荷組織と, 不可欠な信用制度を確立することで協力しあわなければなりません。それらが成功すれば, 土地と労働を自由にするために, 彼らに会いたいと望む人が数多くなるでしょう。なによりもまず, 彼らには自分自身を守るための活動が必要なのです。ここに自分の土地を見出したいと云うのが個人主義者としての彼らの考え方なのです。この地域には個人主義者が多数います。私たちはその考え方を変えなければならないのです」。

この点で, 政府が推進したアマゾンの植民地計画の本来のビジョンはグラウコの意見と一部一致していた。政府を含めて入植者でアマゾンで孤独で生きることを想像した人はいなかった。INCRAが1960年代後期にはじめて計画した植民地は, 販売と信用の協同組合によって支えられる共同体を含むことを想定していた。ところが, 政府は, その政策や有力な企業に挑戦することになる組織を, 時には暴力で妨害した。INCRA自体, 汚職と無能力者でいっぱいであった。要するに政府の集団制モデルは, 家父長的温情主義のもので, その中心的組織であるINCRAは頼みにならないし, しばしば不誠実と云うブラジルの伝統そのものであった。その最終結果は, 集団的組織と行動を育成するのではなく, 妨げることであった[28]。

この問題についてのグラウコの意見は土地のない人々の運動, とくにアマゾンにおける運動の重要問題の1つにふれている。ブラジルと海外における多くの

人々にとって，土地のない人々の運動は，森林に対する脅威の象徴なのである。それは，土地のない人々が多数おり，土地を取得する主要な方法の1つが森林を開墾することであると云う明白な理由のためである。森林地は開墾された土地とは違って土地の権利要求が優先される。伝統的にブラジルの土地法は森林の開墾を優先してきた。それは開墾は土地の有効な経済的利用の証明であり，したがって所有権の根拠になっているからである。政府の政策の主眼が経済的発展を推進することと国土の占有を強化することになった時，森林伐採に向う傾向に慎重になった。今やブラジルの法律は1998年にこの点を改正し，森林伐採を阻止するようになった。しかし，有効利用原則は，人々の心にしみ渡っている伝統と，最近の法改正を認めなかったり，その意義を単純に否定するいくつかの裁判の判決がなされたりしたため，依然として生き続けている。伝統の活力が残っており，土地のない人々がアマゾンの諸地域で森林の縁辺を蚕食している様子がみとめられるので，多くの人々は，土地のない人々と彼らを象徴する土地のない人々の運動は森林破壊の責をおうべきものであると結論している。

この見方は，土地のない人々の運動を展開する過程は森林破壊を直接まねく営力であると非難するが，情け容赦のない森林破壊で非難さるべきものは，貧困で無力な土地のない人々を操つる人々なのである。人々が適地に恒久的な自営農場を開設することができたとすれば，アマゾンの森林の相当部分は，このプロセスの犠牲にされていたであろう。しかし，斧とチェーンソーの犠牲になった広大な領域の大部分は，貧しい人々の自営農場開設の結果ではなく，あきらかに自営農場開設の失敗と絶えず移動せざるをえなかったことの結果だったのである[29]。

入植者の恒久的な自営農場開設の失敗は，入植者の仕業ではない。それは，木材会社や鉱山会社や建設関係業者や，国家の政策はできるかぎり早急に資源を開発することによって推進されるべきだと信ずる人々の仕業なのである。入植者が実際に土地に恒久的に定着することができたならば，これらの会社が木材の伐採や地中からの鉱産物の採掘と云った困難で危険な仕事のために労働者を雇うには，はるかに高い賃金を支払わなければならないだろう。天然資源の採掘は土地のない人々の天然資源採取経済から独立する手段を獲得する能力に直接答えるのには効果がおそすぎる。天然資源採掘経済の成果は，またその影響が及ぶ範囲は広す

ぎる。

　要するに，アマゾンのひっきりなしの森林破壊に関して非難さるべき人々は，それに巻き込まれる人々ではなくて，この過程を指図する人々なのである。この地域の多くの貧しい人々はこのことをはっきり知っており，彼ら自身のため，また社会のために，この状況を変えようと努力してきた。彼らはアマゾンの森林の破壊と同じほど無慈悲に，見苦しくない生活を実現する希望を破壊するこの過程から脱出することを望んでいる。この過程に関わる期待と恐怖はこの地域におけるMSTの農地改革集落で容易に観察される。

第3節　MSTによる農地改革集落とカラジャス鉄山を訪ねる

　急成長しつつある都市，マラバーは，ツクルイ発電所ダムの背後にある巨大な貯水地の上流側の端から遠くないトカンチンス川の岸に立地している。そこはベレン＝ブラジリア街道が通過しており，サン・ルイス・ド・マラニョンの海岸まで鉄鉱石を運ぶために敷設された鉄道が通過する地点である。マラバーは活気のある町で，緑をうばわれた裸の荒野に無秩序に拡大しており，3つの俄づくりの町には，都市らしさを感じさせる中心部がない。マラバーでは，大型無蓋トラックや汎用スポーツカーや騒々しいレストランやナイトクラブで使われる金があふれている。同じ時，地理的移動と社会的移動に伴なう特に落ち着かない貧困が漂っている。たとえば，エレガントにデザインされたバス・ステーションと，自分たちの持ち物をすべて入れることができる安物のナイロンの袋やダンボール箱をしっかりかかえているみすぼらしい身なりの，時には裸足の家族や，ケーキやキャンディーを買うことができないで，たよりなげにじっと見つめているだけの独りものの旅行者もいる。このような貧しい人々はマラバーだけのものではなく，最近数10年の間に開発が始まったアマゾンの諸地域に特有のものである。多くの新興都市と同様に，マラバーには大きなチャンスがあることを示す大きな広告塔になっており，また人がチャンスをつかむことはまずありえないことを証明する生きた証拠でもある。

　マラバーで，私たちはパラウアペバスの町の近くにあるMSTの農地改革集落

第3章　アマゾンの魅惑を超えて

(アセンタメント)を訪ねる準備をした。この農地改革集落はカラジャス鉄山とセラ・ペラーダ金山に通じる道路沿いにある。その住民の安全とこの運動自体の安全が地方のMSTのリーダーの不断の関心事なので、マラバーのMSTのオフィスは、MSTがそこに居をかまえていることを示す看板がなく、かわりにドアのそばにつけた、よく見ないと判別できない小さな文字板が、MSTが組織した農地改革集落の農村共同組合の本部であることを示している。私たちは朝そこにつき、このオフィスに集まった人々といくらか楽しい話し合いを慎重にした後、この集落のことを明確に知ろうとするなら名所を見物しながら昼食をして、寝るのに必要なハンモックを買って行くようアドバイスされた。私たちはEメールでマラバーのオフィスと接触していたが、それを受けたことを覚えている人は誰もいなかった。数時間後、わかったことは、私たちはMSTの全国本部を通してEメールで連絡しなければならなかったのであった。それでもゲデソンGuedesonに暖かく迎えられ、農地改革集落を案内してもらえることになった。

　ゲデソンは濃いマホガニー色の皮膚のハンサムなスポーツマン・タイプの青年で、笑顔がとてもすてきで、白い帽子をかぶり、まっ白な清潔なズボンとシャツを着、ブラジルの農村の人々の最も普通の履き物であるゴムのサンダルをはいていた。MSTのオフィスから木陰のある広場に行き、乗合いタクシーをみつけ、約2時間かけてパラウアペバスに行った。タクシーを待っていた時、小さなスタンドで、ミキサーで調理されたガラナの飲物をわけあった。ここでつくられたこの飲物は、ブラジルのいたるところでなじみのカフェインを含んだソフト・ドリンク、ガラナとはくらべものにならないほど濃厚でミルクセーキに似ているが、もっと美味しい飲物である。ゲデソンは、私たちがうまいガラナを飲んだと云うと、「これは普通のガラナとは全く別物ですよ」と云って笑っていた。この飲み物がつくられる果実は、アマゾンでは広く知られている不思議な味のする森の産物の1つである。天然の森林の産物に経済価値を大きく認めさせようとする人々がアマゾンの外へ売り出そうと大いに努力してきたが、これまではほとんど成功しなかった。

　この乗合タクシーにはきつくつめこむと14名あまり収容できた。私たちはゲデソンと一緒に一番後部の座席にすわった。猛烈な車の動揺のたびごとにはげしい衝撃が背骨に直接伝わった。車が進んで行くにつれてゲデソンは道路沿いの

土地の大部分を所有したり，権利要求をしたのは誰だったかを説明できるようになった。彼は，MST，あるいはもっと一般的に，他の農村労働組合組織と関係ある入植者によってつくられた数10の農地改革集落や野営地のことを非常に詳しく知っていた。彼はまたMSTが将来占拠の候補地としてねらっているさまざまな土地を指差した。彼はこの乗合タクシーに同乗している他の人に立ち聞きされないように小さな声と手まねをまじえて話した。道路状態が背骨にこたえてメモをとることはできなかった。

　パラウアペバスに近づいて，エル・ドラード・ドス・カラジャスEl Dorado dos Carajásの大虐殺事件で殺された人々の記念建造物の傍らを通過した。1996年に，MSTの入植者たちはこの舗装道路をこの地域における土地闘争を気づかいながら進んでいた。彼らは防弾チョッキを着た完全装備の憲兵隊に攻撃され，行進していた人々の19人が殺され，もっと多くの人々が負傷した。監視していた人がとったビデオはピンボケで質が悪かったが，行進していた人々が残忍な仕打ちをされたことを証明していた。挑発の証拠は全くなかった。彼らをめがけて放たれた弾丸をのがれて逃げまどう男性や女性や子供たちを写したこのショッキングなビデオは全国のテレビネットワークでくりかえし放映された。エル・ドラード・ドス・カラジャスの大虐殺は，国の政府とMSTの闘争が高まってきた時期であったが，ブラジルの大衆の意識を全国の土地のない人々に対して好意的に急転回させ，とくにMSTの活動を支持する方向に向かわせることになった。何人もの学者はこの事件が他のどんな事件以上にMSTに同情を呼んだと考えている。否定できないことであるが，土地のない人々のための土地収用件数はエル・ドラード・ドス・カラジャス事件の後3年間，急増した。この大虐殺はこの地方と全国の土地のない人々の運動にとっては悲劇的であったと同時に，ほろ苦い勝利でもあった。ブラジル全体で15年間に農村の土地のない人々のリーダー暗殺の実質的な犠牲者は，この事件以前，確実な証拠のある死者だけで少なくとも1,000人にのぼったが，これほどの死者は，エル・ドラード・ドス・カラジャス事件で国民の意識が真に高まってからは，決して出なかった[30]。

　人命損失の悲劇は，依然としてのろく，よろめきがちな裁判制度のために，続いている。全面的な非難の対象になった警察を救済する最初の裁判の判定はひっく

りかえされたが,法的手続と起訴の正当な論拠を追求し,それを2度目の公判に付すのに数年を要した。2002年に責任者のうちの2人が長期の投獄を宣告された。しかし,高位の軍人と警察官の責任問題は,MSTとブラジルにおける人権を尊重する人々にとって緊急の課題を残した。

　エル・ドラード・ドス・カラジャスで死んだ人々を追悼して建てられた最初の記念建造物はブラジルで最も有名な建築家で左派のオスカル・ニーマイヤー Oscar Niemeyerが設計した大きな鋼鉄製の建造物であった。オスカル・ニーマイアーは首都ブラジリアの主要なビルディングの設計家である。未確認のギャングが夜この記念建造物を爆破し,その断片の大部分を運び去った。これに反発して,地方の人々は自前で記念建設物をたちあげることを決定した。ニーマイヤーの壮大な構想のかわりに,人々がたおれた場所を丸くとりかこむように,20フィートから30フィートの高さの19本の大きな部分が燃えた森の木の幹をたてた(このような幹が周辺の広大な破壊された森林にさびしく点在している)。19本の幹は道路沿いの大虐殺の場所にみんなではこびこまれ,人命と自然の美が失なわれた悲劇の場所の忘れ難いシンボルをつくり出した。このモニュメントは生活の改善を夢みた少なくとも19人の死と,現在多くの人々に新しい夢を抱かせる運動の危機を結びつけている。私たちはこのモニュメントを午後おそくに通過したが,その時乗合タクシーの中では話し声は静かで,顔を巨大な木の幹に向けていたが,誰も声をあげなかった。

　それからさほど遠くないクリオナポリスCurionápolisの町を通った。この町はムニシピオ役場の所在地で,その名称は有名な軍人であり知識人である,エンクルジリャーダ・ナタリーノの農地改革集落を消滅させようとした人物である(第1章参照)。コロネル・クリオは自分の名を冠したこのムニシピオに住み,その首長をつとめている。クリオナポリスから道を逸れて,現在閉鎖中のセラ・ペラーダの金山に向った。クリオは政府からここに派遣されて,進行していたはげしい闘争の解決に当たったのであった。彼はサランディ Sarandíよりセラ・ペラーダで幸運にめぐまれた。彼が訪れた当時,政府は大企業のコンソーシアムの管理下でセラ・ペラーダの採掘を再開することを考えていた。しかし,この金山の再開が近づいたころ,この金山に関われるのはクリオがつれてきたガリンペイロ(砂金採集者)の

集団だけだと主張したが,一方他のガリンペイロの集団も自分たちにも参加させるべきだと主張していた。第2の集団のリーダーは2003年の12月に見知らぬ殺し屋に暗殺された。クリオのことを話している間中,ゲデソンはまた頭を座席の間にうずめて小さな声で話していた。

　さらに道を進んでパラウアペバスについた。ここはもう(小さいが)1つのざわめいた新興らしい町の様子を見せている。街路が広く,比較的新しい通りに面した店舗が開放的でよい気分にさせてくれる。数多いにぎわっている商店と活気のある青空市には衣類やあらゆる種類の電気製品があふれていて,金まわりがよいことがはっきりわかる。スラム街も雑然と広がっており,あちらこちらに下水や水がたまっている。ここはマラリアやデング熱の罹患率が非常に高い地区になっている。この露天市の近くには青空バーがあつまっている。多くの肉体労働者たちは大きなカウボーイ・ハットをかぶり,ヒールの高い気どったブーツをはいて,テーブルのまわりに座っている。彼らは発泡スチロールの魔法瓶に入れてあるリットル瓶から小さなコップにビールを注ぎながら,直射日光よけのサングラスごしに通る人々をじっとみている。ある人はベルトに公然と自動ピストルをつけており,他の人はズボンやジーンズのポケットのふくらみ具合でピストル所持を知らせている。

　パラウアペバスは人口が約4万の都市で,1989年以後,週にほぼ1人の割合で殺されていた。市長選挙の労働党候補によれば,1989年以後,このような殺人で公式に告発されたのは3人にすぎなかった。2人は起訴されたが,1人だけが有罪の判決をうけた。これらの数字が正確であるとしても,この地域がブラジルで,とくに土地闘争に関連する暴力がもっともはびこっている2つの地域の1つであることはカトリック系のCPTが十分証明してきたことである(もう1つはアマゾンのアクレ州である)。驚くほどのことではないが,たいていの人はサングラスをかけ,ブーツをはいている男たちを敬遠し,彼らをじっとみつめないようにしているようである[31]。

1. 小さい新しい農地改革集落(アセンタメント):オナリシオ・バロス

　私たちは食料と雑貨を若干購入し,太鼓腹の大男と打合せてゲデソンが住んで

第3章　アマゾンの魅惑を超えて

いる農地改革集落オナリシオ・バロスまでタクシーで行くことにした。砂利と泥の道に走り込むと話しずきのタクシー運転手は少しは自分の意見を云う元気がでてきて，MST運動の人々は，働いて骨を折っている人々から横取りして暮しているだけの穀潰しどもだと断言し，多少かわいそうだと思うが，土地を手に入れるためだけにしていることに賛成できないし，成功する能力があるとは信じられないと云った。彼は，自分の仕事を宣伝することに熱心で，ゲデソンと私たちに多色刷りの名刺をくれて，いつでもお役に立つ用意をしていると云った。

　私たちは日暮れ時に農地改革集落オナリシオ・バロスに着いた。この集落の直交する2つの広い泥の路ぞいに68家族の住居が散在していた。2001年の夏，私たちが訪ねた時，入植者は3年前に土地の所有権を合法的に認められた。それはそれ以前の2年以上その土地を不法占拠した後のことであった。合法的に所有権を得た後，ほとんどの家族は厚板づくりの住居を建てた。いくつかの住居は木の枝を編んだ網代に，泥をぬりかためた壁にペンキをぬった造りであった。どの住居も広々した屋敷をもっていた。たいていの庭は誇らしく，入念に手入れがされており，マニオクや野菜が栽培され，花壇がよく手入れされていたが，中にはかなり荒れて，見捨てられている住居も2，3あった。子供たちは，乗り物やその他の危険物がこの集落にはまれにしかなかったので，好きなところで遊んでいた。各家族はそれぞれ，この集落の外側で，住居からすぐ歩いて行ける範囲に20ヘクタールの農地をもっていた。この集落にはトラクターやトラクターが牽引するいくつかの基本的な農機具が備えられていた。

　この集落はかなり広大な放牧地を集団経営していて，農地改革機関から何頭かの種畜を提供されていた。大きくはないが長い屋根つきのポーチがついた魅力的なランチハウスが集落の中心部から歩いて約20分の放牧地を見晴らすところにある。入植者の何人かはこのよく建てられた住居で暮すことを選んだが，多くの人々は集落の中で，友人や仲間の近くで暮すことを選んだ。入植者たちは，ランチハウスで生活する人を，そこに住みたいと思う人々と，喜んで毎日牛を監視することができる人々の間で，持ち回りするように決めた。私たちが訪問した時には，寡婦と3人の子供がこのランチハウスに住んでいた。

　オナリシオ・バロスの土地が，もとは繁茂したアマゾン林が切りはらわれた土地

であったことは疑いない。この集落の2つの側には壮大な森林が残っている。大カラジャス鉄山計画にもとづいて非常に慎重に保護された森林がこの農地改革集落の北側の地平線を限る山稜をおおっている。集落の内部にも大木が散在しているが、それらのほとんどは周囲の植生が焼き払われて枯れてしまった時、生き残ったものであった。MSTによるこの土地の占拠と農地改革集落開設の過程でほとんどすべての森林は伐り払われてしまった。土地に対しては以前、入植者によって所有権の申請が行われ、彼らについで放牧業者の申請が行われた。彼らは近隣の放牧地と森林地をまだ広大に所有していた。突然ゲデソンが私たちに不気味な調子で次のことを話した。この放牧業者はこの農地改革集落が失敗するのをみようと待っているだけで、この放牧地をとりもどせ、再度所有権を要求できると待機していた。彼はすでに、この農地改革集落の創立に先立つ土地収用の際、政府から土地に対する支払いをうけていた。この戦略が成功すると、放牧業者たちにとって非常に有利なことが検証できる。土地は怪しい手段によって獲得され、しばらく利用され、農地改革のために政府に売却される。次に農地改革集落が失敗すれば、再び所有権の申請をする。MSTが関係していない農地改革集落の間では、失敗の率は考証がむずかしいが、その率が相当高いことは確かである。

　この農地改革集落に通じる砂利道はアマゾン標準ではかなりよく整備され、維持されている部類である。アマゾンでは豪雨で舗装された幹線道路でさえ長い区間、時々破損する。質のよい道路が既に存在するところにだけ農地改革集落を開設することがパラ州におけるMSTの政策である。他のやり方では農地改革集落が経済的に不成功に終ることは目に見えているからである。それほど厳密に観察したわけではないが、すでに開墾されていた土地を占拠することもその政策であった。このやり方を実施することは違法であるが、現存する森林を大きく損なうことはない。適当な道路が存在するところではどこでも、森林の伐採がすでに完了しているのである。

　この農地改革集落の中央には2人のリーダーの記念碑がある。彼らはこの土地を取得するための闘争の過程で暗殺された。このリーダーの1人がオナリシオ・バロスOnalício Barrosで、信奉者から"フスキーニョ Fusquinho"とよばれて慕われていた。ゲデソンはこの土地を占拠した当初の困難な日々に、フスキーニョは

集落のみんなをどんなに力づけていたかを語った。「彼は常にジョークやおどけた話をしてみんなをよろこばせた。彼は詩人で詩を書き，詩のように語りかけ，常に前向きで決して落胆しているようにはみえなかったし，いつでも人々に自分たちの将来のことを考えさせた」。ゲデソンは，フスキーニョは妻と3人の子供のことや，彼が入植者の家族の将来のためにどのように闘っているかを話していたと語った。「彼は先頭に立って闘いを続けたが家族に心配をかけさせなかった。彼はいつでも人目に立つところにいた」。

「フスキーニョは云いたいことのすべてを私たちに説明することはできなかった」，とゲデソンは続けた。「彼がしたことは，自分たちの現状，生活の仕方，考え方など非常に多くの事を教えただけであった。それを適確に伝えることは容易ではない。常に何かを教えることが彼の流儀であった。しかし，彼は教育を受けていなかったので，読むことがあまり得意ではなく，奥さんに読んでくれと頼んだ。彼が教えたことは学校で学んだことではなく，人生で学んできたことだった」。

フスキーニョには言語障害があった。ゲデソンはそれを「おどけた話し方」とよんだ。それは彼の話し振りが往々にして，人々に異様に聞えたためであったが，人々は彼の声帯にヒビが入ったような話し声を大いに珍重した。たとえば，彼は"É importante lutar !"（闘うことは重要だ）と云うべきところをしばしば"É impostante lutar !"と云った。後に，私たちはパラウアペバスで，フスキーニョ夫婦と子供たちの粗末な白黒の複製写真の入ったポスターを見ることになるが，そこに"É impostante lutar !"の語句が印刷されていた（パラ州南部では，特定の人々や集団に対する侮辱ととられかねないこのような語句を用いることを几帳面にいましめる政治的に最も急進的な人々の「政治的端正さ」にこれまでおめにかかったことがなかった）。ゲデソンはそのわけを云わなかったが，フスキーニョは，リオ・ブランコ・ファゼンダの収用を嘆願しにブラジリアに行った時，国民の注意をひきつけた。このファゼンダの収用後，そこに彼の名前をつけた農地改革集落が設立された[32]。

ゲデソンはフスキーニョの暗殺を目撃した。それは，雇われガンマンが野営地を襲撃しこの地区から入植者を恒久的に追い出そうとして不成功におわった日のことであった。ゲデソンによれば，入植者と農場主に雇われた用心棒が出会っ

た。すると2人のガンマンがフスキーニョと他のリーダーたちに歩みより，（弾道が直線に近い）直射距離から彼らにピストルの射撃をあびせた。仲間は即死したが，フスキーニョは死ななかった。ゲデソンはガンマンたちから彼を匿うために彼を掘っ建て小屋に収容するのを手伝い，傷の手当てをした。ゲデソンは，自分の手とズボンが血だらけになったのを憶えている。今もまだ血がしたたり落ちているかのように自分の手をじっとみつめながら思い出したことは，「恐ろしいだけで，どんなことが起きたのかわからなかった」と云うことだった。治療しようにも医者がいなかった。フスキーニョは2,3時間のうちに亡くなった。

　ゲデソンは，入植者たちは，殺人に参加した2人の男を時折みかけていたけれども，誰も逮捕しようとはしなかったし，告訴もしなかったと云った。入植者が告発するまで，警察はこの殺人者たちを追求することに関心を示さなかった。この集落と周囲の村落との間にはとくに温かい関係はなかった。これらの村落に住んでいた人々の多くは，MSTの占拠以前にその土地を要求した放牧業者のために働いていたり，放牧場やその雇い人として働いていた。農地改革集落が正式に設立されて後，3年たって，生活環境が次第におだやかになり，友好的になったが，殺人者たちは少なくともパラウアペバスやまわりの小さな町のいくつかの家族と親しくしていた。

　ゲデソンは，垂直に立った木の幹の上にそなえつけた2つの大きな石，つまり殺された2人のリーダを記念するこのモニュメントの意味と，この幹を立て，その頂上に重い石をそなえつけるのがどんなにたいへんだったか，笑いながら説明した。「私たちは彼らのことを忘れようなんて決して望んでいない」。

　私たちがオナリシオ・バロスに到着したのは日暮れ方であったが，その前の日に入植者のいなくなった野営地まで歩いて見に行く余裕があった。この野営地はパラ州の古い農村労働組合のリーダーが，近年占拠したこの州全体で数百地点のうちの1つであった。私たちが到着する前日，私的に雇われたガンマンたちが，入植者を1時間のうちに持ち物をまとめて退去させたのであった。このガンマンたちは次には入植者が建てた住居に火をはなち，占拠の痕跡をほとんどすべてかたずけてしまった。夕暮れに私たちはこの場所を見たが，その時には，焼けた住居の柱が数本残っていただけで，鼻を刺すような灰のにおいが空気中にまだただよって

第3章 アマゾンの魅惑を超えて

この写真がとられた2日前、農地改革集落オナリシオ・バロスに隣接した野営地は放火され、焼け落ちてしまった。その住人たちは土地を放棄してしまった。

いた。この集落の入口につもった灰の中に片方の腕のとれた大型のプラスチックの人形が埋まっていたが、それは生活の真相を雄弁すぎるほど雄弁に語り、感傷をさそっていた。

オナリシオ・バロスに歩いてもどってきた時、手持ちライフル銃をもった5人の男が乗った小型のトヨタの乗用車が泥道をゆっくり走っていった。その男たちは私たちを用心深くみていた。ゲデソンは、彼らは焼け跡にもどろうとしている入植者を監視している用心棒たちだと判断した。私たちは、次ぎの数日、この同じ車にのった男たちを数回見ることになった。

私はゲデソンに、オナリシオ・バロスの人々が、この野営地から追い出された人々を援助あるいは支援しようとしているかどうかたずねた。私がみたその朝の新聞は、彼らがパラウアペバスの街路をさまよって必死に泊まる場所をさがしていると報じていた。リーダーを含む何人かは、彼らが追い出された野営地から遠くない森に隠れることになると云っていた。オナリシオ・バロスの入植者はこれらの人々を支援するかどうか尋ねた私の質問に対して、ゲデソンの答はあきらかに逃げ腰であった。

次の日、彼の態度にはいくらか明るさがましていた。私たちは食料品（卵、ソフトドリンク、数種のカンヅメ、その他さまざまな地方産のアルコール飲料）、タバコなどの雑貨を小品目売る小さな商店にいた。その時、小柄で屈強そうな中年の男性があきらかに興奮した状態で入ってきた。彼は私たちにはわからないことをぶつぶつ云っていたが、元気を出し、きつい調子で次のように云いはじめた。「われわれは追い出されない。彼らにそんなことができるわけがない。われわれにはここにいる権利があるのだから、だれにも追い出すようなことはさせない！彼らが何をしようともかまわない。もどってくるのだから。彼らは私を殺すぞとおどすが、何を云おうとかまわない。どうせ、われわれを追い出せないのだから。彼らに私を見つけさせよう。そうすれば私を殺すことができる。覚悟はできている。この農地改革集落が閉鎖されることはない」。

　ゲデソンはこのどれにもほとんど反応しなかった。それどころか彼は退屈で無関心なふりをわざとらしくし始めた。男は率直に支援を求め始めた。「私たちには少し援助が必要だ。貧しい人に関心がある人々は、われわれを見捨てはしない。関心があろうとなかろうと、私には関りないことだ」。

　ゲデソンの表情はいちじるしく冷淡になったように見えた。彼は木製の十字架がついた首飾りをいじったり、天井をみつめたりしていた。

　男は続けた。「私はこんなやりきれないことでも、できる間はがまんしてきた。われわれは、友だちだと云う人々でわれわれを支援しない人々と立派に一緒に暮すことができた。労働組合はある人々がするように、われわれを見すてることはしない。ある人には、われわれと一緒だけれども、一つではないと云う。しかし労働組合は100％一つであるとしてわれわれをひきとめようとしてきた。われわれが長い間そこにいたことを、彼らは知っており、われわれを支援している。この組織は100％われわれを後援している。たとえ援助したいと思わない人がいてもである。われわれを挫折させようとしている人はいない」。

　ゲデソンは天井をみつめつづけながら、鼻の先に十字架をゆらし始めた。商店に入ってきたカップルは顔をみあわせ、何がやられていたのかを知ろうとしたが、この男の頼みには答えず、どぎまぎしながら、ときおり同情の言葉をつぶやいただけであった。話し始めてから多分20分の間にゲデソンの無関心が一層痼に

さわって, さらにいらいらした。男はついに商店を出て行ったが, 来た時よりもっと取り乱していた。彼が去った時には, この話を続ける人も, コメントする人も誰1人いなかった。それから密造酒のことを少し話し合って, ゲデソンと一緒にこの店を出た。ゲデソンはこの店で行われたことについての私たちの質問には答えなかった。それは少なくともしばらくは禁じられた話題であった。

その日の午後, 焼払われた野営地を再び訪ねたが, 私たちはゲデソンにこの商店で出会ったことを話題にするよう求め, 「彼はこの野営地のリーダーの1人であったことがわかりましたが, 彼はあなたの集落から援助がえられるでしょうか?」とたずねた。

ゲデソンはたんたんと話し始めた。「あの男はわれわれの地位も立場も知っており, 長い間, 私たちとこのことを議論してきました。その結論はすべて非常にはっきりしていました。遅かれ早かれ, 彼らをいくらか援助することになるが, 期待通りにはならないでしょう」。

私たちははっきり説明するよう求めた。ゲデソンの説明によると, 焼き払われた野営地の場所は, オナリシオ・バロスを招いたもとの野営地の場所で, その場所での野営を強制的に解消させられた人々の多くは, MSTの野営地の仲間であった。しかし, MSTのもとの野営地の指導者は, ゲデソンによれば, 自分たちの力に余る仕事をしようとしていることや, 彼らが計画したのと同じ広さの土地を取得することはできないことや, 野営した場所を守ることもできないと気づいた。用心のためにもっと防御しやすい場所に移動しなければならなくなった。この決定は野営地を分裂させることになった。この決定を受諾することを拒否した人々はMSTから分かれ, 古い農村労働組合の1つに支援を求めた。この組合は土地占拠を活発に始めていた。ゲデソンによれば, 分離した集団がその労働組合との提携ともとの野営地を守ることを決めた時, 他の入植者とMSTのリーダーたちは, 自分たちの方針を守ることを明確にした。

「それは彼らの側からみて, 全く不快な戦術的判断であった。彼らには自分たちがいる場所を維持できないことがわからなかった。われわれは自分たちが守れなかったものに執着しようとはしなかった。彼らは, それがよいと知ったし, 完全によいことであると今でも考えているので, 彼らには, われわれに支援を求める権

利はない」。ひと息入れて,彼は次のようにつけ加えた。「ああ,彼らは早晩何らかの支援をわれらから得るだろうが,われわれが拒否したことを知っているのだから,われわれに支援を期待できるとは考えられないのです」。MSTの立場について若干理解していることをもう少し議論をした後,ゲデソンは皮肉をこめて次のことをつけ加えた。「あなた方には理解できることですが,結局これはわれわれにとって状況は好転することになるからです。彼ら〔移動してしまって労働組合に加入した入植者〕はそれを守ることができないし,遅かれ早かれ,私たちはそれをとりもどす力をもつことになります。これは彼らの側からみると大変な誤算なのです」。

これは,MSTと古い農村労働組合との長く続いてきた複雑な関係,および地方,地域,州,国と云う異なるレベル間の紛糾する関係に関する興味深いエピソードであった。この古い農村労働組合は1930年代に独裁者ジェツリオ・ヴァルガス政権下で設立された労働組合の協調組合主義構造の一部であった(第1章参照)。近年パラ州の農村労働組合は協調組合主義モデルを離脱し,非常に活発になった。

パラ州における農村労働者連合の国家的リーダーの1人は,MSTが農村政策を活性化してきたことを率直に高く評価した。私たちが州都ベレンの連合会の事務所でインタビューした時,彼はMSTはパラ州には15の活動的な農地改革集落しかもってないが,2つの主要な労働組合連合会と協力している500以上の農地改革集落をもっており,どんな主要組織とも提携していない農地改革集落が多分200以上あると指摘した。MSTが1992年にパラ州で活動を開始した時,土地占拠がすでに20ほど行われていた。農村地域における労働組織は活気があり,過去に深い根をもっていた。しかし,労働組合のリーダーは,占拠と農地改革集落のいくつかはMSTがなかったら存在しなかっただろうと強調した。

　　国家レベルで農地改革問題を追及したのはMSTでした。…州レベルでもこの問題を追及したのはMSTでした。MSTは私たちにこの問題を明示したのです。MSTがなければ,われわれがもっている農地改革集落は意味のないもので,守られないし,政府の援助もえられなかったでしょう。〔MSTは〕この事実を消滅させない方法をはじめから知っていたし,現在も知っているのです[33]。

第3章　アマゾンの魅惑を超えて

　パラ州の連邦農地改革機関の副理事は私たちに同じ点を大いに力説した。「もちろんこの問題に活力とエネルギーを注いだのはMSTで, MSTがなかったらパラ州には農地改革集落は存在しなかったでしょう。その数そのものは, 政治の議題として絶えず議論しなければならないほど重要ではないが, 初めてそれを議題にすることができたのはMSTで, MSTだけがそれをし続けている[34]」。

　MSTのオナリシオ・バロスに隣接する労働組合支援の野営地から追い出された人々の立場からは, このすべてを理解すること, あるいは正しく評価することは難しかったらしい。彼らは離散させられると云う疑念にうろたえてしまった。彼らにとって, 土地のない人々の運動は, 新聞と大衆と政治家の多くにとってと同様, 唯一で, 組織の違いがはっきりしていないか, 全くわからない。挫折した野営地のリーダーは援助を懇願することでたしかに差異を了解したが, 危機の際にはこの差異は忘れられることを期待していた。MSTのリーダーたちと, ゲデソンのようなさらに基礎的なレベルの政治的オーガナイザーたちは, MSTが他の農村組織とは異なる点をはるかによく認識している。規律正しい意思決定と訓練されたリーダーシップはその差異の鍵である。

　ゲデソンの話はMSTのリーダーシップの並はずれた明瞭さと規律正しさをいくつか指摘している。リーダーの選択と訓練はMSTの戦略の特徴の1つであって, 彼の経験は, MSTがどのようにリーダーを選び, 訓練するかは, その多くのやり方の1つである。彼は自分の経験を熱心に私たちに語った。
「私はサンルイス・ド・マラニョンで育った(サンルイスはマラニョン州の州都であり, 港湾都市でカラジャスから鉄鉱石を運搬する鉄道の終点)。両親は貧しかったが, 不幸ではなかった。父には警備員と云う職があり, 住居があって, 食物がないと云うようなことは決してなかった。しかし, 貧しかった。父と母は信仰心が厚く, 福音主義にも他の宗派にも属していなかったが, 善良で, われわれが品行方正であるよう気を配り, 元気に育てた。私は理由はわからないが, 12才になった頃から疎外された若者になり始めた」。

　気取ったことを云われてとまどい, 正確に理解できたようには思えなかったので, 私たちは「それはどう云うことか？」とたずねた。

「疎外された若者並みに酒を飲み,麻薬や有害な薬物を飲んで走りまわる。学校をさぼったり,通りで旅行者から金を盗もうとするなどケチな犯罪をおかした」。彼は頭をふりながら云った。「私は非常に幸せで,何ごとも真剣にやらなかったし,夢中になったことはなかった。そうしなかったことは全く幸せでした」。

彼は続けた。「私の両親は私のことが非常に心配になり,私を鍛えようとしたが,実際には何もできなかった。私は両親のことを気にかけなかった。ひたすら悪くなっていった。そこで私の父は何かをしなければならないと決心した。彼の兄弟つまり伯父がパラ州南部にいたので,父はこの市から私をつれ出し,伯父と一緒に暮すことを決めた。私たちはここへ一緒にやってきた。ここへついた時,伯父は,後に農地改革集落オナリシオ・バロスとなる集団と一緒に野営していた。父も私もこれがどんなものか知らなかった。父は土地占拠について聞いたことがなかったし,MSTについても聞いたことがなかった。彼は「これが何だか,すぐわかるようになるよ」と云った。2日ここに滞在し,この野営地の人々と長々と話しあって,それが何ものかわかった」。

「2日目の終りに父は長い話し合いのために私をすわらせた」。ゲデソンはこの話し合いのショックを思い出して額をたたきながら語った。「父が云ったことは見事な,実に見事なことであった。彼は云った。『お前はもう16才の男子だ。今お前がやっていることは,自分と人と神に関わっている。お前がやろうとしていること,なりたいと思っていることは,お前だけがきめることができる。私は自分の仕事にもどらなければならない。お前を伯父さんのところに置いて行く。今,私は土地のない人々のこと,この運動のことをあまりよく知らないが,わかることから判断する限り,それは非常に立派なことだ。新しい出発をするために貧しい人々のために本当に何かすることがあるだろう。お前は決心すべきだ。伯父さんと一緒にここで暮らすことができるし,そうしないこともできる。この運動に参加することができるし,しないこともできる。お前は男だ。それはお前がきめることだよ』。

「たぶん,これが彼が云った主なことです。もちろんあなたに全部を云うことはむずかしいが,これはみごとな話し合いでした。3時間あまり続いたと思います。私はこれまで知らなかった父のことがわかったし,私に何を望んでいたかもわかりました。次の日,彼はサン・ルイスに帰って行きました。

第3章　アマゾンの魅惑を超えて

　私はここにとどまりました。野営地での生活はたしかにきびしく,びくびくしていました。そのわけは少しずつわかるようになっていきました。まもなく私は若い人たちの間でリーダーめいたものになっていきました。そうするとMSTは私がこの運動に真剣に参加しようと思っているかどうか尋ねました。彼らは,自分たちにどんなことをやらせようとしているか説明しました。とにかく私は「イエス」と答えました。彼らは私をリオ・グランデ・ド・スール州にある学校へ送る準備をしました。MSTはそこで活動家を訓練していました。私はその学校では,リーダーになるための訓練を受けていた少数の黒人の1人でした」。

　ゲデソンが云わなかったことは,MSTの最初のリーダーたちの多くが,アフリカ系ブラジル人かブラジル南部の諸地域の出身の少数派であったことと,ブラジル全域でさまざまな形の人種差別が依然として非常に活発で,公式には黒人のリーダーを募集することになっているけれども,これにはMSTにとって実際に厄介な問題があった。

　「2カ月間そこへ行きなさい。たしかに重要なことだ。君はそれを実際に体験し理解しなければならないだろう。その学校に着くと,彼らは君に身のまわりの品をととのえなければならないと云うが,君にそのやり方を教えません。君は学校に行ってすぐにクラスに出席できるし,寮に住めると思うだろうが,そうは行かない。君は最初から何でも自分で準備しなければなりません。君は,食事や宿所や,物事を処理する仕方を覚えなければならないし,非常に多くのことを決めなければならない。まず何をしなければならないかを理解することから始めなければならず,それはまるで野営地と同じでした。あらゆるものを整備しなければならなかったし,人々と協力しあわなければならなかった。学校は君だけのために設立されたわけではないし,みんなのために重要なものなのだ。この学校生活はきっと君が想像できる最もファンタスチックな経験になるよ」。

　「私は帰ってきて,再び野営地に参加した。私たちは用心棒と警察と対決した。虐殺された人が何人もいた。非常に困難な状況にあった。どんなに厳しい状況であったか,すでに説明した通りである。しかし,それはもう1つの学校みたいなものであり,学習の場であって,非常に多くのことが絶え間なく学べるのです。私は現在MSTと農地改革集落のために働いている。やるべきことは非常に沢山ある」。

彼は少し卑下気味ではあるが、笑いながら誇らしげに指さして、次のように云った。「私は現在ここに住み農民になっています。ごらんの通りこれが私の生活なのです」と(栽培しているマニオクと野菜の畑を指さしながら)云った。

2.「この土地は質がよい」:農地改革集落・オナリシオ・バロスの生活

　この農地改革集落の住民の大部分はゲデソンのようにマラニョン州の出身者である。パラ州のこの地区の農村民の大部分もそうである。ピアウイ、ペルナンブコ、セアラーなど北東部の貧しい州からも何人かきている。ゲデソンとちがって、彼らの大部分は農村地域の出身である。マラニョン州はブラジルで最も貧しい州の1つであるが、その貧民と農村は個有の伝統をもっている。マラニョン州の奥地ではプランテーション労働者としてブラジルにつれてこられた奴隷の子孫が主として生活している。マラニョン州の土地の多くは主要な輸出作物に非常に不適であり、ほとんどのプランテーション経営者の関心をひかなかったので、貧しい人々が自給農業に利用できる土地が残っていた。マラニョン州のいくつかの地域では、逃亡奴隷や解放奴隷や先住民や貧しい白人が、マラニョン州のユニークな野生のやしを利用してある程度の自立を達成することができた。ここで最も注目すべき作物は、ババスやしで、それは価値のある果実を産する。貧しい人々は19世紀に野生のババスやしを管理し始め、20世紀にはその栽培を拡充し、ババス生産の支配的地位を確立した。その結果、かなり独自の農村文化の基礎が形成された。この人々は所有地はごくわずかであったが、基本的に必要なものを確実に自給できた。20世紀の後半期に人口が増加し、企業家(その多くは外部の人)がババス生産と市場の支配力を強化した結果、マラニョン州の農村生活の危機が深刻化した。この危機はパラ州と他のアマゾン諸州への人口移動をまねいた。土地をめぐる摩擦はマラニョン州における農村地域の長い伝統で、近年とくに激しくなってきている[35]。

　農村地域のマラニョン人は独立心があり、タフで、喧嘩っ早いと云われている。彼らがやってきた方式についての組織的な研究はあまり行われてはいないけれども、多くのマラニョン人は実際的知識の豊富な農民で、土地と森林の農業生態について非常に多くのことを知っていることもあきらかである。農地改革集落オナリ

第3章 アマゾンの魅惑を超えて

シオ・バロスでは,この特殊な環境での農業についてある人たちが知っていることと他の人たちが知っていることとの間に実際に差異がある。われわれが話し合った人はだれも自分たちが農地改革を通じて取得してきた土地で家族を養うことが困難ではないと云う意見であったが,何人かの人は他の人よりあきらかにもっと知識があり,有能で勤勉である。

ゲデソンの友人,ロビンソン夫妻は成功した生産者の好例である。ロビンソンは若いアフリカ系ブラジル男性で背が高くハンサムで,頑健な体格の持ち主である。彼の妻は小柄であるが,あれやこれやの仕事を休まずにやっており,幼い子供が喜んで手使うように上手に育てていた。私たちが訪問した時,彼らの家の居間には60kg入りのコメ袋が高く積みあげられていた。それらは前年の収穫の約半分に相当する量であった。彼らは生産した米を若干交換したり売ったりした。また規則的に魚を巧みに捕えていた。彼らの住居のまわりの土地には多種類の果実を産する蔓性作物と果樹が植えられていた。それらのいくつかはまわりの森林から集めてきた野生のものを栽培したものである。また,屋敷の中ではトマトやシュシュ xuxu(ハヤトウリ,アメリカ合衆国ではそのメキシコ名であるチャヨテ chayote として知られている)やその他の野菜が栽培される見事な菜園があった。庭木のあるものは陰樹に仕立てられ,庭に魅力的な木陰をつくった。ロビンソンと彼の妻はじっと座っていることはめったになく,近所の人たちがくつろいで昼寝している間も何かの仕事をしている。

ロビンソンの家族は好んでアグロビラ(農家団地)で生活している。アグロビラはほとんどの人々の主な住居で,2つの街路にそって住居と建造物が集まっている。いくつかの家族は作物の手入れの際,使用できる作業小屋を畑に建てていた。アグロビラにはめったに住まず,畑に建てた小屋で好んで暮す人も何人かいた。

たとえば私たちが会ったある夫婦は集落よりむしろ自分の畑に建てた粗末な藁葺きの家でほとんどの時間を過ごしている。この夫婦の夫はロビンソンと同じく,妻よりかなり年上で,小柄な白髪まじりのアフリカ系マラニョン人で,製材工場の事故で身体障害者になった。私たちは彼のひどく癖のある話しぶりがよくわからなくて,ゲデソンに頻繁に助けを求めたが,彼は歩行困難にもめげず,農場を立派に管理していた。この家族の畑は間作や混作された豆類と野菜類でいっぱい

であった。その農法は世界中で多くの農民がやっている有機農法や農業生態学農法で,それによって害虫を抑制し,地力養分を改善している。作物の種類の多くは私たちにもゲデソンにもなじみのないものであるが,質の良いものであることはたしかであった。

　この夫婦は最初に訪ねた時,豆類の殻をとる作業をやっていた。豆類は数種類あり,私たちになじみのあるものは1つもなかった。他の多くの家族の土地はその季節には休耕されていたが,ここでは作物は年間を通じて栽培されていた。私たちの案内人は,私たちがたずねた野生の植物をたいてい知っており,彼の畑には収穫しないで,そのまま作物が残されていたわけを説明した。

　植物の1つは「土壌のために良い効果がある」からで,もう1つは「小鳥たちがそれらを好んでついばむ」から大切にされていると云った。すると,ゲデソンは,この人は「私の先生なんです」と云った。この年取ったマラニョン人が,この集落のほとんどの人が多分もっていない環境に関する知識と配慮で農業を行っていることは明白であった。

　農業のやり方は家族間で明らかな差があるけれども,この集落では食料不足を心配している人々はほとんどいなかった。ある朝,私たちは,農民が根茎が直径6フィート以上もひろがり,根茎の太さが6インチもある巨大なマニオクをひきぬいているのをみた。賛嘆してこの根茎をだきあげて云った。「この土地は良くないと云われているが,これをみて下さい。この土地は質が良いのです！」。誰もが多種類の果物や野菜や豆類を食べており,若干の肉類でアマゾン原産で伝統的な主食である澱粉質のマニオクを補っている。高齢者は別として,大人や子供に栄養不足の明白な兆候をみたことがない。高齢者が背が低く,骨格が貧弱であるのは,その生涯で時々,あるいはしばしば食料が欠乏した時期があったことを示しているのだと思われる。彼らは住むことが心配でなくなり,政府融資をうけて建てることができた簡素な住居で満足しており,必要ならば手近で手に入る資材を用いて住居を拡張することは容易にできると考えていた。

　他に重要な問題がいくつかあった。ほとんどすべての人は電力,診療所,町と学校へのバス交通のことを心配していた。電柱と電線が集落に敷設されたが,あとわずか数キロメートルの配線の敷設がまだ完了しないままであった。この地域全

域には，カラジャス鉄山と精錬施設に動力を供給するために建設された大ダムからの水力電気が豊かに流れていたが，農地改革集落にもこの電力はごくわずかであるが，供給される計画であったことがわかった。

　オナリシオ・バロスの入植者は，集落の住民が数百の人では，多分，十分な設備がある診療所を設置し医師を派遣するのにふさわしくないと了解している。しかし，彼らは基礎的な診療所と看護師がいること，あるいは，応急手当の訓練をうけ，パラウアペバスの病院に送ることが必要かどうか判断できる能力がある看護師が常駐することは最低限不可欠であると考えている。INCRAとムニシピオはこのような施設を用意するとたびたび約束してきたが，私たちが訪問した時にはまだ実現していなかった。

　オナリシオ・バロスでは1日3回のバスサービスが提供されていた。このサービスは私たちが訪問した時は，予算削減のために中止されていたが，再開された。しかし，また中止されるかもしれないと云う但し書きつきであった。バスは町まで約1時間で行くことができたが，歩いて行くと云う選択は実行不可能であった。この集落には自動車をもっている人はいなかった。

　学校にかようことは入植者，とくに幼い子供たちには絶望的であった。私たちの訪問時に，子供たちはバスで他の学校へかよっていたが，バスサービスは予算の都合や豪雨のためにしばしば中止されたので，子供たちの通学や学校への関心を持続させることは難しかった。また，農地改革機関は入植者にこの問題の解消を約束したが，実施できなかった。

　入植者たちは，また，連邦農地改革機関INCRAが生産のための融資の約束を実行する能力がないことに大いに不満をいだいていた。たとえば，前期に政府によって計画され予定されていた融資が3カ月以上もおくれてきた。世界中どこでも農民は作物の植付けと栽培の費用を公的，あるいは私的な融資に依存し，その清算を収穫に依存している。低開発諸国のほとんどの農民には，とくにこのような融資は政府の農業金融計画を通してだけ利用が可能である。INCRAの融資の遅れは，ブラジル中どこでも絶えず問題になっていた。融資が適時に行われなければ，栽培されうるものが少なくなり，多くの収入の機会が失われる。オナリシオ・バロスでは，この遅れで大きな害をこうむった人が多く今や，約束されようと約束

農地改革集落の住居は煉瓦建てが多いが,オナリシオ・バロスの住居のように板張りや藁づくりといった伝統的な,地方で利用できる材料で造られるものも多い。

されまいと融資にはもはや頼れないと思っている人が多い。今年も融資が期待できるようにはみえなかった。

　この集落では, 何人かは, 医療, 教育, 交通, 公益事業(電力, 水道), 金融などの約束不履行は農地改革一般を妨害しようとする意図をもった試みであると信じている。とくに私たちが話したある男のこのことについての確信は深いものがあった。

　私たちはオナリシオ・バロスで, 厚板づくりのよく建てられたウィルソンWilsonの家でしばしば夕方をすごした。ウィルソンはこの集落の選ばれたリーダーの1人であり, ゲデソンの友人である。多くの人々はウィルソンをピチブPitibuあるいはピチPitiと云う愛称でよんでいる。ピチはペルナンブコ州のセルトン出身の貧しい緑の目のカボクロで, 独立のガリンペイロ(砂金採集者)として金をさがしにアマゾンにきた。ピチはオナリシオ・バロスのリーダーであることに加えて, 詩人であり, この共同体の吟遊詩人である。彼はまた立派な料理人でもある。彼の家では, 私たちはどこで食べたものより美味しいフェイジョアーダを食べた。フェイジョアーダはしばしばブラジルの国民的な料理と考えられている一種の豆スープである。食後, ピチはたくみにギターをひき, 歌をうたい, 詩を吟唱した。彼はいくつかの歌と詩をMSTの全国家機関が配布したテープや出版物から学んだ。他にも地域や州の集会で学んだものもあった。彼が好んで歌った歌のいくつかはブラジル中で有名で, それらの多くはブラジリアン・ポピュラー・ソング(MPB)と云う政治に強く関与したポピュラー・ソング運動の時代から歌いつがれてきたものである。この運動は1960年代初期に始まり, 貧しい人々や, 土地のない人々や農地改革が毎日ラジオから流れるポピュラー・シンガーが苦心して選んだ歌の主要テーマになっていた。彼が歌う非常にこまやかで詩的であり美しい歌のいくつかはピチ自身が作曲したものであった。

　ピチの歌, そして彼の長い政治的, 哲学的な議論は, しばしば公約の問題に集中した。この農地改革集落の将来をどう考えているかたずねると, 彼は力をこめて答えた。

　「私は将来についてそんなに多くのことを云うことはできないが, 1つのことは確信をもって云うことができます。それは, あなたがここで今会っておられる人たちの大部分は, いなくなると云うことです」。

どうしてそのように考えるのか尋ねると,「そのわけは,ここで生活していれば病気になってしまうからです。彼らはここにとどまろうとはしないでしょう」。
　「彼らは食料を確保できないからだとおっしゃるのですか？」。
　彼は少しいらいらしながら答えた。「いや,問題はそのことではないのです。われわれはここで生産するものを食べることができるので,だれもそれをたいした問題とは考えてはいません。問題はすべて他のことにあるのです。学校はないし,保健施設はないし,社会生活の便宜はないし,人々が望むすべての約束ごとは実現されていません。ここでは私たちは夜はくらやみでじっとしているのです。これらは他の小さい町には政府が当然のこととして提供している普通の公共サービスにすぎません。どうしてここではそれがなされないのでしょうか？」。
　「それで人々は何をしようとしているのですか？」。
　「彼らがいつでもしようとしていること,それは,土地を売ることなんです。そうすることは違法なことなのですが。彼らは町や鉱山や製材工場で仕事を見つけようとしています。彼らの多くはすでにそう云うところで働いています。それが,このまわりでみえる人が非常に少ないわけなのです」。(私たちもこの集落の規模から期待されるほど多くないのに気づいていた)。「彼らはあちらこちらをさまよいまわるでしょう。あるものは,仕事を見つけることができない時には新しい土地占拠に行ってしまうでしょう。ある人は少しでも生活が改善されることを期待して,すでにこのサイクルを通りすぎてしまいました」。
　「農地改革集落はどうして人々が要求しているものを確保するために,どこまでも努力しないのですか？」
　ピチはますますいらいらして,「政府は農地改革が成功することを望んでいないからです。あなたがたには理解できないでしょうけど。すべての計画は私たちが失敗するように設定されています。たくさん約束し,実施を遅らせたり,全く実施しない。そして人々に農地改革集落を放棄させる。こう云うやり方で政府はその腹積もりを実現させ,次のように云うのです。"みなさい。農地改革を実施したが,効果があがらなかった。われわれはできるだけのことをしてやったのに彼らは土地を放棄しただけだった。そして農地改革集落を出て行ってしまった。農地改革は失敗を実証してきたので,われわれは再び実施するつもりはない"。これが

政府の企みで,彼らがすることのすべてには筋が通っているのです」と云った。

　私たちは,これから5年たち10年たったらこの集落に何人とどまっているだろうか,彼の考えをたずねた。

　「それを予測することはむずかしいけど,できないことではありません。現在ここに68家族がいますが,そのうち,10年後に何家族がとどまっているか,それは十指に満たないほどでしょう。それ以上ではありません。しかし,私はここにとどまるつもりです。どんなに状況が変わろうとも去るつもりはありません。われわれの仲間の中にはここにとどまるであろう人が,何人かおります。私たちは政府の戦略を非常に綿密に分析しましたが,政府がこのような農地改革集落の失敗を確信していることは明らかです。われわれはまたこの戦略に対して対応する策を考えてきました。それは次のようなものです。私たちはここにとどまるつもりですが,銃を含めて私たちのところに残るものは何もないでしょう。私たちはここで暮し,死ぬでしょう。私はそのことをあなたに約束できます」。

　「どう云う理由であなたはとどまる決心をされたのですか？」。

　「わかりません。政治的にそれが必要なのです。しかし,それは個人的にそうきめたことだから,こう云うことにはあまり抵抗がありません。私は打ちひしがれてしまい,不愉快を通りこし,うんざりしてしまいました。私は立ち止まるつもりです。私と一緒に最後までがんばる準備をしている人が他に何人もいるせいでしょう。真実,私はここが,ここの土地が好きなのです。ここの農民らしさが好きなのです」。彼は地平線に向かうふりをして云った。「私は都会に向うのを阻止することができないし,めんどうに立ち向うこともできないのです。都会で貧しい人として暮らすことはどうしたものでしょうか？最後にはどうなるか,なんとも云えません。しかし,私は最後までがんばり,ここで生きていきます」。

3. カラジャスの鉄山見学

　もっと大きく,設備のととのった農地改革集落の訪問に出発する前に,私たちはカラジャスにあるいくつかの鉄山を訪ねる計画をしていた。カラジャスはパラウアペバスからバスで1時間足らずのところにある。事前に準備をととのえておかないと鉄山見学は容易ではない。警備は厳しく,政府と鉱山会社はこれまでに博

してきた国際的なイメージを守ることに気を配っている。私たちはMSTと地方のPT(労働者党)および鉱山の労働組合とのコネクションを通して訪問の準備をした。この地域における鉱山と農地改革集落への入植者との関係は常に無視できないものであったが,私たちがみたかぎりでは,時とともにますます重要になりつつあった[36]。

　大カラジャス計画はさまざまな鉄山,水力発電用ダム,海岸までの鉄道その他の施設の建設を含んでおり,リオドーセ社 Campanhia Vale do Rio Doce (CVRD)(2007年ヴァーレ社と社名変更)が建設し,まだ所有している。CVRDは1998年まで政府が最大の株式を所有する会社であったが,この年,過熱した議論と抗議の最中,民営化された。当初,CVRDでは政府の政策に役立てることと,ブラジルを外国の企業と政府の決定に左右されないようにするための対策が講じられた。それは鉄鋼業の発展がブラジルの工業発展のペースと性格を決定する主役を演じ,その結果,ブラジルの経済を世界で第8位にまで発展させることになった。大カラジャスは最初,経済的に利益のあがる企業の育成と国家経済の発展を最優先の計画目的としたが,国内と外国におけるアマゾンの大変貌批判に答えるものとしても構想されるようになった。

　鉄山そのものの森林破壊への関与は小さなものであった。鉄鉱床が桁外れに豊かであったことがこのことを比較的容易にした。カラジャス鉄山の物語はその鉱床が発見されたことから始まる。と云うのは地質図を作成する作業をしていたヘリコプターのエンジンが故障し,着陸しなければならなくなったことが鉱床発見のきっかけになったからである。どの方向にも地平線まで広がっていた広大な森林のまん中に,パイロットは樹林のない山の頂を見つけ,そこに着陸できた。あるまばらな藪地で地質学者は石をひろった。その石は非常に重く,ほとんど鉄でできていると直感した。そこの土壌は鉱物質を多く含みすぎていてまばらな低木植生しか支えられなかった。この石は平均75％に達する鉄を含有する鉄鉱石であることが証明された。これが例がないほど豊かな鉄鉱石発見のきっかけであった。

　鉄山そのものは開発のインパクトが大きくならないように入念に計画された。CVRDは小規模な経営体が鉄鉱床の周辺部を採掘するため森林に侵入して行くのを禁止した。鉄鉱山は,この地域に建設される水力発電用ダムから電力を供給

第3章　アマゾンの魅惑を超えて

されることになる。鉄鉱石は，鉱山からサン・ルイス・ド・マラニョンまで敷設される鉄道で送られる。鉄山はすでに森林がなくなった飛び地になるし，その採掘作業は森林破壊を最少限にするよう厳密に計画される。そのうえ，この会社はこのプロジェクトのまわりの広大な森林保護区を破壊から厳重に守ることになった。鉄山は自然保護区そのものだと宣伝された。

労働者は企業が鉄山の近くに建設した魅力的なモデル都市に住むことになる。彼らは雇用を保証され，学校，クラブ，スイミング・プール，診療所を一括して提供される。「まさに第一世界（先進工業世界）」，これはさまざまな知識階級のブラジル人がしばしば云うアイロニーである。この鉄山を去って森林の中に農場を開くよう誘う，労働者へのインセンティブはほとんどないだろう。

この図式の多くは，完全に計画時に提示されたものであった。しかし，鉱山の採掘作業の要素のいくつかは企業に認められたものよりずっと破壊的であった。鉄鉱石の溶鉱には，カラジャス森林保護区の周辺で（実際には周辺地域で）生産される巨大な量の木炭が不可欠であった。すでに述べたように，これはこの地域における森林破壊の大きな部分を占めていた。伐採した樹林からの製炭の作業は苛酷で，煙のたちこめる作業は貧しい民衆，その多くは子供によって行われていた。製炭業者は，今日でもブラジルで最も悪名高い被搾取，短命の労働者と云われている。電力供給のために建設されるダムの計画はいくつかの点で粗雑なもので，地方の河川に大きな被害をもたらしている。いくつかの会社は，ダムに貯水する前に樹林や他の植生を除去しなかった。そのため，貯水池では有機物が盛んに腐敗し，魚類を殺す有害物質を発生させたり，地方の集落に危険を及ぼし，水力発電機のタービンを急速に腐蝕させたりしてきた。マラニョン州までの鉄道沿線では製鉄が禁止されることになっていたが，この試みはほとんど実施が不可能なことがわかった。この鉄道は森林の伐採を拡大するもう一つの要因になった。

この労働者のモデル・タウンにおける生活は，しばらくブラジルの労働者にとって楽園のようにみられていた（まだいくらかその状況が続いている）。住居は広々しており，建物も気持よくできており，約束された諸々のサービスも行われていた。しかし，鉱山の民営化にともない，当初の特権にめぐまれた労働者群は臨時の労働者によって補充されたり，一部交替されたりしてきた。臨時雇用者はパラウ

アペバスや近くの他の町に住み，モデル・タウンの便益を何もうけていない。カラジャス空港に着陸する訪問者にはこの町が見えるが，彼らには，私たちがみた，鉄山とカラジャスの外側の貧しい民家の間をくたびれたぼろ服を着た低賃金労働者を乗せて長い列をつくって走るカーキ色（淡緑褐色）のバスの意味がわからなかったり，気づかれないであろう。このような労働者を即座に利用できることが，古い労働者が会社から勝ち取ろうとしてきた賃金水準をひきさげつつある要因になる。鉱山労働組合の役員によれば，この状況に不満をもらしているモデル・タウンの労働者たちは解雇される。解雇されると彼らはただちにモデル・タウンの住居を引き払わなければならなが，企業のトラックと労働者の一団がきて彼らを退去させるのだそうだ。

　私たちが鉄山を訪れた時，鉄山をとりまく森林保護区はすばらしい状態であるようにみえた。ゲデソンは彼がはじめてそれを見た時の印象を，私の仲間に，ある男がニューヨーク市からイエローストーンを見に行った時の興奮と畏敬の念をこめて説明した。彼はこの森林保護区をオナリシオ・バロスの彼の家から数マイル離れたところからみることができるだけなのだけど，彼はこの保護区から常にしめ出されている。適切に管理された動物園が，巨大なオウギワシ，大きなアマゾン野猫，オンサ（南アメリカ・ヒョウ）を含む地方の見応えのある動物を誇示している。バスがパラウアペバスに入ると，私たちは，もっと印象深いいくつかの小鳥と野生の小動物を観察する幸運に十分めぐまれた。そのうちのいくつかについては，ゲデソンは見たことも聞いたこともなかった。

　この鉱山群は信じられないほど巨大で，私たちが見学した2001年に，リオドーセ社は近くで世界最大の銅山も開発しようとしていた。世界最大級のマンガン鉱山の1つがすでにこの鉱山群の一部として稼働していた。私たちはもっぱら中国へ輸出するための鉄鉱石を採掘するために新たに開発され始めた地区を訪ねた。27トン積みのトラックが毎分1台の割合で鉱山を出発し，鉄の赤錆のまじったすさまじい土煙をあげて溶鉱炉に向って走っていた。この会社は，中国からサン・ルイス・ド・マラニョンへ鉱山向け中国炭を運んでくる同じ船で，中国へ鉄を輸出すると云う契約で活動していた。この契約は破壊から森林を守るのにある程度寄与するのかもしれない。

第 3 章　アマゾンの魅惑を超えて

　カラジャス計画と,その陰に入っている農地改革集落との関係は,複雑に変化しつつある。しかし,明らかなことは,現在の傾向は,ますます多くの入植者が発展する鉱山に職を求めるかわりに,ますます増加する定期的に解雇される鉱山労働者が土地を求めると云うことである。新しい労働者集団には民営化されたリオドーセ社は雇用保証を与えなくなっている。鉱山労働者の状態を安定させないで,土地における状況を安定させることは困難であろう。政府と企業はこのような状態になることを望んでいるのだろうか？彼らは鉱山で失職した労働者が森林の縁辺を蚕食する予備軍となってこの地域を浮浪していることを歓迎しているのだろうか？現在の発展状況は第 2 の予想に,より多く合致している。

4. 規模がより大きく,より古い農地改革集落：パルマレス II

　オナリシオ・バロスと云う小規模な農地改革集落は,この地域にある他のしっかりと根をおろした大型の農地改革集落よりはるかに不安定にみえた。私たちはバスでパラウアペバスからパルマレス II まで行った。この MST の農地改革集落は 2001 年に約 6000 人を擁しており 6 年間野営地に住んだ後,公式の所有地に移った。パルマレス I はパルマレス II から数キロメートル離れたところにある類似の集落で,同じく MST によって創立されたが,農村労働組合の 1 つの附属に移行した。

　私たちがパルマレス II を最初に見たのは,観覧車の頂上からであった。私たちは,小さな移動式遊園地が 2, 3 週間ごとに集落を巡回しているのを見て驚いた。それは,パルマレス II がオナリシオ・バロスとは全く違っていることがわかる最初の光景であった。

　パルマレス II の住居は陶製煉瓦造りで,標準的な碁盤目状の広い泥の街路に配置されている。町の入口には,協同組合の倉庫と,魅力的で大型の学校建築をとりまく白い漆喰仕上げの壁がみられる。集落の生産と販売の共同組合の本部は街路の向う側にある小さい,タイルと煉瓦の建物の中にあり,組合と MST の旗が入口のドアの上にひらめいている。この街路に沿って小さな商店やカフェやバーが並んでいる。パルマレス II はこれからみていくように,さまざまな問題を共有しているが,ブラジルの北東部やアマゾンの諸地域ではほとんどみられないようなかなり整然として,繁栄している農村の町の表情を訪問者にみせている。

私たちは生産協同組合の調整役の家に滞在した。彼の家には若い女性コンパニオンが同居している。この家は、たまたま、協同組合の事務所の隣りにある。グラヤソン Glayason（ゲデソンと混同されないように注意）は20代後半のすらっとした男性で、訪問者に対して人見知りが激しく、2, 3日私たちと一緒に過してからやっと気楽に話をするようになった。

　グラヤソンはこの集落の大多数の男たちと同じように、MSTに参加する前はガリンペイロ（砂金採集者）か、金鉱探しか、鉱夫であった[37]。この集落のほとんどの人々と同じように、彼もマラニョンの農村の小農文化で育ち、ゴールド・ラッシュのニュースを聞いてアマゾンにひきつけられた。彼は親しくなるにつれて私たちに自分の経歴を話し始めた。

　「ここにいる多分85％の人と同じように、私もガリンペイロでした。私がここに来たのは12才の時でした。それは信じられないような、今では想像することさえむずかしい生活状態でした。ゴールド・ラッシュが始まるやいなや、森は一獲千金を夢みる人々だらけになりました。その当時（1980年代の後期と1990年代初期）、そこは私兵を備えた集団、つまりギャングの支配するところとなっていました。この種の私兵は自動火器で重装備した多数の男たちをかかえていて、鉱夫の生活にかかわるバー、アルコール飲料、麻薬、食料、売春などあらゆるものを支配していました。ここにいたのは若者たちで、彼らは数百キロも遠方の故郷から数カ月、あるいは何年もかけてここにやってきたのですが、売春婦以外に彼らが接触できる女性がいなかったことを想像できるでしょうか。気が狂ったように働き、疲れはてていました。暴力事件が頻発しました。私は銃をもって歩きませんでしたが、他の人はほとんど皆携行していました。どんな事件が起るかわからなかったからです。砂金とりの作業は恐ろしいものです。私がいたところでは、一日中川の水につかって、何トンもの岩や砂利を手で動かしました。水にではなく、砂利や砂におぼれて行くのを想像してみて下さい」。彼の説明によれば、鉱夫たちは「自分の竹筒を砂金でいっぱいにするために働いていると云っていた。この竹筒は太い竹の一部を数インチの長さに切ったもので、立派な標準的な量で、それが砂金でいっぱいになると、贅沢な暮しが十分できると考えられた。「考えていることはこの竹筒と女性のことだけです」。

第3章　アマゾンの魅惑を超えて

　グラヤソンは穏やかに話を続けた。「私はこの竹筒をつくっている人を多数みたが,竹筒を砂金でいっぱいにしてこの地区から出ていった人をみたことはありません。彼らはバーに行って祝杯をあげ,売春宿で女性とすごし,程なく通りへ出てくる。そして朝,岩を動かす仕事にもどる彼をみることになるのです。彼は一文無しなのです。売春,大酒飲み,ガンマンを支配する男たちには沈着冷静に計画した目的がある。それはよく計算され完成されたシステムなのです」。

　グラヤソンは,このシステムが弱体化し始めたのは,一部は金の価値が下落した結果であり,また一部はブラジルの社会的混乱と否定的な評判に対するブラジル政府の関心が高まった結果であると説明した。グラヤソンはこの種の採鉱を停止させようとする国際的なキャンペーンがあったことには言及しなかった。このキャンペーンは,砒素,青酸,その他の毒性の高い物質の大量使用でアマゾン盆地の北東部の広大な部分を貫流する大小の河川で生物が死滅した。いくつかの地区では今日も砂金採取が続いているためこの状態が続いている。このキャンペーンがブラジル政府にこの砂金取りを禁止させる動機づけに寄与したかどうか云うのはむずかしい。政府は金鉱業を再び開放する方向に進もうとしているが,それはブラジルの大鉱山会社と国際的な大鉱山企業の支配下で金鉱業の経営と利潤を向上させようとしていることを示すのだと思われる。いずれにせよ,1990年代には,ガリンペイロは政府の禁止とその労力を償えない金価格の下落と云う条件下にあった。政府はいくつかの採金地を完全に閉鎖してしまった。ブラジルの軍部と警察はほとんどの地域で金採掘に関連する私兵を解体させた。

　砂金採集業(ガリンポ*Garimpo*)の衰退は困難な社会と政治の状況を砂金採集地域につくり出した。ここには職を変える場所がない幾万もの人々がいた。そこには彼らのためになるものはほとんどなかったので,家を出てしまった。もどってきても,彼らのためになるものはさらに少なくなっているだろう。アマゾン植民の最初の数十年間は不名誉な失敗が続いていた。その時,有能な入植者ばかりかブラジルの一般大衆も以前の植民地経営のパターンに深く関わった痛ましいごまかしを認識し始めた。公式の植民計画はほとんど終りになった。初期の植民者の多くは,悲痛な,しばしば暴力を伴う土地の保持や獲得のための闘争に関与した。非常に多くの労働者を,ダムや幹線道路や鉄道や鉱石の精錬施設の建設に吸

収した近年の大カラジャス計画のような巨大計画は,労働者を解雇し,新しい人々を雇用しなくなった。すでにみたように,国有企業やパラ州の諸企業の民営化,最も注目すべきリオドーセ社の民営化は,たしかに多数の労働者の解雇と賃金の低下と新たに契約する人々に対する条件の低下をまねいた。砂金採集業者であった人々に何が起ったのだろうか,それ以上に多くの他の土地のない人々と失業者にどんなことが起っただろうか？

　矛盾しているように思えるが,この開拓前線地域はアマゾンの土壌と鉱産物と木材と云う天然資源の開発に頼っているにもかかわらず,ブラジルのどの地域よりも都市化されつつあった。牛の放牧業と他の農村の企業は新しい流入者に雇用の機会を提供することができなかったし,巨大なダム,鉱山,溶鉱炉と各種の工場は古い都市を成長させ,新しい都市を森林の外に勃興させる原因となった。落着かない貧しい人々は,想像を絶するほど広大なアマゾン地域に適当に分散しているわけではない。それどころか,この地域に簇生しつつある市や町にますます一触即発的な勢いで集中してしまった。

第4節　MSTはアマゾンのどこに存在するか,そして誰がそれを支えているか？

　全国のMSTはこの危機的な時期にパラ州でその活動を始めた。MSTは,アマゾンにおいて広く行われている土地をめぐる摩擦の原因になっていると非難されることはないし,圧倒的な森林破壊の原因になっていると非難されることもない。MSTはその役割を全く果していないのである。この運動は1989年にこの地域に到達し,1990年代の中頃になってやっと重要な存在になった。それは急速に森林破壊が進行してから30年の後のことであって,激烈な摩擦はすでに起きていた。この運動はアマゾンに近年到着したばかりではなく,その組織的努力を人口移動と森林破壊の問題にすでに悩まされてきた地域に慎重に限定している。

　どちらかと云えば,MSTはこの地域の諸問題に対してすぐれた洞察を提供することで当然最初に評価されるべきであろう。MSTは,新しい道路や開拓のためのフロンティアーを開発すると云う政府の政策に疑問をなげかけなかった。そのかわり,すでに森林を破壊された土地の多くは社会的にも経済的にも利益をほとん

どもたらさないと云う考え方を支持した。それはこのような土地は低生産性で少数の低賃金労働者しか雇用しない粗放的な牛の放牧地としてもっぱら利用されていたからである。土地の多くは主として投機目的で所有され，完全に非生産的であった。この土地の大部分は法律上の所有権をもたずに保有されていた。（すでに第1章で述べたように，ブラジル政府は不正に所有されている土地を9,200万ヘクタールと確認してきた。この面積は中米全域の1.5倍の広さがあり，その大部分はアマゾンに存在する）。

　この土地の多くは多分農業生産に不適であったが，一部は，適当な融資と技術支援が小規模土地所有者に与えられ，より集約的な利用が行われれば，高い生産力を発揮する可能性がある土地であった。このような小土地所有者が生産と出荷の協同組合のような彼ら自身の独立の組織を設立することも絶対に不可欠であるとMSTは主張した。この種の組織は，政府に支援政策と手段を提供するよう積極的に強い圧力をかけるために政治的に結集しなければならないし，地方と国家の両方のレベルで，都市の組織と提携し，それを活用できることが必要である。このような提携関係がなければ，放牧業と天然資源採取企業を支配している大規模土地所有者と企業は，この農村地域に関心をもつ小土地所有者を常に孤立させ，敗北させることができるだろう。あらゆることの中で最も重大なことは，アマゾンの小土地所有者の農業の形成は国家の農地改革の一部でなければならないと云うことであって，それは国家的改革だけが，アマゾンにおいて土地や（黄）金の夢を追うのではなく，大部分の農村民にこれまで住んでいた伝統的な農業地域のどこかに留まるために十分なインセンティブになるからである。

　国家的規模のMSTの闘志と規律に結びついた政治ビジョンの一貫性は，アマゾンの内外で多くの人々に認められる。伝統的な植民政策に疲れはて失望してきた行政の眼を開かせて久しい。連邦政府の多くの政策立案者たちもまた，MSTが提案した戦略にひきつけられている。

　失望した開拓者，ガリンペイロ，鉱夫，工場労働者の多くは，MSTの戦略を進んで理解し，その生活をその路線に沿って成り立たせて行くことになった。なぜ彼らが，MSTが数十年の間に政治組織と意識の基盤をきずいてきたことを，理解せずにそうしたのか，そのわけは容易にわからなかった。カトリック系の土地司牧

委員会CPTと他の教会に基盤がある組織の活動はMSTの基盤を準備することで，あきらかに非常に重要であった。CPTは，1970年代中期の独裁政権の最も抑圧的な時代に土地投機家や放牧業者や企業と闘って小土地所有者を指導し守った。彼らは関係領域と活動家を知っていて，その知識をMSTと進んで分ちあい，主として教会に本拠をおく組織を通じて経験をつんだ農村のリーダーの基礎づくりを支援していた。オナリシオ・バロスでもパルマレスⅡでも，経理と秘書の役割，その他，責任と信用のある地位にある事務員は長い間教会の活動家であったと自称した50才代と60才代の人たちによって占められていたが，首長と活動的なオーガナイザーと云う組織のもっと活動的な役割はMSTが募集し，訓練した若い人たちがほとんど握っていた。これは，教会組織における経験と確信の基盤が，より政治的に洗練され活動的な，訓練の行き届いた組織のトップの構成を認めたことのあらわれであった[38]。

　CPTは独自に，時にはMSTを批判しながら，教会を基盤とする集団CPTの闘争でベテランになった個人以上にMSTを，多くの形で支援し続けている。CPTは農村の暴力沙汰の質と水準について相当信頼度の高い記録を提供したり，この情報を国際的に公表している。これは土地を占拠している人々に食物を組織的に提供することから，臨時の医療サービスや人々を監獄から救出するのを援助することまであらゆることをする，ひっそりとしているが，個人が生きるために役立つネットワークを用意している。

1. ゴム樹液採取業者

　世俗的な組織によってもアマゾンにおけるMSTのための活動基盤が準備されていた。これまでこのような組織で最も重要なのはゴム樹液採取業者のセリンゲイロ全国協議会（O Conselho Nacional de Seringueiros, CNS）であったし，現在もそうである。この組織はパラ州から遠いアマゾンのアクレ州に中心がおかれているが，パラ州にもいくつかの支部がある。その創立者シコ・メンデスChico Mendesはゴム樹液採取業者であり，農村労働組合員で，アマゾンの森林の利用と開拓とは異なるイメージをもって，国内と国外の環境保護団体の諸組織と提携して活動していた。メンデスはエウクリデス・フェルナンデス・タボラEuclides

第3章　アマゾンの魅惑を超えて

Fernandes Tavoraから社会主義の物の見方を教えられた。エウクリデス・フェルナンデス・タボラはヴァルガス時代に著名な政治家であったが, ヴァルガスがファシストになっていた1930年代後期にはアクレ州の森林に逃避せざるをえなかった。メンデスは何千もの人々がやっていたように, アマゾンの森林のゴム樹や他の野生の樹林から樹液やその他の産物の採取で働いていた。

ゴムのプランテーションでの大規模生産はブラジルでは成功したことがなかった。ブラジルの天然ゴムの生産は, ブラジル・ナッツの生産と同様に, 天然の受粉と害虫防除を保証する森林の生態的特性に依存していた。ゴム樹液採取業者は森林に広く散在するゴム樹の所在をたどる小道をたよりに, 樹液を採取し, 大きな固まりに加工して仲買人に売らなければならなかった。仲買人はアマゾンの支流と水路を何千マイルも小船で生ゴムを集荷してまわった[39]。

ゴム樹液採取業者の仕事は難しく, 危険をともなうが, 実入りは少なかった。それでも, 他に見込みのある仕事がない数万の人々の暮しを支えた。ゴム樹液採取業者はその暮しの苦しさを和らげるため, 河畔民流の生活の仕方をとり入れていた。小規模な農地の利用, 狩猟, 漁労, 広大な森林でのブラジル・ナッツ, その他の産物の採取, さまざまなヤシの小規模な植栽, 容易に入手できる地方の素材を用いる手工芸品の製作などがその例である。彼らの生業はブラジルでは常に孤立と貧困と不健康と社会的疎外の典型とみなされていた。ゴム樹液採取業者のこのような性格は1980年代にいっそう明確になり始めた。とくに, 木材会社, 牛の放牧業, 公的に支援されている植民者, 自発的移動民が, 新しく建設された道路沿いの森林を破壊していったため, 彼らはその生活の糧をはげしく奪われていったからである。

森林破壊の規模と場所と目的を抑制しようとした政府の計画は完全に失敗であった。保護計画が世界野生生物保護基金 World Wildlife Fundを含む大規模な国際的保護組織との協議で策定されていた場合でもそうであった。この危機の最中に, トマス・ラブジョイThomas Lovejoy(高名な科学者で, この基金の理事)は, 1980年代の後期に非公式の昼食会で, 彼自身北西ブラジル統合地域(ポロノロエステPolonoroeste)計画の策定に関与してぎょっとさせられたことを告白した。彼はその際,「何もかも完全に計画されていた」と云った。

271

アマゾンの南部地域においては,巨大な規模のポロノロエステ計画は,社会と環境に大災害をもたらした。それは,森林に猛然と襲いかかり強奪して荒廃させた森林破壊の典型的な例であったばかりか,森林開発の計画策定と資金提供にかかわった世界銀行とブラジル政府とさまざまな保護組織が提示した環境保護の考え方が破綻した代表的な例でもあった。数万の入植者,その多くは小麦と大豆の企業連合の急成長が原因で南部諸州から追い出され,この地域に流れ込んできた人々であった。彼らのうち自力で農場を開設できる人はほとんどなく,大部分は森林をさらに伐採して生計をたてざるをえなかったので,彼らは先住民と頻繁に摩擦をくりかえすことになった。ブラジル政府にもこのような結果を避ける計画を強化する能力と意図があったと云う意見は全く根拠のない憶測にすぎなかった。圧倒的な社会的勢力,つまり,入植者の絶望,日常的に法律を犯していた放牧と木材に関係する企業の刑事責任免除がこの地域では渦巻いていた[40]。

　ゴム樹液採取業者たちは森林破壊に反対する組織をつくり始めた。少なくとも45の事件で,彼らは森林破壊をめぐって,木材会社と放牧業の従業員と身体を張って命がけで対立した。彼らは次第に森林の生き残りと自分たちの経済的生き残りとを積極的に同一視するようになって行った。この地域へ流入してきた貧しい人々とも対立したが,彼らとは対立を越えてこの問題を討議する方向にむかっていった。ある場合には,彼らも森林を開墾して作物を栽培するだけでは将来はまずありえないと確信するようになった。ゴム樹液採取業者は,森林の多くを破壊しないでそれに頼ったより多角化した生活様式を採用することによって流入者たちにも有望な将来があるかもしれないと主張した。ゴム樹液採取業者は時には,先住民と一緒に森林伐採の阻止に立ちあがった。

　国内外の環境保護団体はゴム樹液採取業者と協力し始めた。ゴム樹液採取業者たちは環境保護団体に関する大きな政治問題を解決した。環境保護団体は,発展過程にある貧しい人々と国民の利益に反対する,時代遅れの国際的エリートの利益代表と見做されることを恐れていた。2,3の環境保護団体は,MSTも開発を推進すると見ていた。貧しい人々の移動の第一の理由は,最良の農地はアマゾン以外の地域にあり豊かな人々の手に独占されていることにあったが,ごく少数の環境保護団体はこの見解をブラジル国内ばかりか国際的にも積極的に支持した。し

かし,多くの集団は数年間活動する過程で,とくに貧しい人々にとって存在する森林の経済的価値が高いことを確認してきた。ゴム樹液採取業者はこの考えを大きく飛躍させた。ここには森林資源のうえに生業がきずかれてきたことをすでに証明してきた人々がいる。この生業は先住民の文化を急速に崩壊してしまうことがない方向で,国民経済に統合されてきた。ゴム樹液採取業者はまた多くの先住民集団と連帯関係をきずくこともでき,はじめて先住民と非先住民の間に森林保護について利害関係が共有されることを説明することができた。

スティングStingなどのロックのスターたちと映画界の有名人が支援する国際的な環境保護機関は,ゴム樹液採取者の窮状を公表し,彼らのリーダーであるシコ・メンデスにハイライトを当てた。メンデスは暗殺の脅威にくりかえしさらされた。超右翼の放牧業者の全国組織,農村民主連合UDRは,メンデスの死は歓迎されるべきことだと云う態度を明らかにした。メンデスの生命に,アマゾンの森林の運命に対してと同じようにおおげさに,一種の国際的な監視の網の目が張りめぐらされた。国際的に知られ注目されたが,彼は1988年に冷酷にも虐殺されてしまった。彼のよく知られた虐殺者たちは,UDRと強い結びつきのある地方の放牧業の家族で,裁判の判決までの長期にわたる自由,脱獄,再逮捕,再逃亡と云うブラジル農村であまりにもよく知られた茶番劇めいた裁判制度のもとで自由に生きていた。メンデスは多くのブラジルのサークルでは世俗の偉大な殉教聖人とあがめられてきた。彼の顔は数百万のTシャツや,多国籍企業による全国版テレビ広告にさえあらわれる。

環境保護論者とゴム樹液採取者は,樹液採取をひかえること天然資源採取特別保護区に基礎をおくアマゾンの森林保護構想の採用と,ゴム樹液採取と他の森林資源の採取活動を保護する広大な地域を法律で設定することが,現存する森林の大部分を保護することになると考えられるので,それらを政府に採用するよう強く要請するために,かつて与えたことがなかったほど大きなショックであったメンデスの死を利用した。このような自制がゴム樹液採取業者の希望に答える程度と,それらがアマゾンの貧しい人々に相応の生活を可能にする程度,およびそれらが森林破壊の度合を低くすることに成功する程度については熱を帯びた議論が続いている。

しかし，明瞭なことは，ゴム樹液採取者の闘争が，先住民の闘争と並んで，ブラジル人と国際世論にアマゾンの現在の状況が，とくにアマゾンは貧しい人々のために開発されつつあると云う主張が，事実を故意にゆがめた主張であることを教えたことである。ゴム樹液採取者の労働組合も，アマゾンとブラジルの全域で強い影響があった貧しい人々による積極的な組織と創造的な政治的活動に周知のモデルを提供した。

　MSTとゴム樹液採取業者の労働組合は公式に提携を維持し，頻繁に一緒に活動し，成果をあげてきた。彼らはごく小さな衝突を地方的にしてきたが，長い目でみると，互に補いあう関係であったとみてまちがいないであろう。両方の運動はともに先住民の運動と効果的で友好な協力関係を維持できた。ただ，先住民と農地改革を要求するために組織された入植者との間では衝突が行われてきた。このような協力関係は，「牧童とインディオ」とに分ける不当な2分法を捨てて，アマゾンの政治の構造を再評価するうえできわめて重要になってきた。「牧童とインディオ」と云う対照語は，アマゾンにおける主要な摩擦を地方の先住民と貧しい開拓前線の人々との摩擦と説明したり，貧しい人々が無人の開拓前線地帯へ流入したことによると云う考えの象徴なのである。事実はそうではなく，摩擦は，アマゾンの資源をわがものにしようとする企業と大規模農場が，貧しい地方民と流入民を利用しようとしていることから生じていることがますます明確になってきた。

　MSTが1990年代にアマゾンで重要な地位を確立しはじめた頃，この摩擦の再評価はあらゆる関係者にとって次第に納得の行くものになっていった。農村の労働組合は，パラ州では他の諸州にくらべてかなり活動的で，初期にはMSTと密に協力して活動し，今日もその運動で最も親密な関係を維持している。この歴史の長い労働組合と，教会に基盤がある組織と先住民固有の権利保護運動，さらに新しいゴム樹液採取業者の労働組合は，貧しい人々が組織形成に成功しそれを支え，経験をつんできて組織と個人のネットワークが定着したことを明らかにした。MSTはアマゾンではそのイメージを広げることで闘うことを始めなかった。MSTはむしろ，そのイメージを活性化し，一層効果的に組織化することで寄与した。このことにとって本質的なことは，MSTがアマゾンでの土地闘争を農地改革

のための全国的闘争との関連で定着させることに成功したことであった。

2. ガリンペイロ(砂金採集者)たち

　パルマレスⅡと他の農地改革共同体に入植したガリンペイロたちは組織的な開発の意味を理解することに苦労しなかった。彼らは最も困難な条件に慣らされたり,鉱山閉鎖の時には生計の資をみつけるきびしい難問に直面していた。彼らの大多数は農作業に慣れ,作物や家畜や土壌に親しんでいた。皆がそうだと云うわけではなかったが,ある人は大農場の賃金労働者や分益小作を嫌い,独立自営農業を理想の最善の生活様式と考え,それを実現するために土地を買う金と資本を金採掘が提供すると期待したが無駄であった。たしかに彼らは強靭で容易にくじけなかった。

　MSTがこのような人々にもたらしたものは,この地域で活動してきたものよりはるかに農地改革をめざして訓練がゆきとどいた政治組織であったことである。MSTはそのよく検討された戦略,戦術,協力関係を地域ごとに早急につくり出した。MSTのような厳格な組織は,土地闘争に失敗して,やる気をなくす数えきれないほどの事例と,土地の合法的な取得と生き残りのチャンスに恵まれて真の農地改革共同体を創り出す新しい能力との差を生じた。パルマレスⅡのガリンペイロの目立った変化以上にそのことをよく象徴している例は他にはない。このガリンペイロは強靭で,非常に個人主義的な金探し屋であったが農民に変り,よく組織された平和な共同体で生活している。私たちは土地占拠,野営地設定,ガンマンの暴力との対決,地方当局との対立,その後の土地の取得,農地改革集落の共同体形成の話を聞いたが,それらの話は私たちが他の場所で知ったことと大なり小なり似ているように思われた。エル・ドラード・ドス・カラジャスEl Dorado dos Carajásにおける19名の入植者の虐殺に象徴される暴力的な妨害はレベルの高いものであるが,この地域の歴史では驚くほどのものではなかった。新たに起ったきわだった疑問は,どのようにしてガリンペイロが協同組合の構成員に変ることができたのかと云うことであった。

　ライムンド・ノナト・ドス・サントスRaimundo Nonato dos Santosはマラニョン人で,農村の貧しい人々から英雄ライムンド・ノナトと呼ばれ,たたえられるが,

275

どうしてそうなったか，最も納得の行く説明をされた。ライムンド・ノナトはその共同体の会計係で，歴史家である。彼は50才代後半の背の高い，身がひきしまった，タフな男性で，不思議に暖か味のある，微笑をたたえた聖者のようにやさしい人物である。彼はマラニョンの農村育ちであるが，貧しくて土地がないためアマゾンに行き，そこで結局ガリンペイロになった。グラヤソンのように，彼はしばらく鉱山のキャンプで私兵の支配下で生活した。ライムンド・ノナトはまた献身的なカトリック教徒でもあり，長い間キリスト教基礎共同体CEBに参加している。彼はパルマレスⅡの形成と維持の過程をみごとに記録し，大きなプラスチックの書類ばさみに整理していた。幸いにも私たちはそれをみせてもらった。
　私たちはたずねた。「ガリンペイロと一緒に仕事をし，おだやかに暮らすことはむずかしくはなかったですか？」。
　ライムンド・ノナトは椅子に背筋をぴんとのばし，大笑いしながら答えた。「その通りです。あなたのこの問題についての指摘はたしかに適確です」。
　「それでは，あなたはこの問題をどう処理されましたか？」。
　彼は少し頭を振りながら答えた。「私たちが要求されたことは，社会行動を完全に変革することでした」と慎重に言葉を選び，大いに考えたらしく力を入れて云った。(私たちは同じ言葉をグラヤソンが使ったのを聞いたことがあった)。
　「それをどうやって達成することができたのですか？」。
　「御承知のとうり，それは非常に長い複雑な過程でした。説明はむずかしいです」。
　「それは明確な規則と処罰を決める問題ですか？」。
　「そうではありません。御承知のとうり，それは後から問題になることなのです。このような男たちは，好き勝手なことをしたがるのを知っていなければなりません。彼らにはやり方をおしつけることも，教えることもできません。彼らには恐れるものがないし，勝手に出ていってしまうこともできるので，処罰を気にしないのです。当然すべきことは，一緒に仕事をするためには変わることが必要なことがわかるまで待たなければならないと云うことでした。ガリンペイロは時にはチームをつくって採掘作業に従事しなければならなかったので，このことを理解できました。その経験からこのことは理解したのです。しかし，一般に云えること，たしかに必要なことは，話し合いと気脈を通じさせる過程でした。もちろん暴

力的で個人主義的な行動はこの努力を破壊するでしょう。しばしば夜まで議論を続けました。あれやこれやの議論を，彼らが身体で理解するまで徹底的に続けました。こうして，彼らは自分自身のことがわかるようになりました。処罰などとんでもありません。たしかに，それは道徳教育ですが，非常に明快で実践的です」。

「そのために外部の援助はありましたか？ それらをすべてあなた自身でなさいましたか？」。

「MSTが援助しました。彼らは組織をもっており，それに恵まれた人々でした。しかし，教会はもっと大きな支援をしてくれました。すべてのやり方はCEBで開発されたものです。それは非常に重要です。私はそのやり方で多くの経験をしてきました。人はこのようなことを自分で身につけて行かなければならないので，自分で非常にしっかり体得して行かなければならないのです」。

「それでこのことをパルマレスIIで実践されたのですか？」。

彼はこの質問に少し驚いたようであった。「まわりをみて下さい。これが農地改革集落，平穏無事な共同体です。犯罪もいくつかありますが，多くはありません。ここには家族が，妻子がいます。若い人々も一緒に生活し，一緒に働いています。御覧のとうり，活動しています」。

第5節　パルマレスIIの暮らし

　そのような問題はたしかにあったけれども，パルマレスIIは活動しているようにみえた。私たちに話したすべての人々は，その他の点では幸せではなかった人々でも，その家族のために十分な食料を生産することは容易だと云うことで意見が一致していた。私たちはしばしば予告なしにいくつかの家族と食事をともにしたが，どの家族も豆類や米やジャガイモや野菜や果物を豊富に食べていた。たいていの場合，それらの家族は食肉類と牛乳とチーズを組み合せて食べていた。時にはその食事は多くのアメリカ人よりはるかに健康によいものであった。他の場合には，食肉類はごく少量で，豆類の料理や野菜のシチューの調味料程度であり，チーズはわずかで，あきらかに贅沢な食品と考えられていた。多くの家族は乳牛を1，2頭飼っており，中には彼らの主要な財産として，小家畜群を飼ってる家

族もあった。集落の構成員が個人的にあるいは集団的に考えていた経済問題は，自給のための生産についてではなく，現金収入のための生産に関係していた。家族の平均収入はUSドルで月250ドル程度で，独身の賃金労働者の法定最低賃金の約2倍であったが，パラ州の公式に登録された都市労働者の平均賃金より少なかった。都市労働者は農場の家族とはちがって，食料と住居その他に支出しなければならない。現金収入についてある男は，「現金収入は必要なものを少量ずつもすべて買うには十分なほどであるが，貯蓄する余裕はない」とコメントした。

多くの家族は，テレビ，高価でないステレオ（テープとCDの小さなコレクションつき），電動扇風機をもっていた。誰もが安もののプラスチック製と木製の家具を備えていたし，たいていの住居は鉢植えの植物や絵はがきや造花や明るい色のカレンダーなどが気持ちよく飾られていたり，時には地方画家が描いた森と湖の油絵や，聖像が飾られたりしていた。このような生活状態はブラジルの貧しい人々の多くにとってはうらやましいものであるが，パルマレスIIでは現金収入が不十分なので，医療や他の緊急の事態が発生した時には，深刻な問題になることがある。

医薬の価格は誰もの関心事である。寄生虫と蚊が発生させるさまざまな病気，マラリア，黄熱病，デング熱はアマゾンの農村ではほとんどどこでもみられる。結核を含む呼吸器の病気は，ブラジル農村の多くと同様，ここでも問題である。アマゾンの農村地域では小さい町でも同じであるが，地方の人々とMSTのリーダーたちは，パルマレスIIの住民のほぼ半分は生涯のある時期にマラリアにかかったことがあると云っていた。ある人は再発するマラリアをかかえて生活しており，ある人は1種以上のマラリアに悩まされている。私たちは町に向うバスの屋根付き停留所で最も頻繁にかわされる話題の1つが突発するマラリアの処置であることを知った。多くの人々は買ってきたさまざまな医薬で自分の家で治療するが，それらの医薬はマラリアの症状に少なくとも効果があったし，身体にやさしいし，云うまでもなく値段が安いことを強調していた。この集落の人々は幸いにも黄熱病の予防接種をうけているが，デング熱の予防接種はまだ医学的に可能ではないので，常に非常に重大な問題である。パルマレスには保健所がある。そこで以前は医師の診察をうけたが，その後，医師が去ったので保健所を率いていたのは看

第3章　アマゾンの魅惑を超えて

護師1人だけになった。人々はこの集落の子供たちは一般に健康が優れていると自慢しているが,寄生虫とマラリアとデング熱と医薬の経済的負担はどれも深刻な問題である。

しかし,最も深刻な経済問題は農業資本と信用が不足していることで,それが主な理由で,多くの家族は資金需要をただちに解決できない(41)。私たちが訪ねた他のどの農地改革集落でも同じようであったが,パルマレスⅡでも政府融資の交付の遅延は常に不平の種であった。融資の遅れは作物の植えつけと成育を非常に阻害し,ある種の作物の生産計画をほとんど不可能にする。政府融資は「少なすぎるし,遅すぎる」という情報は絶えることなく流れてくる。21世紀への転換期には,ブラジル政府は小規模生産者と農地改革共同体に対する生産融資を削減しつつあり,実質的に利用不能になりつつあった。政府は,これは予算不足とIMF(国際通貨基金)の圧力に対応した結果であり,メルコスールMERCOSUL(南米南部共同市場)とWTO(世界貿易機関)を通じてネゴシエートされる自由貿易協定に対する順応の結果であると主張した。

しかし,自由貿易と云う美辞麗句のもとに,ブラジルに対しても貿易相手国で続いていた大規模農業への多額の助成が否定された。ところが2002年にアメリカ合衆国議会は,最大規模の生産者に圧倒的なシェアーを与えることを目指してアメリカ合衆国の農民に莫大な助成金を提供する農業法案を成立させ,農民に対してより高い水準の国際的活躍の場を約束するWTOの規約に完全に違反した。ブラジルでは融資問題は国家レベルで非常に深刻であったので,多くの情報通の観察者はブラジルの農地改革は決定的に行きづまり,おそらく壊滅の縁にあると云う意見を表明した。ところが,パルマレスⅡでは,数千の農地改革共同体でのように,人々は対処方法を見付けつつある。

私たちが訪れた農場の土地は,サン・ルイス・ド・マラニョンに通じるカラジャス鉄鉱石運搬鉄道に並行する泥道沿いに長く列なっていた。農地を訪ねる時,私たちはたびたび鉄道線路を横切った。時には約1時間ごとに通過する鉄鉱石を積んだ非常に長い列車を待たなければならなかった。この鉄道は放牧業者と開拓者のために数百マイルにわたって森林を伐り開き,広い道を造ったことで悪名が高い。このことを考えると,パルマレスⅡが森林開墾の新しい波を象徴しているわ

けでないことは明白である。私たちは、パルマレスの地区では、どんなに多くの森林が道路ぞいや、道路の両側1kmの範囲に残されているかに驚かされた。

パルマレスⅡのいくつかの農家家族は商業レートを通じて融資を受けた。たとえばライムンド・ペレイラ・ガルボン Raimundo Pereira Galvão はパルマレスⅡで75ヘクタールの土地を耕作している。ここで彼は15種から20種の樹木作物と蔓作物を、天候と市場の条件を考慮しながら栽培している。それらの中には、カシュー・ナッツ、ライム、レモン、パッション・フルーツ、サクランボ、プラム、デンデやし（調理用の油を産する）、アサイやし（その実からアイスクリームやその菓子の香料がとれる）、グアバ、パパイア、マンゴー、オレンジ、グレープフルーツ、コショウなどが含まれている。これらの作物の多くは融資の援助といくつかの出荷会社の技術指導をうけて植栽されていた。この種の会社はライムンドのために、地方の河川から灌漑用水を取水するための、50馬力のポンプ用の資金と、多くの果樹の苗木を提供した。（降水量は多いけれども、土壌が砂質であるうえ、樹木の蒸発散率が高いので、水分が急速に蒸発散してしまうと樹木に被害が生じるのである）。

農産物の出荷会社は薬剤散布のアドバイスもしている。ライムンドは、ほとんどの作物に害を与える蟻を駆除するために頻繁に薬剤を散布していることを残念に思っている。彼が使用する蟻（アマゾンの森林では全生物の総重量の20％が蟻で占められている）抑制の薬剤はアメリカ合衆国でも、世界のどこでも使用されているが、人間と他の動物に対しても弱い毒性がある。出荷会社のアドバイスに従って彼は薬剤を非常にうすめて散布することによって毒性を抑えようとしている（この方法が毒性を全体的に低下させる手段として、有効であるかないかはわからない。それは希釈散布には適用回数をふやすことが必要であり、蟻の殺虫剤に対する耐性を向上させることが考えられるからである）。私たちはラテンアメリカではどこでも適当な防御マスクとゴム手袋とその他の予防手段を厳重に講じて殺虫剤を利用している様子を観察してきたが、彼はこの殺虫剤の危険性を鋭敏に感知している数百人の農民の1人で、この薬剤の散布が彼の家族に害が及ぶことを心配している。彼は他に選択の余地がないとも考えている。

ライムンドはまた、家族のために自家用作物を栽培している。それには無毒性

第3章 アマゾンの魅惑を超えて

パルマレスⅡの農地改革集落の農民、ライムンド・ペレイラ・ガルボンとそのお嬢さん。彼のおもな成果は15種以上の樹木と低木作物を栽培していることで、それらのあるものは商人を通して売り、投資の資金にしている。

マニオク(マカシェイラ)とコメと豆類が含まれる。彼の畑は2次林を開墾したものであって、残りの森林20ヘクタールの半分ほどを作物栽培のために利用しなければならないと残念がっている。「と云うのは、私は森林を残すことができるほど広くもっていないからです」。彼の目標は、1年性作物ではなくて、すでに目立って頼りにしている多年性の樹木作物や株仕立作物や蔓作物の植栽を拡張することである。彼はアマゾンの条件下ではそれらはより頼りになると考えているからである。彼は果樹と1年性作物の多くを混作しているが、それは混作が促進する地力養分の利用効果と病害虫の抑制効果を活用するためである。

　私たちが到着した時、ライムンドは無毒性マニオクを、ガソリン・エンジン駆動の自家製のすりおろし機で自家用と販売用に加工していた。彼の妻は自家製の粘土のオーブンでパンを焼いていた。ライムンドは仕事を中断し、私たちをつれて農場を見てまわった。彼は50才で丈けが5フィートより少し高いだけであるが、ジョギングに近い速さで歩くので、私たちは照りつける陽の光とあせだくの蒸し

暑さの中,息を切らしてついて行った。しかし,彼はゆっくり歩きながら,雑草をひきぬいたり,ナタで切りはらったりしていた。私たちはこのかなり広く,複雑な農場をごく小さな機械で管理して行くのがどんなにたいへんなのか尋ねた。彼は笑いながら答えた。「少しもたいへんではありません。幼い子供の頃からやってきたことですから。これが私の毎日の生活なのです。くたびれることはありません」。

ライムンドはまた,農場見学についてきた11才の娘のことをたいへん自慢していた。彼女は学校にかよい,よい成績で進級してきた。「彼女は学校で一度も叱られたことがありません」。彼は,彼女が学業を続け,多分大学まで進み,専門職につくための勉強ができることを望んでいた。父親と娘は,彼女の将来を話し合いながらニコニコしていた。彼は,殺虫剤を散布する時には彼女と妻を必ず畑から遠ざけていると云っていた。

近くの農民は北東部のセアラ州からきたので,セアラー Ceará とよばれているが,彼も樹木作物と株仕立作物と蔓作物など多年性の作物を植栽している。彼の作物はライムンドの農園にくらべるとかなり種類が少なく,あまり間作していない。彼の生産活動は独占的な集荷契約をするかわりに彼に融資をする商社によって支えられている。彼は胡椒(ピメンタ・デ・レイノ)の栽培を支えるための重い支柱とワイヤーに,また草刈り機や牛乳生産に相当多額の資金を投入してきた。セアラーはやさしい男性であるが,隣人の多くが融資の無駄を話題にすると,厳しく冷たい表情にかわり,「君たちも投資しなければだめです。融資を利用して,その年全体でそれを適宜利用することぐらいした方がよいのではないですか？投資が価値あるものになるのは将来なのです。これはこの辺の人なら誰でもよく知っていることではないですか？」と云った。

この家族の田舎らしい家屋は支柱と藁でできており,床は泥のままであるが,住居の中のすべてのものと同じようにみごとに清潔である。壁にはカレンダーや雑誌に掲載された絵,さらに古いビニールのレコード音盤まで,すべてのものがつるされ,明るい温か味のある場所をつくっていた。私たちが訪れたライムンドや他の人より成功した農民のほとんどと同様,セアラーと彼の家族は,その説明によれば,パルマレスIIの町風の政府資金で建てられた住居ほどがっちりとした造りではなく,田舎風に自分たちで改良した住居で,自分たちの時間をすごすのを好んで

いる。「毎日行ったり来たりするのにむだな時間がかからないうえに，ここの清潔で健康的できれいな場所が好きだし，ここではじめて本当の家族になれるのです」と云った。

　ライムンドとセアラーは，将来彼らの農場への投資が繁栄をもたらし，家族に新しいチャンスをもたらすと見ている。彼らは企業者的で，その目標を達成するために外部の金融機関と契約することをためらわないし，自分たちの成功の機会はMSTと土地占拠のおかげだと云っているが，商業的農民としての成功も評価している。

　これに対して，何人かの入植者は自給生産者として生活をすることに満足している。たとえば，セリノ・カルドーゾ・ダ・シルバCelino Cardozo da Silvaはその大家族と一緒に，都会と田舎にその時間をわけて生活している。セリノは57才の白髪の男性で，皮膚はつやのある褐色で，いつも金歯をむき出しにして笑う。彼は，家族の多くの苦難をのりこえてきた妻，マリアナを信頼している。「かの女は市場での交渉に優れた才能がある」が，一方彼は農業以外で成功したことはいまだかつてなく，「農業だけしか知らない」と告白している。マリアナは，私たちが町の家で彼女に会った時，話し合いを申し出たが，彼女は恥かしがって賛成しなかった。家事でいそがしかったためだったらしかった。

　セリノはマラニョン州の出身で，これまでずっと畑仕事にたずさわってきた。「私は，他のことは何もしらない」。彼は，パルマレスIIの収用を先導したMSTの占拠に参加する以前には，土地をもっておらず，「あれをやったり，これをためしたり，何をしたらよいかわからなくて，世間から見捨てられたようでした」。彼は，「私や，少し年寄りの人にとって，MSTは不思議なものです。MST以前にはわれわれがおかれた状況は常に厳しいものでした。私は畑仕事しか知らなかったが，この運動は私にあらゆることを教えてくれました」とコメントした。パルマレスIIの多くの人々と同じように，セリノは放牧場で日雇い労働者として働いていたが，金探しや鉱山業に関与したことはなかった。彼はほとんどの時間を田舎で，子供たちを含む家族といっしょに過すことができることをよろこんでいた。子供たちは学校が休みになる夏には農場で過したが，少しも退屈しなかったと云っていた。

　彼の農場はライムンドやセアラーの農場のようにきちんと整備されてはいな

セリノ・カルドーザ・ダ・シルバとその家族は畑でマカシェイラ（無毒性マニオク）を切り裂く作業をしている。セリノの妻は自家生産物を町で販売する。セリノは売れるところや何が売れるかをたえず探しており，自家用にも気を配りながら他種類の作物を栽培している。

かった。さらに多くの作物が栽培されていた。多くの作物は既存の林地で栽培されており，場所によっては森林と入念に植栽されたものの区別がむずかしいくらいになっていた。これは熱帯林における先住民や伝統的な農民の植栽でしばしばみられる光景である。道はまっすぐではなく，作物から作物へ移動するのに必要な回遊路で，その道すじと道そのものはセリノにははっきりわかっていた。

この農場を訪ねた日には，家族はみんなでマカシェイラ（無毒性マニオク）の皮をむき，小さく切っていた。マニオク粉（ファリーニャ）をつくるため，セリノの義理の息子は自転車のチェーンとギアを改造した手まわしのすりおろし機で小さく切ったマニオクをすりつぶしていた。セリノはマカシェイラの作業をみるのをやめて，私たちを多種類の果樹を見につれていった。彼は2種類のバナナを整然と列状に植栽していた。1つの種類はよく成育していたが，もう1つの種類はあきら

第3章 アマゾンの魅惑を超えて

かに栽培に失敗していた。セリノは失敗した種類はこの土地にあわなかったのだと判断していた。パパイア，マラクジャその他の果樹は非常によく育っていた。熟しすぎたパパイアがいくつか木になったまま腐りつつあった。「たくさん実がなりすぎたうえに市場にあふれていて，収穫しても何の役にも立たないから放置されているのです」と云った。彼は新しく植えたカカオ樹をみせた。カカオの価格は変動が激しく，ここ数年間は非常に低迷しているのではないかと云うと，彼は答えた。「全くその通りです。市場があれば売れるでしょう。なければ，いくらかは自分で利用するが，その多くには適当な利用者がみつかるでしょう」。

「適当な利用者がみつかる」とはどう云う意味ですかとたずねると，

「食べ物には常に適当な利用者がいるものです。あなた方にみせた木になったまま腐っているパパイアのことを思い出して下さい。私の孫息子はそれに石をなげつけて落すのが好きです。私は彼に，そんなことをするな，そのままにしておきなさい。何かがきて，それを食べるだろうから。小鳥にはあれは必要なものだ。常に必要なものがいるし，どこかに必ず飢えているものがいるのだから。カカオについても同じことが云えます。それを食うのが小鳥たちだろうが動物たちだろうが，結構です。これは農場にあるものすべてについても云えることです。常にどこかに必要なものがいるのです」。

セリノはあきらかに経理に関心がない。この家族農場の非公式の貸借対照表は解釈がむずかしかった。小屋で飼われた数頭の豚は痩せ劣えており，だるそうで，あきらかに暑気の害をうけている。トウモロコシの中には正常に成育しているものもあったが，病虫害にひどくいためつけられているものもあった。このような豚とトウモロコシは成育のよいマニオク，ジャガイモ，マラクジャ，パパイア，ココやし，パイナップル，柑橘類などによって，どのくらいカバーされるのだろうか？この家族自身は目立って栄養状態がよく，飢餓が将来起ると云う心配はないようにみえた。彼らは用意した新鮮なマラクジャ・ジュースのような飲物を私たちが愉しそうに飲んだり，つみ取る前に熟していたパイナップルを食べたりする様子をみて非常にうれしそうであった。このジュースは信じられないくらい美味しかった。このように喜ばれるとは彼らは予想しなかった。彼らは，非常に清潔で，衛生に気をつかっていた。マクラジャのジュースをつくる前にセリノの背の

高い11才の孫娘は,石けんをつけて肘までごしごし洗い流すと云う念の入った医者のやり方でその手を洗っていた。

　これは豊かな自給自足の農場であると思われた。融資や市場出荷の契約は存在しなかった。農場への投資は,移植苗と利用できる資材と予備部品で自分でつくる建物以外にはほとんどなされなかった。柔軟性と多様性と,森林との共存は,利益や損失よりもっと重要な農場指導の原理であった。ただ,セリノの妻は,自分の時間の多くを生産物の販売についやしていた。セリノの農場は町に近代的な住居をもっており,そこにはステレオと冷蔵庫とテレビが備えつけられていた。農場の住居にも電線がひかれており,冷蔵庫がそなえつけられていた。セリノの農場は伝統的なリベイリイニョ(河畔民)の農場とそんなに違っておらず,ライムンドとセアラーの企業者的モデルよりもパルマレスIIの特徴を多くもっているように思われた。

　私たちが観察した農場はどれも,いくつかの共通の特徴をもっていた。すべての農場は自給作物と換金作物を組み合せており,多種類の作物の組み合わせに依存しており,一年性作物ではなく,侵蝕と地力の消耗から土壌を保護する樹木作物,株仕立作物,蔓作物と云う多年性作物を重視し,意識的に多様化に向かいつつあった。どの農場も所有地内に森林が残されていた。ただしこの状態が今後どのくらい長く続くかはわからない。すべての農場は大なり小なり作物の間作方式を用いていた。それによって病虫害の被害を最小にし,地力と水分の利用効率を最大にしようとする。いくつかの非常に毒性の強い殺虫剤を用いているが,自家製の堆肥や厩肥やいくつかの無農薬の防虫剤を害虫の防除に利用していた。このような農場家族は,一般に,少なくとも部分的に,農業生態学的農法を実施しているようにみえた。生態学者と生態学的な精神をもつ農学者が主張するこの農法には,熱帯林環境の地域で恒久的に生活することを可能にする可能性がある。MSTが最近,農業生態学を支持したと云うニュースが,パルマレスIIの大部分の人々までとどいているとは思えなかった。この農地改革集落の人々の農業生態学的農法は,外部からのアドバイスによるよりも外観においても実践においてもはるかに根を深く下ろしていたからであった。

　セリノの親類のトリンダーデTrindadeはバイクで私たちをその農場へ案内し

第3章　アマゾンの魅惑を超えて

た。トリンダーデは以前ガリンペイロで，古いガリンペイロ仲間の2人と町で暮している。そのうちの1人は数年前の深刻な殺虫剤による薬害事件の後遺症に苦しみ続けている。彼らはみな，パルマレスⅡにいて，どんなに幸せであるか語った。彼らはそこでは農業で見苦しくない生活をしており，恐ろしい崩壊の危険のある採掘作業と暴力と見えない危険の多いところで彼らを悩ませた伝染病の恐怖に会わなかった。トリンダーデの友達はステレオと少数のポップミュージックのCDを愉しんでいた。トリンダーデは温和で控え目であるが，この地区のリーダーの1人として，共同体のことを真剣に考えている。彼はセリノの農場について私たちがしてきたようなことにはあまり関心があるようにはみえなかった。彼が気にしていたことは私たちが生産活動の問題に焦点をあてすぎたことであった。バイクのところまで歩いてもどってくる間に，彼は次のように云った。「おわかりですね，この土地は開かれたばかりなのです。土地を開拓することだけがすべてではありません。われわれが達成しなければならないのは全体的な変革なのです。この土地の状態は，われわれが通過しなければならない入口にすぎません。入口以外の何ものでもないのです」と。

　トリンダーデとパルマレスⅡの他の居住者たちは，個人農場と共同体の両方が長期的に存続できるかどうかを気づかっている。彼らは以下のことすべてを心配している。マラリアとデング熱の流行，生産資金の不足，大規模生産者との競合，若者たちの共同体の学校卒業後の農場と共同体への定着，販売と信用の協同組合の財政的な成長力，および道路状態についてである。彼らは，また，もし金の価格がいちじるしく上昇したら，入植者の何人かは共同体を放棄して金の採掘に行ってしまいはしないか，また他の何人かはこの地区の砂質土壌は金を相当多く含んでいることが知られているため，農地を犠牲にしても相当多くの利益があがるかもしれないので，農地を掘りかえすことさえしかねないと心配している。入植者の中には，彼らが受け取った土地をすでに売ろうとしているものもいた。共同体のリーダーたちはこの違法行為を可能なかぎり阻止することを決定したが，それはそのために共同体がえた実質的な成果を根底からくずしてしまいかねないからであり，さらに重要なことは農地改革の構想が全体的に信用を失ってしまうからである。

パルマレスⅡと他の農地改革共同体の住民の関心のあれやこれやを記録しても，彼らの夢は明示されないが，彼らが何を考えているかは問題である。トリンダーデが云ったように，土地は入口にすぎず，課題は全面的な変革である。その変革の一部は子供たちのため，成人のための公的，私的の教育への人々の熱意にあらわれている。

　私たちが訪れたどの農地改革集落においても同様であるが，パルマレスⅡの人々は，子供を教育することはこの共同体にとっての重大事であるだけではなく，それ自身重要な目標でもあると考えている。多くの人々にとって，それはMST運動の最も重要な目標なのである。子供たちは適当な教育をうければ，その効果はあらゆることにあらわれる。そうでない時には，あらゆることに失敗の陰がつきまとう。

　MSTは，その農地改革集落で学校の発展に関して複雑な戦略を全国的に展開してきた。その戦略とは，教育は政府の固有の役割であり，MSTはその財政負担をすべきではないという主張であった。学校と教師養成の資金を用意することは，国と州とムニシピオの財政を容赦なく圧迫してきた。MSTは農地改革に寄与する教師の養成計画を発展させるためにいくつかの大学に援助を要請してきた。またこの教師と管理者の養成のために大学教授の同好の士を探してきた。パウロ・フレイレPaulo Freireの革新的な教育思想があらゆる知識層に大きな影響を及ぼしてきた地方では，これはそれほどむずかしい課題ではなかった。そのうえ，MSTはこの大学計画を補う特別の訓練計画を実施してきて，教師とその生徒の生活に強い影響を及ぼしてきていた。

　これらのあらゆる努力の結果として，MSTの共同体の学校は，他の類似の農村共同体の学校より量的にばかりか，（より重要なことであるが）質的にもめだって優れている傾向にある。MSTはまた，リオ・グランデ・ド・スール州のヴェラノポリスVeranópolisに国民高等学校をもっており，そこでMSTの将来の農業者とリーダーはさまざまな研究の道に進むことができる。その卒業者はこの高等学校を支え，サンパウロ近郊に国立農業大学を建設するために企画してる販売用のさまざまな工芸品の製造にたずさわったり，建築計画で働いている。

　フランシスカ・マリア・フェレイラ・ソーザFrancisca Maria Ferreira Souzaはパ

ルマレスIIの基礎(小学校)教育課程の教師で，新しい校舎を自慢しているが，とりわけこの学校を指導する強力な教育哲学を誇りにしている。彼女はマラニョン州の出身で，教師になることを夢みてはいなかった。若い女性として，彼女は職を求めてマラバーに行き，街路での物売りになった。ある隣人が彼女をまねいて土地を取得することを話した。彼女は結局1995年に土地占拠の仲間に入った。パルマレスIIでは彼女は両親と3人の子供と一緒に生活しているが，それはかの女が夫と離婚したからである。彼女はその共同体によって3年半の教師養成計画に選ばれた。このコースの最後の部分は，リオ・グランデ・ド・スール州で行われ，そこで全国からきた生徒に仲間入りした。

　フランシスカは全国の農地改革集落から集まった教師と交流することで大いに刺激をうけた。「最も重要な事は，全国から集まってきた人々と経験を交換する機会ができたことと，一緒に生活することで，すべての人々の経験について深く立ち入って議論したことである。それは信じられない時間であった。それがどんなに人に感動を与え，どんなに人を変えるものであるか説明できなかった。それはこの運動に対する愛着を一層大きなものにする。ここでの教育は他とはやり方が違うからである。

　「その本質は心を開く教育思想を守ると云うことです。伝統的教育は使用人を教育することです。私たちは別のことを考えます。それは人は自由で，自分の権利とよりよい社会のために闘うことを人に教えることです」。

　彼女は次のように説明した。学校で教えるためには，教師志願者は国家的基準に従って地方自治体が行う資格認定試験に合格しなければならなかったが，MSTの志願者の多くはまだ十分な資格をもっていなかった。このことが状況を難しくした。それは彼女の学校では大多数の教師はMSTで訓練された教師ではなかったからである。教師のほとんどはパラウアペバスから通勤していた。「彼らは教科書に従って教えようとしているが，私たちは生徒に考え，調べ，検討することを教えようとしている」。

　私たちはフランシスカとの話し合いをたのしみにしていた。と云うのは，パラ州のMSTの共同体では女性にインタビューすることはむずかしくないことを知っていたからである。すでに述べたように性差別はMST内における重要問題

とみなされており、各MST共同体にはそれぞれ「ジェンダー問題」に関する専門委員会が設けられている。とくにアマゾンでは私たちは指導者の地位にある女性にはごく少数しか会えなかったし、パルマレスIIでもそうであった。全国レベルでは、理事の40％は女性で、彼女らはそこで働くために州から選出されているが、性差別と男意気machismoの誇示は社会でより大きな問題になっている。MSTでもそれが大きな問題になっていることを否定する人はいない。

2003年1月にジョアン・ペドロ・ステディレは、MSTが性差別の解消を集落レベルで大きく前進させようとしたが全く不成功に終わったと云っている。政府の政策レベルでも同様であった。彼は、MSTは既婚者の場合には、土地所有権と借入れ資金をもっぱら妻のために借財することを黙認しようとした。それは妻たちの方がより着実で、責任感が強く、投資をより好むと云うことをMSTはよく知っていたからであった。このような提案はカルドーゾ政権下では実施されたことがなかったが、ステディレは新しいルーラ政権がそれらを採用すると期待していた。

私たちはフランシスカに、MSTの女性としてどのように感じているか尋ねた。彼女は、「私たちは、組織として問題にしてはいません。私たちには開かれた空間があります。MSTには女性に開かれていない空間はありません。MSTはよりよい社会を建設するためにこのような空間を開いてきました」と、闘士として胸を張って挑戦的に答えた。彼女は目に苦悩の涙を浮かべながらテーブルまで身をかがめた。そして、落ち着きをとりもどした。かの女は、MSTの旗には男性も女性もいるが、女性が前に出ている。これは、「われわれはすべて平等である」と云うことを証明しているのだと指摘した。

私たちは「MSTではあなたは平等と感じていますか？」とたずねた。

彼女は涙ながらに云った。「私たちは努力しています。人間はゆっくりと変化しますが、それだけで満足してはいません。それは云いわけにすぎないからです。われわれは現状を変えなければなりません」。

グラヤソンは生産組合の調整担当者で、人々がいくつかの点で古い行動パターンにしがみついていることを心配している。私たちは彼の家に滞在していたので、人々が昼間と夜、グラヤソンが食事している時や寝ようとしている時、彼の家の入口にきて、さまざまな問題の解決の仕方を尋ねるので、私たちはその様子を直

接観察できた。彼らはしばしば日曜日に教会へ礼拝に行く時の正装をして,家族全員で幼児をだいたりしながら一緒にやってきて,放牧場やプランテーションの経営者あるいは所有者に対する時とまるで同じように彼に温情をもとめようとしているようであった。私たちはMST共同体で古典的な家父長的温情主義や保護＝隷属関係らしいものを目のあたりにして,驚かされた。その最も明白な差異は,グラヤソンが人々とこの種の関係をきずき維持することを喜ばず,それを積極的にさまたげようとしているのが明らかであったことであった。私たちはこの種の特殊な嘆願がグラヤソンにとってどんなにわずらわしいものであるか実感させられた。彼にそのことについて質問した。

　グラヤソンは私たちがこの問題に注目し,熱心に質問することをよろこんでいるようであった。「最もがっかりさせられることの1つは,自分で考えることができない時はしかたがないが,自分で解決できるような些細な問題でも助けをもとめてくることです」。彼は,人々が彼や組織の中の他の人々を頼りにする気質がどんなに彼らの独立心の発達をさまたげるかについて語った。この問題は国民レベルでも十分認められることだとグラヤソンは云った。社会事業と農業の発展の新しい原理と方法を普及させる重要な試みが行われており,パルマレスⅡの指導部である生産協議会の頭首の名称を,会長から調整役に変えさせたのは,従属性を再生させるこの傾向にあったが,援助が多くみられなくなったと認めざるをえなくなったと,彼は云った。グラヤソンは,この問題の最悪の側面の1つは,指導的地位につきたいと思う他の人々の,望みをくじいてしまうことで,すべてが「皆を狂わせた」と云った。

　パルマレスⅡには,性差別と家父長的温情主義による保護＝隷属関係に加え,その基礎を揺るがす可能性のあるものがあった。この共同体では,MSTとの提携を維持しなければならないかどうかに関してはげしい論争もあった。ある人は,MSTが求める所得から2％の寄附がこの共同体のために適切に使われていないと主張した。そして農村労働組合の1つとの提携の方がこの共同体にとっては有益かもしれないと云った。パルマレスⅠはMSTから労働組合に提携先を移したが,地方自治体における政治力不足のため活力が低下したことはかなりはっきりしているようにみえた。

私たちは，また，この主張をしている人々の中にはプロテスタントの正統派キリスト教徒の集団があることを見出した。彼らは聖書の教えを人々にそっと伝えようとしていると話した。たとえば，彼の許しなしに，他人の土地に行くことは罪なので，MSTの戦略全体は罪深いものであると教えていると云っていた。福音主義派キリスト教会とペンテコステ派キリスト教会の信徒は最近数10年の間に急成長してきた。とくにアマゾンで布教に成功しており，たいていのMSTの集落では，プロテスタントとカトリックと世俗の人々が特に摩擦を起こすこともなく一緒に働いており，活動的で有能なリーダーに多数のプロテスタントがいる。ここパルマレスIIでは，しかし宗教にもとづく決定的な政治的差異が明瞭になっている。しかし，このような差異が長期的にみて，どの程度重要であるかははっきりわかっていない。

第6節　アマゾン開発の弁証法

　アマゾンのすでに開発された地域に安定した共同体を形成させることは可能だろうか？この地域以外での農地改革は，自暴自棄になってアマゾンへ流入してくる移住者を阻止することができるだろうか？このような問題に対する答えは，エリート層の政治的，経済的決定だけで決まるものではない。「どのようにしたら自由であり，権利と社会の改良のためにどのように闘うべきか」を教えることでのフランシスカの小学校での教育課程の成果にも依存している。グラヤソンと他の共同体のリーダーたちが，人々の家父長的温情主義の保護＝隷属の罠を避けることに成功する仕方の指導にも関係があろう。発展しつつある商業的農業と企業的農業と自給農業との複合形態が共同体の生活を支え続けることができるかと云うことや，このような共同体の人々がどのくらい見事に，アマゾン環境での作物の生産と人間の健康に巨大な難題をつきつける自然環境に対する，生き残り戦略を適応させることができるかなど，さまざまな条件に関係しているのである。

　アマゾンの森林破壊の進展は失敗した入植者の移動の波に原因がある。彼らは，移動する前により多くの木材を製材工場のために伐採することと，企業のためにより多くの鉱石を採掘すること，および新しい土地を開墾すること以外，他に仕

事はないと信じている。企業と放牧地の所有者はこの開発の見事な失敗を土台にして，成功を築くべく巧妙に環境に順応しているのである。

　森林とブラジルの貧しい人々の命運は，ブラジル人社会と並んで，ブラジル人のこの問題を処理する情報と適応力に強く依存するであろうし，また現在の権力機構において，どの集団が支配することになるかだけではなく，新しい可能性と問題の解決策を提示する創造性にも大いに依存する。

　森林破壊の波に抵抗できる人は，その場所にいる人以外にはまず存在しない。アマゾンでもそれ以外でもそうである。彼らの抵抗できる能力はより大きな社会と人々自身の変革に関係がある。MSTの人々は彼ら自身と彼らの農業改革共同体の欠点を十分認識しており，幾度も私たちにその点を指摘していた。彼らはその欠点だけで判断されることを望まなかったし，現在の成果によってさえ判断されることを望まなかった。彼らが望んでいたのは，フランシスカが「始まり」とみたもの，トリンダーデが「入口」とみたもの，グラヤソンとライムンドが「社会的行動における変革」と説明したもの，ゲデソンがオナリシオ・バロスで月あかりのもとで挫折感から私たちに説明しようとしたもので判断されることなのであった。

　ゲデソンは私たちに云った。「私はあなた方が理解されたとはまだ思ってはいないのです」。

　「理解するとはどう云うことですか？」。

　「この運動について本当に重要なことは何かを理解することです」。

　「それはどんなことですか，私たちが理解していないこととは？」。

　「それはこの運動に加わると，どんなことが起こるかと云うこと，それは何かと云うことです。例をあげてみましょう。以前私は私がいたところのことをほとんど知らず，全く無知でした。今では非常に多くのことを知るようになりました。私の頭は学んだことや知りたいと思ったことで破裂しそうです。知るべきことがあれば，どんなことでも知りたいと思うけれども，生きている間にすべてを知ることはできません。しかし，私はすべてを知りたいのです。私の頭はアイディアと情報で破裂寸前です」と彼は答えた。

　彼は続けた。「1つの例をあげてみましょう。それは弁証法です。路上犯罪者に過ぎない私は，MSTの運動のおかげで，弁証法についてやっと知ることができた

のです。今では私は弁証法について知っています」。

　私たちはむっとして云い返した。「弁証法はあなたがこの種の運動について学ばざるをえなかったアイディアなのですね」。

　「いや，あなた方はまだそのことがわかっていません。それは弁証法そのものではないのですから。それは1つの例にすぎません。あなた方は今，アイディアと云う語を使いましたね。私は，あなた方がアイディアと云う語をどんな意味で使っているかわかります。前には，私はあなた方が話すことが全くわかりませんでした。アイディアとは何ものであるか今ではわかります。多くのことには多くの意味があることを知っています。そうですね？」。

　ゲデソンの指摘は非常に重要である。森林の破壊と，森林を保護するだけの取るに足りない企てとの，気ちがいじみた対決は人々にとっても森林にとっても好ましい結果をもたらさない。ブラジル社会のニーズに適合する森林を健全に存続させるためには，経済政策の変化，創造的な政治，環境に適応した農法，共同体組織，文化の変化，科学的解明が要請されよう。パウロ・フレイレが南アフリカでの文盲と貧困に対する政治的意識の覚醒と呼んだものはたしかにこのような適応過程で唯一の最も重要なことである。ゲデソンはそのことを正しく理解していた。

　しかし，これはここで考察するパルマレスⅡとオナリシオ・バロスの人々だけが感じていることではないし，MSTのすべての構成員が感じているだけでもない。最近数十年の間に，人類はブラジルの森林の運命がわれわれすべてにとって重要なものであると云う意識に目覚めてきた。この数十年を通じて，先住民，ゴム樹液採取業者，カトリック教平信徒と聖職者の活動家，より最近ではMSTが家庭に強力なメッセージを送ってきた。それは，森林の第一の破壊者は貧しい人々ではなく，貧しい人々を搾取する人間であり，彼らはほとんど完全に刑事責任免除にふさわしい状況とみる時には，暴力にうったえると云うメッセージである。これは古くからあるブラジルの問題で，ブラジルの大西洋沿岸のほぼ全域で4世紀半にわたって降雨林を伐り倒し，焼き払ったのはこれと同じプロセスであった。しかし，MSTはその先覚者と協力者と並んで，貧しい人々がこの過程を食い止めることができることを示してきた。この運動のメンバーは，彼らを圧倒する恐ろしく強力な権力に対して印象に残る前進をなしとげ，これまでそんなことは不可能だ

とみなされてきたところに安定した農地改革共同体を建設してきた。彼らが，その成功を続けるためには多方面からの支援が不可欠である。

　観覧車がある移動式遊園を所有するその男は，パルマレスⅡがブラジルにとってもつ意味について価値のある考察をした。彼は広く厚い胸をもった力強い体格で，不思議に態度のやさしい男性である。彼はマラニョン州の非常に貧しいアフリカ系ブラジル人の家族の育ちで，どうして，家を離れなければならなくなったか，私たちに語った。それは11才の時のことで，身体が大きくなりすぎて，家族の住む小さな家に出入りするたびに頭をぶつけたり，入り口の戸をこわしたりしたためであった。彼は話をたのしくし，ほとんどんな話題でもみんなをたのしくすることができる才能にめぐまれていた。彼は自国や外国の政治的事件をわかりやすく話した。彼の語りの多くは，あきらかに社会の一般的な批判に通じる大立者として自己批判を巧みにひそませていた。

　彼は遊園とサーカスを所有することでの利益の差について慎重に考えていた。たとえば，彼はサーカスでは毎日必ず動物に飼料を与えなければならないが，遊園地では雇われた人々がそこで働かなければならない。彼はそっと自分をあざわらうかのように云った。「知っての通り，彼らはそうしなければ飢えてしまうのです」。

　私たちは彼にMSTをどう考えているか尋ねた。彼はムニシピオの役人が，MST農地改革集落に「遊園施設」を運び込む許可を申請するのをどんなにむずかしくしたかを話すことで，答え始めた。「普通，それは許可申請書にサインし，費用を支払うだけなので，すぐやってくれるはずなのです。しかしそれをしてくれないのです。何日もおくらせ，ごまかして，私をひきとめ，ここへ運び込めないようにしようとしました。信じられないでしょう」。

　彼にMSTと農地改革をどう考えているかたずねた。興味深いことだと云うことでは私たちと同じ意見であった。

　「このような人々が生活を築き，共同体を形成するチャンスをもつことが，どうして悪いことでしょうか？私はそのことをこんな風に考えています。40年前，ブラジルでは，豊かな人々と将軍たちをのぞくすべての人々が，農地改革が不可欠であることを知りました。それはこの国中の土地を合理的経済的に利用するための唯一の条件であり，貧しい人々が土地を取得できる唯一の方法だったからです。

ところが,ブラジルはこのチャンスを投げ捨て,何年間も軍部独裁で過しました。もしブラジルがこの改革に着手していたらどんなことになっていたでしょう？貧しい人々は現在どんな状態になっていたでしょうか？ブラジルはどんな状態になっていたでしょうか？そして,どんな国になっていたでしょうか？ところが,すべては御破算で,暴力と荒廃の体たらくです。今こそその時で,私たちは次の40年を無駄にしてはならないのです」。

第4章　MST（土地なし農民運動）の評価

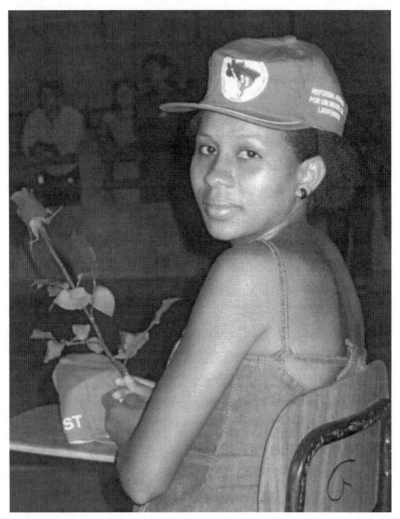

MSTは土地を所有しなかった入植者の教育改革で、大きな成果をあげてきたが、政府に教育資材を提供させることや、公立大学で教師の訓練をする計画を設定させることにも成功した。この写真でバラの花をもっている若い教師はベレンの連邦立大学の教師訓練課程に参加することを認められた。

第4章　MST(土地なし農民運動)の評価

　この章に辿り着くまでに，私たちはMSTについて数百の人々と話し合い，数百のMSTによる農地改革集落への入植者の生活を観察してきた。私たちはブラジルの3つの地域を詳細に実地検証してきて，それらの地域で最も重要な状況と，それに対してMSTがどんな意味をもっているか，またブラジルと世界にとってどんな意味があるかを考えてきた。この章では，MSTに関して最も差し迫まった問題のいくつかに取り組もうと思うが，これらの問題には一般に簡単な答えはないし，私たちの見方は，私たちが見てきたものの特殊性とアメリカ合衆国における私たちの研究者としての立場にも当然影響されている。

　本書のこれまでの3章で明らかになった問題はかなり多い。MSTによる農地改革集落への入植者の生活状態は，以前にくらべて改善されているだろうか，また経済的にどうなっているだろうか？ MSTの状況は他の国々における農地改革とくらべてどんなだろうか？ この運動はブラジル国の発展と，ブラジルがより繁栄し幸せな場所になることをねがう民衆の期待にどのように答えているだろうか？ 農地改革はブラジルの土地と森林の将来にとってどんな意味があるだろうか？ MSTの経験は人々が民主主義社会にふさわしい市民となるためにどんな寄与をするだろうか？ MSTはブラジルにおける他の社会変革の運動に対してどんな意味があるのだろうか？ 他の諸国の政府と人々はMSTとブラジルにおける農地改革の将来にどのように影響するだろうか？ MSTの進展には，ブラジル以外の人々に対して，果たせる役割があるのだろうか？

第1節　農地改革集落の生活状態は改善されているか？

　リオ・グランデ・ド・スール州と云う最南部の州から北部のアマゾンのパラ州まできて，MSTの構成員と話し合って，人々の生活がこの運動に参加する以前より向上したことは明らかだと思われた。しかし，この評価には多くの混乱と不確定な事象がつきまとっていて，この未解決の諸々の問題のために農地改革集落への入植者の将来を明確に判断することはむずかしくなっている。

　私たちは，MSTに参加する以前には，犯罪と暴力に絶えず寝食をおびやかされ極度の貧困にあえいでいた人々が，生まれてはじめて改善された食事をとり，

適当な住居に住むことができるようになった様子を実見してきた。多くの人々は早急に病気の診療をうけることができるようになった。子供たちの大部分は学校に通っていた。学校は，しばしばみてきた貧しい人々のやる気をなくす雰囲気より，はるかに活気があった。多くの大人たちが遅ればせながら読み書きを身につけるために面倒な勉強を始めたり，知識と技能を組織的に習得しつつあった。多くの人々は，農地改革共同体に積極的に参加することは自分たちの利益になることだとはじめて感じ，自分が住んでいる農地改革共同体ばかりか地方自治体のある場合には州や地域や国の行事に積極的に参加するようになって，自分たちは，自分自身と子供たちと土地そのもののためになることに参加していると感じた。

　要するに，私たちが訪ねたどの農地改革集落でも人々は一定水準の快適な生活，安全，栄養，教育，健康管理を享受しており，共同体への参加意識をもっていた。それはブラジル農村の貧しい人々の間では注目に値することなのである。彼らの生活が，農地改革以前より豊かになったり，生活条件が改善されたと私たちに語った農地改革集落の人々は，一般に監督や経理係りや現場主任で，収用された土地でもめぐまれた場所を受けとっていた人々であった。

　バイア州南部のカカオ栽培地域でMSTが開設した農地改革集落で中年男性が答えたのは，かなり典型的な状況であった。この集落では生活は改善されたかどうかとたずねると，彼は今や大いに幸せな状態だと云った。この地域の多くの人々と同様，彼は時々カカオ・プランテーションで働き，別の時には別の技能を学んだ。彼の場合，それは時計と小型の機械の修理であった。しかし，それらの仕事で生計が十分まかなえるほどではなかった。彼は，この共同体で私たちがみた泥と棒づくりの住居と，試験的な農業では自分が云ったことは理解できないだろうと考えたらしく，異議を申し立てるかのように云った。「しかし，あなた方は，この辺の小さい町のスラム街の生活がどんなものか調べなければならないでしょう。ここでは私は夜早く寝たい時には，ベットに入ることができるし，眠っている間に何が起るか心配しないでぐっすり眠ることができます。ここでは食べ物はよいし，きれいな空気を吸い，澄んだ水を飲んでいます。子供たちは学校に通っており，この農地改革集落には看護師が常駐する診療所があります」（この診療所では医師が巡廻してきていたが，このサービスは連邦政府がIMFの社会的支出削減要

求に応じたので,終りになった)。

　農地改革が政治の議題にもどされた1980年代後期以後,農地改革は成功か失敗かを比較考慮する試みと印象的分析が多数行われてきた。それらは圧倒的に悲観的で,さまざまな理由から,それらのほとんどは地方新聞と全国新聞が調査費を負担している。1998年に,ブラジル版の「タイム」とも「ニューズウィーク」とも云われる保守派の週刊誌ベージャ Vejaは「農地改革集落の欠点」と云うタイトルの記事を掲載した。それは国連の食糧農業機関FAOの1998年の研究結果を要約したものであった[1]。このFAOの研究は「成功」と考えられた10の農地改革集落と,「不成功」とみなされた10の農地改革集落を分析したものであって,何がプラスの所得をもたらすか,阻害するかを確認するのに,家族単位の平均所得を規準にしていた。FAOの研究は10の「不成功」集落を,痩せた土壌,劣悪な環境条件,地方市場への劣悪なアクセスの犠牲と説明した。それらの1つは最も近い都市から42km(約25マイル)はなれていた。ベージャ誌のジャーナリストは同情と不信をからみ合わせており,「このような場所で暮している人々がまだいるのをみてぎょっとした」と評した。

　その論文によれば,この研究がとりあげた10の「成功」した農地改革集落でさえ賞賛に値するものはなかった。それは,それらの集落に住んでいる人々は食べるものを十分以上もっていても,生産活動では依然として深刻な問題に直面しているからであった。FAOの研究が指摘した主要問題の1つは,信用のような投資手段を欠いていることであった。しかし,ベージャ誌の論文は,土地のない人々には,与えられた資源を活用する経験がなさすぎることを指摘した。ジョゼ・ライニャ José Rainhaと云うサンパウロ州におけるMSTの最もきわだったリーダーの1人が農地改革集落の製粉工場の経営は考えられないほど困難だと云ったことがその例にあげられている。ベージャ誌の論文はFAOの報告書を全面的に利用して,農地改革が不可能なことと,MSTリードの農地改革でさえ,この国の貧困と不平等を解消する策としては積極性に欠けていることを強調している。この論文の結論は純粋に経済的な観点からみて,農地改革は見込みちがいの事業で,土地のない人々を農民に育て上げることは,想像以上に費用がかかることだと云うことであった。

表4.1 農地改革集落における平均所得（1992）

地域	農地改革集落家族の所得 （最低賃金に対する倍率）
ブラジル	3.70
北部	4.18
北東部	2.33
中西部	3.85
南東部	4.13
南部	5.62

出典：FAO (1992)

　農地改革と経済的自立の可能性について同じく悲観的な研究が，1998年にブラジル政府によって提出された[2]。この研究は，この国の入植者には農地改革集落からの貸付金の返済が可能であるかないかを明らかにしようとしたものである。アントニオ・マルシオ・ブアイナイン Antonio Márcio Buainain とヒルド・メイレレス・デ・ソーザ・フィーリョ Hildo Meirelles de Souza Filho は9つの州で1,035人の農地改革集落の入植者にインタビューし，政府の貸付金は農地改革集落における生産活動と生活の質にプラスに寄与したが，入植者が負債を返済できると思われるのは南部のサンタ・カタリナ州だけだと結論づけ，他の8つの州の農地改革集落は融資を割りあてられても返済の能力がほとんどないと予測した。

　しかし，他のいくつかの研究ははるかに楽観的であった。ブラジルにおける農地改革についての最も早く，最も包括的な研究の1つは，1992年に公表されたFAOによるものである[3]。この研究はこの国のさまざまな地理的地域の代表的な44の農地改革集落における生活状態を調査し，平均所得がブラジルにおける最低賃金の約3.7倍（表4.1）であったと結論した。これは調査された農地改革集落の周辺地区で生活する世帯の平均所得に等しいか，それより高かった。

　もう1つの包括的研究は1996年に「民衆の声」（Vox Populi）とよばれる非政府組織が行ったものである[4]。「民衆の声」から派遣された研究者たちはブラジルの5つの地域に展開された113の農地改革集落の720人の入植者に面接した。この研究についてはよく知られていないけれども，一般に非常に肯定的である。年所得が1,000レアール（当時の為替交換率で約1,000米ドル）以下であることが判明した世帯は全世帯の約18％にすぎなかったが，一方，年所得が2,000レアール以上

第4章 MST(土地なし農民運動)の評価

表4.2 農地改革集落における世帯資産の変動

州	当初世帯資産(R$)	終末世帯資産(R$)	世帯資産の変動(%)
アマゾナス	373	1,010	171
ロンドニア	77	415	443
バイア	184	550	199
セルジッペ	96	782	717
マット・グロッソ・ド・スール	182	2,092	1,048
サンパウロ	272	999	267
パラナ	291	962	231
サンタ・カタリナ	95	1,320	348
リオ・グランデ・ド・スール	214	1,673	683

出典：Buain and de Souza Filho (1998)

であることがわかった世帯は全世帯の48％であった。この研究が強調した1つの事実は，この数値が地域ごとに非常に違っていたことである。北東部では世帯の21％だけが年所得3,000レアール以上であったのに対して，南東部ではこの比率は51％であった。

　農地改革集落への入植者の「出発時」を考慮に入れた数少ない研究の1つは，入植者の投資借入れ金返済のための資金に関する政府の研究であった。この研究の結論は全体的にネガティブであったが，問題の資産状態は全国の入植者のほとんどが以前より劇的に改善されたことを示していた(表4.2；世帯資産には財産と所得を含む)。

　私たちは多くの農地改革集落を訪れ，農地改革に関わった多くの人々（入植者，MSTのリーダー，政府の役人，大規模農民その他を含む）と話しあったが，不当に悲観的な研究に賛同する人の意見も，全く楽観的な研究に同意する人の意見も種々雑多であり，ブラジル農村の状況がどんなに複雑であるかを見てきた。その状況を単純化しようとしたどんな研究も政治的関心によって大いに曲げられているように思われる。長年農業問題を研究してきたある学者は，経済分析には，政治的観点が暗に含まれていることがしばしばで，その分析が農地改革政策が成功か不成功のどちらかを検証するためであったり，農地改革の可能性を明らかにするために企てられるからだ，と云っている[5]。われわれと意見がほぼ一致する研究は，状況がどんなに複雑であるかをたしかめる研究であり，ブラジルにおける農地

改革とその成果が地域的にいちじるしく多様であることを強調する傾向がある。

　なによりもまず，広く認められていることは，農地改革に関する統計資料の収集が困難なことである。国立植民農地改革院INCRAは，1996年にはじめて全国農地改革調査を実施し，この時存在した農地改革集落1,711の現況について信頼のおける資料を提供した[6]。ところが，ブラジルの多くの研究者はこのセンサスには疑問点がきわめて多いと見ている。と云うのは，その調査チームは情報収集にごくわずかしか時間をかけていなかったからであって，いくつかのチームはデータ収集を悪天候に妨げられた。インターネットと携帯電話が利用できる現代でも，ブラジルの農村地域にある農地改革集落から情報を収集することは困難な状態が続いている。私たちが調査した農地改革集落の1つは町の中心から16km（9.9マイル）離れたところにあったが，その最も近いところにあった家まで自動車で行くのに約1時間かかった。それはここの道路は石ころや穴ぼこだらけのガタガタ道で，15km以上の道のりを自動車で1時間かけて行く間に気分が悪くなるほどであった。1つの集落ですべての人々に少し面接するだけなのに丸一日かかった。これはこの国のすべての農地改革集落を調べるのにどれほどの時間がかかるか試算するよい基準になる。

　しかし，たとえ，さまざまなNGOや政府の役人が収集した農地改革集落についての統計情報が全体としては信頼できるとしても，その数値が伝える情報を正確に読み取るには依然として問題があろう。ヨーロッパの研究者たちは1800年代後期と1900年代初期に行われたロシアの農業センサスを分析し始めて以来，農村地域における統計の背後にある意味について議論してきた。アレクサンダー・チャヤノフという学者はシベリヤに送られ，最後に処刑されたが，それは彼の統計解釈が公式の解釈と非常に違っていたからであった[7]。

　統計調査の限界は第1章のプラコトニク家の例が示している。彼らの現金純収入は月当たり500米ドルで，ブラジルの標準では相当高い所得水準にあると報告されている。しかし，すでに述べたようにこの数値には，この家族が自給用食料のすべてを本当に生産でき，無抵当期日支払いで購入したがっちりした快適な住居，近隣の水準の高い無料の学校への通学，医療サービスの利用，飲料水の使用，調理と暖房用の薪を自分の土地で入手できること，古い自家用車とテレビと携帯電

第4章　MST(土地なし農民運動)の評価

MST農地改革集落の住居は,様式,規模,構造が非常に多様であるが,そのほとんどは入植者が以前住んでいた住居よりはるかにすぐれている。それらは一般に政府の融資をうけて建てられている。この住居はサランディ(リオ・グランデ・ド・スール)に建てられている。第3章のアマゾンにおける板張りと藁づくりの住居の写真と比較してみて下さい。

話を所有することなどが反映していない。世界中の農民と同様,パコーテはその支出分の多くを事業費に計上できる。彼の携帯電話と養魚池と所有地の中の林地の利用などの個人に満足を与えるものさえそうである。

　一方でプラコトニク家の粗収入は平均的な都市の家族のそれよりはるかに多いが,これは,彼らが消費する非常に多くのものが現金で支払う必要がないからである。他方,この家族はほとんどすべての農民と同じように市場と天候と病気によるリスクにさらされている。彼らの平均純収入は,したがって,困難な年に遭遇するトラブルを反映していないのである。もしプラコトニクス家族がローンの返済ができなかった何年かを経験しなかったら,全く不思議なことではないであろう。大規模な集団農場を含む世界中の農民がそうである。結局,パコーテが「農地改革は機能している」としっかり云っていることは不思議ではないのである。

　第1章で述べたように,プラコトニクの属する農地改革集落においてさえ,家族の生活条件には相当大きな差異がみられる。プラコトニクの家族のように自家用車をもっている家族はほとんどない。この農地改革集落のいくつかの家族はプラコトニク家より立派な住居をもっているが,多くの住居は小さく,建物もあまりしっかりしてはいない。いくつかの家族のごく最近の現金純収入は非常に少ない

と報告されているが,これは農業世帯ではそんなに珍しいことではない。それは条件の変化がしばしば,不作の年が豊作の年で相殺されることを意味する。しかし,農地改革集落のリーダーの1人は質問を終った後,サランディ Sarandí の入植者の間では階級が再現する傾向があることを認めた。彼は,このような傾向はまだ,ささやかなようにみえるが,それらはMSTでかなり大きな関心と注目の焦点になり始めている。いずれにせよ,このような差異はあるけれども,南部における順調なMST農地改革集落の人々の生活状態が,改革以前よりはるかに改善されていることは一般的に認められている。

　私たちが訪ねたブラジルの他の諸地域では,その兆候は明確ではない。現金純収入はあきらかに南部より低かった。ただし飢餓はまれにしか問題にならなかった。25あまりの農地改革集落のうちわずか1つだけであったが,時々食料が不足するとある人が不満を訴えているのが聞かれた。家族が所有する耐久財は,南部の入植者にくらべて数が少なく,値段が安いものであった。彼らの所有する耐久財には一般に冷蔵庫とテレビが含まれていた。大抵の入植者はラジオかカセット・プレイヤーかCDプレイヤーをもっていた。南部とアマゾンの諸地域の入植者の大多数は小型の電動モーターかガソリン発動機を1基あるいはそれ以上所有し,作物の加工や井戸から水をくみあげるのに利用していたが,北東部ではこれは非常に珍しいことであった。誰もがもっているものは多種類の農作業用の手動農器具である。私たちが訪れた大抵の農地改革集落では,農民はトラクターや作付や耕耘や収穫のための機械を共同利用していた。乗用車の所有は入植者の間では非常に稀れであったが自転車を所有する人は多かった。バイクや馬やロバをもつ人は若干いたが,他の人々は必要な時には,それらを借りることができた。たいていの人々たちは自分の畑へ毎日歩いて行ったり,バスやトラックの荷台など集落が契約した輸送手段を集団で利用していた。

　データは完全どころではないし,あきらかに不足しているのだから,ブラジルにおけるMSTの農地改革の経済的効果について一般的に議論することは慎しまなければならない。たしかに私たち自身の観察でも,他の人々の研究でも,入植者の中にはその所有地と農地改革集落で配分された土地の活用に成功せず,放棄せざるをえないと感じている人を実見している。すでにみてきたように,MSTと農地

第4章　MST(土地なし農民運動)の評価

改革に専念している人もいれば，いくつかの農地改革集落では農地改革の受益者が融資や基礎的な社会サービスが欠けていることに悩んでいたり，土地を放棄したいと思わずもらした人々もいる。国中では農地改革集落の多くが経済計画や協同組合の活動が期待を果すことができなかったり失敗していた。古いプランテーション経済と文化が支配する地域では，農地改革の受益者が，土地は彼らの問題の解決策であることを全く納得せず，価格が上昇するやいなや早速単一作物の生産と給料取りと親切なパトロンの一時の好意にすがるのを，私たちはみてきた。

農地改革集落の中には，資本を切望しているものや，ペルナンブコ州のセルトン(奥地)のカタルーニャのように，利用できない資本設備の維持のために苦しんでいるのもあった。またカタルーニャのように，ある人はみたところ価値が高そうにみえる土地を受けとったが，その土地が前所有者が誤まった投資のすべて，あるいは一部を回収するために誘致した農地改革のための収用地であったため諸々の問題に苦しめられている。バイア州の南部では多くの家族が，以前裕福であった大土地所有者たちがその地域の農業経営が破綻しているため農地改革のために収用させた土地を入手したが，その土地は即座に利用をあきらめるような土地であった。このような土地に農地改革受益者の頼りになる他の農業が存在するかどうか，まだはっきりわからないが，入植者たちが国際的な環境保護組織と協力して行なっている非常に興味深い農業生態学的な実験は期待できるかもしれない[8]。

パラ州のINCRAの農地改革担当者は，多くの人々が私たちに語ったことを正しいと認めた。それは次のことである。広大な土地の権利を主張する多くの比較的豊かな人々は，農地改革のために政府に土地を売却することを歓迎しているが，その理由は，彼らの所有権の根拠が疑わしいことと，その土地の経済的将来性に悲観的だからである。パラ州の大土地所有者が，もし自分の土地を農地改革のために売却するとしたら，どんなことをしなければならないか尋ねると，INCRAの担当者は「待つこと」だと云い，そして，頑強に守らなかったら，どんな土地も遅かれ早かれ誰かが権利を要求するだろうと説明した。この担当者は，大所有地に対する権利主張者の多くは，農地改革の候補地に対して入植希望者が権利を主張し，政府が収用手続を経て提供するのを待っているだけだと信じていた。問題は，また，この土地に入植した人が，それを利用することができるかどうかと云う

ことである。これまでの経験から判断するかぎり、土地のない人々は彼らに配分された土地を改良することに十分関心をもっていたし、以前の大土地所有者より土地を改良する能力があったと云えよう。やがて農地改革がさらに進展し、多くの調査が行われることになれば、この問題には明確な解答がなされるようになるであろう。

　土地の防衛は経済よりはるかに問題である。占拠期間における土地闘争は、すでにみたように、しばしば残忍で、時には土地が収用され、入植者が所有地を得た後でさえ再発した。入植者の中にはMSTのリーダーに差別されたり、脅迫されたと感じ、集落を見捨てた人もいた。しかし、政府に立ち向かって成功をおさめてきた戦闘的な運動のメンバーとして、多くの人々は芽生えた防衛意識を強烈に発揮していた。

　MSTの農地改革集落では、初期の土地闘争においてさえ大土地所有者や警察の圧迫のために暴力で死んだ人の数は、他の運動によるものや、自発的に形成された集落の場合よりもあきらかに少なかった。その理由は、おそらく彼らの組織がすぐれていたことと、リーダーの指導がよかったことによると思われる。それにもかかわらず、土地をめぐる闘争の結果、MSTの内と外では数百の人々が死んだし、国の全域では、もっと多くの人々が傷ついたり、精神に傷を負ったりしてきた。

　多くの農地改革集落にはいくつかの深刻な問題があることは明らかである。すでに述べたように、私たちはMSTの農地改革集落の記録は全国的に肯定的であると思っている。MSTの農地改革集落に関する問題は、そのMSTの農地改革に参加した人々が土地を受領する以前にどこにいたかと云うことと関連づけて考察しなければならない。私たちの観察によれば、MSTに属する大抵の人々は農地改革集落の評価を非常に肯定的な方向に向けてきたが、その生活は依然として混乱している。アマゾンの農地改革集落、パルマレスⅡにいる明朗な若者は私たちに、多くの人々が感じているにちがいないジレンマについて語った。彼はこの集落の政治に深くかかわっており、教育の促進のためにMSTの委員会で活動していたが、この集落では仲間の討議で彼は何人かの人々に脅迫された。そのため、彼はこの集落の生産協同組合の調整担当者にアドバイスと保護を求めていた。彼はあきらかに脅されていた。私たちがそのことについて彼に尋ねると、彼は答

えた。「はい,私は脅されています。この集落での生活は非常に怖いし,びくびくしている。MSTの外での暮しははるかに怖いし,びくびくしていなければならないが,MSTの内側の生活もびくびくしたものかもしれません。場所と云って真に安全なところはどこにもないですね。ブラジルには安全なところはどこにもないのです」。

彼の言葉は,農地改革のための闘争はたしかに絶えず気力を殺ぐものであることを思い出させた。その闘争には容易なものは何もない。当然得られるものはほとんどないし,与えられるものも当然ない。失われるものはしばしばこの農地改革運動に対する外部の人々からの敵意や協力の欠除の必然的結果である。農地改革が与える最も重要なものは,たとえば1つの共同体の将来に役立つ経験のようにとらえがたいものである。私たちの見解では,このようなものは,将来はじめて十分に実現されるものであって,それは農地改革にかかわったり,同調した人々がブラジル社会を変化に開かれた,平等に根ざした社会に変える時である。

農地改革の潜在的可能性とそこでのMSTの役割に関する最も重要な問題に答えることができる農業生産,保健,栄養,教育,生き残りに関して現在役に立つ統計はこのような理由で入手できない。MSTの農地改革集落は成功か失敗かその解釈が異なるのは,人々が尋ねる問題の種類に大いに関係がある。私たちが,外部から,あるいは上から諸問題をみる場合には,多分土地における変化で肯定できるものは非常に少ないであろう。たとえば,外部からMSTの農地改革集落の形成を見るならば,その数はブラジルの農村地域の貧しい人々の莫大な数にくらべれば問題にならないほどのものである。また上から見おろす場合には,丹精こめて栽培されているトウモロコシや豆類の畑は,広大な機械化農場の隣のみじめな畑にしかみえないし,入植者は強制か機会のどちらが与えられるによせ,手ごわい政治と経済の構造に左右されているようにみえる。しかし,底辺から出発して上昇するか,内部から出発して,自分たちの方針で前進するかと云うことを問題にする場合には,問題は少なくなるが,その変化が人々の生活に生じる差異は次第に大きくなると思われる。

第2節　農地改革"ライト"

1. 政府のアプローチの評価

　ブラジルにおける農地改革を評価する際には，この運動が国からの支援をごくわずかしかうけずに進行してきたと云う事実を考慮に入れなければならない。実際，政府の態度と計画と意見表明の一貫性の欠除はおそらく，農地改革の進展の評価を非常に難しくしている一因である。たとえば，一見したところ非常に寛大にみえるけれども，政府の土地収用と農業支援基金は，農地改革を着実に実施し成功させる以上に社会の傷を和らげることに向けられていたようにみえる。

　最近のカルドーゾ政権（1995～2002年）はブラジルにおける経済と社会の改革を積極的に進めたので，若干功績を認めるべきであろう。一方でMSTや他の市民グループとたえず争っているけれども，一般に行政府は常にとは云えないが，MSTとの対話を維持することの重要性を認めていた。行政府も積極的な変革のためにある程度斬新なプログラムに着手し始めてた。たとえば大統領夫人ルース・カルドーゾRuth Cardoso博士による支援共同体の発案があった。彼女は国際的に高名な人類学者であった。支援共同体は非政府組織と政府の間に協力関係を構築し，貧しい人々に対する公的支援の効率を向上させようとしている。そのうえ，最近の研究は，行政府が農村の土地からの徴税を効率化する政府の能力がいちじるしく向上したことを指摘している。それはブラジル史上はじめて法律が要求するものに相当近い額の税収をあげたからである。真実ならばそれはそれ自体，重要な前進である。他に何もなくても，カルドーゾ政権はその2つの任期を全うしただけであるが，軍事政権以後の選挙政権は影響甚大な経済や政治の危機がなければ，もちこたえられると云う期待を復活させたことになる。

　しかし，MSTのリーダーたちと農地改革集落の入植者たちがたえず敵意をもつ大土地所有者に脅迫されてきたことと，政府が土地のない不法占拠者を保護するどころか大量虐待も同然の扱いをしてきた生々しい事実は依然として続いている。地方と州と，時には国の政府は，しばしば，農地改革の進展をおさえようとして，地方のエリートたちが直接，間接，暴力的行動に出るのを黙認し，適切に処理しなかった。

第4章　MST(土地なし農民運動)の評価

　政府の農地改革の努力を人々が批判するのを見つけることはむずかしいことではない。誰もがやらなければならないことは,政府の農地改革機関で担当者に抗議することである。1992年にバイア州の連邦農地改革機関の長官は私たちに率直に次のように語った。「農地改革院INCRAの目標は偶発する事件から農地改革を守ることである」。彼は,政府の戦略は,農地改革が混乱を起している主要な地点から混乱が蔓延したり,地域や国家の重大事にならない程度にMSTを認めると云うものだと説明した。政府の農地改革計画は真の改革の裏をかくための安全弁にすぎなかった。

　2001年に,パラ州のINCRAの次長は,「あなたがたがここでみているものは,真の農地改革ではありません。それは,まさに(ペプシー・ライトのような)農地改革ライト,とよぶにふさわしいものなのです」と云い,ブラジルでは左翼政権だけが真の農地改革を推進させることができると主張し,現在の努力はうわべだけのものにすぎないと批判していた。

　これらの見解は連邦政府の行動によって確証された。前大統領フェルナンド・カルドーゾの1996年の公式の農地改革に関する記録文書には「農地改革,すべての人の責任」と云う題名が付けられており[9],ブラジルにおける農地改革の必要性について力強い議論がなされていて,改革を達成するための戦略と方法が説明されているが,その多くはMSTの目的と一致しているようにみえる。美辞麗句はともかく,カルドーゾ政権は多くのことを約束したが,すでに前の諸章でさまざまな例で指摘したように,実行したことはあまりにも少ないうえに,あまりにも遅すぎた。この記録文書は,農地改革の命令は唯一つの政権の行政命令ではなく,すべての政権のなすべき義務でなければならないときわめて明瞭に主張しているが,しかし,農地改革のための新しい土地収用と土地所有権付与がなぜカルドーゾ大統領の施政を実行不能に落とし入れられたか,その理由を説明してはいない。政府は農地改革を支援するために不可欠と思われた融資その他の計画をきびしく削除したり,消滅させた。このような方策によって,政府は農地改革を,一世代よりはるかに短かい期間に挫折させたらしい。

　農地改革の現状を評価する人々は,ブラジル政府は農地改革の遂行に必要な計画を実施するために独自の意欲で行動してきたとしばしば推測してきた。これは

あきらかに事実ではない。それどころか政府が実施したことは, 不完全な改革の煩瑣な第一歩を無理矢理ふみ出させてやる気をくじいたことであって, 改革への社会的参加を促すどころか勢いを殺いでしまったのであった。その結果, 改革への真の社会的参加を助成するよりも勢いを殺いでしまった。

　この章でこれまでに引用した研究の多くは, 政府とその農地改革政策が農地改革集落における経済的成功にとっての重大な障害であると指摘している。一般に, ブラジルにおける経済政策は農業発展以上に工業の発展を優先してきた。農業の内部では輸出農業が国内向けの食料生産より優先され, 小規模生産者より大規模生産者が優遇されてきた。原料農産物は今日ではブラジルで生産される財とサービスの11％を占めるだけであるが, 農産物は輸出収入の37％を占めている。この輸出収入はブラジルのように莫大な対外債務の返済のために国際通貨を獲得することが必要な国にとって重要である。最近の経済の自由化は, 鍵となる作物の輸出の増加が, 経済のその他の部門と通貨の安定のための"グリーン・アンカー"(非常に頑丈な錨)を提供するだろうと期待して, 農産物の価格をひきさげた。このような政策は輸出市場向けに生産する大規模農民に利益をもたらしたが, 生産物の大部分を国内市場に売る小規模生産者をいためつけた。小規模農民には農地改革で恩恵を受けた入植者が含まれている[10]。

　大規模輸出農業への集中はブラジルの農地改革の現実の姿を攪乱させるあきらかな原因となっている。政府は, 農地改革計画で何万と云う家族が入植してきたと高らかに公表するけれども, 土地の配分状態は, 全体的に公平になるどころか一層不公平になってきた。それは大規模生産者を優遇する政府の政策が大規模農民と企業が, ブラジル全域で小土地所有者が農業のために新しい土地を開拓している間にその土地を買収し続ける結果をまねいてきたからである。過去20年間に開拓された新しい土地の大部分はゴイアス, マット・グロッソおよびマット・グロッソ・ド・スールの諸州にあり, アマゾンの森林が耕地にかわったのではなく, それに隣接している生物学的に豊かでユニークなセラードcerradoとよばれる地域が耕地にかわったのである。セラードは乾燥林の一種とサバンナ(長草草原)で, 他の場所ではみられない数百の種を支えている。何が起りつつあるかを象徴するものは, マット・グロッソ州の大豆生産である。1991年には2,000トンであったそ

の生産量は,2000年には7万トン内外に急上昇したが,そのほとんどすべてがブラジル政府の政策が支援している大規模機械化農場の産物であった。大豆はブラジルの飢餓に向けられる食料ではなく,ヨーロッパ人と日本人のための家畜飼料向けのもので,北アメリカはすでに生産過剰で,ブラジルの生産者と競合している。同じフロンティアー地域にある他の大企業農場は世界最大の濃縮オレンジ・ジュースの生産者で,それをブラジル人のためにではなく,大部分外国市場に輸出している。

　農村地域では,ブラジルは同時に2つの方向に動きつつある。一方で社会運動,主としてMSTに応えて農地改革の開明性をうわべだけしぶしぶ認めながら,他方で政府は高度に機械化し,化学肥料と薬剤に依存する大規模企業農業の最も急速な発展を可能にすることを最重点に,その貿易政策と課税政策と助成の制度を実施している。多くの地域で,この種の新しい企業農場は政府の負担による大規模な新しい灌漑と交通施設の開発も要求している。政府は一方では農地改革共同体に入植する農村の貧しい人々の長所をほめたたえ改革を支持するけれども,他方では,それによってあらゆる種類の小土地所有者を存続させるかわりに,その生活をきびしく抑制しようとする。ところが企業投資家には多額の投資をしやすくして,アメリカ合衆国の西部で「畑の中の工場」とよばれている企業農場のような法人経営の農業企業を発展させようとする政策を続行しているのである。

　一方で,政府は,農業政策は社会政策とは別物であると云って,この一見矛盾する政策を正当化してきた。この政策からは農地改革は農業や農業経済とは関係がなく,貧しい人々に利益を配分する社会政策であり,したがって国民の経済的困窮にはほとんど,あるいは全く関係がない[11]。農地改革は農業生産の見地では中立的,あるいは否定的なものであると思われている。その利点は人々が都市へ流入してこないようにすることだけである。それは手に負えない問題とみなされている。この考え方では,貧しい人々や疎外された人々を農村地域に適応させることは比較的容易であり,安全であるかもしれない。農村地域では彼らは下水道や上水道や他の都市的インフラストラクチュアは要求しないし,そこに満足しない人々が政治の脅威となることも少ない。

　農地改革は社会政策とみなされ,1980年代と1990年代には行政府による他の

多くの社会計画と対比されてきた。それらは従来含まれていなかった農業労働者に普通年金といくつかの他の社会保障計画を拡大することを含んでいる。しかし，それらの計画はまだ給付範囲を公式に登録された労働者だけに限っており，多くの都市労働者と，さらに農村地域で割合の高い労働者を除くと云う条件が付されている。たしかに，いくつかの好ましい現象が農村の人々の一部に年金給付の拡大からもたらされた。多くの農村の女性ははじめて年金を選択することが可能になった。いくつかの研究は，これらの年金は女性個人と家族に給付されただけではなく，しばしばすぐれた節約家であり，巧みな企業家でもある女性たちによって，時には何人かが一緒になって，その高齢者年金の一部を合わせて，家族や農地改革共同体の生産物を市場に運ぶトラックなど必要不可欠なものを購入するのに役立てられてきた。

　他の計画案は奨学金を通学する生徒のいる家族に月15ドル内外提供すると云うもので，奨学金，学校給食，その他の案が2001年にカルドーゾ政権によってとりあげられた。それは野党の労働者党がその支配下のいくつかの州とムニシピオでこの計画案の成果を立証した後のことであった。何人かの人々はこの種の計画は農村の貧しい人々の生活を有意義な仕方で改善することで，ごくつつましい農地改革と結びついているとみている。たしかにそれらは農村の貧しい人々の生活に公正と云う基準が加味され，農村地域を補う真剣な計画として真に役立つものであると云うことができる。

　しかし，さまざまな福祉年金は真っ当な農地改革でなければ真の解決策にはならない。土地を利用し続け，少なくとも企業農民が享受したのと同じほどに小規模農民の生活水準を支えるのでなければ農地改革における単純な年金給付政策は健全な家族と共同体に基礎を与えるのには全く不十分である。人々と共同体は不十分な収入源ではなく，自立できる収入源を絶対に確保しなければならない。

　ブラジル政府の21世紀初頭の農業政策はまさに輸出の拡大に向っている。ブラジルはその住民が必要とするよりはるかに多くの食料を生産しているが，非常に多くのブラジル人は，所得の不平等と利用する土地の不足のために，依然として深刻な飢餓状態にある。連邦政府はFAOと提携して，約4,400万人が慢性的な飢餓にあえいでいると推定している。ブラジルの農産物，つまり，コーヒー，砂糖，家

畜, カカオ, 濃縮オレンジ・ジュースは豊かな国へ, 大豆とトウモロコシも同じく豊かな国へ家畜飼料として輸出されており, 飢えた人々の食料を充足する以上に飢餓をつくり出している。これらの輸出農産物を生産する人々はほとんど最も豊かな農民や大企業で, 飢餓につながるような低賃金で「人」を雇い, 土地と水と政府の助成金など最良の生産手段を独占している。貧しい農民には競争に勝てるチャンスはほとんど残されていない。私たちが目にするものは機械化され, 化学肥料や農薬に頼り, 徹底した不平等を国家が支持する古いプランテーション経済の現代的形態である[12]。

　この輸出収益の拡大に中心をおくブラジル連邦の考え方は, アメリカ合衆国の政府で農業を担当する人々の展望に全く似ている。ブラジルは, 自国の農業政策の課題の眼目は飢えている人々に食料を供給することにではなく, 国の貿易収支と純益にあると云う考え方を合衆国と共有している。利益のあがる農業の発展の可能性は飢餓のために食料を供給することにではなく, 使える金をたくさんもっている人々のために市場向けに生産することにあるのである。

第3節　世界の農地改革：アメリカ合衆国の政策の伝統と影響

　この点でブラジルにおける農地改革に関する論拠は, 北アメリカとヨーロッパの発祥地に帰する。私たちは本書で北アメリカ人にとってもブラジル人にとっても同じように, 厄介ないくつかの基本的な問題を提起している。健全な社会は, 住民の大きな部分を恒常的に社会から締め出したり, 放置しておくような政策を土台にして構築することができるだろうか？農村地域では, 生産地と労働力と市場として以外, 特定の土地や人に対する愛着も, 関心もない人格をもたない法人が生産した食料を自分たちのものとして受け入れられるだろうか, それは望ましいことだろうか？アメリカ合衆国の経験を他の国々の農業開発のモデルとして用いることは理にかなったことだろうか？合衆国は自分のことを世界の穀倉と考えるのが好きだが, それでもその住民の約10％に満足な食料を供給することができないのである。合衆国の農業をまねることは理にかなっているだろうか？合衆国の農業は全世界の殺虫剤の5分の1を使用しており, 大規模生産者に対する巨額

の助成,この国の主要河川と湖に重大な水質汚染を生じさせるほど肥料を投入しており,また物議をかもすほどひどい土壌侵蝕と,多くの中西部諸州における人間の出す下水よりはるかに深刻な水質汚染問題を生じている牛と豚の飼育のためにフィードロットを利用しているのである。

　ブラジル人は正当な根拠がいくつかあって,彼ら自身の社会と社会政策に対する批判に,しばしば国の豊かさと,同じ国民がやむをえないものとして常々認めている貧困と環境破壊とのひどい食い違いを指摘することで,答える。ブラジルにはアメリカ合衆国の先例に従うだけで,それ以上のものはないのだろうか？ブラジルのリーダーたちは,国民がなすべきことと判断したものについてだけ,合衆国の考え方に答えて"ワシントン・コンセンサス"とよばれるものに忠実なだけなのだろうか？[13]

　ブラジルの大統領は海外からの強い圧力の下で活動している。たとえばアメリカ合衆国は政府の省庁や機関を通じてブラジルの政策に影響を及ぼしてきた。軍部独裁期には全期間中,ブラジルの軍隊と警察に資金と訓練と装備を提供したり,農地改革や他の社会変革運動を抑圧したりした。最近では,輸出入銀行のような合衆国の機関や,合衆国の目的で主として同盟関係にある多国籍機関,たとえばIMFは,ブラジル政府に圧力を加えて社会支出を削減させ,国際的投資家を優遇する経済政策を推進させてきた。

　2002年の夏,労働者党の4度目の大統領候補者(この時の当選者)ルーラはブラジルの世論調査で最強であることがわかった。その時,ウォール・ストリートのいくつかの企業はブラジルの「危険格付け」を下げたが,その理由はこの国から資金が大量に流出したからであった。合衆国の金融業者と政府の官僚は合衆国の財務長官ポール・オニール Paul O'Neill を含めて,ブラジルの経済状態とブラジル政府を見くびったコメントを公然としていた。金融の予想屋たちは,ブラジルで深刻な経済危機が起ることを予測し始めた。たしかに,ブラジルの通貨は交換率が下がり始め,他の経済指標は険悪な徴候を示し始めていた。IMFは,経済の大異変の波のまにまに漂っていた隣接するアルゼンチンとの交渉で容赦しなかったが,ブラジルも正統とはみとめない政策を採用するようなことになると,似たような困難な状態に直面することになろうと,ほのめかした。少なくともある程度ワシン

第4章　MST（土地なし農民運動）の評価

トンの指示に従って行動すると云う，すべての大統領候補者の確約が，しばらくの間深刻な危機を回避するのに役立ったが，ブラジル経済は相当大きなダメージを被り続けていた。このような状況はブラジルの歴史には数多く存在する。それゆえ，経済と政治の他の対策を考えようとした何人かのブラジル人は，あるのは選択肢ではなく，アメリカ合衆国のリードとの協調だけだと感じている。それは農地改革に悩まされることなく進行させることを意味する。

　アメリカ合衆国では多くの人々は，大規模に工業化した農業は結構なものであるばかりか，変わるものがない経済力の疑う余地のない必然的成果だと思っている。これは合衆国と海外の現代の農業の実態の多くを無視した憶説に過ぎない。合衆国では大規模に工業化された農業へ着実に進んできたが，この事実だけが望ましかったり，避けられない傾向であると云うわけではない。大農場は，農地改革が農業部門の強化で基本的な役割を果した国々でさえ，政府の政策の圧倒的な割合を占めてきた。経済的に成功を治めてきた多くの国々は比較的最近農地改革を経験してきた。そのような国の中にはイタリア，ドイツ，日本，韓国，台湾がある。合衆国政府はこれらの国々で，第Ⅱ次世界大戦後の復興期に，農地改革を実施させたり，強力に支持してきた[14]。合衆国がそうしたのにはいくつかの理由がった。その第一は，合衆国の政策立案者が，これらの国々が小規模農業を世界の穀倉に転換させることに成功したのをみて，小規模農業の劇的成功を信じていたことにあった。その時すでに小規模農業は大規模な工業的農業に地位をゆずり始めていたが，その程度はそれほど注目されていなかったし，その変化の意味もわかってはいなかった。戦勝国アメリカは，また，日本とドイツにおけるファシズムと軍国主義が一部，土地と政治権力が反動的な大土地所有者の手に集中している結果であると信じていた。当時，小土地所有者の農業はトーマス・ジェファーソンが主張したように，民主主義の基礎条件であり，また大土地所有によって特徴づけられる文化は，権威主義的で軍国主義的政権を助成すると云う問題を研究してきた人々に広く支持されていた。そのうえ，合衆国は，農地改革を求める怒れる小農民の運動が，中国で起りつつあった共産主義運動の勝利と友好国政府の衰退をまねくことを恐れていた。

　合衆国の後援や奨励のもとで実施された農地改革は国によってその徹底振り，

完全さに差があったが,経済史家の意見は,一般に,農地改革がこれらの国々の驚くほど早い経済成長と工業化を保証することで成功を治めたこと,それらは,すべて,合衆国との緊密で不可欠な同盟関係を維持した政権のもとで行われたと云うことで一致している(15)。これらの国々では,土地の再集中に向う傾向が若干あるが,それらのすべてが活発に経済的に小規模農業の維持に成功をしている。合衆国とブラジルにおける土地の集中程度とを比べると,これらの国ではまだ小規模農業が卓越している。

　最も成功した農地改革運動では,左翼の社会運動が大きな役割を果した。たとえば,裕福な北アメリカ人たちがイタリアで,特にトスカーナとエミリア＝ロマーニャなどの地域における農村生活についてどんなに感動したかを見るのは興味深いことである。これらの地域では共産主義者と社会主義者の農民運動が第Ⅱ次世界大戦後,農地改革計画を強行した。それらはすべて合衆国の同意のもとで行われ,イタリアの保守政権にも支持されていた。フランスは強力な農業国で,大規模農場と活発な小規模農場の両方を維持しており,最近まで貿易の自由化を推進する国際的なアグリビジネス企業による破壊から農業を保護することに精力を集中した。アメリカ人は,ヨーロッパの小規模農民がそのほとんどを生産する食料とワインを高く評価するが,ヨーロッパの市場には異常なくらい質の高い食品があふれており,それらの大きな割合ばかりか,その最良のものは地方で生産されたものであるが,その理由に気づく人は稀である。たとえば,トスカーナ地方は農産物が豊富であるが,それがイタリアのいわゆる"赤色地帯"とよばれる地域で好戦的な借地農民の運動が成功したことと関係があることを知っている人はほとんどいない。この地域にこの名称がついたのは,社会主義者と共産主義者の運動がその都市と農村地域の両方で強力であったし,現在もそうだからである。小規模農業はヨーロッパでは助成制度によって支えられており,合衆国では大規模農業が巨額の助成金で支えられているが,ヨーロッパの政府は選挙協力を強化するためにそうするだけではなく,都市の住民も農村の住民も,生き生きとした農村文化とすぐれた食品と社会的公正を支持するからである。

　過去数十年間の世界の飢餓人口の減少分のほとんどを占める中国では,「資本主義的」あるいは「市場主義的」経済改革が地方の食料事情を大きく改善してきた。多

くの人々にとって釈然としないことは,このような改革が中国共産主義革命の否定できない成果の1つに位置づけられていることである。比較的平等な土地の分配と,農村の土地所有者の貧民締めつけの破壊と云う偉業は,市場インセンティブと結びついて,数億の農家家族に元気を出させ,非常に多種類の作物の収量を異状に高くひきあげさせる成果をもたらした。土地管理の不公正が中国では,市場改革の結果として,また環境悪化の進行の結果として拡大しているので,移動した農村人口の間に飢餓が再び出現するのではないかと云う懸念に関心が集まっている。

　もちろん,多くの他の国々における農地改革の記録はそんなに元気づけられるほどのものではなかった。メキシコでは壮大な農地改革計画が,数十年にわたって矛盾を含む方針のままためらいがちに実施された。この改革は,メキシコ革命とエミリアノ・サパタ Emiliano Zapata とパンチョ・ビヤ Pancho Villa の主として小農民に基礎をおく運動の影響下で,1917年に採択された憲法の指示にほぼ従ったものであった。この改革の大部分は実際には1930年代に行われた。しかし,1936年から1940年までの期間以外ではメキシコ政府の政策の主眼は大規模な資本集約的農業を急速に発展させる方向に向かっていた。そのため,最良の土地のほとんどは特別に農地改革から保留された。しかし,代々のメキシコ政府は協力する政治勢力といくつかの他の政策目標の圧力でしぶしぶ農地改革部門の継続を支持せざるをえなかった。国土の約半分は農村共同体に分配された。エヒードejidos とよばれる共同体は,土地をその共同体のメンバーに割当てた。個人が小区画の土地を耕す権利は伝統によって家族間でしばしば伝えられていた慣行であったけれども,どのエヒードでもその構成メンバーは彼らの土地を売ることはできなかった。エヒードの小部分は集団的に利用する土地になっていた。

　全体的にみて,メキシコの農地改革の農業生産面での成果は明らかに期待はずれであった。もちろんエヒード共同体とエヒドタリオ,つまりエヒードのメンバーで成功したものは多数いた。土地は売却できなかったので,抵当にすることができなかった。したがってエヒドタリオは私的な金融市場で相当な額の借入れをすることができなかった。腐敗した頼りにならない政府融資制度が頼りにされていた。政府融資は,1970年代に始まった財政危機と政策の変更時には枯渇してしまった。1990年代には,金融飢餓エヒードは必死に変化をもとめていた。多く

のメキシコ人と合衆国の投資家たちはメキシコで土地を自由に買収できることを熱望していた。1917年憲法の27条は農地改革計画の本質的要素の多くを取り消すと云う仕方で修正されたが，これは，1994年にNAFTA（北米自由貿易協定）の調印に先鞭をつける役割を果した。エヒードの土地は今や売買が可能になり，一定の条件で抵当にすることができるようになった。

1994年1月1日は，メキシコが農業部門の自由化を約束してNAFTAに加盟した日であるが，この日に小農民がこの国の南部地域で反乱を起した。これは国際的関心を呼んだ新しい形の運動でサパティスタZapatistasとして知られるものになった[16]。反乱を起した人々は，地方の大土地所有者と政治家による暴力的攻撃や追い出し，国家レベルでの農地改革の廃止などを含む多くの懸念に苦しんでいた。彼らが所有する小さな耕地は山がちな土地にあり，そこで生産されるトウモロコシが，合衆国のすぐれた土壌と巨額な補助金をうけ入れる資本集約的な農民が生産するトウモロコシの流入のために，近い将来壊滅してしまうと云う見込みに悩まされている。

1950年代と1960年代には，農地改革は他のラテンアメリカ諸国でも試みられた[17]。それらは，この地域における行政府がポピュリストと左翼を中心とするものに転換したことのあらわれの一部であった。1963年から1973年までに，チリ政府はこの国における農家家族の約20％に土地を分配した。アメリカ合衆国政府はキリスト教民主党政権下の改革の初期段階を支援した。社会主義者サルヴァドール・アジェンデSalvador Allendeがチリの権力の座についた時，ニクソン政権はこの政権を倒すと宣言し，農地改革の諸過程で必ず遭遇する困難な問題の多くをそのために利用した。1973年にアジェンデが殺害され，彼の政権が合衆国援助下の軍事政権にとってかわられる前には，76,000の農村労働者が大規模な農業協同組合で土地にアクセスしていた。1973年の軍部クーデター後，アウグスト・ピノチェトAugusto Pinochet将軍の独裁政権は合衆国の保護下で農地改革を解体し，農業経済を外国の投資家に広く開放し，生産物を輸出市場，とくに合衆国向けに集中させるよう転換した。北半球の冬季に合衆国中のスーパーマーケットで入手できるチリ産の生食用ブドウは，合衆国のすべての消費者が体験するこの歴史の具体的な結果であるが，彼らは自分の前におかれたブドウからこの歴史的過程

第4章　MST(土地なし農民運動)の評価

に気づくことはないであろう。

　1979年に新たに勝利したニカラグアのサンディニスタ政権は,社会主義政策課題の一部として土地を配分した。この国の農家家族の半分以上が土地に接近する機会を享受した。合衆国のロナルド・レーガン政権は公然とサンディニスタ政権に反対し,暴力的な反革命勢力「コントラ」を資金援助した。サンディニスタは投票によって政権をうばわれ,農地改革はほとんど解体された。

　合衆国政府は1954年にグアテマラでクーデターを組織した。それはジャコボ・アルベンツ Jacobo Arbenz 政権が合衆国系企業のユナイテッド・フルーツ社の土地を収用することで農地改革計画を実施し始めたからであった。ユナイテッド・フルーツ社はこの国の経済を支配していた。この農地改革は急速に消滅した。その後,グアテマラとエルサルバドルでゲリラ部隊が農地改革のために闘ったが,一方,政府はこの反乱に対する大衆の支持を削ぐ対策を実施した。グアテマラでは,1954年にCIAが計画したクーデター以後,数十年間の戦争で20万人が死んだ。エルサルバドルでは,限られた土地の再配分が,長年の市民戦争後,平和をとりもどすのに重要な役割を果してきた。

　コスタリカは,民主主義的で政治的に安定した中央アメリカで唯一の比較的繁栄した国で,強力な小規模自作農業の高い生産性と民主化傾向に恵まれている。1948年に放牧業者と農民がリードした革命が小土地所有層を強化するため農地改革と云う手法を制度化した。小土地所有者のコスタリカにおける繁栄は,大規模なプランテーション農業に適していたのはこの国のごく小部分だけだったので,この国はあまりにも貧しすぎて投資するに値しないと云う初期の国際的な投資家の見解から生まれたのであった。

　ペルーでは1970年代に,野心的でアメリカ合衆国に敵対する軍事政権がトップ・ダウン方式の農地改革を宣言した。不幸にも,ペルーの軍事政権はいくつかの独立の小農民組織に敵意をもっていたり,疑惑をいだいていたので,小農民の期待と創意にほとんど答えなかった。この改革は秩序と支配と云う偏狭な軍部の考え方で実施された。この政権が没落した時,この改革は衰退し消滅し,深い幻滅を残した。

　ラテンアメリカの農地改革の苦渋に満ちた歴史には数多くの原因があった。ア

メリカ合衆国の政府と企業の態度と政策は決定的な要因になってきた。西半球に農地改革をもたらした進歩的な政治の波は合衆国の抵抗にあった。合衆国は，改革はいくつかの国にとってはよいことであったが，その背後にあまりにも共産主義が臭いすぎ，それに加えて合衆国の投資家と協力者の利益が直接おびやかされすぎると断定した。合衆国はしばしば軍部のクーデターと政府を支援して農地改革を阻止したり，転覆させた。

　世界農業における過去半世紀間の最も奥深い変化は，農地改革に敵対するある勢力と深い関係がある。このことは複雑多岐にわたりすぎていて，簡単に説明することができないが，要するに，作物の収量を化学肥料・農薬の投入によって劇的に上昇させた「緑の革命」が，本来，農地改革に代わるものとして考察されたものであった，と云うことである。1941年に保守的なメキシコの政治家たちは，ロックフェラー財団と合衆国農務省と，ヘンリー・ウォーレス Henry Wallace のもとにチームを編成し，農業研究の計画を開始した。それは，最初メキシコにセンターをおき，世界の農業を，石油化学製品と灌漑と機械に大きく依存する方向へみちびこうとした。ロックフェラー財団で活動していたある政治評論家は，この研究を政府が十分援助しないために研究者たちが失望しているのに気づいて，農地改革を提唱する「赤色革命」とこの研究が如何に異なるかを示すために「緑の革命」と云う用語をつくり出したのであった。かくして，作物収量の劇的改善は土地の再配分に代わるものとして一層明瞭に確認された。これが農地改革の小規模受益者のためを考えて設計した計画ではなかったことは確からしい。その時開発される技術は全く異質の，低資本集約的なものでなければならなかった。それはあきらかに政治的なものであった。緑の革命の政治的性格は合衆国のラテンアメリカにおける外交政策と矛盾しないもの，大土地所有者と投資家の利益保護の政策であった。緑の革命の技術と傾向は今やブラジルにおける農地改革の政策に複雑に織り込まれている。

　それゆえ，農地改革は多くの国々でかなり大きな成功を治めてきたが，ラテンアメリカにおける農地改革の記録はそれほど人を元気づけるほどのものではなかった。私たちは過去60年以上にわたって合衆国政府が農地改革の歴史で複雑な役割を演じ，いくつかの場所ではその実施を強要し，他の場所ではそれを阻止した

り，暴力で破壊したりしたのを見てきた。合衆国はとくにラテンアメリカにおける真摯な農地改革計画を敵視してきた。しかし，ヨーロッパとアジアを含むよりグローバルな見地に立てば，その時点では，農地改革と小規模農業はどこでも失敗であったと云うような話ではなくなる。農地改革は，もともと資本主義的なものでも，本質的に共産主義的なものでもない。それは貧しい国のためばかりのものでもない。それが成功してきたところでは，社会福祉計画ではなくて，経済成長戦略の決定的に重要な部分なのである。

第4節　従属の罠を避ける

　19世紀以来，多くの経済学者は，農地改革は農村の貧しい人々のために重要であるばかりか，国の経済的発展にとっても（不可欠なものではないが）重要なものであると主張してきた。この議論の背後にある根本的な洞察は，国家の経済は，投資家が生産し，販売したいと望む財の強力な国内市場がなければ限界点を超えて成長することはできないと云うことである。第2章で論じたように，ブラジルは消費者が財に対して支払うより多くの金をもっている外国市場に財を供給することにその歴史の大部分をついやしてきた国の申し分のない例である。これが公共政策と私的投資家の選択の中心であった間は，ブラジル人自身の福祉に備えるインセンティブはほとんどなかった。逆に生産費をおさえるために賃金を低く維持するインセンティブがあった。輸出農産物は生産のために低い水準の技術しか要求しなかったので，地方の民衆を教育すると云うインセンティブがなかった。税が最低に保たれたのは，保健と教育のために社会支出がされず，それが産物を海外に売る費用に加算されなかったからであった。低技能労働が十分存在したことは民衆の保健と福祉への投資を経済的に不必要にするほどであった。

　このような経済の唯一の弱点は外国市場，外国の市況，外国政府の政策への従属，国家の統一性と何事にもめげない活力を殺ぐ従属性である。地方住民は政府と社会から次第に疎外されることになったが，それは地方の住民の大多数が小区画の土地を改良することより，外国の投資家と消費者に奉仕することを優先するよう組織されてくることが明らかになったためである。地方のエリートたちは全

般的に経済と規則の国際システムへの仲介者になった。20世紀の中期に政府が従属問題を明確に理解し始め,社会運動が変化を要求し始めたが,ブラジルを含むいくつかの政府は慎重に地方市場の建設に動き出し,農場と工業にその生産活動と地方住民の需要充足に向けるよう促し,ためらいながら地方住民の保健と教育の要求に答え始めた。

ブラジルを含むいくつかの政府はこのような努力のために,豊かな国とくにアメリカ合衆国の政府と投資家から相当大きな抵抗に会った。彼らは従属経済下にある労働と資源の支配を自国の目的のために維持しようとしたのである。輸出の収益を増加させることだけが国家の発展に十分な資金を提供できると主張して,豊かな国はそのおもな努力を従属国の生産活動を国際市場のためにつなぎとめることに集中した。(皮肉なことに,カルドーゾ大統領の国際的に賞讃された学問的業績の中心であったのはこの従属性の罠に関する研究であったが,その後,国家的舞台で政治家になり,従属性を強める政策を追求し始めた[18]。彼が方針を変えるやいなやアメリカ合衆国政府の寵児になったことは不思議なことではない)。

この従属の罠を逃れる主要な方法の1つは,地方市場を発展させることである。地方市場を発展させる最も効果的な方法の1つは土地の配分状態を適度に公平にすることである。もし農業企業が1人の土地所有者と,わずかな給与しか与えられない少数の管理者と,あわれなほどの収入しかない多数の分益小作人と借地人と土地のない労働者からなるならば,農村地域ではごく少数の人々だけが,かろうじて必需品を超える商品を買いに市場に出入することができることになる。ブラジルにおけるように土地所有者が広大な土地を所有している場合には,彼らは自分の土地を綿密に利用も管理もしないでも十分豊かな暮しができる。彼らは農地の地力が消耗してしまうと,未利用地に手を入れて,生産用地として利用することが容易にできる。今日では,生産力が低下して行く土地を無視する代わりに,小さな土地に農業投入物(化学肥料や農薬や農業機械など)のすべてを集中することができ,収穫量を増加させることができる。その結果,土地の不平等な所有状態がつくり出され,維持される過程を通じて土地そのものが酷使され,荒らされ,現在の生産力と潜在的な生産力は低下して行く。

これに対して,小規模生産者は,特に彼らの将来がその所有する一片の土地に

かかっていると認識している場合には，その土地を十二分に利用することと，その生産力を長く維持する仕方に強い期待を抱くであろう。2001年にINCRAとFAOの共同研究は，ブラジルにおける小規模農業が大規模経営より融資と土地の利用効率がいちじるしく高いことをあきらかにした。小規模家族経営は，「農業経営体の82.5％，農業生産地総面積の30.5％，農産物と畜産物の粗生産額の37.9％を占めている。一方，農業への融資額は5.3％を占めるにすぎない」。この研究は，また，小規模家族経営が生産する作物は，ブラジル人が栄養を摂取するのに必要な基礎食用作物の不釣合なほどの割合を供給していることに注目した。輸出作物や高級作物ではこれとは反対であった[19]。

　小規模生産者は，土地を十分に利用し，そして慎重に管理する際には，多くの資材が必要であるが，それらを地方の商人から買う。大量に卸売商人から買うより，地方の供給業者から買うほうがはるかに好ましいとされている。彼らとその家族はなんとかして必要なもの以上のものを得たいと思うし，得ることができる。彼らは売る産物の価値を高めたいと望む時には，地方的に生産される農産物を加工する施設に関心を示す。農場の生産活動と管理に必要なものがより複雑になるにつれて，農民とその家族はより高度な技能が必要になり，より高度な教育を要求するようになる。そのために収入を増加させようと努力するようになり，自分とその家族の健康の管理がよくできるようになる。これらのことはすべて経済全般の成長と，その生産力の改善に寄与するが，それらはまた，健康的な地方共同体のための基礎条件にもなる。

　この経済成長と福祉との「好循環」には，次には，ブラジルの多くの農地改革地域では，地方の商人と政治家が最も権力のある地方の大土地所有者への旧来の忠誠を考え直し始め，農地改革を支持し始めると云う事実が含まれるようになる。生産者が多くなり，土地への投資が地方経済の拡大をもたらすようになればなるほど，地方の商人にとって販路が拡大し，新しい経済の機会も同時に増加する。独立自営農民と商人とのこの信頼関係の成長こそは，良きにつけ悪しきにつけ農地改革を本質的に慎重な決断とみる人々が存在する理由なのである。

　20世紀中期における合衆国経済の分析と，第Ⅱ次世界大戦後のヨーロッパとアジア諸国の農地改革の分析は，比較的均等に土地が配分されたことが経済の全般

的な成長の鍵であったことを示している。植民地経済と植民地時代以後の経済においては, 土地の配分は早くからいちじるしく不平等であったが, そのことがこの好循環の確立を非常にむずかしくしたのであった。

　アメリカ合衆国では, 好循環は19世紀と20世紀初期に起った経済成長を導いたが, 過去50年の間に, 土地所有の不平等の急速な進展に道をゆずってしまった。数千の農村共同体が文字通りこの土地統合の過程で消滅してしまった。多くの人々は, 私たちもそうであるが, 土地そのものは, 大規模農業に伴う機械と化学製剤(肥料と農薬, その他)と経営哲学に苦しめられていると信じている。いずれにせよ, 小規模農業が大多数住民の生業であり, 合衆国経済の成長のための足がかりであった数世代がなかったら, 合衆国の発展を想像することはできないであろう。

　非農業生産活動の発展と技術の発展がすべての経済で, その様態を複雑化していることはたしかである。しかし, 土地が国の基礎資源であるところではどこでもその公平な配分状態と合理的な利用は国家の健全な発展の鍵なのである。農地改革は, シンガポールのような貿易と金融の中心であり, ハイテク工業の国ではたしかに重要なものではないかもしれないが, 土地が豊富なブラジルでは必要不可欠なものである。

第5節　農地改革と刑事責任免除(法的不可罰性)と土地と森林の将来

　農地改革の政治的性格と結果はあきらかに非常に複雑である。しかし, ブラジルではトメ・デ・ソーザTomé de Souzaがポルトガル国王に大土地所有者の傲慢振りと無法振りを警告した時代から, シコ・メンデスの殺害と, エル・ドラード・ドス・カラジャスの大虐殺の現代まで, 常に1つのことが明瞭であった。それは大土地所有者の刑事責任免除で, これはブラジルの政治と経済の根本問題である。広大な土地の所有者と国と州と地方の裁判所と政府とでその政治権力を維持しているかぎり, この国は公正にも, 適切にも統治され得ない。ブラジルの土地も森林も賢明に保護され利用され得ない。

　これまでに書いてきたように, ブラジルの権力者たちは, 土地のない人々に対して, 数えきれないほどの殺害と鞭打ちとテロを行なってきた。すでに述べたよう

に，このようなことは日常的に行われることであって，政府は適切な取り締まりも処罰も行わないし，全く鎮圧もしない。時には，政府自体が土地闘争で，はなはだしく目立つ不法行為をしでかす。私たちは，また，土地所有の不平等に関連する腐敗の風土病的問題の文字通り何百とある例からいくつかの例に注目してきた。ブラジルの土地所有パターンから生じる不公正と腐敗はブラジルにおける国家と社会秩序そのものの正当性が問題になるほど深刻である。

　この状況はブラジルの住民と景観の両方に強烈な影響をもたらしてきた。1992年に私たちは土地利用問題をめぐる政府の怠慢の意味深い1つの例を目撃した。バイア州の南部で調査している時，ブラジル政府が，残存していた一次林や老木の林から木材を伐り出すのを違法である，としたのを知ってうれしく思った。これは保護活動にとって最も重要なことであった。と云うのは，ブラジルの大西洋沿岸の森林は，もとの分布地域のわずか10％以下に（推定3〜8％）に減少してしまっていたからであったが，そこは地球上で最も多様な種が残っている場所だからである。国際自然保護連合はこの地域を緊急に生物多様性保護の活動が必要な世界的に重要な場所の一つと考えている。一次林の伐採，木材の搬出は禁止しているけれども，ブラジルの法律は，二次林での木材伐採の際には，事前にIBAMA（環境・再生可能天然資源院）の伐木計画の認可を求めていた。私たちはIBAMAの地域事務所で，認可を申請中のこの種の計画書の山を見せられた。それらはまだ認可されていないものであった。IBAMAの係りは，2次林の木材伐採は認可されないし，一次林の老木の伐採は禁止されており，この地域では，その時には，どんな木材の伐採も違法とされていると断言していた。

　残念なことに，1992年3月には3つの製材工場が公然と操業しているのが，現実の姿であった。私たちは地域の道路で材木を積んだトラックに頻繁に遭遇した。チェーンソーの音は森で普通に聞かれた。3月にブラジルの環境大臣でIBAMAの長官のジョゼ・ルツェンベルガー José Luzenbergerは世界銀行の非公開会合に出席していた。その議題はせまってきた地球の開発と環境に関する1992年のリオ会議に関するルツェンベルガー自身の計画に関するものであった。世界銀行は彼に，ブラジルに森林保護のために5,000万米ドルを提供し，6月のこの会議で公表されるハイライトにすると告げた。ルツェンベルガーはこの申し出を，力をこ

めて劇的に謝絶し,次のように言明した。「このような基金はブラジルの森林をさらに荒廃させるためにしか用いられないと思います。それは,私はその省の長官であるにもかかわらず,IBAMAを制御できないからです。IBAMAは100％国際的な木材会社の支社に支配されており,泥棒どもの隠れ家でしかないのです」。彼はまもなく環境大臣としての地位を罷免された。彼の見解を確認するかのように,同じ週の間にバイア州南部に4番目の製材工場が設立されその祝賀会で地方の大土地所有者と政治家が誇らしげに祝辞を述べた。木材搬出が違法である地域で,さらにもう一つの製材工場が開かれたのであった。

　このできごとは,ブラジルの環境の劣化が法を全く無視して進められている無数の例の1つにすぎない。ブラジルの歴史家たちは,大西洋沿岸の降雨林と,ブラジルで最も肥沃な土壌のいくつかと,アマゾンの降雨林とブラジルの異状に豊かな野生生物が,大土地所有者と政府の役人と,地方と外国の会社による長期の経済的利益をそこねる行動によって,数世紀の間にどのように荒廃させられてきたかをあきらかにしてきた。同じような破壊がアメリカ合衆国や他の多くの国々の歴史でも起ったことが認められるにちがいない。(合衆国では,たとえば1930年代にグレート・プレーンズの乾燥地帯で同じことが起り,19世紀には東部の広葉樹林のほぼ完全な破壊が行われたことが思い出される)。しかし,ブラジルでは,強力な大土地所有者の異状な刑事責任免除のために制御手段を役立てることは政府や多くの住民にとっても困難であった。ジョゼ・パドゥア José Pádua による最近の研究は,このプロセスは1888年に奴隷制が廃止されるまで続き,奴隷制とラティフンディオ(大土地所有制)の慣習とがどのように密接に結びついていたかを明らかにした。パドゥアの研究は,また,いく人かの開明的な政府の役人がこの刑事責任免除と云う訴訟手続きに対して非常に長い間格闘したが,成果はあがらなかったことも明らかにした。この格闘ははるか18世紀の中頃までさかのぼり,ポルトガルの植民地の役人が始めたものであった。

　第1章と第2章で,私たちは,環境破壊が土地所有のパターンと大土地所有者の刑事責任免除にどのように結びついているかをみた。第3章では,この訴訟手続きがアマゾンでは,今日も鉱山会社と木材会社に結びついて続いているのをみた。近年,多くの政府と個人の心強い創意が森林保護に関心のある人々に多くの

第4章　MST(土地なし農民運動)の評価

希望を与えてきた。しかし,ほとんどすべての努力は一部あるいは全体的に一方では資源の採取にかかわる強力な企業と個人の刑事責任免除によって,他方では,他に生きるすべがないために環境を破壊する人々の必死の活動のために挫折させられている。さらにもっと重大なものは,すでみたように,裕福な権力者が希望のない貧しい人々を意図的に搾取する時である。ブラジルでこれらの問題に取り組もうとする際に環境保護運動にかかわっている人が直面する厳しい困難な状況をウォレン・ディーンが次のようにまとめている。

　　この運動を苦しめた矛盾は,結局,ブラジル社会に特有のもの,すなわち,この国の森林のほとんどを所有し,それらを保護する責任をほとんど感じなかった少数の人々と,土地と教育と公正を拒否された社会体制から救済されなければならない絶望的な一般大衆とを大きく隔てる深い溝であった。

1. 農地改革集落における農業生態学:可能な選択肢か？

　MSTにたずねるべき最も重要な環境問題は,MSTには,ウォレン・ディーンが上に要約した矛盾を解決するにふさわしい寄与ができるかどうかと云うことである。国の資源を所有している人々と土地と教育と公正を拒否されてきた「一般大衆」とを隔てる深い溝をMSTは埋めることができるだろうか？第1章では,私たちは,いくつかの地方のMST農民とMST組織が全国の農業生産に新しい生態学的農業を普及させることを決定したのをみた。これは,小規模生産者が,多くの他の国々と同様,ブラジルで政府補助と貿易と税制に支えられる主要農産物の資本集約的大規模生産者と競合すると云う困難に対する対策の一部である。農業生態学モデルを採用すると云う考え方は小規模農家の自給の度合を高め,国内と海外の市場への従属性を低下させる必要性からも生まれてきた。これらの市場では,破滅をまねく価格変動は普通のことであり,このような変動を正確に予測し制御する能力はますますひと握りの国際的な大商事会社の手に移ってきた。この種の国際市場では,農民は生産物の小売価格の20％足らずしか得ていないのが一般的で,カンザス州とリオ・グランデ・ド・スール州の小麦作農民は,消費者がパンのために支払う1ドルのうちの約11セントを得ている。資本集約的技術を用いる小麦

作農民は規模の経済を活用することができるので，その農場はこの11セントに生死をかける。現代の小麦作農場の差異は全く消滅してしまった。これに対して，サランディの女性によってつくられるチーズと，その家族が栽培する果物と野菜は，地方の"エコ市場"で売られる場合には，小売価格の100％が家族のものとなり，その家族は唯一つの生産物の価格に左右されることがない。MSTは，小規模農民が，たえずきびしい不利な立場におかれるゲームからのがれて，勝てるゲームに加わろうとすることは経済問題としてきわめて重要なこととみている。

　農業生態学的アプローチは，多種類の高価格農産物を地方市場に出荷することや，ファーマーズ・マーケットを通じて中間商人を経由しないことで，また農家で加工したりすることによって販売価格の大部分を獲得することを基礎にすることになる。このようなアプローチはまた土壌の生産力と農場環境を保護し高め，長期的な経済の安定を実現する。しかし，このMSTの農業生態学ビジョンへの移行は，また，資本と肥料・農薬の集約的利用に依存する大規模生産者に対抗しようとする小規模農民の試みには，経済的ジレンマに密接に結びついた環境の罠があると云うことへの理解の深まりにも勇気づけられる。

　大規模な農業会社は営利企業として組織される。農場は農民の家庭や共同体の要望にも場所意識にも関係がない。企業農民は，土地は当然消耗する資源とみなしているが，それは彼には新しい土地を獲得する能力があるからである。すでに論じたようにプランテーション農業の古い論理は，現代の化学依存の農業の論理に容易に変換される。土地は装置の一部品として抵当にすることができるものとみなされる。その生産力が時とともに低下することは予想され，おおよそ算定が可能である。生産力の低下期に得られる利益が，将来新しい土地を獲得する費用にあてることができるかぎり，企業あるいは大規模に土地を所有する人は時とともに低下する生産力を完全に容認可能なコストとみなすことができる。

　生産性の高い土地は次のような場合にも短期的に利益をあげることができる。過度な化学肥料と殺虫剤の使用が土壌の質を劣化させる場合や，過剰な灌漑で塩害をまねく場合，殺虫剤の無分別な使用のために病害虫の抵抗力が強くなる場合，殺虫剤が病害虫の捕食動物を消滅させたために病害虫が2次的に大発生する場合，さらに重農業機械が土壌を圧密し，土壌への水や地力養分や根系の浸透をさ

第4章　MST(土地なし農民運動)の評価

MSTの農民はポルト・アレグレ(リオ・グランデ・ド・スール州の州都)の農民の協同組合市場で,有機農業生産者と並んで有機農業生産物を売っている。

またげる場合にもそうである。このような問題は,とくに大規模な企業生産が卓越する地域における現代農業に特有のものである。それらはすべて新しい,より生産力の高い土地を探し求めて移動できる企業にとっては単なる生産費として吸収が可能なものである。

　企業あるいは投資家はまた,しばしば土地から最大の短期収益をあげ,それを農業に関係がない活動に再投資する。たとえばメキシコのある野菜の生産組合長は,投資した土地がまもなく集約的生産に適さなくなることがわかったので,収益のすべてをツーソンTucsonのエレクトロニックスの企業に投資しつつあった。

　この将来予測はブラジルの大規模な投資家には理にかなっていると思われている。と云うのは,富と権力がある人々には新しい土地は比較的容易に獲得できるからである。それが容易な理由の一部は,政府の政策と,新しい道路や他のインフラストラクチュアへの政府投資によって開拓前線地帯の拡大が促進されていることにある。新しい土地を獲得するのが比較的容易な理由には,権力のある人々には小土地所有者から土地を奪取するのに,刑罪をうけることなく詐欺や脅迫などの手法を利用することができることもある。ブラジルの歴史が豊かな人々による土地の粗雑な利用の歴史である理由はこれらの2つの要因にある。

　この状況は与えられた土地に定着した小土地所有者の場合とは全く異なる。と

331

くにその農民が, 彼や彼女にとって再度くりかえすことは不可能ではないかもしれないが, 困難であると思われる骨の折れる農地改革の手順を経て所有の権利を取得してきた場合とは全く異なるのである。ブラジルは, 農地改革を通して土地を獲得した人が, その土地を放棄したり売却した後, あらためて農地改革を通して土地を手に入れることは, どんな事情があっても認めないと云う法規を定めた。これはきわめて適切な法規で, 尊重すべきものであるが, 本来社会と, 環境の破壊をまねく地面師 *indústria de posse* の農地に対する横行を阻止することを目標とするものである。地面師は何世紀にもわたって, 誰かに彼らの土地の所有権を売って利益を得るためだけに土地の売買を行ってきた。一方, 小規模農家はこの新しい法規とまず第一に土地取得が難しくなったことが結びついた結果, 彼らが受け取った一片の土地を将来のすべての生活の基礎として, また, 子供たちに残す遺産と見なさなければならないと云うことになった。

　小土地所有者が所有地とその質を運命と考え, 好運と認める程度は, その土地の所有(権)が確定し, 正当に保証される程度に強く影響される。他の条件が同じであれば, 正当な公平な基盤のうえに土地所有(権)を安定させることに成功するためには, 農地改革は土地の保護を推進しなければならないのである。

　もちろん, 小土地所有者にはその土地に対する権利以上に支えるものが必要である。農業への融資が適切な時期に利用できず, ローンを返済するための十分な現金を得られない場合には, 土地所有のパターンはばらばらになるであろう。土地所有者は, アメリカ合衆国のどこでもそうであったが, その農場を融資者にわたすことになろう。また, 農民は破産を予測して契約した借入れを完済するために自暴自棄になって所有地をさし出すが, そのために大規模な環境破壊が世界中で起こっている。土地の保全状態は安定した土地所有(権)を持続可能にする経済戦略に関係する。したがって実行可能な改革運動はその土地の質が良く長持ちする安定した農場を基礎にしなければならない。生産物は多種類で, 価格が高いものでなければならない。農民たちは, 彼らが生産するすべてのものの最終価格の大きな割合を確保しなければならない。そうでなければ, 農地改革のために闘い, その恩恵に浴してきた人々は, 簡単に土地を手ばなしたり, 環境を劣化させたりしてしまうであろう。

第4章　MST（土地なし農民運動）の評価

　これはブラジルの農地改革集落と全国の運動について考える際に感じさせられる論理である。MSTがブラジルの小規模農場の多くで生態学の農業の導入を奨励してきたのはこのような観点からである。私たちはこれらの点を前の諸章で若干検討し，入植者の中には，この全国的運動の先頭に立っているものがいるが，農業生態学に懐疑的であったり，抵抗しているものもいるのをみた。

　2003年の早期にサランディを再訪した時，パコーテは，彼の養魚池が驚異的な成果をあげ，その農場にさらに2つの新しい養魚池を造成したと云う朗報を私たちに伝えた。彼の最初の養魚の成果は2000kgを超えていたが，その中に39kgもある巨大な魚が1匹まじっていた。パコーテ家の人々が売った魚は，隣人たちみんなが売った魚の全体の半分を占めていたが，隣人たちはパコーテ家の魚はいくらか値が安いとみて小馬鹿にしていた。しかし，パコーテ家の人々はみな自分のところへ養魚のことを尋ねにきっとやってくると，内心では思っていた。「みんなが私たちのところへきて，魚の殖やし方やその時期を尋ね，"確実に売れる市場があるだろうか"とたずねるだろう」とも云っていた。

　この地方では森から収穫される野生のマテ（茶）も非常に利益のあるものであった。輪換放牧は乳牛の健康を改善するのに劇的な効果があった。「以前は，乳牛はしばしば乳腺炎にかかって死んだが，今ではそんなことは全くない」。彼らは，今や乳牛は2晩続けて同じ場所に眠ることがないので病虫害や病気が蔓延する傾向がなくなったと説明した。牛乳とチーズの質の見事な改良ぶりと，買い手の乳産物の評価が高くなったのに気づいた。パコーテとアニルは農業生態学的アプローチの多角化した，より複合的な生産方式がみごとに利益を生み出していると考えている。

　サランディの他の人々は農業生態学をあまり楽観視していない。この農地改革集落のリーダーの1人は，その目標と全般的な考え方に同意してはいるが，農業生態学的アプローチを実施することで生産量が減少したこともあって，一歩前進二歩後退と云う結果になったと云った。彼は農業生態学はわかりやすいが，実施はむずかしいと云う意見であった。特に，彼が云ったことは，地域の土壌は数十年間の濫用でみな劣化しており，農業生態学的アプローチがもとめる質のよい土壌に改良するのには，数年間，高い生産を犠牲にして土壌へ投資することが必要なの

で,「そうする余裕のある人はごくまれだ」,と云うことであった。

　同じ農地改革集落の人々はそれに対して,リーダーの悲観的な態度は「リーダーたちと底辺との隔たりの大きさを象徴する」と云った。特に彼らが強調したことは,リーダーたちは,農業生態学の考え方を理解し推奨しなければならない立場にあり,そうしてきたけれども,自分で実施したことのある人はほとんどいないと云うことであった。入植者たちは,指導的立場にない人々が化学肥料や農薬にたよらない多角化アプローチでみごとに成功してきたことも事実だと云った。

　このような対照的な見解について話した時,ジョアン・ペドロ・ステディレは,そこには深刻な問題があると云う意見であった。彼は,「たしかに農業生態学的アプローチは必要であると云うことを古いリーダーに納得させることは非常にむずかしいことであり,MSTの技術者の多くは"緑の革命"思想に依然としてとらわれている」と云った。農業生態学モデルの採用は彼の意見でも私たちの意見でも大きな前進であるが,それが全般的に適用されるには事前に処理すべき問題が数多くあるのである。

　私たちは北東部の古いサトウキビ・プランテーション地域における入植者がどうして,彼らが慣れたものより多角的な農業を採用してきたかをみた。ただ,この変化はこわれやすく,脆弱なものであった。アマゾンでみたのは,農民がこの地域の特殊な条件に適応する仕方を開発する過程にあって,その努力の成果のいくつかは農業生態学的アプローチとあきらかに一致していたが,彼らは農業生態学の言葉や概念をまだきちんと理解してはいなかった。彼らは環境に巧妙に適応するために自分たちが観察した事実を利用しただけであった。それは農民が生きるために何千年間も続けてきたことである。しかし,アマゾンの農民は新しい考え方をいくつも開発してきたことを証明してきたし,彼らの実験は農業生態学のパイオニアの努力の成果として十分認められることになろう。

　本書の第1章で話題になったゼジーニョ,つまり,ジョゼ・アルマンド・ダ・シルヴァ José Armando da Silvaは,時には地方の伝統をはげしく破壊することから好ましいものが生まれることがあると云う興味深い観察をしていた。彼はリオグランデ・ド・スール州のアルタ・ウルグアイア高原のサランディにあるMST提携学校で働いているが,この州の南部の,かつては殆んど牛の粗放牧畜地に利用さ

れていた低地で農業を行なっている。彼が活動するバジェ Bagé の共同体はヨーロッパ系種子会社と契約して農作物の種子の有機栽培に専門化している。この共同体は,また,有機農産物を市場向けと自家用に生産している。種子の生産はきわめて慎重さを要するデリケートで煩瑣な作業であり,この州の他の地域のMST農民には拒否された。彼らはその地域の農業慣行に固執していたからであった。バジェでは,MST入植者たちは新しい実験にすぐとりかかったが,それは彼らがこの問題に対してほとんど先入見をもっていなかったからであった。彼らはこの地域のかつての特徴であった牛の粗放牧畜が役立たなくなったと知り,最もよい過渡期のアイディアを探していた。ゼジーニョはこの実験が成功したために,バジェにおける現金収入と生活水準はアルタ・ウルグアイアのかなり繁栄した農地改革集落より上になったと報じている。

　他のいくつかの例では,古い伝統の復活が現代の農業生態学に適合していることを証明してきた。ブラジル全域で,さまざまな共同体が地方住民に非常に評価される薬草の生産に特化することになった。ブラジルではどこでも市で商人が薬草を売っているが,それはブラジル人の多くが,良きにつけ悪しきにつけ,現代の医薬品に執着しないからで,その理由はその値段がかなり高いことと,外国籍の製薬会社であるバイエル社やスクイブ社が売り出している薬よりも祖父母がすすめる薬の方を信用しているからである。この種の薬のメーカーは,伝統的なヨーロッパの小農制時代にたくさんあった薬種ばかりか,アフリカと先住民の伝統とも強く結びついている。いくつかの薬草は集約的な農業体制で栽培できる。その多くは菌類や昆虫起源の毒性物質を含んでおり,しばしば作物に害を与える害虫を減少させる効果もあるので彼らはそれらを間作している。他の薬草は林の中から集められる。通常はブラジルの多くの農地の近くにある荒らされた林や二次林から採集されてくる。それらは,残存している森林や再生林を農業生産と組み合わせる複雑な土地利用計画に適合しており,このような形でブラジルの貧しい人々によって何世紀もの間利用されてきた。ジョゼ・ルツェンベルガーは,農業生態学の多くは記憶に依存しており,発明に依ったものではないことを観察してきた。

　この記憶と発明,伝統と革新,生産と保護の豊かな混合物はバイア州の南部のMSTやその他の農地改革集落で発見されるが,そこで私たちは1992年にある研

究計画を実施した[20]。そのねらいは,現在進行している森林保護活動を支援するためのカカオ地域における土地所有パターンと権力関係と土地法規に関して,以前の調査で得た知識を活用することであった。先に述べたように,この地域は多様性の保護で世界で最も重要なホット・スポットとみとめられていた。私たちがみたものは,多くの保護活動が,地方の法規や社会と経済の現状と抵触する試みをほとんど実施してこなかったので,活気がなくなりつつあると云われていた。これは国際的な保護を調査研究している人々の間では,ごく常識になっていることである。

しかし,カカオ地域のある人々が,カカオの生産を続けながら,多種類の農産物を生産できる保護計画の可能性を探り始めていたことは元気づけられる発見であった。この種の研究が農地改革集落でも行われていた。カカオはチョコレートの原料で,その原産地はバイア州南部の大西洋沿岸地域の降雨林ではなく,アマゾンと中部アメリカの降雨林なのである。カカオ樹は成木になると約25フィートになる低木で,自然的にはるかに高い樹冠の下で生育する。バイア州南部のプランテーション経営者の何人かは,非常に裕福な大ファゼンダの所有者で,20世紀の初期からカカオ樹の水や光や地力要素をめぐる競合を解消するため,森林を完全に除去することを提案してきた農業技師に抵抗した。かわりにファゼンデイロたちは頑固一徹に樹木の若干をその場所に残したり,再生させてカカオ樹をおおう樹冠を形成させようとした。

ブラジルの生物学者クリスティナ・アルヴェスCristina Alvesは,このようなカカオ樹を残したり再生した森林が混じったカブルカ・カカオ林は一次残存林の生物多様性を非常に高い割合で保護することを発見した。また,それが種の残存林間移動と再生を幸運にも可能にする回廊地帯を提供していることも発見してきた。とくにアルヴェスはゴールデン・ライオン・タマリン(非常に貴重で,絶滅の危機にある猿)はカブルカ林に大きく依存していることを解明した。幸いにも生物学者がカブルカ林を見た瞬間にこの猿は考えていたほど絶滅の危機にはなっていないことがわかった。

1990年代以降,他の農民たちは生産過剰と,新来の病害のためにカカオの価格が暴落したために,経済的に生き残るためにはカカオから全面的に,あるいは部

第4章　MST(土地なし農民運動)の評価

分的に撤退せざるをえなくなった。最悪なファゼンデイロは豊かな森林とプランテーションを牛の放牧地やサトウキビ畑に変えたが,これらはともに短期間に生態学的に土地を荒廃させる選択であった。ある人々はカブルカ・カカオ林で多種類の作物を生産する可能性を探り始めていた。

　この路線に沿う最も興味深い実験の中には,農地改革集落入植者の創意で始められたものがいくつかあった。彼らはカカオ生産ではもはや生活は成り立たないことに気づき(カカオ労働者の50%以上が恒常的に失業者になっていた),悩んだあげく,伐採された森林の跡地を一年性作物で短期間利用することが唯一の策であると考えた。彼らは開墾地と残っていた森林で多種類の永年性作物,果樹,ヤシ,繊維を屋根葺き材に用いるピアサバやし,コショウ,パイナップル,その他の作物の栽培を実験し始めた。ファゼンデイロの中にも類似の方針で実験を始めた人たちがいた。この活動は,結局,カカオ生産の崩壊を心配した国際的なチョコレート会社と国際的な環境保護組織によって支持されることになり,中央アメリカとメキシコの研究者や農民と協力して,カカオとコーヒーの植栽を合体させる栽培方法を探求することになった[21]。

　サンパウロ州のポンタル・ド・パラナパネマ Pontal do Paranapanema では,大西洋沿岸地域の降雨林の生き残り(と別種のタマリン猿)を救済する他の努力が環境保護論者とMSTの入植者との協力関係を生み出した。ポンタルはブラジルで最も悪質な土地詐欺の例の1つであった。金持の投機家といかがわしい放牧業の経営者が1950年代に土地要求のためにやってきた。彼らはしばらくすると古めかしい農家の建物をあわただしく建て,いかがわしい旧式の装飾と家具をそなえつけ,土地の役人に,その農場をずっと以前に開かれたらしく見せて,彼らの土地所有を証拠だてるものにしようとした。彼らはこの地方の森林を完全に荒廃させてしまった。雇った人々を土地の開墾のために暴力的に酷使し,放牧地を造成させる習わしであった。1959年にサンパウロ州北西端部を襲った旱魃のために大土地所有者は5年間の小作契約を1年に短縮し,牧草を栽培させた。小作人たちはこのやり方に反発し,牧草をむしりとってしまった。小作人たちが起こした争議はサンパウロ州の西部に広がり,それを牧草戦争(Guerra do capim)とよんだ。この争議で労働者と以前からの入植者は土地所有権要求を試みた。暴力を用いる対決

と抑圧は,その後の農地改革のための運動にひきつがれた。(この地域は現在も激烈なMSTの活動とプランテーション経営者の暴力がくりひろげられる地域である。2002年9月には,ジョゼ・ライニャ José Rainhaと云うMSTの傑出したリーダーはその活動のために投獄された)。

軍部独裁が終り,ブラジル人の生活に活気がもどり始めた1980年代に,ミナス・ジェライス州の由緒ある政治家の家系の若い調剤師がポンタルで開発のリーダーになろうと決意した。クラウディオ・ヴァラダレス・パドゥア Cláudio Valladares-Páduaは実業家ではなく生物学者になりたいと心にきめた。彼は妻のスザーナ Suzana(インテリア・デザイナー)に,「夫には金持とみすぼらしい人のどちらが好ましいか,また貧しい人と豊かな人のどちらを選びたいか」と尋ねた[22]。

クラウディオは生物学の博士号を取るべくゲインズビルのフロリダ大学に行った。彼はポンタルに帰り,大西洋沿岸地域にいくつか残っていた降雨林を救済する試みを始めた。クラウディオとスザーナは生態学研究所(イペIPE)を設立した。(イペはブラジルの国樹で,最も大切で,愛されている熱帯の樹木である)。ポンタル・ド・パラナパネマのモロ・ド・ディアボ Morro do Diaboとよばれる残存林で,1992年にその活動を開始した。3年のうちにMSTがこの地区に移動し始めた。クラウディオの最初の反応は,他の多くの環境保護論者と同様絶望であった。彼は土地のない人々は森林保護を呪っているとみた。彼と彼女はこのプロジェクトをやめざるをえないと考えた。しかし,彼らはねばって,入植者とMSTを生産的保護活動に数年間参加させることが思ったより容易であることがわかり,共通の目標のために協力できることがわかり始めた[23]。

入植者とMSTは自分たちは森林の敵ではないことを証明することに気をくばった。彼らはこの地域の土壌と生態の健全さと生産力は,1950年代にこの地区に移ってきた土地所有者によって荒らされてしまったことを知った。同じ時,彼らは調理と建築のために木材が必要であり,森があるところではどこでも狩猟に親しんでいた。クラウディオとスザーナの提案で,彼らは残存する森林のまわりに樹木と灌木を植えて共有緑地帯を造ることになった。サンパウロ林業研究所の援助をえて,クラウディオとスザーナは入植者たちのためにアグロ・フォレストリー(農用林)の造成と訓練をやりとげた。彼らも残存森林の間に樹木と動物が好

第4章　MST(土地なし農民運動)の評価

む作物の回廊をつくった。入植者たちは一方で木材の持続的な供給と猛烈な侵蝕から土壌を保護すると云う目標を,他方でタマリンの保護と森林樹種の改善と云う目標を達成した。

　真に持続可能な農業を指向するこれらの努力のすべてについて楽観的であり,支持できる根拠は十分あるものの,慎重でなければならない点のあることも強調しなければならない。農業生態学は奇跡を行わない。農業生態学的方法を試みる農民は依然として他の生産者と競合しなければならない。他の農場経営者,とくに大規模生産者は可能な場合には,農業生態学農民を経営から追い出すだろう。彼らは当然,経営と技術を改善することによって生産費を削減しようとするであろう。しかし,残念ながら,ブラジルで現在も続いているような社会的状況下では,彼らには,自由になる手段は他にない。その競合の場は平坦ではない。経済的,政治的権力者向きの威風堂々たる丘もあれば,貧しい人々向きの低地もある。

　大規模な農業企業と広大な土地を所有する個人の戦略は次のよく知られた要素で構成されている。

- 小土地所有者への融資の圧縮,あるいは廃止,あるいは別の形態で補助を,政府に強く要請し続ける。
- 開拓前線地帯における所有地の大規模な拡大のため,大規模商品生産者を優遇する取引協定,および大規模生産者に対する融資を補助するよう政府決定の維持と拡大を働きかける。
- 開拓前線地帯における新しい灌漑計画,発電と配電と道路建設計画にそれらが短期間の経済的意味しかない場合でも,資金を供与するよう政府と開発銀行に多面的に圧力をかけ続ける。
- 多量の化学肥料と農薬の使用と他の生産戦略よって土地は劣化するが,短期的には,生産費を低下させ,収益を上昇させることができる。
- 環境規制を無効にするために政治勢力を利用する。
- 農業労働者の組合の解体,農村労働組合幹部の腐敗,政府の政策の力による飢餓的低賃金の維持。これらには,すべて,その根底には土地のない人々の土地取得の不成功を確実にする意図がある。
- あらゆる機会に小土地所有者を土地から追い出したり,安い価格で土地を手

放させるために圧力をかけたり，脅したり，だまし続ける。
・開拓前線地帯の拡大と，小生産者の追い出しによって新しい土地の獲得を容易にしつづける法的政治的環境を維持する。

これは政府に対して暴力や威嚇や不当な影響力を行使して，土地と労働を最大限に自分のために利用する単純で確実な戦略であり，不当な法制度である。

この多様な基礎戦略は，有力なプランテーション経営者，放牧業者，企業農業者のために約500年間働いてきた。ブラジルには，このような戦略を実行しようとしなかったり，仲間にならない尊敬される高貴な大規模生産者が何千人もいるが，その戦略を貧しい人々に対して効果的に働かせたり，また最も攻撃的で責任感のない人々の利益になるように働かせることは，すべての人に要求されてはいない。ブラジルの諸地域の農村の寡頭政治家が全国的な企業や国際的な企業と協力してブラジルの農業と農村生活を支配し続けているかぎり，小土地所有者は彼らの土地の所有権と所得や物理的安全を確保することはできない。このような条件下では，農業生態学的アプローチも，その他どんなアプローチも，小規模農業の発展と，もっと公平な社会のために肥沃な土壌を提供することはないであろう。

これがブラジルの生産力と景観の多様性と美しさのための環境闘争が本質的に政治的闘争である理由である。この結論はMSTのこの問題へのアプローチと完全に一致している。これまで，さまざまな文脈で述べたように，MSTは常に，この国における土地の配分と小土地所有者の創設は本質的に不充分であると主張してきた。前大統領フェルナンド・カルドーゾの農地改革に関する文書さえ，広範な政治的変化と，とくに大土地所有者の刑事責任免除の終焉が農地改革計画を成功させるために不可欠であると主張している。農地改革集落での農業生態学的生産も，ブラジルの森林も，法を日常的に無視して活動する貪欲で権力のある人々と企業に対して堂々と立ちあがることはできない。

ブラジルの政治家の大きな割合は，権力の階段を昇るにつれて広大な農場の所有者になっていく。MSTは，カルドーゾの大農場を占拠したが，それはカルドーゾとその政権が大土地所有者の政治家と和解したことに注意を喚起するために行なったものであった。彼らは，また，パラ州の政治ボス，ジャデル・バルバーリョのいくつかの大農場を占拠したが，それは上院議会のリーダーとしての職を辞職さ

せるのに役立った。彼らはバイア州の巨大な力のある政治家, アントニオ・カルロス・マガリャンエスAntônio Carlos Magalhãesの大農場も占拠をした。彼もまた同じような理由で上院議長の地位を失った。多くのブラジル人には, このようなファゼンダの占拠は, MSTが農地改革よりもその政治計画に関係があることを無法なやり方で証明しようとしたのだと思われた。しかし, これは, MSTが農地改革は全面的な政治変化のプログラムから絶対に切り離せないと明確に主張してきたことを見逃しているである。国の傑出した政治家が農村の寡頭政治と, 政治の制度的腐敗とに結びついていることにこのやり方で大衆の関心をひきつけることは問題を指摘する完璧な方法なのである。

　私たちは, MSTになった運動の一部として, 土地占拠を実行した最初の土地のない人々がコロネル・クリオと政府につきまとわれ, はるか遠方のアマゾンの開拓前線地帯への執拗な誘いにどのように抵抗しなければならなかったかをみた。多くの人々は, なぜMSTは政府が新来者すべてを大きな規模の新しい農場に入植させるのを歓迎しないのか, 不思議に思った。なぜその場所に頑強にとどまることを主張したり, 近隣の土地の所有権者であると執拗に申し立てている人がいる一方で, 開拓前線地帯で無償で提供されると云う好条件を受け入れる方がはるかに気楽で, 厄介なこともないのに, 選択しようとしない人がいるだろうか？これもまた, この問題の核心が農業的であるより政治的であり, 独立自営農場を設立することより, 権力的地位にある人々に挑戦することに関係していることを示してはいなかったのだろうか？

　また, このような諸問題を提起した人々は, 農業にも政治にも愚直でありすぎることを明らかにした。彼らは提供されたこの開拓前線地帯の土地が農業と人間の居住にとってしばしば不適であり, 多くの点で木材と鉱山の開発のための労働力を集める大規模な計画の一部であり, 罠であることを理解できなかった。しかし, 土地の質が良好であったり, 政府が正直にそうだと信じていたところでさえ, それは, 農村の貧しい人々にとっては, 昔から知っている人集めのやり方の新しい形にすぎなかった。これは, 新しい農地を開拓するのに必ず必要な貧しい人々の労働力を集める方法であったが, この方法は開発のあとに土地貴族による乗取りが常に想定されていた。開拓に当った人々は, 奪われた土地で労働者か借地人か

分益小作人にかわっていった。この過程を停止させるためには，土地のない人々に関連する諸条件と森林に関する諸条件の両方を考慮しなければならないし，それをストップさせるためには，このプロセスを進行させた政治的関係を崩壊させ，新しい見地から再構築することが必要である。この関係の変化はブラジルの政治の大変革を意味する。

　これはMSTの終りのない課題であり，MSTが存在しなければ解決できないし，MSTだけでも解決できない本質的に政治的な課題である。ブラジルの政治家は19世紀の奴隷制廃止論者ルイ・バルボーザRui Barbosaからジェツーリオ・ヴァルガス大統領，さらにフェルナンド・エンリケ・カルドーゾ大統領まで，この国の社会主義者と共産主義者の政党は云うまでもなく，強力で反動的な大土地所有者たちが政府の自由な活動をはばみ，政府に甚大な被害を与えてきたことを痛烈に批判してきた。農村の大土地所有者たちは，ブラジルは農業が卓越した国ではないし，世界のトップテンの工業国の1つであるにもかかわらず，強い権力をもちつづけている[24]。彼らは執拗に適正な課税を妨害したり，拒否したりしている。彼らは，自分たち富裕層を助けるだけで，小土地所有層と都市の納税者の支出を増加させ農村地域に経済的に逆効果をもたらす補助計画を通過させるために国会議員を提携させることに成功した。彼らは司法制度改革に抵抗している。それは，この改革で彼らの刑事責任免除がなくなり，予測可能性と合理性が大きな程度導入され，それが投資家ばかりか大衆にも好い効果をもたらすと思われるからである。大土地所有者が司法制度改革に抵抗できるのは，500年の間に形成された家族と企業とパトロン制度のネットワークに根を張っているからであり，また，農村地域が国の立法府に多すぎる程の代議士を送り込んでいるからである。彼らは次には，自分たちが支配している土地でパトロン制と買収と威嚇によって，都市の政界の大立て物でも夢にみることしかできない全員一致の支持を，しばしば農村地域に命じることができる。

　農村の大物政治家が公然と人殺しをすることはさきに述べたが，前大統領フェルナンド・コロールFernando Collorの父のように，国会議員を上院会議場で殺害しようとした人もいる。彼は罰せられなかった。彼は他の人を殺そうとしたが，ねらいをあやまった。それで無罪と認められたのであった。それで，ブラジル人は全

く「田舎っぽい」のだと云われたが, これは実は, ブラジルの政治体制のことをあざわらって云ったのではなくて, 社会を見苦しくないようにするのは無理なのだとなげいていたのであった。

　常軌を逸した土地法規, 大土地所有者の刑事責任免除および農村の寡頭政治体制の不相応な権力と影響力は, 都市と農村の汚職と犯罪に結びつく。それはブラジルにおける政府の正当性そのものに異議をとなえることにつながり, 自分自身と市民のために, 生活を改善し, 国の資源と自然の美を保護するための, あらゆる種類と階級の何千と云うブラジル人の努力をむしばむ問題である。どんな公正な努力も論理も法律もものともせず破壊される場合には, 市民は公共心をもって活動し続けることが非常に難しくなる。このことを書いていて, 私たちは北アメリカの企業と政界における無法なスキャンダルを思い出し, これがブラジルだけの問題ではないことに気づくが, ブラジルの農地改革についての議論の文脈をたどると, ブラジル人が社会に対する信頼を高めるための鍵の1つが農村地域の寡頭政治の影響力を弱めることと, ブラジルの多くの農村地域を支配している最悪の大土地所有者の傲慢な慣習, 刑事責任免除を打ち破ることであると思われてくる。他の誰れも取り組むことができなかったこの問題に真剣に挑戦し克服し始めたのが, 最も貧しく最も見下されたブラジル人であるMSTであると云うことである。これは前途有望な, 不思議な, 期待あふれる成り行きと云えそうなものだ。

第6節　MSTと革命

　人々は, MSTは反民主主義運動で, 革命がMSTの最終目標であり, 国家の転覆, 社会主義体制の確立を目指して活動していると主張してきた。第2章で紹介したローズベルト・ロケ・ドス・サントスを想起しよう。彼はUDR（農村民主連合）の委員長で, チェ・ゲバラとウラジミール・レーニンの等身大の肖像の前でMSTの活動家たちが演説している絵をみせた。ドス・サントスは, MSTが革命を目標にしており, 国家の秩序を暴力で脅かすことを, この絵は証明していると信じていた。確かにマスコミはMSTの過激な運動を告発する報道を定期的に流している。2002年4月7日（日曜日）のエスタード・デ・サンパウロと云う全国紙の社説は

MSTが、自分たちを世界的な革命闘争の一部と見ていることは、このMSTの会合にかかげられている旗が証明している。

次のような大見出しで警告した。「MSTの文献は示している：MSTの目的は資本主義を転覆させることである」。この見出しの後に、教育哲学文献や歴史に関する小冊子などを含む多数のMST文献類の一般向きの解説が続いていた。

　MSTが革命思想を非常に真剣に受け入れていることはたしかに真実である。そして真の改革はブラジルでは急進的で必ず包括的な変化をともなうと云うMSTの信念は、歴史と理論に支えられている。最もすぐれた学者バリントン・ムーア・ジュニア Barrington Moore, Jr.などの学者たちは、革命による過去との断絶は封建的な王制の権威主義から民主主義的資本主義への近代的移行のために不可欠であったと主張してきた[25]。ムーアはイギリスとドイツとの差異は、イギリスの方が過去との断絶がより決定的であったことにあるとした。イギリスにおける過去との断絶は、議会制民主主義と市場資本主義への移行をはるかに早く、（ある研究者の主張によればより完全に）もたらした。この過去との断絶を進展させることこそ発展の力と考える信念は、ブラジルにおける農地改革の問題に関する最も重要な知的活動家の1人であるジョゼ・デ・ソーザ・マルチンス José de Souza Martinsが、MSTは遅れた原始的な運動ではなく、進歩的変化に向う態勢をとる前向きの運動であると主張する理由の一部である。カイオ・プラード・ジュニオール

Caio Prado, Jr.(ブラジルの最も影響力のある歴史学者の1人)は,最大の不公正,従って革命的変化(彼はそれを不可避でもあれば必然でもあると考えた)の最大の潜在力はブラジルの農村地域に存在すると主張してきた[26]。

そもそも,MSTはどんな種類の革命を支持しているのだろうか？彼らは不公正な過去との完全な断絶に関心をいだいているのだろうか,それとも新しい社会主義政府を実現するために現在の体制を転覆させようとしているのだろうか？たしかにこの運動の初期には,急進的な変革を推進する革命と云う言葉と活動が多くみられた。1985年の国会で承認された最初の宣言は,全ての大農場を収用する計画と,新しい農地改革集落での集団的生産活動の実施と農村地域の政治体制を変える一連の法案を含んでいた。サンタ・カタリーナ連邦大学の社会学教授イルゼ・シェレル・ウァレンIlse Scherer-Warrenとインタビューした際,ジョアン・ペドロ・ステディレは次のように云った。初期にこの運動にかかわった人々は誰もがブルジョワ国家と呼ばれるものは自動的に階級の利益をまとっていると云った[27]。MSTのメンバーは国家を敵とみていたが,それは軍部独裁が民主主義体制に容易に移行するとは信じられなかったからである。1964年から1982年まで政治を支配していた軍部のリーダーは民主主義体制への移行期にも依然として非常に大きな権力をもっていたので,多くのブラジル人は,新しい共和国は名ばかりの民主主義国になるかもしれないと心配していた。

革命的変化を必然と考える信念は,MSTのシンボルとスタイルと目標を誘導した。この運動の階級的シンボルはその旗で,旗の色は明るい赤色で,その中央に緑色のブラジルの地図が置かれている。この地図には,全国の土地のない人々を代表する男性と女性の肖像が描かれている。男性は頭の上に蕃刀(ナタ)を高く振りかざしている。そのメッセージは「どうしても必要な農地改革を」と明快である。この旗の中央のデザインには全国のMSTの農地改革集落や事務所で帽子やTシャツやポスターで出会う。MSTの他のシンボルも一様に革命的で,土地なし農民の運動歌の歌詞は,("来たれ,こぶしをあげて戦おう,われらの土地を守ろう…明日は働くもの,彼らのものだ)と闘志をもりあげており,運動の公認のスローガンは革命の大義へのひたむきな献身を盛りあげることを目指している。

MSTのイデオロギーは,また,革命論者の影響を強くうけている。とりわけカー

ル・マルクスとウラジミール・レーニンは資本主義の政治と経済の分析を提出したが，MSTのリーダーたちは，それらをブラジルで搾取されている貧しい人々の根底にある活力を説明するのに援用してきた。マルクスによれば，資本資主義経済における利潤は労働階級の搾取によるものである。MSTの内部文書はマルクスを引用して，「資本主義農業における進歩はすべて労働者からか土壌からの搾取技術の進歩によるものである」と述べている。MSTへの参加は階級そのものの発露とみなされる。「われわれは1人の土地強奪者たちと闘っているのではない。われわれが闘かっているのは大土地所有エリート階級だ」[28]。MSTの大きな目的に賛同して参入した若い活動家たちは，ほんの数週間から数カ月間を，さらに1年間の養成期間をどこかですごす。そこでの活動は広範囲の読書で，それは活動家が展開する活動で最も重要な役割となる討論会や議論の資料になるものである。

MSTのイデオロギーのうちのマルクス主義の部分はブラジルの左翼出身の他のリーダーによっても支持された。彼らの何人かは，この運動の初期にイデオロギー形成の役割を果した。他の集団がどの程度MSTのリーダーに影響を及ぼしたかは知られていないが，ブラジルの共産党（PCdoB）とブラジル共産党（PCB）はともに公式の農地改革過程を進めるための手段としてMSTを支持してきた[29]。クロドミル・サントス・デ・モラエスClôdomir Santos de Moraesのような個人的活動家もきわめて強い影響力をもっていた。モラエスは社会学者で，MSTの初期の集団的生産政策の陰の主要な指導者の1人であった。集団農場制は最初MSTによって支持され，彼らの革命イデオロギーの象徴であった。土地と労働が共同管理されていた農地改革集落はブラジル資本主義の中にある社会主義の島として認められていた。それらは「新しい男性と女性」創出の鍵となる要素で，農地改革集落は新しい社会を発展させるのに役立つと思われていた。農地改革集落は力をたくわえるにつれて，ブラジル全体で新しい社会のために力を発揮することになると思われた。

この新しい社会と云うビジョンは，STMの機関紙 *O Jornal Sem Terra*（土地なし農民新聞）の初期の版に明瞭に展開されている。MSTの最初で最も影響力のあった活動家の1人，アデマル・ボゴAdemar Bogoは新しい社会で受け入れが可能と考えられる人物の性質について数篇のコラムを書いた。彼はMSTのメン

第4章　MST(土地なし農民運動)の評価

バーの個人的な人格的欠陥について警告しているが，それは生産手段の私的所有から生じるとされている(30)。個人の人格的欠陥には個人主義(個人主義者は一種の御都合主義者で，自分だけを信じ，常に自分を組織より上におく)から自発性(自発的な人は計画に抵抗する)，不動性(不動主義者も一種の御都合主義者で，慎重に考えて，いかなるものにも関与しようとしない)まで，さまざまなタイプがある。MSTの活動家は盛んに討論をするよう奨励したので，人々はそれらを克服するための智慧を学ぶことになった。

　資料を示してむずかしい理屈らしいものを説明し，人々を動機づけするために，MSTの活動家は神秘主義的とよばれる手法を用いる。その手法は解放神学と云うキリスト教の伝統に由来するものであって，現在と将来の間の距離を縮め，それによって来るべき幸運への期待を高めようとする(31)。演劇や歌やダンスを通じて伝えられる神秘的なものによって人々はMSTの力を信頼するよう仕向けられ，生産の組織化と云ったようなありふれてはいるが，むずかしい問題は議論しやすくなる。神秘主義の手法の主なものは，MSTの運動歌で合唱される"農地改革，わが闘争"のようなスローガン，演劇風のプレゼンテーション，MST賛歌や旗など，闘争の象徴的表現である。この運動によれば，「一般民衆はMSTのシンボルやリーダーや組織に接触すればするほど，闘争的になり，活動的になり，自ら組織をつくるようになる」(32)。神秘主義的に諭される主な教えは謙譲と誠実と信念と根気と感謝と責任感と規律であった。

　このようなメッセージは多くの集会やMSTが催した会合やデモンストレーションの開会と閉会の時，提示された。たとえば1998年の年末に，サンタ・カタリーナ州で開かれた集会では，政治家と地方の市民のリーダーと農民と町の使用人が大きな会堂に集まった。その時，数名の幼児が中央の通路をこの会堂の前にあるステージまで進んで行き，そこにトウモロコシ，踏み鋤，果物，それから長い緑色の豆などを供えた。これらの供え物は木の枝と葉と花で床に描かれたブラジルの地図の上におかれた。最後の供え物がおかれ，MSTの赤と緑と白の旗がかかげられると，みんな立ちあがり，「Viva Reforma Agraria農地改革万歳」と大声で叫んだ。この民衆劇はブラジル中で数えきれないほど何べんもくりかえされてきた。中身は変わっているが，そのメッセージは，常に同じで，MSTのメンバーはブラジ

347

ルに新しい公正な社会をつくり出すために力を合わせている，と云うものである。

　MSTについて普通たずねられる1つの質問は，MSTのメンバーはその革命を暴力による革命と考えているかどうかと云うことである。革命はしばしば暴力と同じものなので，反動的な批評家は早速，MSTは武器を用いた戦争を支持し，計画していると告発してきた。しかし，この告発はいささか滑稽である。MSTのメンバーが経験した暴力のほとんどすべては，彼らに対してしかけられたものであって，彼らがしかけたものではないからである。MSTのメンバーは，武装警官や軍隊や雇われガンマンに襲われた時には自衛するが，MSTの対策は刈り込み用のかま，なた，鍬，シャベル，熊手などの農具を用いるだけである。MSTの活動家たちは，国やエリート層の大土地所有者が暴力行為を独占しているので，抵抗したり，攻撃することは自殺行為になると主張している。MSTが実施した占拠件数は全体で23万件以上になるが，占拠野営地で誰れかがたまたまライフル銃かピストルをもっていて非難されたことはあったが，それらの使用をMSTのメンバーが許したことはたしかになかった。MSTの農地改革集落の入植者に対して，男性，女性，幼児を含めて，射撃やむち打ちや拷問が行われた事例が数百件も確認されているのに対してMSTは，不法占拠とデモンストレーションと政治的主張を協力関係を通してその目的を追求してきたのであって，暴力革命のためのキャンペーンや訓練がどの程度行われたか追跡されたことはなかった。

　MSTの革命的イデオロギーは次の3つの事実によって最初からやわらげられていた。他の急進的イデオロギー注入の折衷効果，地方の保守的民衆の抵抗，全国への拡大にともなうMSTの質的変化がそれである。MSTは発展するにつれて，構成員と活動家はともに，役立たないことがあきらかになった考え方を締め出してしまい，運動の経験とメンバー基盤の変化を反映した新しい考え方を組み入れてきた。今日ではMSTのイデオロギーには解放神学，毛沢東主義，パオロ・フレイレPāolo Freireの教育哲学ばかりか，ミルトン・サントスMilton Santos，フロレスタン・フェルナンデスFlorestan Fernandes，エミル・サデルEmir Saderなどこの国の進歩的な思想家からの諸要素が含まれている。インドにおける国民解放のためのガンジーの闘争はMSTのメンバーに勇気を与えている。フランツ・ファノンFranz Fanonの植民地化による文化の死と云う議論は資本主義によってわれわ

第4章　MST（土地なし農民運動）の評価

れ自身の文化が脅やかされていると感じている人々に訴えている。ノーム・チョムスキー Noam Chomskyの新自由主義のグローバル化に直面する他のイデオロギー防衛論は，MSTの闘争は伝統的に国際的であると云う考えを支持している。MSTのリーダたちとメンバーたちはこれらの考え方をすべて咀嚼し，ある形で導入することを試みてきた。古典的な階級闘争と革命と云う言葉は依然として重視されているが，MSTの方法論とイデオロギーは，多くの異なる集団は労働者と雇用者と云う伝統的な二重構造に適応していないことを認めている。そしてこの運動をブラジルにおける土地のない人々の問題の解決策としてブラジルの社会的背景に適した唯一のものであると認めている。

　多少保守的な性質をもっているMSTの草の根基盤は，とくに南部から他の地域へ拡大するにつれてMSTのイデオロギーを新しい方向に向わせてきた。MSTのメンバーはこの運動に参加して急進的な活動に従事し，個人的に，また，集団的に一種の革命を経験している。それは，本書を通じて出現しつつあるのをみてきた新しい社会の形成である。他方で，それはMSTの地方の少数派メンバー（指導や行動主義に関わらなかった人々）は，政府を転覆させることになる真の社会主義革命をひき起すことに関心があるが，それを口にすることはほとんどない。私たちがこの国のさまざまな地域で訪ねた入植者のほとんどは，その家族の生活を改善することに関心があり，新しい機械や靴が買えるよう収入を殖やすことを望んでいた。しかし，私たちには当たり前のことをしたとしか思えないのであるが，このようなことをするだけで，これらの人々のほとんどがやってきたところから考えると，それは革命とみなければならないのである。私たちが話しかけた入植者の中に，MSTが革命的活動を計画しているかどうか知っているかと，おどおどしながら尋ねた人たちがいた。この入植者たちは土地を取得するためにMSTに加入し，政府転覆の企てに心ならずも従ったのかどうか声に出して質問した。このような思い違いは圧倒的に場当たり主義的で否定的なマスコミの報道姿勢の産物であり，それらは入植者が革命について語ったことを信用しないことを示しているのである。

　MSTのイデオロギーが時とともに執拗な革命的性格を薄めていった第3の理由は，この運動の拡大がほとんど本来的に保守的な専門分化を要求しているこ

とにある[33]。MSTはメンバーが400人から100万人以上に発展するにつれて，組織体として専門分化した職務を果さなければならなくなってきた。これは次第に官僚的な調整手段が発展することを意味する。各農地改革集落は各地理的小地域，各州，地理的大地域（数州を含む），全体としての国と同様にそれぞれ独自の指導体制をもっている。MSTが直接民主主義を尊重すると云うことは，数百の地方的決定を規則的に各レベルの関係者に伝達しなければならないと云うことを意味する。そして，次には全体的に高度に整備された電子工学的装置と人間のネットワークによって情報を伝播させ，組織の諸レベル間とレベルを越えたフィードバックを確保するために維持しなければならない。MSTの官僚制は，新メンバーを収容するため，たえず拡張されつつある。このことは，MSTができるかぎりその組織を柔軟に保とうとすれば大きな負担がかかる。専門分化の進展は，資金の調達や説明媒体などのいくつかのMST活動の形式化を意味した。MSTの活動家たちにはその活動のために給与が支払われなければならない。それゆえ，MSTは毎月相当多額の資金の支出が必要である。社会学者ザンデル・ナヴァロZander Navarroは，MSTはその野心的な活動のための資金調達のために組織の一部を銀行にかえざるをえなくなったと考えている。これは彼のMST批判の要点である。

　安定した収入の必要性がMSTに保守化効果を及ぼす真の理由は，おそらく，MSTの主要な資金源の1つがブラジル政府であると云うことである。ある組織のメンバーになる時，入植者は政府から受ける融資からMSTのメンバー費を支払う。したがって，入植者たちが政府の生産計画に依存するだけでなく，MST自身もその経理を政府資金に頼ることになる。とくにたとえばルミアルLumiarとよばれているもの（2001年にやめになった）など，さまざまな農業計画を通じて政府は，資金源としても寄与している。ルミアルは農業改良普及機関に農地改革集落向きの資金を提供し，すべての機関が農地改革集落のためにMSTと提携することを認めた。他の重要な資金源は英国の援助団体「クリスチャン・エイド」などの国際的な慈善団体である。これらの組織の目標は社会主義革命の否定であり，MSTに保守化効果を与えてきたと主張されるかもしれないものであったが，その影響の証拠はない。MSTは常に厳重にこの国際的な慈善団体創立者の目標から一定の距離を保ってきた。

MSTは,また,農村地域から都市へ進出した時,その革命的言辞をやわらげた。MSTが初期に発行したセン・テーラ新聞には新しい社会に関する記事が満載されていたが,後に発行された同紙の記事ははるかに広範な全般的なものになった。新しい男性と女性についての討議の記事は,農地改革集落の1つで催されたミニ・オリンピックの写真や,小農場で生産された食料で作ることができる料理のレシピにかわった。このスタイルの変化はMST入植者の影響を示しており,また,MSTの都市への移動の決定に対応しており,できるだけ基盤を広げる意向を反映している。社会主義や革命のアピールは,国家主権と反帝国主義と社会的公正のアピールにかえられてしまった。それは,ブラジルの社会と政治との関連で最も価値のある目標であり,たしかに革新的なものである。

　実際,ブラジルの民主主義にとって危険なものであるどころか,MSTが支持する種類の革命は,ブラジルの民主主義が真に民主的になるために,まさに必要不可欠なものであると云えよう。

第7節　市民権の醸成と「日常の政治」闘争

　MSTは民主主義に寄与しているか？と云う質問は奇妙なものと思われるらしい。ブラジルはすでに民主主義の国であり,土地を不法占拠するMSTは実際に民主主義の法律を破っていると主張する人々がいる。MSTは連邦の憲法は彼らの活動を,土地は生産と云う「社会的責任」を果さなければならないと云う条件を満たしているのだから合法と認めるべきだと主張しているが,夜中に他人の土地に侵入し,野営地を設けると云う侵犯行為は,この憲法の草案者が考えていた構想とはちがっている。MSTを非難する人々は,この運動が,政府に公認を要求するためには,民主主義の常道を踏むべきだと主張する。パラナと云う南部の州選出の上院議員オズマル・ディアス Osmar Dias は,1997年にMSTのデモンストレーションに対して,「われわれは規則を破って生き続けることはできない。民主主義体制を望むなら,原則として,民主主義の規則を守らなければならない。われわれは民主主義を破壊するものを攻撃する」[34]と答えた。大規模農業者もまた定期的にブラジルの政治体制の枠組みの中で活動するようMSTに勧告している。南

部のサンタ・カタリーナ州の牧牛農民の1人は，その時，次のように云った。「知っての通り，彼らは闘わなければならない。しかし，私は彼らの闘い方には賛成しない。他人の土地に侵入し，政府に収用を求める，そして政府がそれを実施する。他にもやり方があるだろう。みんなに土地の利用状態を登録させろ，そうすれば1,000万ヘクタールの不生産地があるのがわかる。そこで，政府はそれを彼らに配分すると云うやり方が！」。

しかし，MSTは，他の多くの組織された社会運動が主張しているように，この憲法は紙に書かれた言葉以上のものではない。なぜなら，それは普遍的な市民権に裏打ちされていないし，変化を求める集団の要望に対する思いやりがないからだ，と主張している。ベト神父Father Betoと云うよく知られた活動家はブラジルにおける社会的公正について，次のように云った。

民衆によって選ばれた政府が民衆を基盤にすることを恐れている。これは形ばかりの民主主義であり，フィゲイレード将軍が認めたように，片方の足だけをキッチンにおき，もう一つの足と身体と魂を絨毯をしきつめた回廊においているようなものだ。ブラジル国の特徴である貧困と底が知れないほど深い所得の不平等の拡大に対してほんのわずかな感受性さえ持ち合わせない人々の，民衆の匂いを好まないサロン民主主義なのだ。

ブラジルは，軍部独裁から形ばかりの民主主義に移行したが，その時には南アメリカの他の数カ国，アルゼンチン，ボリビア，チリ，エクアドル，ウルグアイは民主主義に移行する途上であった。エル・サルバドル，ニカラグア，グアテマラを含む中米の数カ国は長い内戦の後，それに続くことになった。これらの移行が困難なことであったことは疑いないが，民主主義体制の合法性を選挙民に説明できる経済的，政治的，社会的変化の可能性を最高に楽観していた。

ブラジルでは，1970年代後期の軍政緩和期にひそかに組織し始めていた市民と政治の集団が1980年代に公然と一体となり，1982年には街頭に出て大統領の直接選挙を要求することになった。労働組合と学生集団と新旧の日陰に追いやられていた政党が，新しい政治体制で発言する権利を要求した。しかし，民主主義への

移行が進行するにつれて，うわべばかりの民主主義の実施，つまり選挙は，真の民主主義の実施よりはるかに容易であることがはっきりした。(民主主義への移行は非常にゆっくりとしていた。ある人々の約束では1974年のエルネスト・ガイゼルErnesto Geiselの開放宣言で始まり，1989年の民衆の直接選挙による最初の大統領の選出でおわることになっていた)。軍部独裁体制下でさえ大統領選挙は常に実施されていた。軍部のリーダーは選出されると正式に軍籍を離れ，市民となり，その後，大統領に就任した。軍部は選挙で対立候補者をたてるため，公式の反対党(ブラジル民主主義運動，MDB)を創立することさえした。MDBは1974年まではせいぜいしるし程度のものであって滑稽にさえみえるが，少なくとも形だけでも民主主義の開明的良識に従っていることを示すことが軍部にとっては必要であった。しかし，彼らの権威主義的な支配は，自由な選挙と市場の開放と云う西洋の理想に従ってブラジルを近代化すべく統治していると云う確信にはそぐわないものであった。

　軍事政権が撤退した後，正式に選挙を開始することには困難な問題はなかった。しかし，実際に民主主義政府を創立することは容易なことではなかった。民主主義体制は日常生活の場に民主主義の規範と慣習を実際に行き渡らせることである。それには市民権の発展と，この権利を集団的に求める組織をつくる場を確保することが必然的に伴なう。民主主義への移行が進むにつれて，ブラジルにおける政治家や運動のリーダーや，学者や，一般市民の初期の楽観的発言は，「無気力な民主主義」と「濃度の薄い市民権」を告発する側に移りかわっていった[35]。スコット・メインウェアリングScott Mainwaringはブラジルの政治について広範に記述してきたノートルダム大学の政治学者で，ブラジルの政党制度は適切に確立されていないし，人々は特定の政党よりも特定の人に投票すると主張した[36]。2002年当時，ブラジルには30以上の政党があったが，その半数は10年以下の歴史しかなかった。政党の代議士候補者は政党の内と外で定期的にいれかえられるので，形だけの候補者にすぎないと云う印象が強い。

　しかし，政党制はブラジルで維持されることになるとしても(そして，人々が政党への忠誠意識から投票するようになりつつある証拠が2002年の選挙から確認されるけれども)，依然として民主主義の意識は根底において低い。評者たちは，

353

ブラジルにおける民主主義の慣習には，それを複雑にしている社会政治学的特徴が3つあると指摘している。パトロン制と，階層性と貧困がそれである。パトロン制とは，彼や彼女の影響圏の人々の福祉の責任を個人的に負うという理屈のうえでの親切なパトロンの慣習を指す。パトロン制の規範は，民主主義の規範とは非常に異なっている。それはパトロン制では，すべての権利はパトロンが与える「贈り物」とみなされるからである。この種の「贈与」は労働の代償や，医療やその他の福祉への援助として基本的なものであり，すべて，慣習的にうけられるものでもなければ，より高度な法律で効果的に守られているわけでもないことを了解したうえで交渉によって決まるものなのである。

この家父長的温情主義の伝統は植民地時代のブラジルのプランテーションで発生したものであって，2つの点で民主主義に反する。第一に，それは法律に成文化されていたり，法律で守られる市民権の基本的条件に違反することである。第2は，権利を要求するために他の組織をつくろうとする人々を分裂させる非常に有効な手段であると云うことである。これが農地改革集落で，とくにMSTが組織したものでない農地改革集落で頻繁に起るのを私たちはみてきた。北東部のサトウキビ栽培地域では，MSTは生産融資の開始を要請するために，市議会と折衝し，議長を説得する運動を積極的に展開した。このMSTの動員の結果，市会議長はこの地域全体の入植者を訪問し，農地改革集落の首長に木材運搬用の立派な荷車を提供した。MSTのリーダーたちは首長がこの荷車を受けとったことを知って，烈火の如く怒り，これは，この首長が基本的に信頼できないことを象徴していると主張した。一方首長は，自分がこの荷車を受け取ったのはこの市会議長をあざむく熟慮のうえでの策略の一部であったと，同じく強烈に主張した。

これは，コンセンサスを形成し，一群の権利の追求に動員するための人々の努力を粉砕する政治家の実践の一例にすぎない。家庭に水道の水を引いたり，冷蔵庫をそなえたり，学校の屋根を新に葺きかえたりする最良の方法を考える場合には，成功するか成功しないかわからない社会運動をたよりにするよりも，水や冷蔵庫や学校の屋根の改善をタイムリーに実現することを約束する金と力のある政治家に投票する方を選ばなければならない。しかし，後者を選ぶ場合には，次の2つの仕方で不成功に終る。彼らは，政治家が当選したり再選されても，約束の便益を

第4章　MST(土地なし農民運動)の評価

受けとれなかったり，また将来保証されるはずの権利を手にする方向に進まないことがしばしばあった。

　社会の階層的関係も民主主義の浸透を紛糾させる。社会の階層性は階級間の極端な不平等に由来しており，すべての階級の構成員は階層性における自分の位置を知っており，階層性の規範を尊重する振りをしている。その規則は単純で，社会における地位に関係なく，上の人は下の人に対してある威信を示すが，特別の状況以外では，下の人は上の人に対してはそれがない。ブラジルの人類学者ロベルト・ダ・マッタRoberto da Mattaはこれを"階層性市民権relational citizenship"と称している。これは，一定の時における個人の権利は，彼か彼女の他人との階層差(身分関係)で決まると云うことである[37]。ダ・マッタは市民権の階層性をブラジルで普段耳にする次の決まり文句(文言)によって説明した。「君は今誰れと話しているか知っていますか」。この文言は社会階層における自分の地位を人に思い起こさせるために用いられる。たとえ特定の地位がその人の階層の一時的な修正を正当なものとするとしてもである。スピード・オーバーの自動車を逮捕する義務がある警官は，彼か彼女自身より高い地位にあると考えられる誰れかの交通違反を調べる場合，「君は君が話しているのは誰れだか知っているのか？」と云う文言に立ち向うだろうか？ダ・マッタはこの文言はしばしば沈黙と云う，有効な市民権譲歩に遭遇すると主張している。

　ブラジルの民主主義にとっての第3の難問は貧困で，それは民主主義体制への移行後も解消しなかったどころか，実際に増進した。貧困の重荷は明瞭で，人々が集団で組織を形成する能力をむしばみ民主主義の進展に直接影響する。仕事探しや育児や食物探しばかりか一日を雑多な家事の処理ですごさなければならない時，上下水道建設のためのキャンペーンに参加することは，彼らには困難である。これは，貧しいブラジル人は集団で組織をつくる暇がないのではなく，貧困のために活動が容易にできないと云うわけである。民主化のような長期的目標には，育児や健康の維持と云うような身近な問題はなじまないらしい。

　これらの3つの要因──パトロン制，階層性，貧困──に照らして，ブラジルにおける民主主義を深化させるうえでMSTはどのくらい実際に寄与できるだろうか？MSTはその活動，つまり動員，デモンストレーション，組織的占拠を，ブラジ

ルにおける政治の代案を構築する鍵とみている。この運動のスローガンは,「農地改革なくして,民主主義なし」と予言している。MSTは農地改革は単なる土地の再配分以上のものを目指していると云う明確な立場を堅持している。先に示唆したように,「真」の農地改革は土地所有の構造基盤を根本的に再編成すること,土地を耕やしてかろうじて生活を支えている人々に基本的な市民権を与えることを意図している。MSTは,どんな民主主義の国でも一定数の人々は土地で生計を立てるべきだと主張してはいないが,民主主義への移行は,ブラジルのように土地を持たず,貧しく,疎外される環境では,人々に,彼らが自分の将来にポジティブに取り組むことを保証する生産と再生産の機会を与えなければ,完成されないと主張するのである。

　おそらく,農地改革の成功がもたらす最も重要な利点は,広い知識があり,教育のある,活発な一般大衆の形成である。アクティブな一般大衆の一部であり,実質的な市民権をもつとはどのような意味なのだろうか,MSTが主張するように市民権は不可欠なものなのだろうか？アメリカ人として,私たちは,会話の自由,独自の思想,公務員選択の自由と云ったいくつかの個人の自由を信じている。最も基礎的なレベルでは,農地改革集落での生活は,入植者にこの国の積極的な市民になるのに必要な自由を与え,彼らは都市の街路やスラム街での生活につきまとう危険から解放する。

　スラム街の危険と暴力から逃れることに加えて,MSTの農地改革集落に住む人々には,都市のスラム街に住む場合よりはるかに大きな就学の機会がある。1996年の世論調査によれば,農地改革集落の成人は全体のわずか10％が義務教育課程を終えただけであったが,児童は50％以上が通学していた。教育は市民権の基本的必要条件である。この信念はベンジャミン・フランクリンの畢生の事業に動機を与え,次いで公民教育を普及させるためのアメリカ合衆国主導の運動を喚起し,その成果で社会の変革をなしとげてきた。教育によって児童は将来自分の人生にはどんなことをするチャンスがあるかを知り,成人してからはテレビやラジオを通じて送られてくる情報に関心をもち,複雑な政治談義にも参加できるようになる。

　少なくとも最低レベルの安全と教育がなくて,人はどうしたら民主主義に参加

第4章　MST（土地なし農民運動）の評価

できるか，想像することはむずかしい。1930年にはブラジル人の3％にしか被選挙資格がなかった。識字能力制限と資産条件のためであった。今日では16歳以上のブラジル人はすべて投票しなければならないが，適切な教育を受けてこなかったら人々にどうして投票の通知をすることができるだろうか？ブラジルでは，食料や水と交換に票を確保することが（とくに北東部の乾燥地域では）行われていると，選挙のたびごとに候補者によって確実に申し立てられている。人々が新聞が読めず，批判的に考える力がない場合には，遊説中に候補者が気楽にする約束や，気前のよさそうな外見にどんなにだまされやすいか，実例はいくらでもある。

MSTの農地改革集落に設置されてきた学校に加えて，入植者は政治に参加するための基礎的な実践教育も受ける。土地占拠の始めに彼らはこれまでの長い間の生活を率直に打ち開けて話すよう要求されるが，それは政府から適切に認知されるためである。これは真剣な参加と目的の明確さを要求する政治的行為であって，アメリカ合衆国でもブラジルでもこれまでほとんど行われたことがなかった。それは実践を通じての永続的な政治教育の端緒にすぎない。入植者は農地改革集落に協議会を設立し，委員を定期的に選出し，問題をどのように処理するかを決めるよう要求されている。

MSTの入植者は，また，地方政府の役人，とくに労働者党（PT）に属する多くの地方と国の役人との接触を通じて広く政治の領域にも入り込まされる。MSTはPTと強い結びつきがあるが，MSTは自律性を維持している（MSTは1984年にカスカベルでの創立集会で，政党をたよることはないし，独立した党になることも望まないと決議し，現在もそれを堅持している。MSTは政治を支配する慣習的ルールに従って行動することはない）。MST入植者たちは，また，大きな農地改革集落に属していて，彼ら自身の代議士を十分選出できるほど多数のメンバーを擁している場合には，直接政治に関与することになる機会がある。サンタ・カタリーナ州のある地方自治体では，地方選挙で11人を下らないMSTの入植者がさまざまなポジションに選ばれている。第1章に現われたパコーテの場合，彼はリオ・グランデ・ド・スール州で土地を取得した後，地方自治体の議員に選出された。

地方や地域や国の政治に関与することが多くなるにつれて，MSTの入植者は注目されることが多くなってきている。これは実施義務の領域で最も明瞭である。

どんな民主主義にとっても土台となるものは、実施義務、つまり政府の業務の実施やその停止についての責任感と透明性である。MSTは、100万人をこえるその構成員の所在が明瞭なので、政府にその選挙行動に注目するよう要望している。MSTの入植者は伝統的に政府の行動に無関心なため、政治と経済に影響を及ぼさないできた。

　実施義務の1つの例は虐殺事件に参加した人々の懲罰である。第3章で説明したエル・ドラード・ドス・カラジャスで起った大虐殺の場合、大虐殺を扇動したことで有罪に値すると考えられる人々は、ビデオテープに記録されたが、この記録では、MSTが世論を沸き上がらせ、政府に対して司法手続を監視するよう圧力をかけることに成功しなかったら、有罪判決を下すには証拠が不十分と判定されたであろう。2人の大虐殺の実行者は、州の法廷で潔白が証明されたが、現在刑務所に収監されている。MSTは彼らは大虐殺の罪を犯したと信じており、上級法廷の審理にかけるよう圧力をかけ続けている。

　MSTが実施義務を追及しているもう1つの例は、1997年に始まったセドゥラ・ダ・テラCedula da Terraとよばれる世界銀行の"市場主動農地改革パイロット・プロジェクト"に反対するキャンペーンである。世界銀行が支持したこの市場主動の農地改革モデルは、政府の介入や援助をほとんど受けないことになっていた。政府はこの計画を支持しなかった。この計画では土地を手に入れたいと望む人は、売ろうとする人が決める市場相場で土地を買い入れるため低利貸付けを申請する。彼らはINCRA（農地改革院）の計画が農地改革のプロセスを定着させようとしたように、人々が農民として共同体に定着するのを援助する他のいくつかの計画に支援される。政府は、この種の市場に基礎をおき、そして明らかに共同体を指向する農地改革は、MSTのような所謂社会運動によって推進されるので、国が主導するものより効率的であり、経済的に成長性が高いと主張してきた。

　1998年にMSTは他のいくつかの社会運動とともに、この計画が世界銀行自身の責任領域に抵触すると云うことを根拠に監査請求を提出した。世界銀行はいくつかの苦情と、この計画が世界銀行の規約に違反してはいないと云う裁定の両方を精査し、多くの土地の受領者が参加を歓迎していたことをあきらかにしたが、MSTの反対にも正当な理由がなかったわけではなかった。彼らは人々に、この市

場主動農地改革パイロット・プロジェクトが，政府自身の定義による真の農地改革と考えられるものとはどんなに異なるかを広く知らせた。そして，MSTのキャンペーンは，市場にリードされる農地改革に関する楽観的主張の真相を調査して，州と一般の人々に改革の過程が市場にひきつがれることの利害得失を考えるよう強く求めた。

　市場主動の農地改革にはあきらかに多くの人々は参加不可能であろう。それは，買い手は低利融資をうけるけれども，土地の価格は売り手の決定にまかされるからである。売り手が，買い手がこの計画に参加することを知っている場合には，買い手は特にひどく値切るであろう。政府自身がついに，その経費の支出を容認しても，この計画はせいぜい数千家族に利益をもたらすだけだ，と認めたので，MSTが政府に続行を強く求めても，それによって恩恵をうける家族の数は数万にもならないことがわかった。

　世界銀行の支援計画の受容者数の少なさと並んで重要なことは，農地改革過程を非政治化しようと云う意図が明瞭なことである。MSTの農地改革キャンペーンは，農村地域の寡頭な為政者の不相応な権力と，豊かな人々に対する法的刑事責任免除と，政府の実施義務感の欠除，法的手続の組織的腐敗，法律そのものの構造，そして世界で最も深刻な社会的不平等に由来する政府と，社会の正統性からもちあがる問題をかかえるブラジルの政治体制に挑戦してきた。世界銀行の農地改革はMSTの農地改革と同一種のものとはとうてい云えないものである。それどころかそのシステムは本来健全なものであり，その問題は農地購入のために利子率を低下させることで解決が可能であると云う考え方に基礎をおいている。世界銀行の計画の関係者は政治過程と共同体の責任と集団的行動の性質について希望者に何も知らせていない。それは，この問題は既存の政治と経済の制度の枠組の中で，土地を再配分すれば簡単に解決できると云う世間知らずのまやかしの仮定に基づいているからである。

　農地改革とは似ても似つかないものであるが，ブラジル政府は，2001年に，農地改革を社会運動から独立させるアイディアとして，"郵送出願農地改革計画"とよばれる代替計画を案出した。この案でブラジル人に農地改革省へ土地要求のための願書を送るよう勧誘した。この省は出願資格がある人に確認された広大な未利

用地や空地から土地を配分することになっていた。驚くほどのことではないが，出願者は圧倒的多数にのぼった。しかし，実際に土地の配分がなされた形跡はほとんどない。研究者たちは，この願書が大きな山に積み重ねられたり，大きな束にしばられて，郵便局の隅で埃をかぶっている様子を話していた。この企画は進行しなかったし，将来も進展する見込がないことはほぼ確実である。それは，この企画はある点で世界銀行の計画に似ているが，それよりさらに馬鹿げていることが明らかだからで，農地改革のプロセスを根の深い社会変化の諸過程から絶縁しようとしているからである。ある人々は市場主動農地改革パイロット・プロジェクトと"郵送出願農地改革計画"を"処女受胎農地改革計画"と呼んできた。

　ブラジルの農地改革集落を実地見聞した際，人々は私たちに，「土地は入口にすぎない」，「土地は第1段階にすぎない」，「土地は手始めでしかない」とくりかえし強い調子で語った。なぜなら，彼らにとって，土地の取得は社会の非常に根の深いところからの変化がなければ本来成功しえないことがきわめて明瞭だからである。ブラジルの文脈では，他のほとんどの国と同様に，農地改革からその深い政治的意味を剥ぎとることは，その土台をつきくずし破壊することになるであろう。

　本書はいたるところで，ブラジルの不平等問題の根の歴史的な深さを強調してきた。その根を冷静に考慮せずに，世界銀行が提案するような，表面的で，非政治的な計画によって，ブラジルの不平等問題を解決しようとしても成果はあがらないであろう。最初に不平等発生の根になったサトウキビのように，不平等はその根から常に再生できる。改革がその根まで達するのでなければプランテーション制の本質と，それをめぐって成長するすべての悪は，古いなじみの形でも，新しい形でも再び発生するだろう。

　MSTとそのメンバーは，政府が参加する代りに提出した浅薄なまやかしの改革案を容赦なく指摘してきた。政府の活動についての彼らの批判の優れた点は，彼らが政治改革で，また農地改革に対する大衆の支持で勝ちとってきた多くの進歩を越えていることにある。彼らはまた最下層の市民さえ公開討論会や民主主義の活動に参加する社会的勢力になることができることを示してきた。市民権の創成は，MST内の人々もブラジルの農村の貧しい人々も，好むと好まざるとにかかわらず，国政に参画せざるをえない変革の過程である。絶えることなくMST批判を

第4章　MST(土地なし農民運動)の評価

表明し続ける多くの政治家や報道機関の関係者や民間人の苛立ちと忍耐は,民衆から排除されたり,疎外されたりする人々をはじめて適正に遇するために避けられないことである。いらだちは快適な生活を混乱させるきびしい結果である。それはブラジル社会に真に民主化の傾向が進展しつつある証明である。

　第1章で示唆したように,MSTはブラジル国は民主化すべきだと主張してきたが,この運動そのものは自分たちの組織の民主化に成功しているかどうか,疑問視している批評家が何人もいる。批評家の1人,ブラジルの社会学者ザンデル・ナヴァロは,土地闘争が暴力的行動を助長した結果,1986年以降,MSTのリーダーたちはカトリック教会の「大衆運動の考え方」から離れ,ますます中央集権的組織を指向するようになってきたと主張してきた[38]。MSTと接触して,私たちは意思決定に中央集権化が進行していることに,とくにその運動が初期には生産の集団化を指向していたことに注目していた。いくつかの農地改革集落で,MSTの影響力の大きなリーダーたちが大規模集団農場の開発を提唱していたが,農地改革集落の主要なメンバーはそれに抵抗していた。サンタ・カタリーナ州ではこの種の計画の1つから退去したMSTの入植者たちは,地方の運動のリーダーたちによって締め出されたと抗議していたが,自分たちは依然としてMSTのメンバーだと思っていた。

　しかし,全体として,この運動に参加することが政治的実践の見地から,圧倒的に建設的な経験であったと云うことは明らかである。MSTがメンバーに示すのは,集団を組織化することがどんなに強い力になりうるか,その実例であり,現行の組織を積極的に育成するために公開討論会を用意することである。MSTは毎年農地改革集落から国のレベルまでの集会を催し,そのメンバーが考えていることを探り,来るべき年のために活動と戦略を練っている。これはすでにブラジルにおける伝統的な政治の慣習を超える重要な前進である。MSTの入植者たちは自分たちで農地改革集落の協議会を運営しており,自分たちの権利として要求するサービスへのアクセスを協議するし,土地闘争を強化する大衆デモンストレーションに参加し,それをブラジルにおける民主主義のための闘争としている。

第8節　ブラジルにおけるMSTと市民社会

　MSTは、ブラジル人の生活や、"形ばかりで"中身のない民主主義の政治について、きびしい目を開かせただけではなかった。1990年代には労働党（PT, 1980年に正式に結成された）の党員はブラジルの最大級の都市の多くと、いくつかの州で公職に就き、行政の担当者になった。例外はあるが、PTの行政は比較的公正で、能力が高かった。保守的な報道機関でさえ、しばしば、労働運動を基盤にする政党が有能な責任ある行政に当たることができることを賛嘆してきた。PTは活気のある市民運動からアイディアと活力をひき出してきた。前に述べたように、より保守的なカルドーゾ政権と右翼諸政党はしばしばPTから政策のアイディアを自分たちのものとして採用してきた。たとえば貧しい家族に補助金を支給して子供たちが通学を続けられるようにする就学奨励金計画がその例である。ブラジル人はPTと市民のさまざまな運動が一緒になって、本当に変わることができることを体験し、最も効果的な変化の多くはファベーラや工場や農村地域の農地改革共同体に由来することを証明し始めた。

　PTは、また、住民参加の予算配分、参加型予算（OP）と云う急進的な制度を実験してきた。この制度のために住民は次年度予算を決める骨の折れる一連の作業に地方自治体の代表を参加させている。OPは地方自治体の予算の一部をカバーするだけであるが、この手法は草の根政治にとって急進的で将来有望な実験である。実際に住民が参加予算編成に参加するのはPTを代表する小数の人々だけであるが、多くの人々は、住民参加に大道があり、活発な市民を訓練する重要な踏み段があると感じている。たとえば、リオ・グランデ・ド・スール州のサランディの新しく創設された地方自治体ポントンPontãoでは、住民参加型予算編成の手法が採用されており、パコーテはこの地方自治体の議員の1人として、その成果を熱烈に歓迎している。「みんなが参加し、みんながどれだけ金があるのか、それがどこに使かわれるのかがわかると、苦情が大いに少なくなる」[39]、と云っている。

　PTに加えて、市民の創意の爆発と云えるものが、軍部独裁期の終り頃に起こった[40]。黒人の意識向上運動が精力的に盛り上がり、ブラジルは人種差別民主主義であるどころではないと云う指摘がはじめて現実のものとなった。それによってブラジルの人種差別主義はつきくずされ始めた。アフリカ系ブラジル人の政治家

ははじめて相当大きな数と力をもつようになり,目立った存在になってきて,ブラジルの政治に新しい活力を与えてきた。そのような人物の1人はベネディタ・ダ・シルバBenedita da Silvaで,彼女はアフリカ系ブラジル女性で,最も貧しいスラム・共同体の出身で,最近まで階級と人種の排除主義政治に苦しめられてきたが,非常に大きな指導と創造の能力を示してきた。リオ・デ・ジャネイロ州の知事の任期を果した後,彼女はルーラ大統領の内閣の社会事業大臣に就任した。ジルベルト・ジルGilberto Gilは黒人の意識向上運動を普及させることで大きく寄与してきた作詞作曲家であり演奏家で,文化大臣としてベネディタとともに閣僚会議で能力を発揮することになっている[41]。

　共同体の組織,その多くは黒人意識向上運動と密接に結びついており,ブラジルの古い伝統を頼りに形成されてきた。ブラジルの古い伝統では,音楽とダンスとカーニバルが相互扶助と共同体代表者選出の基礎を形づくっている。このような新しい組織は,たとえばサルヴァドールのオロドゥンOlodumやイレ・アシェIlé Axêのように,人々を政治的に統合するために,また共同体の企画のための費用を捻出するためや,独自の共同体組織をつくるために,都市の貧しい地区に由来する幻想的なアフリカ系ブラジル音楽を利用してきた。ニューヨークやロンドンでオロドゥンの演奏を見に20ドルの入場券を買う人々で,彼らがパウロ・フレイレ学校や診療所や共同体を支援するために演奏していることを知っている人はいないだろう。

　フェミニスト(女権拡張論者)の運動は,家庭と市民生活への女性の積極的な参加をさまたげるものを次ぎ次ぎに取り除いてきた。新しい法律が制定されて1980年代にはほとんど想像できなかった女性に対する多種多様な保護と機会が拡大された。女性はブラジル最大級のいくつかの都市の市長や州知事になり,女性の大統領候補がアメリカ合衆国でかつて考えられていたよりはるかに真剣に考えられてきた。

　同性愛者の権利要求運動が起り,いちじるしく活発になって,効果があがった。世界中のエイズ・アクティビストと公衆衛生局がブラジルの深刻なエイズ流行対策のための市民運動から学ぶために,ブラジルにやってきている。このエイズ対策のための市民運動はエイズに関するいくつかの公共政策の改善をもたらした。そ

の中にはカルドーゾ政権が南アフリカとともに強力に推進し成功したキャンペーンが含まれている。それは多国籍製薬会社がこの病気の治療薬製造に行使していた支配権に挑戦することであった。結果として協力することで意見が一致したことは世界中のHIV反応プラスの人々とエイズ患者に恩恵を与えることになる。

ブラジルの先住民の権利要求運動は,すでにみてきたように,ごく始めのころから土地のない人々の運動と密接にからみあっていた。先住民運動は意欲的に続けられ,ヨーロッパの大国並みの広大な森林地域の保護区を実現してきた。この運動は法律で保護されているにもかかわらず開発から保護区を実際に守るための日々の,そして困難な戦いである。この戦いを理解するためには,土地のない貧しい人々の絶望と権力者の刑事責任免除のためと云う基本的なテーマにもどることが必要である。MSTと先住民の権利要求運動は時には抵触してきたが,ほとんどの場合,彼らは協力して活動している。MSTの戦略は先住民の権利を護ること,アマゾン全域の農地改革集落を縮小すること,土地はもちろん強欲な大土地所有者にではなく,インディオに返すのが賢明だと認めている。

土地のない人々と先住民の権利要求運動とが結びついたのは,シコ・メンデスが始めたゴム樹液採取業者連合であった(第3章参照)。協力して活動する3つの運動は,環境の劣化した部分をめぐって互いにあらそっている貧しい人々から離れて戦いを評価しなおすことで,また,土地のない人々とインディオと,ゴム樹液採取業者を犠牲にして,ブラジルの景観をいたましいほどに強奪する大土地所有者の基本的パターンに挑戦することで,決定的に重要な役割を果たしてきた。

ブラジルの環境保護運動は急速に成長してきた。先住民の組織とゴム樹液採取業者の組織との提携はブラジルの環境保護論者の多くを合衆国の環境保護運動ではほとんど見ることができない生態学的問題の社会的基礎の解明に導いてきた。いくつかの特別の場合には,さきにみたように,環境保護論者はMSTの入植者との特別な企画で共通の原因を直接みつけてきた。

他方,環境保護論者の野営地には,土地のない人々の運動を表面的にしか理解していない人々がいる。最も一般的な誤解の1つはブラジルの土地のない人々はだれもMSTを通じて活動していると云うものである。この仮定にもとづいて,土地のない人々は,いつでも,ブラジルのどこかで森林を伐採していると非難されてお

り，アマゾンにおける土地のない人々の圧倒的な割合と，またブラジル全体で大きな割合の人々は，MST以外で活動していると云う事実と，土地のない人々の問題の本質についてのMSTの分析が，既存の農地の配分のために森林を開墾することに一貫して反対するよう指導してきた事実を無視しているのである。MST入植者による森林伐採の事例のいくつかは，この組織の政策と卓越した慣習についての不公正な一般的説明に利用されてきた。大きな都市の中産階級と上層階級の環境保護運動の基盤は，また，MSTとの協力を維持するのを若干困難にしてきた。そのような困難にもかかわらず，多くの環境保護論者と彼らの組織は，環境の質の低下と土地のない人々の問題とは関連していること，およびMSTを誠心誠意支持していることとの間には関連があることを理解している。

「土地のない人々」の運動は，屋根なし(sem-teto)とよばれるホームレスの人々の運動の対語として生まれた。いくつかの場所では屋根なしがMSTと緩慢に提携し，他の場所ではごく自然に，小さい組織として提携して活動し，空き家や小さな土地を占拠したり，政府の庁舎にすわりこみをしたりしてきた。また明らかにMSTに激励されて都市の環境に適した戦略を実施してきた。

人々はストリート・チルドレンを援助するために数多くの組織を発足させてきた。広く信じられているのとは違って，ストリート・チルドレンのほとんどには家族と住居がある。不幸なことに，その住居と家族にはストレスと飢餓と不和に満ち溢れ，家にいるよりストリートの方が快適だと思われているらしい。いくつかの組織は子供たちが欲しがっているものを提供する救援活動をしようとするため，この問題は発生するものの，政治と経済の問題にインパクトを与えることはほとんどない。他のいくつかの組織は社会一般の恐るべき不平等と，それ以上に公的政治と私的投資の戦略の不平等と云った問題の起源の解明に真剣にとりくむようになってきた。この問題の研究は，必然的に農村の貧しい人々が，生活改善の機会が不足している都市へ移動し，その機会をほとんど見出せないと云う深刻な状況にまで立ち入らざるをえなくなる。

これらの新しい組織の多くは，民主主義を新鮮味のない，多くの期待がもてない選挙という形式によってではなく，日常の習慣にさせることによって，古い文化と政治のパターンを壊してきた。気が滅いるような貧困と不公正の中にあって，そ

れはブラジルの国情を改善するために創意に満ち,好意的で,政治的に真剣な努力で不思議なくらい生き生きとしている。貧しい人々と社会から排除された人々の姿,彼らの人柄や能力やブラジルに対してどんな貢献をすることができるのか,そのイメージそのものが徐々にではあるが根底から変わりつつある。道のりは非常に長いし,現在の方向が逆転しないと云う保証はないけれども,ブラジルの雰囲気はエクサイティングであり,しばしば非常に期待にあふれている。

　MSTは孤立して活動しているのではないし,単独で活動しているわけでもない。MSTの活動は,広範な活動との関連ぬきで理解しようとしたり,評価してはならないものである。社会変化と民主化の過程の一部だからである。MSTを孤立的現象とみれば,その活動は失敗を運命づけられた空想的で非現実的なものと解されよう。広大なブラジルの景観の中の貧しい農民の孤立した共同体として,MSTのメンバーは思いやりのない大土地所有者の古い慣習と腐敗した都市の政治家と多国籍企業のために,遅かれ早かれもとの土地のない労働者と分益小作人にもどされてしまうと当然予想されるだろう。

　しかし,広範な政治的協力関係と,大規模な社会変化の一部とみれば,この運動は非常に有望であるようにみえる。MSTの活動を通して私たちがみてきたのは,この運動が教会や,労働組合や先住民の組織や,ゴム樹液採取業者の労働組合や諸々の政党の人々の間で並行している運動とどのように結びついてきたか,またどのような利益をえていたかと云うことであった。MSTは多くの危機にこれらの人々の間で主導的な役割を果たしてきた。これらの人々がいなかったら,MSTの今日はなかったし,MSTの将来にも希望はないだろう。

第9節　国際的関連におけるMST

　このブラジルのストーリーは単純なものではない。MSTは常に国際組織と協力し,国際的関連の中で活動してきた。その関連のいくつかは非常にネガティブであった。たとえば,アメリカ合衆国政府とさまざまな国際組織が絶えず,低社会的支出と規制許容政策と,大規模な国際的投資家を小規模農民と地方の企業家より優遇する傾向がある貿易政策を実施するよう圧力をかける「ワシントン・コン

センサス」の履行などがその例である。ワシントン・コンセンサスとアメリカ合衆国の諸機関と大学が推進する農業研究は世界全体に巨大な影響を与えており、それもまた、資本集約的で大規模農業経営体を小農民より優先している。その主張は、遺伝子工学でつくられた作物は世界の貧しい人々の食料問題の解決策といえるが、MSTと小規模農民の組織は、この種の作物を大企業が農業生産の支配をさらに進めるための主要な手段としているので、貧しい農民が農業にとどまることは難しくなっているとみている。

　しかし、国際的関連の多くは、MSTとブラジルの農地改革の運動を支持してきた。カトリック教会と1960年代の第2ヴァチカン公会議とヨハネ23世が始めた改革は、ブラジルで、土地のない人々が自衛と自分たちの利益を主張するために協力するのを援助するため、聖職者と平信徒の活動家のために国際的な財団を設立した。カトリック教会における保守派はこの活動に反対した。現在の教皇はあきらかに反対派に属しており、ブラジルの解放神学のリーダーと聖職者の活動家を処罰することに非常に積極的であった。しかし、ブラジル国の司教会議は土地司牧委員会CPTを直接支援し続けており、MSTを間接的に支援しつづけている。

　世界中の多くの組織がMSTに精神的支援を与えてきた。いくつかの組織は助言と資金援助をしてきた。キューバはMSTの個人に保健と教育の訓練を行なった。いくつかのヨーロッパの政府は、外国援助と補助金計画のリストにMSTを加えてきた。スウェーデンの国会とさまざまな国際組織はMSTを表彰した。合衆国に本拠があるMSTの友とよばれる集団は、合衆国の草の根活動家とMSTとの連帯関係をきづくために組織された。

　この援助は同じく重要であったが、全国組織としてのMSTが援助への依存を避けてきた度合はきわだっている。このことは個々の農地改革集落ではさらに目立っており、そこではあらゆる資材が入植者自身がもたらしたものであったり、政府の農地改革省から得られたものである。いくつかの州の政府もまた重要な資材を提供してきた。

　それにもかかわらず、多くの農地改革集落では、人々は少なくとも、ある程度、IMFや世界銀行などの組織が彼らの運命にネガティブな影響を与える恐れがあることに気づいている。しかし、彼らはまた、外国人と外国の組織の支援から、た

とえ言葉だけであっても、大きな勇気をえている。農地改革にとって、貧しい人々と貧しい国々に好意的な国際提携に参加することは重要である。農地改革集落や州や国家の機関では、家族農民の国際組織、ヴィア・カンペシーナ Via Campesina への参加は、世界中の同じ考えの組織と提携することと改革の経験を共有することはMSTにとって活動を活発化するうえで有効な手段なのである。MSTは、参加しているヴィア・カンペシーナや他の国際組織では、広く尊重されており、賞讃されている。他の諸国の組織はMSTの活動と政策を慎重に研究してきた。

　軍事政権と合衆国の軍事政権支援の記憶は、依然としてブラジル人の政治意識で鮮明である。本書の執筆中に、ブラジル政府は、軍事政権が行なった逮捕、拷問、殺害の詳細な記録文書を警察がついに開示することを公表した。これは明らかにあの時代の怒りと苦痛を思い出させるだろう。ニカラグアにおける合衆国のコントラ戦争と合衆国のパナマとグラナダへの侵入もまたやっかいなものである。合衆国の「コロンビア計画」に資金援助されたコロンビア政府の反ゲリラ活動は、MSTのメンバーには、ラテンアメリカのエリートと合衆国の地政学的関心と国益のために続けられる介入と解されている。

　イラクにおける湾岸戦争、国連のイラク制裁、2003年の合衆国のイラク戦争もまたブラジル経済に大きな損害を与えた。それはイラクはブラジルの主要な貿易相手国で、イラクの石油とブラジル製の機械類、携帯武器、家畜その他の農産物が交換されていたからである。合衆国の対外政策が他の諸国に与えたこのような被害は、合衆国の計算法では考慮されない。それがあらゆる政治的状況でブラジル人を悩ませている。サダム・フセインについての利害関係を合衆国と共有している人々さえもである。ブッシュ政権の攻撃的な声明と行動、それは合衆国は唯一の超大国であり、今やかつてのような「冷たい戦争」と呼ぶものではなく、反テロ戦争の名で、あの偉大なる国際的地位を維持するためにはいかなる処置もするだろうと主張しているが、この声明と行動も厄介なものである。ブッシュの声明は、合衆国と関係ない人々がそれに反対していても、MSTのメンバーと他の多くのブラジル人には関係がある。

　2001年9月11日の1週間後、週刊誌ヴェージャ Veja の表紙は世界貿易センターに1台の飛行機が火の球となって突入しようとしている写真を掲載し、「攻撃を

受けやすく傷つきやすい帝国O Imperio Vulnerável」と云う表題をつけている。今や, アメリカ合衆国の政府は自己防衛のために悲憤慷慨し盛りあがって, 帝国らしく行動しているようにみえるが, ブラジル人にとって, とくにMSTのメンバーにとっては, 合衆国が軍事クーデターとそれに続く長期の独裁政権を支持した記憶と, 農地改革と急進的な農村運動を大いに恐れたことが一つになって, 真剣な農地改革に答える合衆国の行動に対する深い不信と恐怖に似た信条になった。この文脈を, MSTをよく知っている合衆国の人々がいることと, ブラジルへの合衆国介入の可能性と勢いを縮めようとしている人々がいることは, MSTのメンバーにとって非常に重要である。

　他の人々はMSTのためにどんな援助ができるかとたずねると, MSTのメンバーとリーダーの答えは多種多様である。MSTは資金援助とブラジルあるいは海外でMSTの要求と計画で活動するボランティアーを歓迎している。しかし, それらの大部分が積極的に彼ら自身の国で社会的政治的変化のために働く人々の重要性を重視していることに, 私たちは感動してきた。MSTに対する直接の支援の期待と懇願はおどろくほど少ない。その考え方によれば, MSTは, 他の国々における協力者が彼ら自身の社会を改善する時, 最も利益が多いと云うことである。もちろん, この役割は他の政府, とくに合衆国の政府が彼らの影響を世界で行使する仕方を改めることに関係がある。しかし, MSTは常にそのイデオロギーと政治の方針を自ら立案すると主張してきたので, 政治の変化を前進させる仕方を他人に語ろうとはしなかった。それは自分自身の仕事であり, われわれはみな独自の仕方を発見しなければならないのだ, と云うことである。

第10節　MSTの子供たちとその将来

　MSTに関心がある誰れにも魅力があり重要だと思われる1つの問題がある。その問題にはとりわけ, 入植者自身が深い関心がある。MST農地改革集落で成長する子供達は農地改革を発展させていくのに十分な数, その農地改革集落に留まるだろうか？農地改革集落の子供たちの多くは, 両親の子供時代より健康にめぐまれており, あらゆる問題に直面しながら広い世界でよく生きるための準備をはる

かによくしている。彼らは成人すると大挙して農地改革集落から出て行こうとしはしないだろうか？その結果，MSTと農地改革は，ブラジルの歴史にあわれな名をとどめるエピソードになってしまわないだろうか？

　私たちはこれまで，この問題にしっかり答えてこなかった。他の人々も同様であった。それについてのわれわれの情報はすべて矛盾している。子供たちの中には，MSTのすべてを真に理解しており，その組織と理想に堅く忠誠を誓っているものもいる。1996年以後，MSTはセン・テリーニャ Sem-terrinha（土地をもたない農民の子供たち）の集会を毎年実施してきた。MSTの入植者の子供たちがそこに集められ，現在行われている土地闘争のことが教えられている。子供たちはMSTの歌を歌い，MSTの由来を聞く。多くの人々は文字通り警察と直接対決してきたし，彼らの共同体を破壊しにやってきた殺し屋と渡り合ったことがあった。その住居を護っていた愛する人々が暴力のために死んでいったのをみてきた子供たちも少なくない。程度に差こそあれ，子供たちはMSTにおける両親の闘争の歴史と，土地のない人々の運動の将来について教えられつつある。多くの子供たちは家畜を可愛がり，好きなところを歩きまわる自由を愛している。私たちは子供たちがビデオ・ゲーム遊びをしているのをみたが，若いティーンエージャーは鉄の蹴爪をつけた闘鶏を土曜日に闘わせるために，闘鶏を専用の袋に入れて畑中をもって行くのをみてきた。あるものは農業で成功するのに何が必要かを学んできて，自分たちの農場を大切に改良し続けていた。

　この農地改革集落では多数の若者たちが勉強に専念しているが，それは，それによってこの集落を出て，都会で良い職につき，たのしい生活が送れるようになれるためである[42]。多くの両親は子供たち以上にそうなるのを見たいと心に決めている。彼らは土地の取得を，子供たちを田舎からできるだけ早く脱出させるための高速道路を用意すること，つまり成功への道を開くメカニズムとみなしている。MSTの子供たちは両親より豊かな家庭で成長しており，テレビや映画やコンピューターで，都会生活の大々的な宣伝にさらされている。MSTの多くの人々が絶えず抱いている気がかりは，家族，両親と子供たちが，土地を受け取るやいなや個人主義者になり，この運動に無関心になりがちだと云うことである。

　ところが，子供たちの中には，教育を多くうけるにつれて，異常と思えるくらい

第4章　MST(土地なし農民運動)の評価

にMSTの意義を高く評価するようになるものもいるのである。しかし同時に送り出そうとする力も執拗につきまとっている。たいていの両親は子供たちが家にとどまって家族や集落やMSTを助け生活を楽しくしてくれることを強く望んでいるが,同時に子供たちがどこか他処で豊かに生活できることを期待しているのである。私たちの観察は,不思議なことではない。たいていの子供たちは家族や地域社会への忠誠と田舎の気楽さと都会での違った暮し向きへの期待との間で頭を悩ましている。この相反する感情の葛藤から予想できない出来事が非常に多く生じるらしい。

　私たちは,天気が驚くほど冷たい雨に変わった真夏のある土曜日に,サランディの2人の子供をみて,その将来性に少し元気づけられた。彼らはMST附属の学校と,私たちが部屋とまかないを提供されていた研究センターの管理人の家族の子供たちであった。この家族はその校舎に並んだ牧草の繁った農場で乳牛と豚と兎を飼い,若干の列状作物と野菜を有機栽培する大きな畑をもち,罐詰とチーズを間断なく製造する設備をもっている。このたくましいドイツ系ブラジル人の家族はみんなが懸命でいつも元気に,働いていた。2人の少年は両親が用事をするために町へ行っている間中,家に残って家畜の世話をしていた。それが終わると自分の時間になった。

　彼らは自分の時間に何ができるか話し始めた。幼年時代には誰でもそうだったと思うが,彼らの話題は乱雑にうつりかわったが,あることの記憶は思い違いであることがわかったり,いささか愚痴っぽい話しぶりになったりした。最後に,11歳の少年が熱心に話した。「テレビを見ようと云ったことを憶えている」。8歳の少年は,他の人がテープをとりに行った間に,年上の少年が,学校のテレビとビデオ・カセット・レコーダーをセットすると云ったのに熱狂的に賛成した。私たちは話をしなかったので,どんなテープを取りに行ったのか聞かなかった。

　私たちにはあまり関係がないことであるが,どんなビデオを彼らは熱心に楽しんで待っているのか,静かに議論しながら想像していた。シュワルツネッガーの映画からハリウッド・ロマンス,アニメ映画まであらゆるテープがブラジルのこの地域では容易に手に入るので,さまざまなことが想像された。思い出せる限りでは,その中で最も目立ったものはターミネーターⅡと漫画映画であった。

あるテープが機械に装入されると、少年たちはそれを熱心にみつめていた。2時間のショウの間、彼らはそれについてその理解力を示すコメントをあれこれしていた。それは「小規模農業の経営」と云うテープであった。

第11節　補遺：ルーラ政権

　私たちがこの原稿の仕上げをしていた時、ルイス・イナシオ・ダ・シルヴァ Luis Inácio da Silva、つまりルーラLulaがブラジルの大統領に就任した。土地のない人々の運動が創設された最初に、ルーラがナタリーノ野営地を訪問してから20年以上たっている。その時、彼は、プラスチックのシートと材木のくずでできた天幕に住んでいた人々に、君たちはブラジルで最も重要な社会運動をしているのだと激励したのであった。

　ルーラの言葉は政治家のアジテーションをはるかに超える重みがあった。彼自身ペルナンブコ州の貧しい農家の生まれで、幼年時代にサンパウロにやってきて靴みがき少年になった。その後ボール盤を操作する職工になったが、彼は常に労働運動に活発に参加していた。この国が権威主義の軍事政権の支配下にあった時でもそうであった。1978年と1979年にルーラはサンパウロ州の工業地域で大規模な自動車製造労働者のストを主導した。それは軍事政権を終焉にみちびいたほど重大なものであった。1980年にルーラは労働党(PT)の創立を支援し、その初代の総裁になった。最初からルーラはMSTを支持し、ブラジルにおける農地改革の必要性を強調してきた。

　労働党が結成されてから最初の22年間、ルーラは4度(1989年, 1994年, 1998年, 2002年)ブラジルの大統領選挙に立候補した。ルーラは何年にもわたって大統領選挙の運動を行ない、その訴えを広げようと努力したが、その都度、MSTはその党を支持することを表明したが、MSTは公式の政治から独立したものであるという立場を堅持していた。MSTのリーダーたちはくりかえし、その運動は、執行部に誰がいようと農地改革のために精力的に闘い続ける方針だと声明した。同時に、MSTのリーダーたちとメンバーたちはともに労働党の候補者と政策を熱心に支援した。MSTのリーダーたちは、1993年にルーラが北東部で遊説していた時に

第4章　MST(土地なし農民運動)の評価

は,バスを仕立てて入植者に彼の有名な演説を聞かせに行った。

　2002年のルーラの選挙戦は熱気が高まり,大統領当選の可能性はますます高まっているようにみえたが,その時,人々はルーラが以前より身近になったので,彼らの期待を大声で叫ぶのをためらうようになり,MSTの公式の態度は混乱した。一方,ジョアン・ペドロ・ステディレはインタビューをくりかえし,ルーラの選挙運動の背後にあるイデオロギーはMSTを支持していると表明した。フォーリャ・デ・サンパウロ紙に公表されたインタビューで,彼は「われわれの最大の関心事は候補者の演説ではない。各候補が表明する社会への影響力である。それゆえ明瞭なことは,この国の真の変化を望む社会的影響力を代表する候補者はルーラ唯一人である」と云った[43]。同じインタビューでジョアン・ペドロ João Pedro は,ルーラに投票するつもりだと云い,「国会で審議はされなかったが,社会的で好戦的なものすべて,ヴィア・カンペシーノの他の運動のようにMSTはルーラを支持し,彼の勝利のために選挙戦に参加している」と云っている。

　他方でMSTのリーダーたちにはルーラ大統領についてはいくつかの懸念があった。それは大統領候補を選ぶ時期に他の候補者を支持するよう指揮したことに関係がある。彼らはPTのラップドッグ(ひざにのせられる愛玩用の小犬)とみなされることを望まず,アメリカ合衆国に来た活動家たちは,2002年の選挙の際,身のひきしまるような疑問に直面し,MSTの政治的独立性を強調した。MSTは,また,ルーラは選挙に勝っても,事態を巧みに乗り切る余裕がほとんどないのではないかと懸念した。4人の大統領候補者はカルドーゾ大統領を含めて,当選したらIMFから外債の支払いを続ける用意があると意志表示するよう強要されていた。ルーラは取り組まなければならない高水準の外債の支払いのために,社会改革に関する公約を果すのが非常に困難になるのではなかろうか。それゆえルーラは農地改革を推進する政策を実際に採択するかどうか疑問だとMSTは心配したのであった。しかし,懸念はいくつもあったけれども,MSTのメンバーは結局,盛んになるブラジルの社会運動にかかわっている他の人々とともに,彼らが長い間支持してきたルーラが大統領に就任したことで,ブラジルに新しい政治が始まると明言している。ルーラは彼らの期待に答えることができるだろうか？彼は非常に多くの支持者を喜ばせなければならない時,農地改革を優先するだろう

か？それとも，彼らの期待と国際的金融機関のきびしい要求との間で苦悩して希望を失なってしまうのではなかろうか？

　まだ早いけれども(これを私たちは2003年の春に書いている)，農業と農地改革に関するルーラの政策について予想される兆候は決定的に混乱している。ルーラは農地改革を統轄する内閣の大臣にミゲル・ロセットMiguel Rossettoを任命した。ロセットは労働党のメンバーで，MSTの友と考えられており，ずっと以前からの小規模農業と土地改革の強力な擁護者である。そのうえ，ルーラが今日まで最も広く宣伝してきた飢餓ゼロ計画(Fome Zero)は，ジョゼ・グラジアノ・ダ・シルバJosé Graziano da Silvaの指揮下にある。彼は農地改革の友として知られてきた農村開発に関する卓越した教授である。しかし，グラジアノ・ダ・シルバについては彼が農地改革は経済計画ではなく，社会の計画と政策と考えるべきであると，くりかえし主張したことを懸念している人々もいる。2003年の元旦に，ルーラ自身，農地改革を大統領就任の教書の第一に重要なトピックとして，熱をこめてかなり長く表明した。ミゲル・ロセットはその結果，次のように云った。「彼は土地占拠がもっと行われることを期待している。ルーラ政権はカルドーゾ政権よりもっと彼らに好意的であると予想される」。

　他方，ルーラはロベルト・ロドリゲスRoberto Rodriguezを農業大臣に任命した。ロドリゲスは国際ビジネスに関係しており，大規模で高資本集約的な輸出指向の農業政策を擁護すべく精力的に発言している。このような政策に政府が重点をおくと云うことからは，ブラジルは，その負債支払いの資金を調達するための外貨を農産物の輸出に大きく依存する状態を継続する方針であると推察される。このような政策が農地改革を重視する政策と矛盾しないでいることがどうしたらできるだろうか，予想することはむずかしい。

　私たちは2003年の早い時期にジョアン・ベドロ・ステディレやいくつかの農地改革集落の農民を含むMSTのメンバーとインタビューしたばかりか，学者専門家とも話しあって，同じ分析を試みた。この分析は，いくつかの新聞と雑誌にも掲載された。最初の点はルーラの政党は社会主義の政党であるが，その政権は社会主義の政権ではないと云うことであった。むしろ，それは「国民統合」の政権であり，その権力は，一部，ブラジルで最も影響力のある資本家たちの重要な党派の支

持に負っていると云われた。ブラジルで最も影響力のある資本家たちがルーラを支持したのは，彼らが不平等こそブラジル最大の問題であると云うことで意見が一致しているからである。彼らの一致した意見では，不平等が本書で論じられたすべての理由のために国の発展をおくらせていると云うことである。皮肉にも，最も生産力が高い大規模生産者はルーラの支持者になっていると云われている。この分析では，経済成長は農地改革を含む社会改革を実現するのに必要な資金を産出するのに不可欠なものなのである。

　この分析によれば，その所有地を有効に利用していないため，法的に収用の対象になっている約27,000人の大土地所有者の集団がある。「これは，次の数年の間にわれわれが実施を準備している農地改革に必要な土地を用意するのに十分な広さがある」とステディレは云っている。この分析によればより生産的な生産者はこの27,000人を保護することには関心がない。この農地改革集落で私たちが話しあった人々は次のような見地からこの状況を説明した。「1年のうちにわれわれはルーラ政権にこの改革を実施するのに必要な権限を与えるために動員されるであろうことを十分了解している。われわれは彼がもとめる支持を街頭でのデモンストレーションと土地占拠の波で確保するつもりだ」。

　ジョアン・ペドロ・ステディレは，MSTとルーラ政権との（そしてロセットおよびロドリゲスとの）対立は，ブラジル全域の小規模農民が，価格支持，金融，生産奨励策の全国組織が家族農業経営体を大きく差別していることと，農地改革はこのような地域における構造の大改革が行われなければ生き残れないことがわかった時に起るだろうと，その見解を詳細に説明した。農地改革を担当する大臣は農業大臣と対決しなければならない。この対決で勝つのはどちらか一方だけであるらしい。ジョアン・ペドロ・ステディレはさらに次のように続けた。「この対決はいずれ起こるだろうが，いまのところは起こるとみなくてもよい」。いずれこのシナリオで土地の大規模な再配分が行われることになるだろう。

　このコンセンサスのおおまかさから明らかなことは，ルーラ政権内に意見の不一致があり，それを支持する人々の間での意見と利害関係の対立が存在することである。ルーラ政権の初期には，非常に異なる目標をもつ人が多く，その政権が達成できることについて，人々は高揚した楽観主義をわかち合っていた。少なくと

も，ブラジルの歴史ではまれにしかみられなかった顕著な国民統合の感情が存在した。この統合感情が不平等と云うブラジルの頑強な宿痾に目覚めた時，どんなことが起るだろうか？ブラジルの脆弱な民主主義の歴史の次ぎのページは疑いもなく緊張と興奮の歴史であろう。ともあれ，MSTの人々が重要な役割を演じるであろうことは疑いないと思われる。

注

序章

(1) Ricardo Mendonça. 2002. "O paradoxo da miseria." *Veja* 23, January: 82-93. 資料, IPEA (応用経済研究所) ブラジル計画省による。

(2) IBGE (ブラジル地理統計院).1990. *Estatisticas Historicas do Brasil*, 2nd ed. Rio de Janeiro: IBGE, 318-319. これらの数値は1985年MST創立時のもの。最近の詳細なデータと議論についてはINGRA/FAO (国立植民と農地改革院／国連食糧農業機関) 2000年を参照が必要。Carlos Enrique Guanziroli and Silvia Elizabeth de C.S. Cardim "Novo Retrato da Agricultura Familiar: O Brasil Redescoberto," Brasília: INCRA, 16-26

第1章

(1) プラコトニク夫妻 (ジョゼとアニル)。2001年1月サランディにおける著者の面接。

(2) Argemiro Jacob Brum, 1988, *Modernizacão da Agricultura: trigo e soja*, Petrópolis, Rio de Janeiro: Vozes; José de Souza Martins, 1984, *A militarizacão da questão agricola*, Petrópolis, Rio de Janeiro: Vozes; José Graziano da Silva, 1983, *Modernizacão dolorosa*, Rio de Janeiro: Zahar.

(3) 軍部独裁を達成するまでの経過と独裁そのものに関する議論については以下参照。Thomas Skidmore, 1967, *Politics in Brazil: An Experiment in Democracy:1930-1964*, New York: Oxford; Thomas Skidmore,1988, *The Politics of Military Rule in Brazil, 1964-1985*, New York: Oxford; Ronald M. Schneider, 1991, *Order and Progress: A Political History of Brazil*, Boulder, Colo.: Westview Press; Joseph M. Page, 1972, *The Revolution That Never Was: Northeast Brazil, 1955-1964*, New York: Grossman; Phyllis R. Parker, 1979, *Brazil and the Quiet Intervention, 1964*, Austin: Univ. of Texas; Maria Helena Moreira Alves, 1985, State and Opposition in Military Brazil, Austin: Univ. of Texas.

(4) この体制の抑圧的活動については以下参照。Dom Paulo Evaristo Arns, et al., 1985, *Brasil: Nunca Mais*, Petrópolis, Rio de Janeiro: Vozes; and Maria Helena Moreira Alves, *State and Opposition in Military Brazil*. 報道機関の検閲について, Joan Dassin, 1982, "Press Censorship and the Military State. in Brazil," in Jane L. Curry and Joan Dassin, eds., *Press Control around the World*, New York: Praeger Publishers. Thomas Skidmoreはメデシ政権下の抑圧を次の著書で考察している。*The Politics of Military Rule in Brazil*, 125-135, そしてRonald M. Schneiderも次の書籍で簡潔に検討している。*Order and Progress*, 259-264.

(5) Maria Helena Moreira Alves. *State and Opposition in Military Brazil*, 103-138.

(6) Jaime Sautchuk, et al., 1978, *A Guerrilha do Araguaia*, São Paulo: Editora Alfa Omega; Fernando Portela, 1979, *Guerra de Guerrilhas no Brasil*, São Paulo: Global Editora; Wladimir Pomar, 1980, *Araguaia, O Partido e a Guerrilha*, São Paulo: Editora Brasil Debates; Maria Helena Moreira Alves, *State and Opposition in Military Brazil*, 120-123.

(7) 1960年代のブラジルにおける教会の役割は以下の文献参照。Emanuel de Kadt, 1970, *Catholic Radicals in Brazil*, London: Oxford. A later work is Zilda Gricoli Iokoi, 1996, *Igreja e camponeses: Teologia da Libertacão e Movimentos Sociais no Campo Brasil e Peru, 1964-1986*, São Paulo: Hucitec. ブラジルで最も強力な解放神学者による基礎的研究 Leonardo Boff, 1987, *Teologia do Cativeiro e da Libertacão*, Petrópolis: Vozes. おそらく解放神学について最も広く読まれている労作 Gustavo Gutierrez, 1987, *Teologia da Libertacão*, Petrópolis: Vozes. 解放神学の教会とMSTの起源との特別な関係に中心をおく議論に関しては以下参照。João Pedro Stédile and Bernardo Mançano Fernandes, 1999, *Brava Gente: A Trajetoria do MST e a luta pela terra no Brasil*, São Paulo: Editora Fundação Perseu

Abramo.

(8) ブラジルにおける土地所有に関する資料は, IBGE (Instituto Brasileiro de Geografia e Estatistica), 1990, *Estatisticas Historicas do Brasil*, 2nd ed, Rio de Janeiro: IBGE; IBGE, *Censo Agropecuario, 1995/1996*, Rio de Janeiro: IBGE.

(9) José Armando da Silva (Zezinho). 2001年1月サランディにおける若者たちの面接記録。

(10) この時代における政治の変化の多様な解釈については以下参照。Ronald M. Schneider, *Order and Progress*; Thomas Skidmore, *The Politics of Military Rule in Brazil*; Maria Helena Moreira Alves, *State and Opposition in Military Brazil*.

(11) 軍事政権が次の体制づくりのために展開した経済政策の欠点と経済と政治への挑戦について述べた一連の論文が次の著書で見ることができる。Lawrence S. Graham and Robert H. Wilson, 1990, *The Political Economy of Brazil: Public Policies in and Era of Transition*, Austin: Univ. of Texas.

(12) この節に含まれているエンクルジリャーダ・ナタリーノにおけるいくつかの事件の説明は4つの資料に基づいている。いくつかの事件の最も詳しい説明は以下の資料に最も大きく依存している。Telmo Marcon, 1997, *Acampamento Natalilno: Historia da Luta pela Reforma Agraria*, Passo Fundo, Rio Grande do Sul: Editora da Universidade de Passo Fundo; Bernardo Mançano Fernandes, 2000, *A Formacão do MST no Brasil*, Petrópolis: Vozes; João Pedro Stédile and Bernardo Mançano Fernandes, 1999, *Brava Gente: A trajetoria do MST e a luta pela terra no Brasil*, São Paulo: Editora Fundacão Perseu Abramo. 先に述べたように2001年1月に私たちはサランディにおいて一連の面接調査に参加した。Sue Branford and Jan Rocha, 2002, *Cutting the Wire: The Stoly of the Landless Movement in Brazil*, London: The Latin American Bureau. これらの資料はほとんど矛盾がないが、私たちが頼りにしてきたマルコンの最も詳しい説明とごく一部いくつがうところがある。エンクルジリャーダ・ナタリーノに最初に野営地を設定した日についての彼の日付けは別として、マルコンの誤りは明らかで、他の資料と他の事件についての彼の日付けは明らかに誤っている。

(13) Telmo Marcon. *Acampamento Natalino*, 49.

(14) Eleu Shepp. 2002年1月サランディでの著者たちによる面接。

(15) Padre Arnildo Fritzen. 2003年ロンダ・アルタでの著者たちによる面接。

(16) Telmo Marcon. *Acampamento Natalino*, 56.

(17) José Armando da Silva. サランディで2000年1月に著者たちと面接。以下も参照。Stédile and Fernandes, *Brava Gente*, 15-30.

(18) Telmo Marcon. *Acampamento Natalilno*, 53.

(19) Angus Wrightの論文によるブラジルの土地法の歴史の分析(Angus Wright, "The Origins of the Brazilian Movement of Landless Rural Workers," a paper delivered at Latin American Studies Association in September 2001, Washington,D.C.)。この論文に用いられた資料が次の著書にも含まれている。Paulo Guilherme de Almeida, 1990, *Aspectos Juridicos da Reforma Agraria no Brasil*, São Paulo: Hucitec; Fabio Alves, 1995, *Direito Agrario: Politica Fundiara no Brasil*, Belo Horizonte: Editora del Rey; Paulo Tominn, 1991, *Institutos Basicos do Direito Agrario*, São Paulo: Saraiva; James Holston, 1991, "The Misrule of Law: Land and Usurpation in Brazil," *Comparative Studies in Society and History* IV: 695-725; Raymundo Laranjeira, 1999, *Direito Agrario Brasileiro: em homenagem a Memoria de Fernando Pereira Sodero*, São Paulo: Ed. LTr.; Fernando Pereira Sodero, 1990, *Esboco historico da formacão do direito agrario no Brasil*, Rio de Janeiro: FASE; Juvelino José Strozake, org., 2000, *A Questão Agraria e a Justica*, São Paulo: Ed. Revista dos Tribunais; Giralomo Domenico Trecanni, 2001, *Violencia e Grilagem: Instrumentos de Aquisacão da Propriedade da Terra no Pará*,

Belém: Universidade Federal do Pará; Emilia Viotti da Costa, 1985, *The Brazilian Empire: Myths and Histories*, Chicago: Univ. of Chicago; Angus Wright, 1976, *Market, Land, and Class: Southern Bahia, Brazil, 1890-1942*, Ann Arbor, Mich.: University Microfilms.

(20) Republica Federativa do Brasil, Ministerio do Desenvolvimento Agrario, Instituto Nacional de Colonizacão e Reforma Agraria. 2001. *Grilagem de Terra, Balanco 2000/2001*. Brasília. The Study is available on the ministry's web site, www.incra.gov.br

(21) Special agrarian supplement of *Estadão de Sao Paulo*, August 26, 2002.

(22) Angus Wright. *Market, Land, and Class*, 67-77.

(23) Warren Dean. 1995. *With Broadax and Firebrand: The Destruction of the Brazilian Atlantic Coast Rainforest*. Berkeley: Univ. of California, 147-148.

(24) Emilia Viotti da Costa, *The Brazilian Empire*, chapter 4; Angus Wright, *Market, Land, and Class*, chapter 3.

(25) Aurelio Buarque de Hollanda Ferreira. 1964. *Pequeno Dicionario Brasileiro da Lingua Portuguesa*, 11th ed. Rio de Janeiro: Ed. Civilizacão Brasileiro.

(26) James Holston. "The Misrule of Law," 695, 722.

(27) Fernando Pereira Sodero. *Esboco historico da formacão do direito agrario no Brasil*, 25.

(28) Fernando Pereira Sodero. *Esboco historico da formacão do direito agrario no Brasil*, 25.

(29) Raymundo Laranjeiro. *Direito Agrario Brasileiro*. Soderoを尊敬するさまざまな法学者による農業に関する法律についての論文集。

(30) José Carlos Garcia. 2000. "O MST entre desobedencia e democracia." In Juvelino José Strozake, *A Questão Agrario e a Justica*. Strozakeには類似の方法を探求した論文が他にもある。

(31) 2002. "All about the MST: Interview with João Pedro Stédile." *New Left Review* 15, May/June.

(32) João Pedro Stédile and Bernardo Mançano Fernandes. *Brava Gente*, 23-29

(33) João Pedro Stédile and Bernardo Mançano Fernandes. *Brava Gente*, 23-29

(34) João Pedro Stédile and Bernardo Mançano Fernandes. *Brava Gente*, 23-29; José Armando da Silva, interview by authors, Sarandí, January 2001; Telmo Marcon, *Acampamento Natalino*, 42-47.

(35) João Guimaraes Rosa. 1971. *The Devil to Pay in the Backlands*, trans. James L. Taylor and Harriet de Onis. New York: Knopf. ジョアン・ギマランエス・ロザはかつて奥地の大地主が雇った私兵と戦う軍隊の軍医であったが、その後外交官になった。

(36) Telmo Marcon. *Acampamento Natalino*, 77-79.

(37) Emilia Viotti da Costa. *The Brazilian Empire*, chapter 4.

(38) Stuart B. Schwartz, 1996, *Slaves, Pesants, and Rebels: Reconsidering Brazilian Slavery*, Urbana, Ill.: Univ. of Illinois, chapter 3; Arthur Ferreira Filho, 1965, *Historia Geral do Rio Grande do Sul*, 3rd edition, Pôrto Alegre: Editora Globo.

(39) Elimar and Marileni Dalcin. Interviews by authors. Sarandí, January 2001.

(40) Valdimirio Busa. 著者たちは2001年1月にサランディで面接した。

(41) José and Anir Placotnik. 著者たちは2001年1月にサランディで面接した。

(42) Elimar and Marileni Dalcin. 著者たちは2001年1月にサランディで面接した。José and Anir Placotnik. 同様に2001年1月にサランディで面接。

(43) Maria Helena Moreira Alves, *State and Opposition*の著者は独裁政権の最後の日に、反対派は、国家の制圧的政策と、あらゆる反対活動が直面するさまざまなジレンマに取り囲まれるので、影響と組織づくりを展開し続けるため、反対派はそれを取り巻くサークルを逃れる道を見出さなければならない。政治

的社会経済的構造を国民のニーズに応えるものとなるよう根底から変革するため, 国家の決定に社会的政治的参加が可能になるメカニズムを発展させるべきである, しかし, 国家と反対派との対立はいっさい妥協しなくなった, と予言者らしく書いた。私たちの見解ではこのジレンマに対して, MSTは人を動かさずにはおかない答えの1つを提出したと云うAlvesの要約は非常に適切である。

(44) Maria Helena Moreira Alves. *State and Opposition*, 122.
(45) 以下を参照。Gricoli Iokoi, 1996, *Igreja e Camponeses*, Editora Hucitec: Sao Paulo; Roseli Salete Caldert, 2000, *Pedogogia do Movimento Sem Terra*, Petrópolis: Vozes; Paulo Freire, 1983, *Pedogogia do oprimido*, Rio de Janeiro: Paz e Terra(available in English as *Pedagogy of the Oppressed*, New York: Herder and Herder, 1972. Original copyright in Portuguese is 1968).
(46) Thomas Skidmore. *Politics in Brazil*, 39-40.
(47) Thomas Skidmore, *Politics in Brazil*, 163-173; José Maria Bello, 1966, *A History of Modern Brazil, 1889-1964*, Stanford: Stanford Univ., 297-308
(48) Ronald M. Schneider. *Order and Progress*, chapters 5-6.
(49) Telmo Marcon. *Acampamento Natalino*, 179-181.
(50) Telmo Marcon. *Acampamento Natalino*, 182-183.
(51) Sue Branford and Jan Rocha. *Cutting the Wire*, 20.
(52) Telmo Marcon. *Acampamento Natalino*, 198.
(53) Bernardo Mançano Fernandes. *Formacão do MST*, 88-93.
(54) MST figures from João Pedro Stédile, September 2002. INCRA figures as cited here can be found at www.incra.gov.br/_serveinf/_htm.balanco/balanco1.htm.
(55) Sue Branford and Jan Rocha, *Cutting the Wire*, 22-25; Bernardo Mançano Fernandes. *Formacão do MST*, 79-87.
(56) Sue Branford and Jan Rocha, *Cutting the Wire*, 22-24; Bernardo Mançano Fernandes, *Formacão do MST*, 79-87.
(57) Sue Branford and Jan Rocha, *Cutting the Wire*, 25; Bernado Mançano Fernnandes, *Formacão do MST*, 79-87.
(58) コントラの噂のほとんどは2002年1月にJosé Armando da Silvaとの面接で得た。パコーテは観察したことを説明した。シルバからのその他の情報は同じ面接で得たものである。
(59) 農業生態学の実際については次の書籍を参照。Miguel Altieri, 1995, *Agro-ecology: The Science of Sustainable Agriculture*, Boulder, Colo.: Westview Press.

第2章

(1) ブラジルの民主主義への移行期における社会運動の発生についての情報に関する文献。R. C. L. Cardoso, "Popular Movements in the Context of the Consolidation of Democracy in Brazil," in A. Escobar and S. E. Alvarez, eds., 1992, *The Making of Social Movements in Latin America: Identity, Strategy and Democracy*, Boulder, Colo.: Westview Press, 291-303; S. Mainwaring, 1984, *New Social Movements, Political Culture and Democracy: Brazil and Argentina*, Notre Dame, Ind.: Helen Kellogg Institute for International Studies, University of Notre Dame. For a Brazilian source, see I. Scherer-Warren, 1993. *Redes de Movimentos Sociais*, São Paulo: Edições Loyola. ラテンアメリカ全般に関する文献は以下を参照。D. Slater, ed., 1985, *New Social Movements and the State in Latin America*, Amsterdam: CEDLA; S. Eckstein, 1989, *Power and Popular Protest: Latin American Social Movements*, Berkeley: Univ. of California.
(2) PNRA, 農地改革国家計画に関するJ. Gomes da Silvaの主張については以下を参照。J. Gomes da

Silva, 1987, *Caindo por Terra: Crises de Reforma Agrária na Nova República*, São Paulo: Busca Vida. J. Gomes da Silva, 1989, *Buraco Negro: A Reforma Agrária na Constituinte de 1987-1988*, Rio de Janeiro: Paz e Terra.
(3) Folha de São Paulo, 1985年5月28日紙からの引用。
(4) W. Selcher. 1986. *Political Liberalization in Brazil: Dynamics, Dilemmas and Future Prospects*. Boulder, Colo.: Westview Press.
(5) UDR,農民民主連合のすぐれた主張について。L. A. Payne, 2000, *Uncivil Movements: The Armed Right Wing and Democracy in Latin America*, Baltimore, Md.: Johns Hopkins University Press. R. Bruno, 1997, *Senhores de Terra, Senhores de Guerra: A Nova Face Política das Elites Agroindustriais no Brasil*, Rio de Janeiro: Editora Universidade Rural.
(6) P. C. D. Oliveira and C. P. del Campo. 1985. *A Propriedade Privada e a Livre Iniciativa no Tufão Agro-Reformista*. São Paulo: Editora Vera Cruz Ltda., 13
(7) P. C. D. Oliveira and C. P. del Campo. *A Propriedade Privada e a Livre Iniciativa no Tufão Agro-Reformista*, 18.
(8) J. Vidal. 1997. "The Long March Home." *The Guardian Weekend Magazine*, April 26, 14-20.
(9) N. P. Peritore and A. K. G. Peritore. 1990. "Brazilian Attitudes Toward Agrarian Reform: A Q-Methodology Opinion Study of a Conflictual Issue." *Journal of Developing Areas* 24(3): 377-405.
(10) A. L. Hall. 1990. "Land Tenure and Land Reform in Brazil." *Agrarian Reform and Grassroots Development: Ten Case Studies*, R. Prosterman, M. Temple, and T. Hanstad, eds. Boulder, Colo.: Lynne Reiner Publishers.
(11) Organization of American States. 1997. *Report on the Situation of Human Rights in Brazil*. Washington, D.C.: Inter-American Commission on Human Rights, 116.
(12) R. A. Garcia Jr. 1989. *O Sul: Caminho do Roçado*. São Paulo: Editora Marco Zero,11-12.
(13) W. Dean. 1995. *With Broadax and Firebrand: The Destruction of the Brazilian Atlantic Forest*. Berkeley: Univ. of California, 276.
(14) For a full copy of Pero Vaz de Caminha's "Carta," see: http:// atelier.hannover2000.mct.pt/~pr324/. Also see John Hemming's (1978) partial analysis of the Carta in *Red Gold: The Conquest of the Brazilian Indians, 1500-1760*, Cambridge, Mass.: Harvard Univ.
(15) ブラジルの植民計画に関する優れた資料。L. Bethell, ed., 1987, *Colonial Brazil*, New York: Cambridge Univ.
(16) ブラジル北東部におけるサトウキビの歴史について非常に優れた研究。S. B. Schwartz, 1985, *Sugar Plantations in the Formation of Brazilian Society: Bahia, 1550-1835*, New York: Cambridge Univ.
(17) E. Pinto. 1963. *O Problema Agrário na Zona Caniviera de Pernambuco*. Recife: Joaquim Nabuco Instituto de Pesquisa Social, 61.
(18) T. E. Skidmore. 1999. *Brazil: Five Centuries of Change*. Oxford: Oxford Univ.,23.
(19) S. B. Schwartz. 1985. *Sugar Plantations in the Formation of Brazilian Society: Bahia, 1550-1835*. New York: Cambridge Univ., 67.
(20) ヨーロッパ人探検家とブラジル先住民との遭遇についての全体的考察。J. Hemming, 1978, *Red Gold: The Conquest of the Brazilian Indians, 1500-1760*, Cambridge, Mass.: Harvard Univ.
(21) J. Hemming. *Red Gold*.
(22) Robert M. Levine and John J. Crocitti. 1999. *The Brazil Reader*. Durham, N.C.: Duke Univ., 121.
(23) G. Freyre. 1967. *The Masters and the Slaves: A Study in the Development of Brazilian Civilization*.

New York: Alfred A. Knopf.
(24) R. M. Levine and J.J. Crocitti, eds. 1999. *The Brazil Reader: History, Culture and Politics*. Durham, N. C.: Duke Univ., 91 -92.
(25) R. E. Sheriff. 2001. *Dreaming Equality: Color, Race and Racism in Urban Brazil*. New Brunswick, N.J.: Rutgers Univ.
(26) G. Ramos. 1984. *Vidas Secas*. São Paulo: Record.
(27) J. De Castro. 1969. *Death in the Northeast*. New York: Random House.
(28) S. Quinn. 1998. Brazil's Northeast Rural Poverty Alleviation Program. Case study presented at the Transfers and Social Assistance for the Poor in the LAC Regional Workshop, February 24-25, 1998.
(29) この章に引用されている面接記録は特に指示がない限り、すべて1998年、1999年、2001年に著者たちが行った実地調査で収集したもので、すべての名前は、著名な運動のリーダーと政治家は別として、Committee for the Protection of Human Subjects at the University of California at BerkeleyのProtocol Number 99-4-76に従って変えてある。
(30) "Arrães responde a ACM." *Jornal da Tarde*, May 25, 1998.
(31) K. Bond. 1999. "A Drought Ravages Northeast Brazil." *North American Congress on Latin America (NACLA)* 32 (4): 7-10.
(32) B. J. Chandler. 1978. *The Bandit King: Lampião of Brazil*. College Station, Tex.: Texas A&M Univ. 同様に以下を参照。G. M. Joseph, 1990, "On the Trail of Latin American Bandits: A Reexamination of Peasant Resistance," *Latin American Research Review* 25(3): 7-52.
(33) R. M. Levine. 1997. *Brazilian Legacies*. Armonk, N.Y.: M. E. Sharpe.
(34) S. B. Schwartz. 1992. *Slaves, Peasants and Rebels: Reconsidering Brazilian Slavery*. Chicago, Ill: Univ. of Illinois, 123-124.
(35) "The Black Face of Multicultural Brazil," と云う表題の声明がPalmares Cultural Foundationの総裁Dulce Maria Pereiraによって発せられた。キロンボの発見される数の増加に歴史家たちは興奮した。以下を参照、S. B. Schwartz, 1992, *Slaves, Peasants, and Rebels: Reconsidering Brazilian Slavery*, Urbana, Ill.: Univ. of Illinois.
(36) R. M. Levine. 1992. *Vale of Tears: Revisiting the Canudos Massacre in Northeastern Brazil, 1893-1897*. Berkeley: Univ. of California.
(37) 戦闘に関する助言を受け入れる政府の決定についての興味深い評価とその後の軍事行動については次の文献(訳書)を参照。Samuel Putnam and Euclides Da Cunha, 1944, *Rebellion in the Backlands (Os Sertões)*, Chicago: Univ. of Chicago.
(38) 小農民同盟についての多様な見解について。A. W. Pereira, 1997, *The End of the Peasantry: The Rural Labor Movement in Northeast Brazil, 1961-1988*, Pittsburgh, PA: Univ. of Pittsburgh; S. Forman, 1975, *The Brazilian Peasantry*, New York: Columbia Univ.; C. Morães, 1970, "Peasant Leagues in Brazil," in R. Stavenhagen, ed., Agrarian Problems and Peasant Movements in Latin America, Garden City, N. Y.: Doubleday; J. A. Page, 1972, *The Revolution That Never Was: Northeast Brazil, 1955-1964*, New York: Grossman.
(39) 1800年代後期におけるペルナンブコ州の砂糖産業についての優れた考察文献。P. L. Eisenberg, 1974, *The Sugar Industry in Pernambuco: Modernization without Change, 1840-1910*, Berkeley: Univ. of California.
(40) Luiz de Carvalho Pães de Andrade, 1864, cited in P. L. Eisenberg, 1974, *The Sugar Industry in Pernambuco: Modernization without Change, 1840-1910*, Berkeley: Univ. of California.

注・参考文献

(41) 1950年代以後のブラジル北東部におけるサトウキビ産業に関する資料。L. Sigaud, 1979, *Os Clandestinos e os Direitos: Estudo Sobre Trabalhadores da Cana-de-açúcar de Pernambuco*, São Paulo: Livraria Duas Cidades .
(42) 農村労働者法規に関する資料。A. W Pereira, 1997, *The End of the Peasantry: The Rural Labor Movement in Northeast Brazil, 1961-1988*, Pittsburgh, Penn.: Univ. of Pittsburgh.
(43) The report by the United States Department of Labor, Bureau of International Labor Affairsの報告は *International Child Labor Program, Section III: Child Labor In Commercial Agriculture.* で、定期的に発刊されていない。http://www.dol.gov/ILAB/media/reports/iclp/sweat2/commercial.htm.
(44) T. C. W. Corrêa de Araujo, N. L. Vieira de Mello, and A. A. Vieira de Mello.1994. *Trabalhadores Invisíveis: Crianças e Adolescentes dos Canaviais de Pernambuco*. Recife: Centro Josué de Castro.
(45) プランテーション労働者の土地願望を論じている優れた論文。L. Sigaud, 1977, "A Idealização do Passado numa Área de Plantation," *Contraponto* 2(2): 115-126.
(46) C. J. C. Lins. 1996. *Programa de Ação Pará o Desenvolvimento da Zona da Mata do Nordeste*. Recife: SUDENE.
(47) 1998年の政府報告、北東部の熱帯林地域における砂糖産業の危機は生産様式の危機である。この危機は土地所有の集中化と単一作物生産を排除する構造変化を推進するユニークなチャンスを提供している。それはこの地域の経済的発展をもたらし、平等と社会正義をもたらす。Ministerio Extraordinario da Política Fundiária (MEPF). 1998. *Programa Integrado de Reforma Na Zona da Mata Nordestina*. Recife: MEPF.
(48) S. C. Buarque. 1997. "Proposta de Reestruturação do Setor Sucro-Alcooleiro e Negociação de Divida Por Terra Para Assentamentos de Reforma Agrária." ワーキング・グループの会合のための準備稿は以下を参照。Reestruturação do Setor Sucro-Alcooleiro e Reforma Agrária na Zona da Mata de Pernambuco. Recife: INCRA.
(49) カタルーニャの土地占拠についての新聞報道について。"MST Já Criou Cooperativa de Assentados," *Jornal do Commercio*, Recife, November 1, 1998; "Um Assentamento de R$16 Milhões," *Jornal do Comercio*, Recife, November 1,1998; 農地改革院は公式の報告のためにカタルーニャの小農の農業生産の可能性を要求した。A. Hurtado and G. Marinozzi の予備報告は "Projeto de Assentamento na Fazenda Catalunha: Estudo Preliminar de Viabilidade Econômica," と題され、ブラジリアで1997年10月1日に完成。この記録は公表されていないが、www. incra.gov.br/fao/tpnp3.htm で入手できる。

第3章
(1) バルバーリョは積極的に抵抗したが、証拠が増え、数週間のうちに不名誉な辞任をせざるを得なくなった。結局トカンチンス州で投獄され、その資産は没収されてしまった。彼は監獄から文書で自分が州の政界のリーダーだと再び主張し、連邦の代議士に、妻を以前の国会上院議員の地位につけると云うプランを公表した。*Folha de Sao Paulo*, June 27, 2001,"Desocupacao pacifica na Chao de Estrelas"; *O Liberal de Belem*, June 27, 2001, "PM retira sem-terra de forma pacifica"; *Folha de Sao Paulo*, July 29,2001, "Fazendeiro nega encontro com Jader em SP"; August 4, "Documento de procuradores complica situacao de Jader."
(2) *O Liberal do Belem*, July 12, 2001, "PF vai ajudar na investigacao do assassinato do sindicalista"; July 14, "Fazendeiro nega envolvimento na morte da familia em Maraba"; July 15, "Mortes atualizam lista de marcados," by Carlos Mendes.
(3) *O Liberal do Belem*, July 12, 2001, "Agronomo depoe e contradiz Jader"; July 13, "Jader diz que nao inteferiu na desapropriacao da fazenda", July 21, "Jader se licencia do Senado por 60 dias."

(4) Telmo Marcon. 1997. *Acampamento Natalino: Historia da Luta pela Reforma Agraria*. Passo Fundo: Universidade de Passo Fundo.
(5) この地域の豊かな生物資源の概要については次の参考文献。Michael Goulding, ed., 1995, *Floods of Fortune*, New York: Columbia Univ.
(6) Phillip M. Fearnside, 2000, "Deforestation Impacts, Environmental Services, and the International Community," in Anthony Hall, ed., *Amazonia at the Crossroads: The Challenge of Sustainable Development*, London: Institute of Latin American Studies; John O. Niles, 2002, "Tropical Forests and Climate Change," in *Climate Change Policy: A Survey*, Washington, D.C.: Island Press.
(7) Phillip M. Fearnside. "Deforestation Impacts, Environmental Services, and the International Community," 11-12.
(8) Solon Barraclough and Krishna B. Ghimire. 2000. *Agricultural Expansion and Tropical Deforestation*. London: Earthscan.
(9) Anna Luiza Ozorio de Almeida. 1992. *The Colonization of the Amazon*. Austin: U. of Texas, 76-84.
(10) Susana Hecht and Alexander Cockburn, 1989, *The Fate of the Forest: Developers, Destroyers, and Defenders of the Amazon*, New York, London: Verso, 113-115, 141, 176-178; Anthony Anderson, 1990, "Smokestacks in the rainforest: Industrial development and deforestation in the Amazon Basin," *World Development* 18(9): 191-205.
(11) Shelton Davis. 1977. *Victims of the Miracle: Development and the Indians of Brazil*. New York: Cambridge Univ.
(12) Rural Advancement Fund International (RAFI), 1994, *Conserving Indigenous Knowledge:Integrating Two Systems of Innovation*, New York: UNEP; Nigel J. H. Smith, 2000, "Agroforestry Development and Prospects in the Brazilian Amazon," in Anthony Hall, *Amazonia at the Crossroads*.
(13) Rosineide da Silva Bentes, Lea Lobato de Carvalho, et al. 1992. *A Ocupacão do solo e subsolo paraenses*, special edition of *Pará Agrario*. 私たちはこれらの問題についての深い協議についてはRosineide da Silva Bentesに負っている。
(14) Phillip Fearnside, 1989, "The Charcoal of Carajás: A Threat to the Forests in the Brazilian Eastem Amazon Region," *Ambio* 18 (2): 141-143; Nader Nazmi, 1991, "Deforestation and Economic Growth in Brazil: Lessons from Conventional Economics," *Centennial Review* 35 (2): 315-322; Anthony Anderson, 1990 "Smokestacks in the rainforest."
(15) Susanna Hecht and Alexander Cockburn. *Fate of the Forest*, 141.
(16) Ozorio de Almeida. *The Colonization of the Amazon*; Girolamo Domenico Trecanni, 2001; *Violencia e Grilagem: Instrumentos de Acquisacão da Propriedade da Terra no Pará*, Belém: UNFPA; Ronaldo Barata, 1995, *Inventario da Violencia: Crime e Impunidade no Campo Paraense*, Belém: Cejup.
(17) Anna Luiza Ozorio de Almeida. *The Colonization of the Amazon*, 44-52.
(18) Jorge Vivan, 1998, *Agricultura e Florestas: Princípios de uma Interacão Vital*, Guaiba, Rio Grande do Sul: Livraria e Editora Agropecuaria (available from Assessoria e Servicos a Projetos em Agricultura Alternativa, Rio de Janeiro); Susanna Hecht and Alexander Cockburn,*Fate of the Forest*, 37-42; Arturo Gomez-Pompa, T. C. Whitmore, and M. Hadley, 1991, *Rainforest Regeneration and Management*, Park Ridge, N.J.: Parthenon.
(19) Michael Goulding. 1980. *The Fishes and the Forest: Explorations in Amazonian Natural History*. Berkeley: Univ. of California.
(20) Susanna Hecht and Alexander Cockburn. *Fate of the Forest*, 42-43.

注・参考文献

(21) ブラジルの先住民人口の諸々の予測により，一層の保護の必要を強調する論文については以下を参照。
John Hemming, 1995, *Red Gold: The Conquest of the Brazilian Indians*, 2nd ed., London: Papermac.
(22) 植民によるインディオへの衝撃の歴史については，John Hemming, *Red Gold*.
(23) Anna Luiza Ozorio de Almeida. *The Colonization of the Amazon*, chapters 3-5, esp. pp. 58-59.
(24) Anna Luiza Ozorio de Almeida. *The Colonization of the Amazon*, 140-144.
(25) この問題に関するニュースはブラジルのさまざまな新聞と雑誌に数カ月間報じられた。*O Estado de São Paulo*, July 11, 2001; *O Liberal de Belém*, June 12, June 21, 2001.
(26) 牛の経済的評価に関して，その結論は以前の研究より相当大きく異なっている。M. D. Faminow, 1998, *Cattle, Deforestation and Development in the Amazon: An Economic, Agronomic, and Environmental Perspective*, New York: CAB International.
(27) このような将来を分析し展望している以下のようないくつかの著書がある。Hecht and Cockburn, *Fate of the Forest*; Bunker, *Underdeveloping the Amazon: Extraction, Unequal Exchange, and the Failure of the Modern State*, Urbana: Univ. of Illinois; Emilio F. Moran, "Deforestation in the Brazilian Amazon," in Leslie Sponsel, et al., *Tropical Deforestation: The Human Dimension*, New York: Columbia Univ. アマゾンにおける経済的開発と環境保全計画についての軍事政権の見解を探求した非常に詳細で興味深い労作。Ronald A. Foresta, 1991, *Amazon Conservation in the Age of Development: The Limits of Providence*, Gainesville, Fla.: Univ. of Florida.
(28) Girolamo Domenico Trecanni. *Violencia e Grilagem*, 163-196.
(29) M. D. Faminow, *Cattle, Deforestation and Development*; Carlos Felipe Jaramillo and Thomas Kelly, 1999, "Deforestation and Property Rights," in Kari Keipi, ed., *Forest Resource Policy in Latin America*, Washington, D.C.: Inter-American Development Bank; Philip Fearnside, "Land Tenure Issues as Factors in Environmental Destruction in Brazilian Amazonia: The Case of Southern Pará," *World Development* 29(8): 1361-1372.
(30) Bernardo Mançano Fernandes, 2000, *A Formacão do MST no Brasil*, Petrópolis: Vozes, 209; Gabriel Ondetti, 2001, "Brazil's Landless Movement in Comparative Historical Perspective," paper presented at the Latin American Studies Association Annual Meeting, Sept. 6-8, Washington, D.C.
(31) Girolamo Domenico Trecanni. *Violencia e Grilagem*.
(32) Bernardo Mançano Fernandes. *A Formacão do MST no Brasil*, 206.
(33) 2001年7月ベレンにおける著者たちの面接。
(34) 2001年7月ベレンにおける著者たちの面接。
(35) Alfredo Wagner Berno de Almeida. 1995. *Quebradeiras de Coco Babaçu: Identidade e Mobilizacão*. São Luis de Maranhão: Estacão Publicidade e Marketing Ltda.
(36) Anthony Anderson, "Smokestacks in the rainforest"; François le Tacon and John Harker Harley, 1990, "Deforestation in the Tropics and Proposals to Arrest It," *Ambio* 19(8): 372 ff.
(37) David Cleary. 2000. "Small-Scale Gold Mining in Brazilian Amazonia," in Hall, *Amazonia at the Crossroads*.
(38) この地域の歴史についての教会の見解ばかりか，入植者，農地改革，森林伐採，暴力沙汰など一般的な状況に関する一連の論文については以下を参照。José Aldemir de Oliveira and Padre Humberto Guidotti, orgs., 2000, *A Igreja Arma sua Tenda na Amazonia: 25 anos de encontro pastoral na Amazonia*, Manaus: Universidade da Amazonas.
(39) Alex Shoumatoff, 1988, *The World Is Burning: Murder in the Rainforest*, New York: Avon Books; Augusta Dwyer, 1990, *Into the Amazon: The Struggle for the Rain Forest*, San Francisco: Sierra Club

Books.
(40) J. Redwood III. 1993. *World Bank Approaches to the Environment in Brazil: A Review of Selected Projects*. Washington, D.C.: World Bank.
(41) アマゾンにおける植民者への政府の融資についての研究は以下を参照。Leticia Rangel Tura and Francisco de Assis Costa, orgs., *Campesinato e Estado na Amazonia: Impactos do FNO no Pará*, Belém: Brasília Juridica Ltda.

第4章

(1) *Veja*, November 11, 1998, 56-57.
(2) A. M. Buainain and H. M. de Souza Filho. 1998. *PROCERA: Productive impacts and payment capabilities*. Brasília: INCRA/FAO.
(3) Food and Agriculture Organization of the United Nations. 1992. *Principais Indicadores Sócio-Econômicos dos Assentamentos de Reforma Agrária: Versão resumida do relatório final do Projeto BRA 87 022*. Brasília: FAO/PNUD.
(4) Vox Populi. 1996. *Relatório de Pesquisa de Opinião Pública e Caracterização Sócio-Econômica em Projetos de Assentamento do INCRA no País*. Belo Horizonte: Vox Populi.
(5) これは以下の日付けのない記録からの引用である。"Impactos Regionais da Reforma Agrária no Brasil: Aspectos Políticos, Economicos e Sociais," written by Sergio Leite for a conference called Seminário Sobre Reform Agrária e Desenvolvimento Sustentável, held in Fortaleza, Ceará, March 1998.
(6) 1,711と云う数を農地改革院は3度センサスのための調査中に変更した。センサスが出したこの数1,711には1997年以前に造られた植民地計画に含まれる全集落が包含されている。しかし、この数は、センサスの調査の初期に調査員が出した数(1,647)とはちがっていた。農地改革院が最終的に提出した公式の数には植民地計画は含まれていない。これらの数値はいくつかの州における政府調査の際に使用された。
(7) A.V. Chayanov, translated by D. Thorner, et al., 1986, *A. V. Chayanov on the Theory of Peasant Economy*, Madison, Wis.: Univ. of Wisconsin. For what would become the official interpretation of the Russian peasantry, see V. Lenin, 1977, *The Development of Capitalism in Russia*, Moscow: Progress Publishers.
(8) バイア州の集落については以下を参照。Salvador Trevizan, 2000, *Sociedade-Natureza: uma concreta e necessaria integracão*, Rio de Janeiro: Papel Virtual Editora. 初期の研究として、Angus Wright, 1992, "Land Tenure, Agrarian Policy, and Forest Conservation in Southern Bahia, Brazil-A Century of Experience with Deforestation and Conflict Over Land," a paper presented at Latin American Studies Association, Los Angeles.
(9) The document can be found at www.presidencia.gov.br/publi_04/COLECAO/REFAGRl. HTM.
(10) Steven M. Helfand and Gervasio Castro de Rezende. 2001. "The Impact of Sector-Specific and Economy-Wide Reforms: The Case of Brazilian Agriculture, 1980-1998." Nemesis papers at www.nemesis.org.br/artigoi.htm
(11) この意見に対するおそらく最も明確な見解は、José Graziano da Silva, 1996, *A Nova Dinamica da Aglicultura Brasileira*, Campinas, São Paulo: Instituto de Economia da UNICAMP. 意見を最も熱心に検討したのはJosé Eli da Veigaで、彼の小規模家族農業への取り組みは次の文献に見られる。"Diretrizes Para Uma Nova Política Agrária" written for a conference called Seminário Sobre Reform Agrária e Desenvolvimento Sustentável, held in Fortaleza, Ceará, March 1998.
(12) Steven M. Helfand and Gervasio Castro de Rezende. "The Impact of Sector-Specific and Economy-

注・参考文献

　　　Wide Reforms."
（13）いわゆるワシントン・コンセンサス（Washington Consensus）と云う用語は、1989年にジョージ・ウィリアムソンが用いた新語であった。WCはウィリアムソンがコンセンサスを生み出そうとした10項目の指導原理である。WCは新自由主義のうたい文句になり、西洋の哲学を発展途上国におしつけるものと見なされた。この論議は次の論文に概観されている。C. Gore, 2000, "The Rise and Fall of the Washington Consensus as a Paradigm for Developing Countries," in *World Development*, 28(5).
（14）第Ⅱ次世界大戦後の農地改革の一般的意義については以下参照。Russell King, 1977, *Land Reform: A World Survey*, Boulder, Colo: Westview; Hung-chao Tai, 1974, *Land Reform and Politics: A Comparative Analysis*, Berkeley: Univ. of California. Also see A. Amsden, 1989, *Asia's Next Giant: South Korea and Late Industrialization*, New York: Oxford Univ.
（15）A. Amsden, *Asia's Next Giant: South Korea and Late Industrialization*.
（16）George Collier and Elizabeth Quaratiello, 1999, *Basta! Land and the Zapatista Rebellion in Chiapas*, revised edition, Oakland, Calif: Food First Books.
（17）ラテンアメリカにおける農地改革については次のすぐれた概観がある。A. De Janvry, 1981, *The Agrarian Question and Reformism in Latin America*, Baltimore, Md.: Johns Hopkins Univ.; M. Grindle, 1985, *State and Countryside: Development Policy and Agrarian Politics in Latin America*, Baltimore, Md.: Johns Hopkins Univ.; Peter Dorner, 1992, *Latin American Land Reform in Theory and Practice: A Retrospective Analysis*. Madison, Wisc.: Univ. of Wisconsin; R. Prosterman, M. Temple, and T. Hanstad, eds., 1990, *Agrarian Reform and Grassroots Development: Ten Case Studies*, Boulder and London: Lynne Reiner; A. De Janvry, E. Sadoulet, and W. Wolford, 1998, "The Changing Role of the State in Latin American Land Reforms," in A. De Janvry, G. Gordillo, J. P. Platteau, and E. Sadoulet, eds., *Access to Land, Rural Poverty, and Public Action*, Oxford: Oxford Univ.
（18）従属理論とよばれる契機となったカルドーゾの言説については以下を参照。F. H. Cardoso and E. Faletto, 1978, *Dependency and Development in Latin America*, Berkeley, Calif.: Univ. of California. For a concise statement on Cardoso's theoretical revisions, see F. H. Cardoso, 1995, "From 'Dependencia' to Shared Prosperity," in *New Perspectives Quarterly* 12(1): 42-45.
（19）Carlos Enrique Guanziroli and Silvia Elizabeth de C. S. Cardim, coords. 2001. *Novo Retrato da Agricultura Familiar: O Brasil Redescoberto*. Brasília: INCRA/FAO.
（20）Angus Wright. 1992. "Land Tenure, Agrarian Policy, and Forest Conservation in Southern Bahia, Brazil-A Century of Experience with Deforestation and Conflict Over Land." Latin American Studies Association Meeting, Los Angeles.
（21）See John Vandemeer and Ivette Perfecto. 1995. *Breakfast of Biodiversity*. Oakland, Calif.: Food First.
（22）*Time Magazine*, August 26, 2002, A27.
（23）この研究と政策勧奨を称賛した以下の新聞記事を参照。C. Valladares-Pádua, S. Pádua, and L. Cullen Jr., 2002, "Within and Surrounding the Morro do Diabo State Park: Biological Value, Conflicts, Mitigation and Sustainable Development Alternatives," in *Environmental Science & Policy* 5, 69-78.
（24）農村の上層階級とその現代の政治への影響に関する2つの優れた文献。L. A. Payne, 2000, *Uncivil Movements: The Armed Right Wing and Democracy in Latin America*, Baltimore, Md.: Johns Hopkins Univ.; and R. Bruno, 1997, *Senhores da Terra, Senhores da Guerra: A Nova Face Política das Elites Agroindustriais no Brasil*, Rio de Janeiro: Forense Universitaria: Editora Universidade Rural.
（25）B. Moore. 1966. *Social Origins of Dictatorship and Democracy: Lord and Peasant in the Making of the Modern World*. Boston: Beacon Press.

(26) C. Prado, Jr. 1945. *História Econômica do Brasil*. São Paulo: Brasiliense.
(27) The quote comes from J. P. Stédile and B. M. Fernandes, 1999, *Brava Gente: A Trajetória do MST e a Luta pela Terra no Brasil*, São Paulo: Editora Fundação Perseu Abramo, 36. The interview with Stédile and Ilse Scherer-Warren is published in J. Rossiaud and I. Scherer-Warren, eds., 2000, *A Democratização Inacabável: As Memórias do Futuro*, Petrópolis, Rio de Janeiro: Vozes.
(28) J. P. Stédile and B. M. Fernandes. *Brava Gente*, 35.
(29) ブラジルの共産党は1993年に名称を人民社会党(PPS)に変えた。
(30) Ademar Bogo. *O Jornal Sem Terra*, January 1991: 3.
(31) *O Jornal Sem Terra* vol. 102: 3.
(32) *O Jornal Sem Terra* vol. 97: 3.
(33) 専門的組織化する社会運動については以下を参照。J. D. McCarthy and M. N. Zald, 1973, *The Trend of Social Movements in America: Professionalization and Resource Mobilization*, Morristown, N.J.: General Learning Press.
(34) For a full copy of Osmar Dias's statement, see www.senado.gov.br/web/senador/odias/trabalho/Discursos/Discursos/Discurso1997/970522.htm.
(35) K. Weyland. 1996. *Democracy without Equity: Failures of Reform in Brazil*. Pittsburgh: Univ. of Pittsburgh.
(36) S. Mainwaring. 1994. *Democracy in Brazil and the Southern Cone: Achievements and Problems*. Notre Dame, Ind.: University of Notre Dame, Helen Kellogg Institute for International Studies.
(37) R. Da Matta. 1991. *Carnivals, Rogues and Heroes: An Interpretation of the Brazilian Dilemma*. Notre Dame, Ind.: University of Indiana Press.
(38) See Z. Navarro, "Mobilização Sem Emancipação: as Lutas Sociais dos Sem-Terra no Brasil," in *Produzir Para Viver: Os Caminhos da Produção Não Capitalista*, Boaventura de Sousa Santos, ed. Rio de Janeiro: Civilização Brasileira, 2002. 189-232.
(39) W. R. Nylen, "The Problem of Low and Declining Rates of Participation in Participatory Mechanisms of Public Administration: Lessons from the Participatory Budgets of Betim and Belo Horizonte, Minas Gerais," a paper prepared for delivery at the Brazilian Studies Association(BRASA) VI International Congress, Atlanta, GA, April 4-6.
(40) L. S. D. Medeiros. 1989. *História dos Movimentos Sociais no Campo*. Rio de Janeiro: FASE; A. Escobar and S. E. Alvarez, eds. 1992. *The Making of Social Movements in Latin America: Identity, Strategy, and Democracy*. Series in Political Economy and Economic Development in Latin America. Boulder, Colo.: Westview Press.
(41) For Benedita da Silva's autobiography(as told to Medea Benjamin and Maisa Mendonça, 1997), see *Benedita da Silva: An Afro-Brazilian Woman's Story of Politics and Love*, Oakland, Calif.: Food First Books.
(42) ブラジルの若者たちを農村地域にひき留める努力の記録の収集資料。R. Abramovay, ed. 1998. *Juventude e Agricultura Familiar: Desafios dos Novos Padrões Sucessórios*. Brasília: Unesco/Fão/Incra/Epagri.
(43) João Pedro Stédile. Interview. *Folha de São Paulo*, September 16, 2002.

参考文献

MSTに光をあてるために,このリストはブラジル発展の地理と歴史の基礎を考察する研究で始める。ブラジルの歴史を一般的に説明する非常に優れた書物には次の2書がある。

Bradford Burnsの大衆向けの著書 *A History of Brazil*(Columbia University Press, 1993)とBoris Fausto著 *A Concise History of Brazil*(Cambridge University Press, 1999)である。

歴史的文書と学者の分析による最も重要な資料を集めて編集された *The Brazil Reader:History, Culture, Politics* edited by Robert M. Levine and John J. Crocitti(Duke University Press, 1999)がある。軍政期の包括的研究には,Thomas Skidmoreの *The Politics of Military Rule in Brazil*, 1964-1985(Oxford University Press, 1988)がある。

農村地域における農村の政治と政治の推進者についての最良の歴史書は,社会学者 José de Souza Martins 著 *Os Camponeses e a Política no Brasil: As Lutas Sociais no Campo e Seu Lugar no Processo Político* (Editora Atica, 1981)である。Leonilde Medeirosの著書 *História dos Movimentos Sociais no Campo*(FASE,1989)は,農村の社会運動の形成と動向に焦点をあてた,すぐれた考察である。Anthony Pereira著 *The End of Peasantry*(University of Pittsburgh Press, 1997)は軍政期におけるブラジル北東部での農村闘争を分析している。

ブラジルにおける土地の配分状態の政治経済に関する情報について推薦されるのは,Cairo Prado Júniorの著名な研究, *The Colonial Background of Modern Brazil*は(原著は1945年にポルトガル語で出版され,University of California Pressから英訳が出版されたのは1967年),この本とともにIgnácio Rangelの次の論文 *Iniciativa Pública e Privada*(Econômica Brasileira 2[3], 1966)を読まなければならない。この2つはそれぞれ異なる視点から,土地の再配分が必要不可欠なことを論じている。Stuart Schwartzの *Sugar Plantations in the Formation of Brazilian Society: Bahia, 1550-1835*(Cambridge University Press, 1985)はブラジル北東部の植民地時代の経済に焦点をおき,プランテーションと国民国家の関連に洞察を加えた。軍事政権下(1964～1985年)の農業の近代化に関するすぐれた研究業績は, *A Modernização Dolorosa: Estrutura Agrária, Fronteira Agrícola e Trabalhadores Rurais no Brasil* by José Graziano Da Silva(Zahar: 1982))である。グローバリゼーションとの関連に農地改革を位置づけるエッセーが,A Reforma Agrária em Tempos de Democracia e Globalização by Bernardo Sorj(1998)in *Novos Estudos*(no. 50: 23-40)で,ブラジルの先頭に立つ社会学者の1人でもあった大統領Fernando Henrique Cardoso(任期1995～2003)による改革政策についての公式の陳述 *Reforma Agrária: Compromisso de Todos*(1997)を読むことも非常に興味深い。最近の研究には,ジェンダーの見地からブラジルにおける農業改革を分析したCarmen Diana Deere and Magdalena Leónによる *Towards a Gendered Analysis of the Brazilian Agrarian Reform*(Center for Latin American and Carribbean Studies, University of Connecticut, 1999)がある。

これらの一般的なよりどころに加えて,この運動には多くのよりどころがある。MSTの異常な人気と重要性について,いくつかの研究が行われ,この運動の形成と性格の特殊な様相に注目されたり,記録されたりしてきた。ここではこの運動の最も重要な源のいくつかの一般的研究に第一に焦点がおかれているが,本書末尾の注には,この運動の明確な局面に関する著書と論文があげられている。

この運動の最も包括的なよりどころの1つはサンパウロ州立大学の専門的研究によって執筆された。Bernardo Mançano FernandesとMSTの活動家,João Pedro Stédileの著書 *Brava Gente: A Trajetória do MST e a Luta Pela Terra no Brasil* (Editora Fundação Perseu Abramo, 2000)。Bernardo Mançano Fernandesは,MSTの歴史と発展の状況を,出入りできるブラジルの各州について記述した次の著書も書いた。*MST, Movimento dos Trabalhandores Rurais Sem-Terra: Formação e Territorialização*(Editora Hucitec, 1999)には最初期から,この政治運動に関与してきた人々が集めた詳細な資料が充実している。João Pedro Stédile編

389

集の論文集, *A Questão Agrária Hoje* (Editora da Universidade Federal do Rio Grande do Sul, 1994)は, きわめて興味深いが, それはこの本には数人の著者が参加しており, そのうちの何人かはMSTの姿勢に異議を申し立てているからである。*Assentamentos Rurais: Uma Visão Multidisciplinar*, edited by Leonilde Medeiros (Editora Unesp, 1995)と云うもう1つの論文集はブラジルの農地改革集落の, 調和のとれた様子を記載したすぐれた資料である。

英文のMSTに関するすぐれた資料もいくつか存在する。Jan RochaとSue Branfordは現在までの最も包括的な説明書を書いたが, 彼らは新聞記事で長くブラジルから記事を送っていた。その著書のタイトルは *Cutting the Wire: The Story of the Landless Movement in Brazil*(Latin American Bureau, 2002)で, MSTの起源と地域での発展をジャーナリスチックに考察している。この本は包括的で読み易く, 国中の集落で集めた個人の物語が充実している。グローバル化との広範な関連にMSTがどのように適応しているかについての更なる学術的な説明としては次の論文がある。Lucio Flávio De AlmeidaとFélix Ruiz Sánchez著 "The Landless Workers' Movement and Social Struggles Against Neoliberalism"(27[5], no.114 [September 2000]: 11-32)。他にも次の2つの論文がある。James Petras著 "Latin America: The Resurgence of the Left" in *New Left Review*, 223[1997]: 17-47)と "The Political and Social Basis of Regional Variation in Land Occupations in Brazil" in *Journal of Peasant Studies*, (254[1998]: 124-133)。2つの短いが興味深いMSTに関する論文が最近発表された。*NACLA Report on the Americas*(33. no.5 [2000])。これらの論文(英訳されている)が, 興味深いのは, それらが2人のブラジルの学究によって書かれているからで, 彼らはMSTと非常に親しくしている。サンフランシスコのGlobal Exchange(www.globalexchange.org)のような非政府機関のウェブサイトでもよい情報が発見される。Global Exchangeは何年間もMSTと密接に活動してきて, その運動といくつかの交換計画を進行させている。

訳者あとがき

　本書は, Angus Wright, Wendy Wolford, " To Inherit the Earth　The Landless Movement and the Struggle for a New Brazil " Food First Books 2003 の全訳である。本書はブラジルにおける「草の根農地改革」の実態調査の結果にもとづいて, その展開の様相を詳細に記述説明し, その意味を明らかにしようとしたものである。訳者は1960年代の中頃からブラジルの地理事情に関心をもち, 70年代の中頃まで主として北東部の半乾燥地域を見聞する機会があったが, 関心はこの地域を襲う大干魃にともなう人々の動向や, その対策としての地域開発に向かっていたので, 農地改革運動には目が向かずじまいであった。わずかにキューバ革命に呼応する左翼的な農民運動のうわさを耳にしただけであった。しかし, 70年代の終わり頃, パライーバ州北部の丘陵地帯のオアシス的な小中心地で, この町から東の斜面を下って山麓のこの地方の模範的な農牧場地帯を見て廻って, はじめて農地改革に関連がある景観に遭遇した。それは街道に立ち並んだ黒いビニールのシートでおおわれた10数軒の小屋掛け群であった。これはどういう人達の集落かと同行のアレイアのパライーバ大学農学部の学生に尋ねた。すると彼らは, これは不在地主の農地の解放を目指して集まった人々が公有地に不法に住み家を造り, 裁判の結果, その付近の土地を解放できるのを待機している姿だと説明してくれた。このような光景は珍しいのかと次ぎに尋ねると, 珍しいどころかパライーバ州に限らずブラジル国内の到るところでみられると云うことであった。それにしてもこの地域は北東部では珍しいと云えないこともない, 集約的で整然とした果樹蔬菜の近代的な大型の農場やよく整備された牛や馬の牧場がみられる地域であるせいか, これまでこのような特殊な小屋掛けの集落の存在に私は気づかないできてしまったことが恥ずかしくなった。大規模な近代的な農場や牧場が州都ばかりか, はるか遠いリオやサンパウロなどの大地主や医師・実業家・法律家の所有で, 専門的な技術者によって管理され経営されていると云う話を聞いて, 農地を要求する人々との格差の大きさをあらためて知らされる思いがした。わが国では農地を不法に占拠して解放すると云うことは聞いたことがなかったので, このような行動がブラジルの農地改革の根底をなすものであって, 古い歴史があり, 軍事政

不法占拠集落　道路に木くずを積み交通を遮断し，土地解放要求のためのデモンストレーションを行っている。2003年9月ジョアン・ペソア南部（パライーバ州）。　　　　　（松本栄次撮影）

権期にも，民主主義政権に変わりさらに労働党政権になった現在においても，法制にもとづく国民的運動として支持されてきたことを知る契機になった。

　ブラジルの法律では，土地は適切に利用されるべきもので，それが実施されない土地はそれを適切に利用する人に移譲されると規定されてきた。それゆえ，その土地の譲渡を要望する人は，土地管理事務所に訴え，裁判所の審査を要求し，その要望が認められれば所有が認められることになる。この種の土地解放の訴訟は昨今のことではなく，長い歴史があった。しかし，さまざまな厄介な法律のからみから裁判で成功を収めることは容易ではなかった。1980年中期以後，民主主義体制が復活し，この農地解放の運動は全国的な組織（土地なし農民運動 MST）が結成されたことによって活発になり，全国的規模で実施されつつある。今や，全国いたるところと云えるくらい，この運動に関係する景観や活動の光景を目撃できる情況になっている。

　ブラジルはポルトガルの植民地として近代を出発したが，当時のポルトガルは封建制下にあり，その領主制とその統治制度が植民地ブラジルで施行された。そ

第4章　MST(土地なし農民運動)の評価

土地解放要求集落　2004年9月ペロタス(リオ・グランデ・ド・スール州)。
(松本栄次撮影)

　の土地制度,つまり,大土地所有とそれを支持するあらゆる法律によってこの国(当時は植民地)が発足したが,このことが第一に重要であった。この伝統はナポレオン戦争終結後の独立,19世紀末期における共和制の進展によって改革されてきたが,植民地時代の伝統の重みはあらゆる側面で続いてきたらしい。この国は大国で長い年月,少数の本国系の人々の支配体制と意識の伝統があらゆる面でこの国の根底になってきたと云われる。1980年代中期以後,農地解放を支持する気運が高まりつつあるが,これと農地改革の施行を社会問題視する強力な気風との対立はMST運動に関連するあらゆる場面にあらわれており,この運動は容易に進展しないとみる人が非常に多い。
　わが国は第2次世界大戦直後,GHQの指令で農地改革を実施した。1945年の年末からはじまったこの大事業は次年度末にはほとんど完了し,その社会経済効果は目覚ましい成果をもたらしたが,その成功にはすでに第1次世界大戦以前から,とくに昭和大恐慌後,第2次世界大戦直前までに農地改革を進展させる社会経済的・政治的・法制的準備が整えられていたことがあったが,何よりも日本社会

の徹底した遵法体質が絶大な役割を果たしたことがあったと，ブラジルにおける農地改革の現状をみると痛感される。私はしばしばこのような話をブラジルの友人や，この国の諸事情に明るい日系人や，日本の友人にして，さまざまな意見を聞いてきた。とりわけ日系3世でアメリカ合衆国のペンシルベニア州の大学教授であったマリオ・ヒラオカさん，同じく日系2世のミチコ・ウネさん（ブラジル地理統計院の研究員），在ブラジル日本大使館専門調査員であられた中川文雄さん（筑波大学名誉教授），その他のさまざまな方々からブラジルの草の根農地改革について御教示をうけた。とくに新世紀に入った頃からである。2003年の秋にはマリオ・ヒラオカ教授から数篇のMST運動に関する論文と本訳書原本を贈られた。私はそれらによってこの運動の考え方，社会的な評価，それに何よりもその現況について立ち入った知見をえることができた。それはとくに本書を熟読することによってであった。当時ブラジルの草の根農地改革が話題になることは全くと云ってよいほどわが国では見られなかった。それから3,4年後，NHKテレビがパラナ州の山手の地域で成功した農地解放による農場の実態を2年間にわたって観察された非常に示唆に富んだ場面を放映されたことがあった。それはさっぱりジャーナリズムの関心をひきつけなかったらしかったが，私にとっては強烈な印象があった。このような例外はあるが，日本人に関心があることは経済活動だけで，草の根的な経済社会事象には全くと云ってよいほど無関心なことは，出版物をみる限り云ってよいと思えてならなかった。この訳書を作成した一つの理由はこんな思いこみのためだったにちがいないと思っている。

　本書の原本をはじめ，MSTに関する文献をいくつか贈られた時，ヒラオカ教授はその中にアメリカ地理学会での最高の権威のある雑誌に2004年に発表されたWendy Wolford 著 This Land is Ours Now : Spatial Imaginaries and the Struggle for Land in Brazil (Annals of the Association of American Geographers 94 (2) 409-424) を加えて下さった。この論文は地理的事象を，土地に対する集団と個人の認知の枠組みから，空間そのものの生きた経験と知覚として理解すること，著者の云う spatial imaginaries に注目し，解明することを目指す視角から，ブラジルにおけるMSTの土地闘争の展開を考察したもので，云わば地域の個性を深く明らかにしようとした。この論文は説明が非常に躍動的で視野が広く，分析が厳密で

研究として高く評価できる。私には農地改革問題の研究そのものとしてより，その文化地理学的見地からの研究の性格を強く印象づけられたが，現在，世界には多くの発展途上国で農地改革が不可欠になっていることから，この問題に注目することはわれわれにとって大きな課題であることを知らされた。

最近，わが国でも若いブラジル研究者の中からブラジルの農地改革，MST運動の実地研究を実施されている方がふえ，学会で研究成果が発表されてきた。その将来を大いに期待できると信じている。

私はこの訳書が日の目を見るとは，ほとんど考えていなかったので，二宮書店の社長，編集長はじめ多くの方々の応援をいただいたことには奇跡的幸運を感じており，心より感謝しなければならぬものと思っています。厚く御礼申し上げます。ブラジルの諸事情に明るい松本栄次さんに様々なことで格別の御教示，御支援をたまわった。また本訳書の作成には，著者との連絡その他のために数多くの厄介な手数を労して下さった筑波大学の村山祐司教授には特に厚く御礼申し上げます。

山本正三

ブラジルの基本情報

統計・資料などの年次については,西暦の末尾2桁を上付数字で示した。
世界計に対して1％以上のものは(　)内に数値を示し,世界計における順位が10位以内のものは①②…などの丸数字でその順位を示した。

●**国名**　ブラジル連邦共和国　Federative Republic of Brazil
　　　　　República Federativa do Brasil

●**地勢**　南アメリカ大陸東部の主要部を占める。面積は南アメリカ最大で世界第5位,日本の約23倍。国土の大部分(約63％)がブラジル高原で,国民の大部分が居住。北部にはギアナ高地があり,アマゾン川流域は盆地になっている。北部を西から東に流れるアマゾン川は全長6,516kmあり,南アメリカ最長。ボリビア,パラグアイ,ブラジルにまたがるパンタナルは,世界最大の湿地帯である。

●**気候**　北部はアマゾン川流域を中心に熱帯気候(Af・Am・Aw)がひろがる。赤道付近は年平均気温25～27℃,年降水量2,000mm以上と高温多湿で,広大なセルバを形成している。南部のブラジル高原は雨季と乾季が明瞭で,5～8月の冬季は高温で乾燥が激しい。バイア州の一部はステップ気候(BS)。さらに南部は温帯(Cw・Cfa・Cfb)となり年平均気温17～19℃,年降水量1,000～1,500mm程度である。

　　　マナウス　26.4℃(1月)　26.9℃(7月)
　　　　　　　年平均気温27.0℃　　年降水量2,323.6mm
　　　クリチーバ　21.0℃(1月)　13.6℃(7月)
　　　　　　　年平均気温17.4℃　　年降水量1,572.5mm

●**略史**　1500年ポルトガルのカブラルが到達しポルトガル領となる。1549年サルヴァドルに総督府設置。1808年ナポレオンに追われてポルトガルのブラガンサ王家が脱出,首都をリオデジャネイロとした。1821年国王は帰国したが,1822年皇太子ペドロは独立を宣言し皇帝に即位。この頃からコーヒー栽培が発展。1888年奴隷解放。1889年革命が起こり共和国となった。1930～1945年はバルガス独裁体制。1961年ゴラル大統領が就任,農地改革などを進めたが1964年軍部がクーデターで政権を奪取,軍部独裁制が続いた。1970年代中頃から段階的民主化が開始され,1985年の大統領選(間接選挙)で民政復帰。

第4章　MST（土地なし農民運動）の評価

●**現況**　外交は中南米諸国との関係強化と国連重視が基本。前ルーラ政権はアジア・欧米・アフリカ・中東との多面的外交を展開。1908年日本人移住が始まり，日系人は約150万人。89年，29年ぶりに大統領直接選挙が行われた。1995年〜2002年のカルドーゾ政権はハイパーインフレを収束し経済安定を実現。なお90年代から土地なし農民が大農場主の遊休地を占拠する運動が活発化。02年12月大統領選で左派野党・労働党のルーラ候補が勝利（03年1月就任）。ルーラ大統領は貧困対策の重視と，インフレ抑制や財政健全化を表明。06年10月ルーラ大統領再選。10年10月大統領決選投票で前大統領後継のジルマ＝ルセーフ元官房長官が当選（初の女性大統領），11年1月就任。14年10月大統領選でルセーフ候補が僅差で再選された。

●**経済**　ロシア・インド・中国・南アフリカとともに経済発展が著しい「BRICS」の一角。南米最大の経済規模を誇る。鉄鉱石・ボーキサイトなど鉱産資源は豊富。工業では自動車・航空機の製造が盛ん。砂糖・オレンジ・コーヒー・大豆などの農業は輸出戦略産業。さとうきびからつくるバイオ燃料のエタノールの流通を促進。また原油埋蔵量は14年23億t。電力の8割を水力発電で賄う。アルゼンチン・パラグアイ・ウルグアイと南米南部共同市場（メルコスール）を構成（95年発足，06年7月ベネズエラ加盟）。アルゼンチン経済危機，アメリカの景気減速で経済は停滞。03年1月に就任した前ルーラ大統領は財政引締策を次々と表明，経済は回復。世界金融危機の影響も08年末を底として，09年末から持ち直した。GDP成長率は12年1.8％,13年2.7％。14年は0.15％となり，経済の先行きにかげりもみえる。物価上昇率は14年2月5.1％, 15年3月1.2％。失業率は14年2月5.1％, 15年2月5.9％。09年には対外純債権国となった。ブラジルにとって中国は最大の貿易相手国。

●**政体**　連邦共和制（大統領制）
●**出生率**[10〜15]　15.1‰
●**死亡率**[10〜15]　6.1‰
●**乳児死亡率**[13]　12‰
●**合計特殊出生率**[13]　1.8
●**平均寿命**[13]　73.9歳（男70.4・女77.6）

●識字率⁽¹⁵⁾　92.6％（男92.2％・女92.9％）
●年齢別人口構成⁽¹⁵⁾　年少23.3％・生産68.9・老年7.8
●産業別人口構成⁽¹³⁾　1次14.5％・2次22.6・3次62.9
●人口密度⁽¹⁵⁾　23.9人／km²
●都市人口率⁽¹⁴⁾　85.4％
●都市⁽¹⁰⁾　サンパウロ(1,115.2万)・リオデジャネイロ(632.0万)・サルヴァドル(267.4万)・フォルタレーザ(245.2万)・ベロオリゾンテ(237.5万)・マナウス(179.2万)・クリチーバ(175.1万)・レシーフェ(153.7万)・ポルトアレグレ(140.9万)・ベレン(138.1万)・ゴイアニア(129.7万)・グアルリョス(122.1万)・カンピナス(106.1万)・サンゴンサロ(99.8万)・サンルイス(95.8万)・マセイオ(93.2万)・ディケデカシアス(85.2万)・ナタール(80.3万)・ノヴァイグアス(78.7万)・カンポグランデ(77.4万)・テレジナ(76.7万)・サンベルナルドドカンポ(73.6万)・ジョアンペソア(72.0万)　都市の人口はUrban Agglomeration（都市的地域＝都市周辺の地域を含む）の人口
●国民総所得⁽¹³⁾　2兆3,426億ドル
●1人当たり国民総所得⁽¹³⁾　11,690ドル
●国内総生産成長率⁽¹⁴⁾　0.1％
●言語　ポルトガル語（公用語）・先住民の言語
●民族⁽²⁰⁰⁰⁾　白人53.7％・ムラート（白人と黒人の混血）38.5・黒人6.2・アジア系0.5・先住民0.4
●宗教⁽²⁰⁰⁰⁾　カトリック73.6％・プロテスタント15.4・伝統信仰
●土地利用⁽¹²⁾　農地〔耕地7,961万ha(9.5％)うち樹園地700万・牧場と牧草地19,600万(23.5)〕・森林51,513万(61.6)
●農牧林水産業⁽¹³⁾（農業従事者1,050万・農業従事者1人当たり農地26.3ha)⁽¹²⁾　米1,178万t(1.6％⑨)・小麦574・とうもろこし8,027(7.9③)・大豆8,172(29.6②)・大麦33・ライ麦5,743t・えん麦52万t(2.2)・もろこし213(3.4⑩)・ばれいしょ355・かんしょ51・キャッサバ2,148(7.8④)・ヤムいも25・落花生39・ひまわり11・なたね5.8・ごま7,000t・ココナッツ289万t(4.6④)・トマト419(2.6⑧)・ぶどう144(1.9)・さとうきび76,809(40.2①)・りんご123(1.5)・オレンジ類1,849(18.5

第4章　MST(土地なし農民運動)の評価

②)・レモンとライム117(7.7⑤)・グレープフルーツ7.8・パイナップル248(10.0②)・バナナ689(6.5④)・コーヒー豆296(33.2①)・カカオ豆26(5.6⑥)・茶763t・葉たばこ85万t(11.4②)・ジュート490t・サイザル麻15万t(53.5①)・綿花113(4.6⑤)・天然ゴム19(1.6⑧)・馬531万頭(8.9④)・牛2.1億頭(14.4①)・水牛133万頭・豚3,674(3.8③)・羊1,729(1.5)・山羊878・鶏12億羽(6.0④)・牛乳3,426万t(5.4④)・鶏卵217(3.2⑦)・繭2,709t⑥・蜂蜜3.5万t(2.1)・羊毛1.2・木材2.7億m³(7.5④)・漁獲量77万t

●鉱業[13]　石炭662万t[12]・原油9,565(2.6％)[12]・天然ガス706PJ[12]・鉄鉱石2億4,567万t(16.6③)・銅鉱22万t(1.3)[12]・ニッケル鉱14(7.0⑥)[12]・ボーキサイト3,248(11.5④)・鉛鉱1.7[12]・亜鉛鉱15(1.1)・すず鉱1.2(4.1⑤)・マンガン鉱133(8.4⑤)[12]・クロム鉱54(2.1⑧)[12]・タングステン鉱380t・コバルト鉱3,000(3.7⑨)・ニオブ4.5万t(89.8①)[12]・タンタル140t(19.3②)[12]・チタン鉱17万t(1.5)・ジルコニウム鉱2.3(1.5⑨)・レアアース206t⑥[12]・インジウム5[11]・リチウム400⑧・金鉱65(2.4)[12]・銀鉱9.0[12]・ウラン鉱231[14]・マグネシウム鉱48万t(1.9⑥)・りん鉱石210(3.1⑤)・カリ塩43(1.2)・硫黄48[12]・塩750(2.9⑨)・ダイヤモンド4.6万カラット[12]

●工業[13]　パーム油34万t⑩・ワイン27(1.0％)・ビール140億L(7.2③)[14]・砂糖3,949万t(22.1①)・牛肉968(15.1②)・豚肉328(2.9⑤)・羊肉8.6・山羊肉3.0・鶏肉1,244(12.9③)・チーズ4.7・バター9.5(1.0)・牛皮90(11.1③)・羊皮2.1・山羊皮5,200t・毛糸1.2万t[12]・綿糸99(2.0⑤)[14]・綿織物64(3.7⑤)[14]・絹織物81万[12]・化学繊維33・製材1,540万(3.7⑦)・パルプ1,647万t(9.2④)[14]・新聞用紙11[14]・紙と板紙1,040(2.6⑨)[14]・硫酸672(3.0⑤)[12]・苛性ソーダ137[12]・ソーダ灰20[12]・窒素肥料101・りん酸肥料215(4.7④)・カリ肥料29・合成ゴム33(2.0⑨)[14]・ガソリン1,753(2.0⑩)[11]・ナフサ459(2.0)[11]・軽油3,738(2.9⑧)[11]・重油1,329(2.6)[11]・タイヤ3,910万本[12]・セメント6,879万t(1.8⑤)[12]・粗鋼3,391(2.1⑨)[14]・銅20(1.0)[12]・ニッケル5.3(3.0⑦)[12]・アルミニウム130(2.7⑧)・鉛14(1.4)[12]・亜鉛24(1.9)・すず1.3(3.9⑦)・マグネシウム1.6(1.8⑥)・冷蔵庫828万台[12]・テレビ2,558[12]・自動車371(4.2⑦)・船舶21万総トン[14]

●発電量[12]　5,525億kWh(2.4％⑨)（水力75.2％・火力21.0・原子力2.9・風力

399

0.9)

- ●輸出(14)　2,251億ドル（食料品35.0％・原材料と燃料28.4・工業製品33.4・その他3.2）　鉄鉱石11.5％・大豆10.3・機械類7.7・肉類7.5・原油7.3　（中国18.0％・アメリカ12.1・アルゼンチン6.3・オランダ5.8・日本3.0）
- ●輸入(14)　2,375億ドル（食料品4.9％・原材料と燃料23.5・工業製品71.6）　機械類26.1％・自動車8.4・石油製品7.7・原油6.8・化学薬品5.4　（中国16.3％・アメリカ15.4・アルゼンチン6.2・ドイツ6.0・ナイジェリア4.1）
- ●日本の対ブラジル貿易(14)　輸出5,003億円（一般機械28.4％・電気機器13.1・自動車部品12.3・乗用車8.3・有機化合物6.1）　輸入1兆245億円（鉄鉱石48.7％・鶏肉11.4・アルミニウムと同合金4.7・コーヒー豆4.5・有機化合物4.5）
- ●貿易依存度(14)　輸出9.6％・輸入10.1％
- ●通貨　レアル（1現地通貨＝39.55円　2015年7月）
- ●外貨準備高(14)　3,636億ドル⑧
- ●観光客(13)　581万人
- ●観光収入(13)　70億ドル
- ●鉄道輸送量(11)　旅客4.4億人キロ（07）・貨物2,677億トンキロ
- ●航空輸送量(14)　飛行キロ9.2億km(11)・旅客1,178億人キロ・貨物16億トンキロ
- ●自動車保有台数(13)　3,970万台（うち乗用車3,134万台・乗用車1台当たり6.4人）
- ●登録商船保有量(14)　578隻（264万総トン）
- ●固定電話契約数(14)　4,413万件（百人当たり21.8件）
- ●携帯電話契約数(14)　2億8,073万件（百人当たり139件）
- ●インターネット利用者率(14)　57.6％
- ●消費　エネルギー（石油換算）(11)19,966万t（固体燃料1,692万t・液体燃料11,674・ガス2,451・電力4,150）（1人当たり1,014kg）・鉄鋼(12)2,798万t（1人当たり141kg）・穀物(11)2,252万t（1人当たり114kg）・砂糖(12)1,291万t（1人当たり67kg）・紙と板紙(13)985万t（1人当たり49kg）・肥料(13)（窒素395万t・りん酸468・カリ472）
- ●国防支出(14)　319億ドル（1人当たり158ドル）
- ●兵員(15)　31.9万人（陸軍19.0万・海軍5.9・空軍7.0）

第4章　MST(土地なし農民運動)の評価

- ●日系現地法人数[14]　416
- ●在留邦人数[14]　総数54,377(長期3,688・永住50,689)
- ●大使館　〒107－8633　東京都港区北青山2－11－12
  Tel. 03－3404－5211

（二宮書店発行『データブック オブ・ザ・ワールド 2016年版』による）

●ブラジルの行政区分・地域区分

北東部…地域区分名称

① ロライマ
② アマゾナス
③ アクレ
④ ロンドニア
⑤ パラ
⑥ アマパ
⑦ トカンチンス
⑧ マット・グロッソ
⑨ ブラジリア(連邦区)
⑩ ゴイアス
⑪ マット・グロッソ・ド・スール
⑫ マラニョン
⑬ ピアウイ
⑭ セアラー
⑮ リオ・グランデ・ド・ノルテ
⑯ パライーバ
⑰ ペルナンブコ
⑱ アラゴアス
⑲ セルジッペ
⑳ バイア
㉑ ミナスジェライス
㉒ エスピリトサント
㉓ リオ・デ・ジャネイロ
㉔ サンパウロ
㉕ パラナ
㉖ サンタ・カタリナ
㉗ リオ・グランデ・ド・スール

大地を受け継ぐ

大地を受け継ぐ
土地なし農民運動と新しいブラジルをめざす苦闘

2016年4月1日　初版第1刷発行©

著　者　アンガス・ライト, ウェンディー・ウォルフォード
訳　者　山本正三
発行者　二宮健二
発行所　株式会社 二宮書店
　　　　〒153-0061 東京都目黒区中目黒5-26-10
　　　　Tel. 03-3711-8636
　　　　Fax. 03-3711-8639
　　　　振替 00150-2-110251
印刷・製本　アベイズム株式会社
ISBN978-4-8176-0406-4 C3025
http://www.ninomiyashoten.co.jp/

写真は語る 南アメリカ・ブラジル・アマゾンの魅力

松本栄次　著・撮影

地形・気候・土壌・植生の総合的観点から南アメリカ・ブラジル・アマゾンを深くとらえ,産業や人々の生活の変遷と現在をダイナミックに読み解く。500点近いカラー写真と150点をこえる図表を駆使し,詳細に解説。

定価：本体3,800円(税別)

B5判・192頁

初版発行2012年4月

ISBN978-4-8176-0364-7 C1025

◆本書の構成◆

第1編　南アメリカ　その自然と産業
1. 自然と産業
2. 地殻変動の激しいアンデス地域
3. 古い岩盤からなる安定陸塊
4. 南アメリカにみる熱帯
5. 広大な湿潤熱帯
6. バラエティーに富む乾燥帯
7. 穏やかな気候の温帯
8. 高山地域, 高度で変わる自然環境

第2編　ブラジル　動き出した南米の大国
1. ブラジルのイメージ
2. ダイジェスト版ブラジル地理
3. バイオエタノール先進国ブラジル
4. ブームとバーストの産業史
5. 現在のもう一つのブーム　大豆栽培
6. 水資源でも大国
7. ブラジルの個性的な都市

第3編　アマゾン　開発と保全の焦点
1. 広大な緑のアマゾニア
2. 多彩な水の世界
3. 天然ゴムブームの遺跡をたずねて
4. 豊かな生態空間, ヴァルゼア地域
5. 貧栄養のテラフィルメ地域
6. アマゾニア森林の破壊

小農複合経営の地域的展開

山本正三・田林明・菊地俊夫　編著

フィールドワークに基づき，日本の農業を小農複合経営という視点から分析した論文集。日本の小規模農業がいかにして成立し，変化し，持続してきたのかを明らかにする。編著者3人による座談会「小農複合経営の現代的意義」を巻末に収録。

定価：本体9,500円（税込）

B5判・400頁

初版発行2012年4月

ISBN978-4-8176-0357-9 C3061

◆本書の構成◆

I　総論
1. 最近における農業・農村地域の変化に関する研究の一視点

II　遠隔地・高冷地
2. 阿武隈高原南部における小農複合経営の展開
3. 九重山北麓飯田高原における土地利用と集落の発展
4. 長野県菅平高原における集落の発展の一類型

III　首都圏（伝統農業）
5. 茨城県出島村下大津における自立型農業経営の地域的性格
6. 茨城県波崎町松下地区の土地利用と生活形態
7. 茨城県岩井市における首都圏外縁農村の変貌

IV　首都圏（園芸・施設農業）
8. 茨城県筑西市協和地域における小玉スイカ産地の維持要因
9. 九十九里平野における養液栽培の導入による施設園芸の維持形態

V　地方都市近郊
10. 常陸太田市における郊外農村の存立基盤
11. 水戸市における近郊農村の地域性—中河内地区を事例として—

VI　首都近郊
12. 東京大都市圏における近郊酪農の複合経営化とその成立基盤の持続性—ルーラリティの再構築と関連して—
13. 東京都小平市におけるルーラリティの再編と近郊農業の持続性
14. 東京都練馬区西大泉地区における都市農業の多機能性システム

座談会「小農複合経営の現代的意義」

ヨーロッパ —文化地域の形成と構造—

T.G. ジョーダン=ビチコフ　B.B. ジョーダン 共著
山本正三　石井英也　三木一彦 共訳

共通の信仰や行動・生活様式を保持すると同時に，驚くほどの地域的多様性をみせるヨーロッパ。EU 拡大，グローバリゼーションの進展など，絶えず変化し続けるヨーロッパを理解するための必読の書。

定価：本体 5,800 円（税別）
A5 判・上製本・498 頁
写真 51・図表 152 点／初版発行 2005 年 10 月
ISBN4-8176-0236-8 C3025

◆本書の構成◆
第 1 章　ヨーロッパとは何か　　第 2 章　自然環境
第 3 章　宗　教　　　　　　　　第 4 章　言　語
第 5 章　地遺伝学　　　　　　　第 6 章　人　口
第 7 章　政　治　　　　　　　　第 8 章　都　市
など全 12 章

ラテンアメリカ入門

Alan Gilbert 著／山本 正三　訳

ルートリッジ第三世界開発叢書の日本語訳。地域の発展を16世紀から俯瞰し，歴史的背景を念頭に諸問題を考察。

定価：**本体1,359円**（税別）A5判・112頁
ISBN4-8176-0142-6 C3025

農業変化の歴史地理学

デイビッド・グリッグ 著
山本 正三・手塚 章・村山 祐司　共訳

グリッグの名著「The Dynamics of Agricultureal Change」の日本語訳。農業史の概説的な手引き書。

定価：**本体1,800円**（税別）A5判・264頁
ISBN4-8176-0182-5 C3025